Lecture Notes in Mathematics

Edited by A. Dold and B. Eckmann

T0216227

1295

P. Lelong P. Dolbeault H. Skoda (Réd.)

Séminaire d'Analyse P. Lelong – P. Dolbeault – H. Skoda

Années 1985/1986

Springer-Verlag

Berlin Heidelberg New York London Paris Tokyo

Rédacteurs

Pierre Lelong
Pierre Dolbeault
Henri Skoda
Université Paris VI, Mathématiques
Place Jussieu, Tour 45–46, 75252 Paris Cedex 05, France

Mathematics Subject Classification (1980): 32A45, 32C05, 32C30, 32F05, 32F15, 32L05, 34A20, 58E20

ISBN 3-540-18691-3 Springer-Verlag Berlin Heidelberg New York
ISBN 0-387-18691-3 Springer-Verlag New York Berlin Heidelberg

Printed in Germany

Printing and binding: Druckhaus Beltz, Hemsbach/Bergstr.
2146/3140-543210

INTRODUCTION

Ce volume du Séminaire succède à de nombreux volumes précédents (voir la liste à la fin de cette introduction) et sera peut-être le dernier non pas du Séminaire, mais de cette longue série éditée par les soins de Springer dans ses Lecture-Notes.

Indiquons-en brièvement le contenu.

I. Une place importante ayant été donnée aux problèmes concernant les espaces fibrés analytiques, nous commencerons par ceux-ci.

1. L'article de J.-P.Demailly fait faire des progrès à l'estimation des formes harmoniques et plus généralement au contrôle des opérateurs linéaires sur les variétés analytiques complexes et établit une majoration asymptotique pour la dimension des groupes de cohomologie des puissances tensorielles E^k, où E est un fibré hermitien holomorphe en droites au-dessus d'une variété analytique compacte X. D'où une simplification de la démonstration récente (SIU) de la conjecture de Grauert-Riemenschneider donnant un remarquable critère pour qu'une variété soit de Moišhezon

L'intérêt du travail de J.-P.Demailly réside également dans le fait que les outils d'analyse réelle utilisés sont très élémentaires alors que les majorations asymptotiques obtenues pour la cohomologie de E^k sont déjà remarquablement précises, presqu'optimales et en tout cas beaucoup plus fortes que celles obtenues par Y.T.Siu. Depuis, J.-P.Demailly est parvenu à démontrer des estimations à la "Morse-Witten" encore plus fortes mais au prix d'une analyse réelle bien plus lourde et sophistiquée. Il nous a paru intéressant de publier la première version dont les méthodes ont leur intérêt propre.

2. L'article de K.Filali complète les études de H.Skoda et J.-P.Demailly sur les fibrés holomorphes à base un disque de C et à fibre C^n qui ne sont pas de Stein, et montre que non seulement les fonctions plurisousharmoniques, mais aussi les fonctions méromorphes sont constantes sur les fibres. Ce travail demande en fait une étude très précise de la distribution des valeurs d'une fonction méromorphe.

II. <u>L'étude des développements asymptotiques</u> en liaison avec l'intégration sur les fibres d'une application holomorphe $f : X \to \mathbb{C}$, où X est une variété analytique complexe est poursuivie ici par deux mémoires.

1° L'article de D.Barlet donne des résultats nouveaux reliant les singularités, pôles et semi-pôles, pour les intégrales $\int_X |f|^{2\lambda}$ et $\int_X |f|^{2\lambda}\bar{f}^{-j}$, à la monodromie.

2° L'article de D.Barlet et H.-M.Maire reprend en la précisant l'étude de $\int_{f^{-1}(s)} \psi = \phi(s)$ au voisinage de $s = 0$, le résultat est obtenu grâce à un résultat du second auteur sur la transformée de Mellin.

III. <u>L'étude des formes différentielles et des courants sur les variétés ou les ensembles analytiques</u> a donné lieu à plusieurs travaux qui concernent aussi bien la géométrie que l'analyse complexe.

1° Le mémoire de G.Raby complète d'abord les résultats de G.de Rham, de J.-B.Poly et de J.King sur les opérateurs A qui donnent sur une variété des formules d'homotopie entre le complexe des courants et celui des formes différentielles (les propriétés de régularité de AT sont importantes ainsi que les propriétés de recollement sur une variété). Cette technique permet alors une description des classes de cohomologie du complémentaire d'un sous-ensemble analytique fermé Y d'une variété analytique complexe X, pour des formes C^∞ sur $X\setminus Y$ à singularités le long de Y.

2° L'article de A.Yger est consacré à la définition des courants résiduels $\bar{\partial}[\frac{1}{f_1}]$ ... $\bar{\partial}[\frac{1}{f_p}]$ associé à des fonctions holomorphes $f_1, \ldots, f_p$. A.Yger reprend un travail de M.Passare mais alors que ce dernier adoptait un point de vue proche de celui de Coleff-Herrera, A.Yger s'inspire lui de la méthode d'Atiyah utilisant le prolongement méromorphe en λ du courant $|f|^{2\lambda}$. Ceci lui permet de faire le lien avec les formules de division "explicites" d'Anderson-Berndtsson. Des applications diverses sont données par exemple à l'interpolation algébrique. Enfin ces courants sont à rapprocher des intégrales de l'article de Barlet.

3° M.Passare a introduit précédemment des courants résiduels généralisant ceux de Coleff-Herrera par introduction de plusieurs facteurs valeur principale au lieu d'un au plus. Très récemment il a introduit des courants résiduels en faisant une moyenne des précédents; les deux notions coïncident dans le cas d'intersection complète. L'article de M.Passare est d'un grand intérêt car son théorème montre l'identité de ces derniers courants et de ceux de l'article de Yger.

4° La recherche de prolongements au moyen de formules intégrales, élégante en dimension un, présente de grosses difficultés en dimension $n > 1$. De ce type est la formule de Bochner-Martinelli

$F(z) = \int_V f(\zeta)k(z,\zeta)$ où $f(\zeta)$ sont des données continues sur une hypersurface V lisse réelle de classe $\mathcal{C}^1$ dans C^n. Le travail de Mme Laurent, à partir des noyaux de Henkin et de Leiterer, dans une variété de Stein, fait une étude des valeurs des deux côtés de V à l'approche de V, puis applique la méthode au prolongement des formes différentielles et à l'étude des valeurs au bord de certains courants.

IV. 1° L'étude de A.Méril apporte des théorèmes de prolongement pour les solutions de systèmes $\mu_j * f = 0$, $1 \leq j \leq r$, les μ_j étant des distributions à support compact, et les produits de convolution pouvant être étendus au cas où f est dans des espaces de distributions. Il met en évidence un phénomène de prolongement à la "Hartogs" à travers un compact, des solutions du système.

L.Ehrenpreis avait déjà observé que le phénomène de "Hartogs" de prolongement des fonctions holomorphes à n variables $(n \geq 2)$ à travers un compact était un cas particulier d'un phénomène semblable pour les solutions de certains systèmes d'E.D.P. homogènes à coefficients constants.

2° L'article de G.Laville concerne l'algèbre non commutative des opérateurs de Feymann, présentant aussi bien des critiques du travail de 1951 de cet auteur qu'une remise en ordre à partir des propriétés des algèbres de Banach non commutatives ; la non commutativité fait apparaître des problèmes nouveaux par rapport aux études antérieures et aux représentations intégrales conçues autrefois pour un calcul symbolique des opérateurs commutatifs.

Historique du Séminaire. Comme il a été dit il se peut que ce volume soit non pas le dernier volume du Séminaire mais seulement le dernier volume publié par les Lecture Notes. Tout en remerciant l'éditeur Springer d'une collaboration de 20 ans, la direction du Séminaire se préoccupe de continuer son édition.

Rappelons que le Séminaire a déjà connu deux séries A et B .

Série A . Editée à l'Institut Henri Poincaré par P.Belgodère (Séminaire d'Analyse P.Lelong) , correspondant aux années 1958,1959,1961,1962,1963,1966,1967.

Série B . Editée aux Lecture Notes Springer
-Séminaire d'Analyse (P.Lelong), de 1968 à 1976, 9 volumes sous les n° 71,116,205,275,338,410,474,524,578.
-Séminaire d'Analyse (P.Lelong-H.Skoda), de 1977 à 1981, 3 volumes n° 624,822,919.
-Séminaire d'Analyse (P.Lelong-P.Dolbeault-H.Skoda), 2 volumes n° 1028,1198.

Nous remercions tout particulièrement les auteurs qui nous ont confié leurs textes.

P.LELONG,P.DOLBEAULT,H.SKODA

TABLE DES MATIÈRES

SYMÉTRIE DE HODGE POUR LE POLYNÔME DE BERNSTEIN-SATO

D.Barlet
Université de Nancy I
Mathématiques
B.P. 239
F-54506 VANDOEUVRE LES NANCY

INTRODUCTION

Dans la première partie nous montrons comment les méthodes introduites dans [0], [1] et [2] permettent d'arriver à des propriétés de "symétrie de Hodge" pour les racines du polynôme de Bernstein-Sato d'un germe de fonction holomorphe $f : (\mathbb{C}^{n+1},0) \to (\mathbb{C},0)$. Les techniques utilisées donnent en fait des renseignements beaucoup plus précis que ce qui peut être lu au niveau du polynôme de Bernstein-Sato. Ceci nous conduit dans la seconde partie à introduire d'abord la notion de profondeur pour un bloc de Jordan de la monodromie de f en 0 . Cet entier représente la "distance" des sections horizontales correspondant au bloc de Jordan au complexe de De Rham relatif de f . Ensuite nous introduisons la notion de "semi-pôle" (effectif en codimension p) pour le prolongement méromorphe de $\int_X |f|^{2\lambda}\square$. Cette notion est adaptée à une approche de type Hodge de la structure de pôles de $\int_X f^\lambda \bar{f}^\mu \square$ avec $\lambda - \mu \in \mathbb{Z}$ (ceci correspond à la transformation de Mellin complexe introduite dans [BM]). L'aspect "effectif en codimension p " de cette définition permet de reconnaître que certains pôles proviennent de la monodromie en degré plus grands que le degré que l'on considère, ce qui permet de négliger de tels pôles dans la version précisée du théorème 1, donnée dans cette seconde partie.

Une première version de cet article a circulé avec le titre peu adapté suivant "un peu mieux sur le polynôme de Bernstein-Sato" à partir de décembre 1985.

1. Nous reprenons ici les notations de [1].

<u>Théorème</u> :

Soit $f : X \to D$ un représentant de Milnor(*) d'un germe non constant de fonction holomorphe $f : (\mathbb{C}^{n+1},0) \to (\mathbb{C},0)$. Supposons que pour $0 \leq u < 1$, $e^{-2i\pi u}$ soit valeur propre de multiplicité k de la monodromie agissant sur le p-ième

---

(*) Voir [1].

groupe $(p \geq 1)$ de cohomologie de la fibre de Milnor de f. Désignons par $b \in \mathbb{C}[\lambda]$ le polynôme de Bernstein-Sato de f en 0 et posons $v = 1 - u$.

Soit σ le plus petit entier tel que b admette au moins k racines (en comptant les multiplicités) de la forme $-q-u$ avec q entier $0 \leq q \leq \sigma$. Définissons τ de manière analogue à σ mais relativement aux racines de b congrues à $-v$ modulo $\mathbb{Z}$.

Alors on a $\sigma + \tau \leq p$.

Remarques :

1) L'hypothèse fait jouer des rôles symétriques à u et v car la monodromie étant réelle (car définie sur $\mathbb{Z}$!) $e^{-2i\pi u}$ est valeur propre de multiplicité k si et seulement si $e^{-2i\pi v}$ l'est ; d'où l'aspect symétrique de la conclusion du théorème.

2) Le théorème ci-dessus est à comparer avec la remarque 1) qui suit le théorème 2 de [1] : sous la même hypothèse on obtenait alors l'inégalité $\sigma \leq p$ (et donc aussi $\tau \leq p$ par symétrie).(*)

3) Dans le cas d'une singularité isolée A.N. Varchenko a obtenu un résultat plus précis ; voir [V], th. 8.3.

Démonstration du théorème :

Grâce aux résultats de [1] (corollaire 1 du théorème 1) et de [0] (lemme A), notre hypothèse implique l'existence d'un entier $m \in [0,p]$ et de p-formes holomorphes $w_1, \dots, w_k$ sur X vérifiant

1°) $dw_a = (m+u)\frac{df}{f} \wedge w_a + \frac{df}{f} \wedge w_{a-1}$ $\forall a \in [1,k]$ avec la convention $w_0 = 0$.

2°) Les $w_a | X(s_0)$, où $X(s_0) = f^{-1}(s_0)$ désigne la fibre de Milnor de f, induisent un bloc de Jordan de taille (k,k) de la monodromie T, agissant sur $H_p(X(s_0),\mathbb{C})$, pour la valeur propre $e^{-2i\pi u}$.

Notons par σ (resp. τ) le plus petit entier tel que b, le polynôme de Bernstein-Sato de f en 0, admette k racines de la forme $-q-u$ (resp. de la forme $-q-v$ avec $v = 1-u$) avec $q \in \mathbb{N}$ et $q \in [0,\sigma]$ (resp. $q \in [0,\tau]$) en comptant les multiplicités.

Soit ℓ_0 le plus petit entier relatif qui vérifie que le prolongement méromorphe du courant

$$\int_X |f|^{2\lambda}\, \bar{f}^{\ell_0} \frac{df}{f} \wedge w_k \wedge \square$$

(*) Mais un résultat précis sur les pôles de $\int_X |f|^{2\lambda} \square$!

n'ait pas de pôle d'ordre $\geq k$ en $\lambda = -m-u$(*) . On aura en particulier un pôle d'ordre $\geq k$ en $\lambda = -m-u$ pour

$$\int_X |f|^{2\lambda}\, \bar{f}^{\ell_0 -1} \frac{df}{f} \wedge w_k \wedge \square \, .$$

Effectuons le prolongement analytique de ce courant de la manière suivante : partons d'une identité de Bernstein itérée

$$f^{\lambda} = \frac{1}{b(\lambda)\, b(\lambda+1) \ldots b(\lambda+N-1)}\, P_N(\lambda, z, \frac{\partial}{\partial z}) f^{\lambda+N}$$

où P_N est un opérateur différentiel holomorphe qui dépend polynomialement de λ . On en déduit, puisque b est à coefficients réels (en fait rationnels)

$$\bar{f}^{\lambda+\ell_0-1} = \frac{1}{b(\lambda+\ell_0-1) \ldots b(\lambda+\ell_0+N-1)}\, \widetilde{P}_N(\lambda, \bar{z}, \frac{\partial}{\partial \bar{z}}) \bar{f}^{\lambda+\ell_0+N}$$

où $\widetilde{P}_N$ est un opérateur différentiel anti-holomorphe dépendant polynomialement de λ . Si $\widetilde{Q}_N$ désigne l'adjoint formel de $\widetilde{P}_N$, on aura, puisque $\widetilde{Q}_N$ agit $\mathcal{O}_X$-linéairement :

$$\int_X |f|^{2\lambda}\, \bar{f}^{\ell_0-1} \frac{df}{f} \wedge w_k \wedge \phi =$$

$$\frac{1}{b(\lambda+\ell_0-1) \ldots b(\lambda+\ell_0+N-1)} \int_X |f|^{2\lambda}\, \bar{f}^{\ell_0+N} \frac{df}{f} \wedge w_k \wedge \widetilde{Q}_N(\phi)$$

pour $\phi \in C_c^{\infty}(X)$, de type $(n-p, n+1)$, $N \gg 0$ et $\mathrm{Re}(\lambda) \gg 0$. Comme le membre de droite est méromorphe sur toute région $\mathrm{Re}(\lambda) > -a$ si N est assez grand, on obtient ainsi le prolongement méromorphe du membre de gauche. On constate ainsi que l'existence d'un pôle d'ordre $\geq k$ en $-m-u$ pour le prolongement du dit membre de gauche implique que l'inégalité $-u-m+\ell_0-1 \leq -\sigma-u$ est vérifiée : cette inégalité est une condition nécessaire (non suffisante, a priori au moins) puisque pour $N \gg 0$

$$\int_X |f|^{2\lambda}\, \bar{f}^{\ell_0+N} \frac{df}{f} \wedge w_k \wedge \widetilde{Q}_N(\phi)$$

sera holomorphe pour $\mathrm{Re}(\lambda) > -m-1$; le pôle d'ordre $\geq k$ en $-m-u$ du prolongement méromorphe du membre de gauche implique donc l'existence d'une racine d'ordre $\geq k$ en $-m-u$ pour le polynôme $b(\lambda+\ell_0-1)\, b(\lambda+\ell_0) \ldots b(\lambda+\ell_0+N-1)$.

(*) On a $\ell_0 > -\infty$ d'après [1] ; on retrouvera ce fait plus loin.

On a donc obtenu l'inégalité suivante :

$$\sigma \leq m - \ell_0 + 1 \, . \tag{A}$$

Appliquons maintenant la proposition fondamentale de [1] aux formes w_a pour $a \in [1,k]$. On obtient des p-formes holomorphes w_a^* pour $a \in [-n,k]$ vérifiant :

1°) $dw_a^* = (m^*+v) \frac{df}{f} \wedge w_a^* + \frac{df}{f} \wedge w_{a-1}^*$
pour $a \in [-n,k]$ avec la convention $w_{-n-1}^* = 0$ où $m^* = \ell_0 - m + p - 1$ (rappelons que $v = 1 - u$) .

2°) Les $w_a^*|X(s_0)$ pour $a \in [1,k]$ induisent une base du sous-espace de $H^p(X(s_0),\mathbb{C})$ conjugué complexe(*) de celui engendré par les $w_a|X(s_0)$ pour $a \in [1,k]$.

3°) Les $w_a|X(s_0)$ induisent 0 dans $H^p(X(s_0),\mathbb{C})$ pour $a \leq 0$.

Nous nous proposons maintenant de montrer l'inégalité

$$\tau \leq m^* \, . \tag{B}$$

Pour cela, commençons par montrer que pour j entier assez grand le prolongement méromorphe du courant

$$\int_X |f|^{2\lambda} \bar{f}^{-j} \frac{df}{f} \wedge w_k^* \wedge \square$$

admet un pôle d'ordre $\geq k$ en $-m^* - v$.

En fait si pour $j = j_0$ donné, le prolongement du courant ci-dessus n'admet pas en $-m^* - v$ un pôle d'ordre $\geq k$, on va pouvoir appliquer la proposition fondamentale de [1] :

Ceci nécessite quelques changements de notations : posons $\tilde{k} = k + n + 1$ et pour $b \in [1,\tilde{k}]$

$$\omega_b = w_{b+n+1}^* \, .$$

On a alors

$$d\omega_b = (m^*+v) \frac{df}{f} \wedge \omega_b + \frac{df}{f} \wedge \omega_{b-1} \qquad \forall b \in [1,\tilde{k}]$$

avec la convention $\omega_0 = 0$ (qui correspond à $w_{-n-1}^* = 0$) .

(*) La conjugaison complexe de $H^p(X(s_0),\mathbb{C})$ vient de l'isomorphisme $H^p(X(s_0),\mathbb{C}) \simeq H^p(X(s_0),\mathbb{R}) \otimes_{\mathbb{R}} \mathbb{C}$.

Pour $\tilde{h} = n+2$ et $\tilde{\ell}_0 = -j_0$, le prolongement méromorphe de

$$\int_X |f|^{2\lambda} \bar{f}^{\tilde{\ell}_0} \frac{df}{f} \wedge \omega_{\tilde{k}} \wedge \square$$

n'a pas de pôle d'ordre strictement plus grand que $\tilde{k} - \tilde{h} = k-1$ en $\lambda = -m^* - v$.
Il existe donc des p-formes holomorphes ω_b^* sur X pour $b \in [-n,-h]$ vérifiant sur X les conditions suivantes :

1°) $d\omega_b^* = (\tilde{\ell}_0 - m^* + p - v) \frac{df}{f} \wedge \omega_b^* + \frac{df}{f} \wedge \omega_{b-1}^*$
pour $b \in [-n,\tilde{h}]$ avec la convention $\omega_{-n-1}^* = 0$.

2°) Les $\omega_b^*|X(s_0)$ pour $b \in [1,c]$, où $c \in [1,\tilde{h}]$, engendrent le conjugué complexe du sous-espace complexe de $H^p(X(s_0),\mathbb{C})$ engendré par les $\omega_a|X(s_0)$ avec $a \in [1,c]$ (on utilise ici la remarque de [1] qui suit la preuve du théorème 1 : on obtient immédiatement cette "précision" dans la proposition fondamentale en remarquant que la relation (3) donne un système triangulaire !).

3°) Les $\omega_b^*|X(s_0)$ induisent 0 dans $H^p(X(s_0),\mathbb{C})$ pour $b \leq 0$.

Dans notre situation on sait au départ que les ω_a pour $a \in [1,n+1]$ induisent 0 dans $H^p(X(s_0),\mathbb{C})$ (ceci résulte de la condition 3°) sur les ω_a^*). Donc la seule information intéressante résultant du 2°) est que $\omega_{n+2}^*|X(s_0)$ induit, à un facteur non nul près, la classe conjuguée de $\omega_{n+2}|X(s_0) = w_1^*|X(s_0)$ et que les ω_b^* pour $b \leq n+1$ induisent 0 dans $H^p(X(s_0),\mathbb{C})$.

Maintenant, dans la situation où le j_0 fixé $(\tilde{\ell}_0 = -j_0)$ est un entier assez grand, on obtient

$$d\omega_{n+2}^* = (\tilde{\ell}_0 - m^* + p - v) \frac{df}{f} \wedge \omega_{n+2}^* + \frac{df}{f} \wedge \omega_{n+1}^*$$

avec $\tilde{\ell}_0 - m^* + p - v < 0$ et $\omega_{n+2}^*|X(s_0)$ n'induisant pas 0 dans $H^p(X(s_0),\mathbb{C})$ alors que $\omega_{n+1}^*|X(s_0)$ induit 0 dans $H^p(X(s_0),\mathbb{C})$.

On obtient alors une contradiction grâce au théorème de positivité des exposants caractéristiques de B. Malgrange(*) comme dans la preuve du théorème 2 de [1] :
Considérons une famille horizontale multiforme $\gamma(s)$ de p-cycles vérifiant :

$$\int_{\gamma(s_0)} \omega_{n+2}^*|X(s_0) = 1$$

(*) Voir [M] ou l'appendice de [2].

(une telle famille existe car $\omega^*_{n+2}|X(s_0)$ n'induit pas 0 dans $H^p(X(s_0),\mathbb{C})$) et posons $F(s) = \int_{\gamma(s)} \omega^*_{n+2}$. Alors F est holomorphe multiforme et vérifie $s \frac{\partial}{\partial s} F(s) = (\widetilde{\ell}_0 - m^* + p - v)\, F(s)$ puisque

$$f \frac{d\omega^*_{n+2}}{df} = (\ell_0 - m^* + p - v)\, \omega^*_{n+2} + \omega^*_{n+1}$$

et $\omega^*_{n+1}|X(s)$ induit 0 dans $H^p(X(s\ ),\mathbb{C})$ pour tout $s \in D - \{0\}$ (ceci s'obtient aisément pour tout ω^*_b avec $b \leq n+1$ par récurrence sur b en utilisant la relation 1°) et le fait que pour tout $b \leq n+1$ $\omega_b|X(s_0)$ induit 0 dans $H^p(X(s_0),\mathbb{C})$; cette récurrence est détaillée dans la preuve du corollaire 2 de la proposition fondamentale de [1]). On a donc

$$F(s) = \left(\frac{s}{s_0}\right)^{\rho} \quad \text{où} \quad \rho = (\widetilde{\ell}_0 - m^* - p - v)$$

ce qui contredit bien le théorème de Malgrange pour $\rho < 0$ puisque ω^*_{n+2} est une p-forme holomorphe sur X .

Donc pour j entier assez grand le prolongement méromorphe du courant

$$\int_X |f|^{2\lambda}\, \bar{f}^{-j} \frac{df}{f} \wedge w^*_k \wedge \square$$

a bien un pôle d'ordre $\geq k$ en $\lambda = -m^* - v$.

Maintenant en utilisant une identité de Bernstein

$$f^\lambda = \frac{1}{b(\lambda)\, b(\lambda+1) \ldots b(\lambda+N-1)}\, P_N(\lambda, z, \tfrac{\partial}{\partial z}) f^{\lambda+N}$$

on obtient, si P^*_N désigne l'adjoint de P_N

$$\int_X |f|^{2\lambda}\, \bar{f}^{-j} \frac{df}{f} \wedge w^*_k \wedge \phi = \frac{1}{b(\lambda)\, b(\lambda+1) \ldots b(\lambda+N-1)} \int_X |f|^{2\lambda}\, f^N\, \bar{f}^{-j}\, P^*_N\!\left(\frac{df}{f} \wedge w^*_k \wedge \phi\right)$$

pour $\phi \in C^\infty_c(X)$ de type $(n-p,n+1)$. En effet, comme $\frac{df}{f} \wedge w^*_{-n}$ est holomorphe car w^*_{-n} l'étant dw^*_{-n} l'est, on a, par une récurrence immédiate, $\frac{df}{f} \wedge w^*_k$ qui est holomorphe. En utilisant le lemme 2 de [1], on constate que pour $N = m^* + 1$

$$\int_X |f|^{2\lambda}\, f^N\, \bar{f}^{-j}\, P^*_N\!\left(\frac{df}{f} \wedge w^*_k \wedge \phi\right)$$

ne peut avoir (quel que soit j) de pôle pour $\lambda = -m^* - v$. Le polynôme $b(\lambda) \ldots b(\lambda+N-1)$ aura donc un zéro d'ordre $\geq k$ en $-m^* - v$ et on aura

$$-m^* - v \leq -\tau - v$$

ce qui donne $\tau \leq m^*$ c'est-à-dire l'inégalité (B) annoncée.

Maintenant on a donc obtenu

$$\ell_0 \leq m - \sigma + 1 \qquad \text{(A)}$$

et

$$\tau \leq m^* = \ell_0 - m + p - 1 \qquad \text{(B)}$$

on a donc $\tau \leq m - \sigma + 1 - m + p - 1$

ce qui donne $\sigma + \tau \leq p$.

Ceci achève la preuve du théorème.

2. En fait l'énoncé du théorème que l'on vient de démontrer ne donne pas la précision optimale sur les renseignements fournis par la preuve. Pour les énoncer il va être commode d'introduire deux définitions :

Définition 1 :

On dira que $\alpha \in \mathbb{C}$ est un semi-pôle d'ordre $\geq k$ du prolongement méromorphe de $\int_X |f|^{2\lambda} \square$ si pour $j \in \mathbb{N}$ assez grand le prolongement méromorphe de $\int_X |f|^{2\lambda} \bar{f}^{-j} \square$ admet en $\lambda = \alpha$ un pôle d'ordre au moins égal à k . On dira que α est effectif en codimension p si la partie polaire d'ordre $\geq k$ de $\int_X |f|^{2\lambda} \bar{f}^{-j} \square$ en $\lambda = \alpha$ pour $j \gg 0$ n'est pas supporté par un sous-ensemble analytique de codimension $\geq p+1$ dans $\{f=0\}$.

Définition 2 :

Soit $e = \{e_1,\dots,e_k\}$ un bloc de Jordan(*) de la monodromie T agissant sur $H^p(X(s_0),\mathbb{C})$, le p-ième groupe de cohomologie de la fibre de Milnor de f , pour la valeur propre $e^{-2i\pi u}$, où $0 \leq u < 1$.

On dira que e est de profondeur $\leq m$ (**) s'il existe $\kappa \in \mathbb{Z}$, $\kappa \leq 0$ des p-formes holomorphes $w_\kappa \dots w_0\, w_1 \dots w_k$ sur X qui vérifient

1°) $dw_a = (m+u)\frac{df}{f} \wedge w_a + \frac{df}{f} \wedge w_{a-1}$ $\forall a \in [\kappa,k]$ avec la convention $w_{\kappa-1} = 0$.

(*) Ceci signifie que $Te_j = e^{-2i\pi u} e_j + e_{j-1}$ avec la convention $e_0 = 0$, et $e_1 \neq 0$.

(**) $m \in \mathbb{N}$; le lemme A de [O] donne $m < +\infty$; la profondeur est définie comme l'inf. des $m \in \mathbb{N}$ tels que...

2°) $w_a|X(s_0)$ induit 0 pour $a \leq 0$ dans $H^p(X(s_0),\mathbb{C})$.

3°) Le sous-espace engendré par $\{e_1,\dots,e_h\}$ dans $H^p(X(s_0),\mathbb{C})$ coïncide avec le sous-espace engendré par les $w_a|X(s_0)$ pour $a \in [1,h]$, et cela pour tout $h \in [1,k]$.

Faisons quelques remarques sur ces définitions.

1°) Soit $u \in [0,1[$ et $q \in \mathbb{N}$ tels que $-q-u$ soit semi-pôle d'ordre $\geq k$ pour $\int_X |f|^{2\lambda}\ \square$. Alors il existe au moins k racines du polynôme de Bernstein-Sato de f (en comptant les multiplicités) qui sont de la forme $-q'-u$ avec $q' \in \mathbb{N} \cap [0,q]$.

2°) Le résultat clef qui donne l'existence de pôles pour $\int_X |f|^{2\lambda}\ \square$ dans [0] et [1] s'énonce comme suit :

Théorème (contribution effective) :

Si la monodromie en degré p admet un bloc de Jordan de taille (k,k) et de profondeur $\leq m$ pour la valeur propre $e^{-2i\pi u}$ avec $0 \leq u < 1$ alors $-m-u$ est semi-pôle effectif en codimension p pour $\int_X |f|^{2\lambda}\ \square$.

3°) Le théorème 1 de [1] s'exprime alors en disant que la profondeur d'un bloc de Jordan en degré p est toujours inférieur ou égal à p .

Donnons maintenant la forme précise de théorème démontré plus haut.

Théorème précisé :

Soit $f : X \to D$ un représentant de Milnor d'un germe non constant de fonction holomorphe. Supposons que pour $0 \leq u < 1$ la monodromie agissant sur le p-ième groupe de cohomologie de la fibre de Milnor de f , admette un bloc de Jordan (k,k) e . Notons par m et $\bar{m}$ les profondeurs respectives des blocs de Jordan e et $\bar{e}$.

Notons par $-\hat{\sigma}-u$ (resp. $-\hat{\tau}-v$) le plus grand semi-pôle d'ordre k effectif en codimension p congru à $-u$ modulo $\mathbb{Z}$ (resp. à $-v$ modulo $\mathbb{Z}$; on a posé comme plus haut $v = 1-u$) .

Alors on a les inégalités :

1°) $\hat{\sigma}+\hat{\tau} \leq p$.

2°) $\hat{\tau}+m \leq p$ et $\hat{\sigma}+\bar{m} \leq p$.

Remarques :

3°) On a $m \geq \hat{\sigma}$ et $\bar{m} \geq \hat{\tau}$ donc les inégalités du 2°) impliquent celle du 1°).

4°) Les σ et τ introduits dans l'énoncé du théorème "non précisé" vérifient $\sigma \leq \hat{\sigma}$ et $\tau \leq \hat{\tau}$ d'après la remarque 1°) ci-dessus.

Démonstration :

Dans la démonstration du théorème initial on a en fait montré les inégalités

$$\hat{\theta} \leq m - \ell_0 + 1 \qquad \text{(A)}$$

$$\hat{\tau} \leq m^* = \ell_0 - m + p - 1 . \qquad \text{(B)}$$

En recommençant on obtient par minimalité de m

$$m \leq m^{**} = \lambda_0 - m^* + p - 1$$

$$m \leq \lambda_0 - (\ell_0 - m + p - 1) + p - 1 = \lambda_0 - \ell_0 + m$$

soit $\lambda_0 - \ell_0 \geq 0$.

Maintenant l'inégalité (A), en échangeant les rôles de u et v , donne

$$\hat{\tau} \leq m^* - \lambda_0 + 1 = \ell_0 - m + p - 1 - \lambda_0 + 1$$

et puisque $\ell_0 - \lambda_0 \leq 0$, $\hat{\tau} \leq p - m$. On aura alors $\hat{\theta} + \bar{m} \leq p$ par symétrie.

Remarque :

5°) En introduisant $\hat{\hat{\theta}}$ (resp. $\hat{\hat{\tau}}$) le sup des profondeurs des blocs de Jordan (k,k) pour $e^{-2i\pi u}$ (resp. pour $e^{-2i\pi v}$) les inégalités du 2°) s'écrivent

$$\hat{\tau} + \hat{\hat{\theta}} \leq p \quad \text{et} \quad \hat{\theta} + \hat{\hat{\tau}} \leq p .$$

Terminons par un exemple simple qui montre que ces inégalités sont précises

$$f(X,Y) = X^2 - Y^3 .$$

$e = \{e_1\}$ est le bloc de Jordan (1,1) associé à la forme $\omega = 3X\,dY - 2Y\,dX$; on a $p = 1$, $m = 0$, $u = \frac{5}{6}$. Le bloc de Jordan conjugué est associé à $Y\omega$. On a

$$m^* = \bar{m} = 1 \; ; \; \sigma = 0 \quad \text{et} \quad \tau = 1 \quad (\sigma = \hat{\theta} = \hat{\hat{\theta}} , \tau = \hat{\tau} = \hat{\hat{\tau}})$$

et on a des égalités dans toutes les inégalités du théorème précisé.

RÉFÉRENCES

[0] D. Barlet, Contribution effective de la monodromie aux développements asymptotiques. Ann. Scient. Ec. Norm. Sup. 4ème série, t. 17 (1984).

[1] D. Barlet, Monodromie et pôles de $\int_X |f|^{2\lambda}\ \square$. A paraître au Bull. Soc. Math. France.

[2] D. Barlet, Contribution du cup-produit de la fibre de Milnor aux pôles de $|f|^{2\lambda}$. Annales Inst. Fourier (Grenoble), t. 34, fasc. 4 (1984).

[B.M] D. Barlet et H.M. Maire, Développements asymptotiques. Transformation de Mellin complexe et intégration sur les fibres (dans ce volume).

[K] M. Kashiwara, B-functions and holonomic systems. Inv. Math. 38, p. 33-53, (1976).

[M] B. Malgrange, Intégrales asymptotiques et monodromie. Ann. Scient. Ec. Norm. Sup. 4ème série, t. 7, p. 405-430 (1974).

[V] A.N. Varchenko, Asymptotic Hodge structure in the vanishing cohomology. Math. USSR Izvestija, vol. 18, n° 3 (1982).

DÉVELOPPEMENTS ASYMPTOTIQUES,
TRANSFORMATION DE MELLIN COMPLEXE ET INTÉGRATION SUR LES FIBRES.

D. BARLET
UNIVERSITÉ DE NANCY I
Mathématiques
B.P. 239
F-54506 VANDOEUVRE LES NANCY

H.-M. MAIRE
UNIVERSITE DE GENÈVE
Section de Mathématiques
C.P. 240
CH-1211 GENÈVE 24

INTRODUCTION

Lorsque X est une variété analytique complexe de dimension $n+1$ et f une fonction holomorphe sur X telle que $df(z) \neq 0$ si $f(z) \neq 0$, D. Barlet a démontré dans [2] que, pour toute (n,n)-forme ψ de classe C^∞ à support compact sur X , la fonction Ψ obtenue par intégration de ψ sur les fibres de f admet un développement asymptotique

$$(0) \qquad \Psi(s) = \int_{f^{-1}(s)} \psi \quad \sim \Sigma\, a^{i}_{j,k,\ell}\, |s|^{2r_i} s^j \bar{s}^k (\log |s|)^\ell \text{ , } s \to 0$$

avec $0 \leqslant r_1,\dots,r_m < 1$ rationnels et $j,k \in \mathbb{N}$, $0 \leqslant \ell \leqslant n$. La technique utilisée consiste, après désingularisation à la Hironaka en des calculs explicites élémentaires mais assez longs. Notre propos est ici de donner une preuve plus synthétique de (0) qui n'utilise le théorème de désingularisation qu'indirectement (remarque 7 et proposition 8). Notre démarche est la suivante :

Nous commençons par étendre la transformation de Mellin à des fonctions définies sur $\mathbb{C}^*$, à support borné et ayant une croissance modérée vers 0. Nous montrons alors que l'existence d'un développement asymptotique indéfiniment dérivable du type (0) peut être caractérisée par des conditions portant sur la transformée de Mellin (complexe). La méthode consiste alors à vérifier lesdites conditions sur la transformée de Mellin $M\Psi$ de Ψ qui est donnée par

$$M\Psi(\lambda,\mu) = \int_X f^{\lambda}\,\bar{f}^{\mu}\psi \wedge df \wedge d\bar{f}\ ,\ \lambda-\mu \in \mathbb{Z}$$

On utilise alors l'existence du polynôme de Bernstein-Sato de f (proposition 5) pour montrer que $M\Psi$ admet un prolongement méromorphe. Nous montrons ensuite que les estimations suffisantes pour appliquer notre résultat d'inversion de Mellin (démontré avant) s'obtiennent à l'aide de la caractérisation due à M. Kashiwara [5] de la variété caractéristique du D_X-module $D_X f^{\lambda}$.

I.- DÉVELOPPEMENTS ASYMPTOTIQUES ET TRANSFORMATION DE MELLIN DANS $\mathbb{C}$.

Dans ce paragraphe, nous généralisons à $\mathbb{C}$ les résultats de Maire [7] sur $\mathbb{R}_+$ qui donnent une caractérisation de la transformée de Mellin des fonctions admettant en 0 un développement asymtotique dans l'échelle $t^{p_j}(\log t)^k$ où (p_j) est une suite croissante de nombres réels tendant vers l'infini.

Soient $(p_j)_{j\in\mathbb{N}}$, $(q_k)_{k\in\mathbb{N}}$ deux suites de nombres complexes telles que les suites $\mathrm{Re}(p_j)_{j\in\mathbb{N}}$ et $\mathrm{Re}(q_j)_{j\in\mathbb{N}}$ soient strictement croissantes et tendent vers l'infini. Etant donné encore une suite $(n_{j,k})_{(j,k)\in\mathbb{N}^2}$ de nombres entiers $\geqslant 0$, nous dirons qu'une fonction complexe φ , définie dans un voisinage pointé de $0\in\mathbb{C}$, admet un <u>développement asymptotique</u> de la forme

$$(1) \qquad \Sigma\, a_{j,k,\ell}\, z^{p_j}\,\bar{z}^{q_k}(\log|z|)^{\ell}$$

avec $a_{j,k,\ell}\in\mathbb{C}$ satisfaisant

$$a_{j,k,\ell} = 0 \text{ si } p_j - q_k \notin \mathbb{Z} \text{ ou bien si } \ell > n_{j,k}\quad ,$$

si, pour tout $N>0$, on a :

$$\varphi(z,\bar{z}) - \sum_{\mathrm{Re}(p_j+q_k)\leqslant N}\ \sum_{0\leqslant \ell\leqslant n_{j,k}} a_{j,k,\ell}\, z^{p_j}\,\bar{z}^{q_k}(\log|z|)^{\ell} = o(|z|^N),\ |z|\to 0\ .$$

Dans ce cas, nous noterons

$$\varphi(z,\bar{z}) \sim \Sigma\, a_{j,k,\ell}\, z^{p_j}\bar{z}^{q_k}(\log|z|)^{\ell}\ ,\quad |z|\to 0\quad .$$

<u>Remarque 1.</u> : Les fonctions $z \longmapsto z^{p_j} \bar{z}^{q_k} (\log|z|)^\ell$ ne forment pas une échelle de comparaison au voisinage de 0. Néanmoins les coefficients $a_{j,k,\ell}$ de (1) sont univoquement déterminés.

En effet :

$$\sum_{Re(p_j+q_k)=N} a_{j,k,\ell}\, z^{p_j} \bar{z}^{q_k} (\log|z|)^\ell = o(|z|^N) \quad ,$$

$$\Rightarrow \sum_{Re(p_j+q_k)=N} a_{j,k,\ell_0}\, r^N e^{i(p_j-q_k)\theta} = o(r^N) \quad , r \to 0 \quad ,$$

$$\forall \theta \in [0,2\pi] \quad , \ell_0 \leqslant \max n_{j,k} \ .$$

$$\Rightarrow \sum_{Re(p_j+q_k)=N} a_{j,k,\ell_0}\, e^{i(p_j-q_k)\theta} = 0 \quad , \forall \theta \in [0,2\pi]$$

$$\Rightarrow \sum_{\substack{Re(p_j+q_k)=N \\ p_j-q_k=m}} a_{j,k,\ell_0} = 0 \Rightarrow a_{j,k,\ell_0} = 0 \text{ , puisque } Re(p_j-q_k) = p_j-q_k \ .$$

<u>Cas particulier</u> : S'il existe $r_1,\ldots,r_m \in \mathbb{C}$ tels que $0 \leqslant Re\, r_i < 1$ et

$\forall j \in \mathbb{N}$, $\exists i \in \{1,2,\ldots,m\}$ tel que $p_j \equiv r_i \pmod{\mathbb{Z}}$,

$\forall k \in \mathbb{N}$, $\exists i \in \{1,2,\ldots,m\}$ tel que $q_k \equiv r_i \pmod{\mathbb{Z}}$,

le développement (1) s'écrit aussi

$$\sum a^i_{j,k,\ell}\, |z|^{2r_i} z^j \bar{z}^k (\log|z|)^\ell \quad .$$

En effet, dans (1) les coefficients $a_{j,k,\ell}$ sont nuls si $p_j-q_k \notin \mathbb{Z}$.

Lorsque φ est C^∞ dans un voisinage pointé de $0 \in \mathbb{C}$, on dira que le <u>développement asymtotique</u> (1) est <u>indéfiniment dérivable</u> terme à terme si $\forall N > 0$, $\forall \alpha, \beta \in \mathbb{N}$:

$$(1') \quad \partial_z^\alpha \partial_{\bar{z}}^\beta \left\{\varphi(z,\bar{z}) - \sum_{Re(p_j+q_k)\leqslant N} a_{j,k,\ell}\, z^{p_j} \bar{z}^{q_k} (\log|z|)^\ell\right\} = o(|z|^{N-\alpha-\beta}), \ |z| \to 0$$

Etant donnée une fonction complexe φ sur $\mathbb{C}^*$ telle que $|z|^N \varphi(z,\bar{z})$ soit intégrable sur $\mathbb{C}$, nous définissons, pour $\lambda, \mu \in \mathbb{C}$ tels que

$\mathrm{Re}(\lambda+\mu) = N$, $\lambda-\mu \in \mathbb{Z}$, $M\varphi(\lambda,\mu) = \int_{\mathbb{C}} z^{\lambda}\bar{z}^{\mu}\varphi(z,\bar{z})dzd\bar{z}$. C'est la <u>transformée de Mellin</u> de φ au point (λ,μ) qu'on regarde comme fonction de $\lambda+\mu$, $\lambda-\mu \in \mathbb{Z}$ étant fixe.

<u>Exemple 2</u> : Les fonctions de $C_c^{\infty}(\mathbb{C}^*)$ ont pour transformées de Mellin des fonctions entières. Les fonctions C^{∞} sur $\mathbb{C}^*$ à support contenu dans $\{z \in \mathbb{C} \ ; \ |z| \leq R\}$ et admettant en 0 un développement asymptotique (1) ont une transformée de Mellin pour $\mathrm{Re}(\lambda+\mu)$ assez grand.

<u>Lemme 3</u> : Soit $\varphi \in C^{\infty}(\mathbb{C}^*)$, nulle pour $|z| > R$, telle que $\forall \varepsilon > 0$, $\forall \alpha, \beta \in \mathbb{N}$:

$$\partial_z^{\alpha}\partial_{\bar{z}}^{\beta}\varphi(z,\bar{z}) = O(|z|^{-\varepsilon-\alpha-\beta}), \ |z| \longrightarrow 0 \ . \tag{2}$$

Alors $M\varphi(\lambda,\mu)$ est holomorphe dans $\mathrm{Re}(\lambda+\mu) > -2$ et $\forall \gamma \in \mathbb{N}$, il existe $C(\varphi,\alpha) > 0$ tel que

$$|\lambda\pm\mu|^{\gamma} \ |M\varphi(\lambda,\mu)| < C(\varphi,\gamma).R^{\mathrm{Re}(\lambda+\mu)} \ . \tag{3}$$

La réciproque est vraie, c'est-à-dire si $F(\lambda,\mu)$ est une famille de fonctions holomorphes dans $\mathrm{Re}(\lambda+\mu) > -2$ satisfaisant (3), alors $F = M\varphi$ avec $\varphi \in C^{\infty}(\mathbb{C}^*)$ unique, nulle pour $|z| > R$ et vérifiant (2).

<u>Preuve</u> : L'intégrale $\int z^{\lambda}\bar{z}^{\mu}\varphi(z,\bar{z})dzd\bar{z}$ converge pour $\mathrm{Re}(\lambda+\mu) > -2$ d'après (2) et changement de variables en coordonnées polaires. Puisque l'on a :

$$\frac{d}{d(\lambda+\mu)} z^{\lambda}\bar{z}^{\mu} = \frac{1}{2}(z^{\lambda}\bar{z}^{\mu}\log z + z^{\lambda}\bar{z}^{\mu}\log \bar{z}) = z^{\lambda}\bar{z}^{\mu}\log|z| \quad \text{et que}$$

$\int z^{\lambda}z^{\mu} \varphi(z,z)\log|z|dzd\bar{z}$ converge dans le même demi-plan, $M\varphi(\lambda,\mu)$ est holomorphe dans $\mathrm{Re}(\lambda+\mu) > -2$.

En intégrant $M\varphi$ par parties, on obtient :

$$(\lambda+1)^{\alpha}M\varphi(\lambda,\mu) = M((-z \frac{\partial}{\partial z})^{\alpha}\varphi)(\lambda,\mu) \ ,$$

d'où il suit que (2) entraîne (3).

Pour démontrer la réciproque, posons

$$\sigma = \lambda+\mu, \ m = \lambda-\mu \ , \ G_m(\sigma) = F\left(\frac{\sigma+m}{2}, \frac{\sigma-m}{2}\right)$$

et pour $x > -2$:

$$g(r,\theta) = \frac{1}{4\pi^2 i} \sum_{m \in \mathbb{Z}} \int_{x-i\infty}^{x+i\infty} r^{-\sigma-2} e^{-im\theta} G_m(\sigma) d\sigma \quad .$$

L'intégrale est indépendante de x d'après le théorème de Cauchy et la décroissance rapide de G_m sur $\operatorname{Re}\sigma = x$. La somme converge d'après la majoration suivante :

$$|m|^2 \left| \int_{x-i\infty}^{x+i\infty} r^{-\sigma-2} e^{-im\theta} G_m(\sigma) d\sigma \right| \leq R^x . C(G,4) \left(\int_{x-i\infty}^{x+i\infty} \frac{|d\sigma|}{1+|\sigma|^2} \right) r^{-x-2}$$

Ce qui précède montre encore que $g \in C^\infty(]0,\infty[\times [0,2\pi])$. De plus,

$$|g(r,\theta)| \leq \text{const. } r^{-x-2} . R^x$$

montre que

$$g(r,\theta) = 0 \quad \text{pour} \quad r > R \quad (\text{en faisant } x \to \infty),$$
$$g(r,\theta) = O(r^{-\varepsilon}), \quad r \to 0 \quad (\text{avec } \varepsilon = x+2) \quad .$$

Par dérivation sous Σ et $\int$, on obtient :

$$\frac{\partial g}{\partial r}(r,\theta) = O(r^{-\varepsilon-1}), \quad \frac{\partial g}{\partial \theta}(r,\theta) = O(r^{-\varepsilon}), \; r \to 0 \quad .$$

Soit $\varphi(z,\bar{z}) = \frac{2}{i} g((z\bar{z})^{1/2}, \frac{1}{2i} \operatorname{Log} \frac{z}{\bar{z}})$; ce qui précède et les formules

$$z \frac{\partial}{\partial z} = \frac{1}{2} (r \frac{\partial}{\partial r} - i \frac{\partial}{\partial \theta}), \; \bar{z} \frac{\partial}{\partial \bar{z}} = \frac{1}{2} (r \frac{\partial}{\partial r} + i \frac{\partial}{\partial \theta})$$

montrent que φ satisfait (2). La formule de réciprocité de Fourier donne $M\varphi = F$.

<u>Théorème 4</u> : La transformation de Mellin dans le domaine complexe $M\varphi(\lambda,\mu) = \int_{\mathbb{C}} z^\lambda \bar{z}^\mu \varphi(z,\bar{z}) dz d\bar{z}$ réalise une bijection entre l'ensemble des fonctions $\varphi \in C^\infty(\mathbb{C}^*)$, nulles pour $|z| > R$, admettant en 0 un développement asymptotique

$$\varphi(z,\bar{z}) \sim \sum a_{j,k,\ell} \, z^{p_j} \bar{z}^{q_k} (\log|z|)^\ell$$

indéfiniment dérivable terme à terme et l'ensemble des fonctions $F(\lambda,\mu)$ méromorphes dans $\mathbb{C}$ avec pôles d'ordres $\leq n_{j,k}+1$ aux points $(-p_j-1,-q_k-1)$ qui satisfont : $\forall N > 0$, $\forall \alpha \in \mathbb{N}$, il existe $C(F,N,\alpha) > 0$ tel que

$$(4) \qquad |\lambda\pm\mu|^{\alpha} \; |F(\lambda,\mu)| \leq C(F,N,\alpha).R^{\mathrm{Re}(\lambda+\mu)} \quad ,$$

pour $\mathrm{Re}(\lambda+\mu+N) > -2$ et $|(\lambda+\mu)| >> 0$.

<u>Preuve</u> : Soient $\chi \in C_c^{\infty}(\mathbb{C})$ qui vaut 1 pour $|z| \leq R/4$, 0 pour $|z| \geq R/2$ et

$$\chi_{j,k,\ell}(z,\bar{z}) = \chi(z,\bar{z})z^{p_j}\,\bar{z}^{q_k}(\log|z|)^{\ell} \quad .$$

Alors $M\chi_{j,k,\ell}$ est méromorphe dans $\mathbb{C}$ avec un seul pôle en $(-p_j-1,-q_k-1)$ puisque

$$M\chi_{j,k,\ell}(\lambda,\mu) = \left(\int_{|z|<R/4} + \int_{|z|>R/4}\right) z^{\lambda}\bar{z}^{\mu}\,\chi_{j,k,\ell}(z,\bar{z})dzd\bar{z}$$

$$= \int_0^{R/4} r^{\lambda+p_j+\mu+q_k+1}(\log r)^{\ell}dr.\int_0^{2\pi} e^{i(\lambda+p_j-\mu-q_k)\theta}\,d\theta + G(\lambda,\mu)$$

$$= \begin{cases} 2\pi \dfrac{d^{\ell}}{d(\lambda+\mu)^{\ell}}\left[\dfrac{(R/4)^{\lambda+p_j+1+\mu+q_k+1}}{\lambda+p_j+1+\mu+q_k+1}\right] + G(\lambda,\mu) & , \text{ si } \lambda+p_j = \mu+q_k \\ G(\lambda,\mu) & , \text{ sinon} \end{cases}$$

où G est une fonction entière de $\lambda+\mu$.

Considérons $\varphi \in C^{\infty}(\mathbb{C})$ admettant en 0 un développement asymptotique du type (1), indéfiniment dérivable terme à terme. Les relations (1') et le lemme 3, plus exactement son translaté de N, montrent que $M\varphi$ est méromorphe dans $\mathrm{Re}(\lambda+\mu) > -N-2$. Les majorations (4) découlent aussi du lemme 3.

La réciproque est une conséquence directe du lemme 3 puisque si $F(\lambda,\mu)$ a les propriétés annoncées, alors

$$F - \sum_{\mathrm{Re}(p_j+q_k) \leq N} A_{j,k,\ell}\; M\chi_{j,k,\ell} \quad ,$$

avec $A_{j,k,\ell} \in \mathbb{C}$ convenablement choisis, est holomorphe dans $\mathrm{Re}(\lambda+\mu) > -N-2$ et satisfait des estimations du type (4) □

2.- PROLONGEMENT ANALYTIQUE DE $(I\phi)(\lambda,\mu) = \int_X f^\lambda \bar{f}^\mu \phi$

Soit X une variété analytique complexe de dimension n+1 et f une fonction holomorphe sur X. Dans toute la suite, on suppose que f n'est pas constante et que

(6) $$df(z) = 0 \Rightarrow f(z) = 0$$

cas auquel on peut toujours se ramener localement, car les valeurs critiques de f sont isolées.

Pour toute (n+1,n+1)-forme ϕ de classe C^∞ à support compact sur X et $\lambda,\mu \in \mathbb{C}$ tels que $\mathrm{Re}(\lambda+\mu) > 0$, $\lambda-\mu \in \mathbb{Z}$, on considère

$$I\phi(\lambda,\mu) = \int_X f^\lambda \bar{f}^\mu \phi \quad .$$

Avec $\sigma = \lambda+\mu$, $m = \lambda-\mu$ on a ainsi une suite de fonctions holomorphes de σ, pour $\mathrm{Re}\,\sigma > 0$.

D'après Björk [4] p. 217, il existe localement sur X un opérateur différentiel à coefficients holomorphes $P(\lambda,z,\partial_z)$ et un polynôme $b \in \mathbb{C}[\lambda]$, b non nul,(*) tels que

(7) $$P(\lambda,z,\partial_z) f^{\lambda+1} = b(\lambda) f^\lambda \quad .$$

L'identité (7) doit être considérée comme une égalité sur le revêtement universel de $X-\{f=0\}$.

En conjugant, il vient :

$$\bar{P}(\lambda,z,\partial_z)\bar{f}^{\bar{\lambda}+1} = \bar{b}(\bar{\lambda})\bar{f}^{\bar{\lambda}}$$

où $\bar{P}(\lambda,z,\partial_z) = \Sigma \bar{a}_{j,\alpha,\beta}\lambda^j \bar{z}^\alpha \partial_{\bar{z}}^\beta$. D'autre part, comme $P(\lambda,z,\partial_z)$ agit $\mathcal{O}_X$-linéairement on a

(8) $$P(\lambda,z,\partial_z) f^{\lambda+1}\bar{f}^\mu = b(\lambda) f^\lambda \bar{f}^\mu \ , \ \bar{P}(\bar{\mu},z,\partial_z) f^\lambda \bar{f}^{\mu+1} = \bar{b}(\bar{\mu})\, f^\lambda \bar{f}^\mu \quad .$$

(*) Le générateur unitaire de l'idéal de $\mathbb{C}[\lambda]$ pour lequel une telle identité (7) a lieu est appelé le polynôme de Bernstein-Sato de f .

Introduisons encore les adjoints formels $Q,\bar{Q}$ de $P,\bar{P}$. Alors, pour $\lambda,\mu \in \mathbb{C}$, $\mathrm{Re}(\lambda+\mu) >> 0$ et $\lambda-\mu \in \mathbb{Z}$, un nombre fini d'intégrations par parties donne les relations fonctionnelles :

$$(9)\quad (I\Phi)(\lambda,\mu) = \frac{1}{b(\lambda)}(IQ(\lambda)\Phi)(\lambda+1,\mu) = \frac{1}{\bar{b}(\bar{\mu})}(I\bar{Q}(\bar{\mu})\Phi)(\lambda,\mu+1)\ .$$

Il suffit maintenant d'itérer (9) pour obtenir la proposition suivante.

Proposition 5 : Sous les hypothèses précédentes, $(I\Phi)(\lambda,\mu)$ admet, comme fonction de $\lambda+\mu$, un prolongement analytique méromorphe dans $\mathbb{C}$ avec pôles possibles en les (λ_0,μ_0) qui satisfont : $\forall(j,k) \in \mathbb{N}^2\setminus\{0\}$ tels que $0 \leq \mathrm{Re}(\lambda_0+j+\mu_0+k) < 1$,

$$b(\lambda_0)\ldots b(\lambda_0+j-1)\bar{b}(\bar{\mu}_0)\ldots\bar{b}(\bar{\mu}_0+k-1) = 0\ .$$

Corollaire 6 : Soit $\rho_0 = \max\{\mathrm{Re}\,\lambda\ ;\ b(\lambda)\bar{b}(\bar{\lambda}) = 0\}$.

Alors $(I\Phi)(\lambda,\mu)$ est holomorphe dans $\mathrm{Re}(\lambda+\mu) > -|\lambda-\mu| + 2\rho_0$.

Preuve : Si $\mathrm{Re}\lambda_0 > \rho_0$, alors (λ_0,ρ_0) n'est pas un pôle de $(I\Phi)(\lambda,\mu)$ car soit $\mathrm{Re}(\lambda_0+\mu_0) > 0$ et l'affirmation est claire, soit $-j \leq \mathrm{Re}(\lambda_0+\mu_0) < -j+1$, avec $j \geq 1$ et c'est une conséquence de la proposition 5 puisque $b(\lambda_0)\ldots b(\lambda_0+j-1)\neq 0$. En procédant de la même manière pour μ, on obtient :

$$(\lambda_0,\mu_0)\ \text{pôle de}\ (I\Phi)(\lambda,\mu) \Rightarrow (\mathrm{Re}\lambda_0,\mathrm{Re}\mu_0) \in\ ]-\infty,\rho_0]^2\ .$$

Or $(x,y) \in\ ]-\infty,\rho_0]^2 \Leftrightarrow x+y \leq -|x-y|+2\rho_0$ et $\lambda_0-\mu_0 = \mathrm{Re}\lambda_0-\mathrm{Re}\mu_0$ permettent de conclure.

Remarque 7 : Jusqu'ici, nous n'avons pas utilisé le théorème de résolution des singularités de H. Hironaka. Une première application de ce dernier permet de montrer (cf. Kashiwara [5]) que les zéros du polynôme de Bernstein sont rationnels négatifs, donc que $\bar{b}(\lambda) = b(\lambda)$ et $\rho_0 < 0$.

Pour obtenir des majorations de $I\Phi$ et en particulier la décroissance rapide sur les verticales $\mathrm{Re}(\lambda+\mu) = \text{const.}$, on utilise le résultat suivant qui dépend aussi de la résolution des singularités, cachée dans la caractérisation de la variété caractéristique du $\mathcal{D}$-module $\mathcal{D}f^\lambda$.

Proposition 8 : (Kashiwara [5]). Sous l'hypothèse (6) il existe localement sur X un opérateur différentiel

$P_0(\lambda,z,\partial_z) = \lambda^{m-1}a_1(z,\partial_z)+\ldots+a_m(z,\partial_z)$ avec $a_j(z,\partial_z)$ à coefficients holomorphes et d'ordre $\leq j$ pour chaque $j \in [1,m]$, vérifiant

(10) $$P_0(\lambda,z,\partial_z)f^\lambda = \lambda^m f^\lambda \quad .$$

Remarque 9 : L'égalité (10) entraîne une relation de dépendance intégrale de f sur l'idéal jacobien $J(f) = \left(\frac{\partial f}{\partial z_1},\ldots,\frac{\partial f}{\partial z_n}\right)$.

En effet, en notant $a_j^0(z,\zeta)$ le symbole principal de $a_j(z,\partial_z)$, homogène de degré m_j et en prenant $\lambda = s+it$, $t \to \infty$ et s fixé, on a

$$a_j(z,\partial_z)f^\lambda = a_j^0(z,df)\lambda^{m_j}f^{\lambda-m_j} + O(\lambda^{m_j-1})$$

De (10) il découle que

$$\sum_1^m a_j^0(z,df)\lambda^{m-j+m_j} f^{\lambda-m_j} = \lambda^m f^\lambda \; .$$

Par suite :

(11) $$\sum_{m_j = j} a_j^0(z,df)f^{m-j} = f^m$$

qui est la relation cherchée puisque $a_j^0(z,df) \in J(f)^j$.

Réciproquement la relation (11) entraîne-t-elle l'existence des opérateurs $a_j(z,\partial_z)$ tels que (10) ? La réponse est oui comme on va le voir dans la preuve mais on ne peut pas en général choisir $a_j = a_j^0$, sauf dans le cas $m=1$.

Preuve de la proposition 8 : D'après Lejeune-Teissier [6], (11) est une conséquence de (6). La fonction

$$\sigma : T^*(\mathbb{C}\times X) \longrightarrow \mathbb{C}$$

$$(t,z\,;\,\tau,\zeta) \longrightarrow (t\tau)^m - \sum_1^m a_j^0(z,\zeta)(t\tau)^{m-j}$$

est homogène de degré m en (τ,ζ) et s'annule sur

$\{(t,z\,;\,\tau,\zeta)\,;\, tf(z) \neq 0$ et $\exists s \in \mathbb{C}^*$ tel que $\tau = sf(z), \zeta = st\, df(z)\}$

dont l'adhérence est la variété caractéristique du $\mathcal{D}_{\mathbb{C}\times X}$-module $\mathcal{D}_{\mathbb{C}\times X}(tf)^{\lambda}$, cf. Björk [4], p. 248.

D'après le théorème des zéros, il existe un opérateur $P(t,z,\partial_t,\partial_z)$ de symbole principal $(\sigma(t,z,\tau,\zeta))^k$ tel que $P(t,z,\partial_t,\partial_z)(tf)^{\lambda} = 0$.

Comme $P(t,z,\partial_t,\partial_z) = \sum_0^{m'} b_j(t,z,\partial_z)\partial_t^j$ avec $m' = km$ et $b_{m'}(t,z,\partial_z) = t^{m'}$, et b_j d'ordre $\leqslant m'-j$, il vient :

$$P(t,z,\partial_t,\partial_z)(tf)^{\lambda} = \sum_0^{m'} b_j(t,z,\partial_z)\lambda(\lambda-1)\dots(\lambda-j+1)t^{\lambda-j}f^{\lambda} .$$

L'opérateur P_0 cherché s'obtient en posant $t=1$:

$$P_0(\lambda,z,\partial_z) = \sum_0^{m'-1} b_j(1,z,\partial_z)\lambda(\lambda-1)\dots(\lambda-j+1) = \sum_0^{m'-1} \lambda^j a_j(z,\partial_z) ,$$

le coefficient de λ^j étant d'ordre $\leq m'-j$.

<u>Proposition 10</u> : Soit ϕ une $(n+1,n+1)$-forme de classe C^{∞} et à support compact sur X. Alors, pour tous N,α entiers $\geqslant 0$, il existe $C(\phi,N,\alpha) > 0$ tel que

$$|\lambda \pm \mu|^{\alpha}\, |I\phi(\lambda,\mu)| \leqslant C(\phi,N,\alpha)R^{\mathrm{Re}(\lambda+\mu)}$$

pour $\mathrm{Re}(\lambda+\mu+N) \geqslant 0$ et $|\lambda + \mu| >> 0$, où $R = \sup\{\,|f(z)|\ ;\ z \in \mathrm{supp}\phi\}$.

<u>Preuve</u> : La proposition 8 donne , si Q_0 désigne l'adjoint de P_0

$$\begin{aligned}\lambda^{m\alpha} I\phi(\lambda,\mu) &= (IQ_0^{\alpha}(\lambda)\phi)(\lambda,\mu)\\ &= I\left(\frac{1}{b^{(N)}(\lambda)}\ Q^{(N)}(\lambda)Q_0^{\alpha}(\lambda)\phi\right)(\lambda+N,\mu)\end{aligned}$$

où $b^{(N)}(\lambda) = b(\lambda+N-1)\dots b(\lambda+1)b(\lambda)$ et $Q^{(N)}(\lambda) = Q(\lambda+N-1)\dots Q(\lambda+1)Q(\lambda)$.

Posons $\phi_{\lambda,N,\alpha} = \dfrac{1}{b^{(N)}(\lambda)}\ Q^{(N)}(\lambda)Q_0^{\alpha}(\lambda)\phi$. La majoration suivante :

$$|\phi_{\lambda,N,\alpha}| \leqslant C_1(\phi,N,\alpha)\,|\lambda|^{\,Nd+\alpha(m-1)} , \ |\lambda| >> 0$$

où $d = \deg_{\lambda}Q-\deg b$, découle immédiatement de $\deg_{\lambda}Q_0 < m$. Par suite :

$$|\lambda|^{m\alpha}|I\phi(\lambda,\mu)| = |I\phi_{\lambda,N,\alpha}(\lambda+N,\mu)|$$

$$\leqslant \sup_{\text{supp}\phi} |f|^{\lambda+\mu+N} \sup|\phi_{\lambda,N,\alpha}|$$

$$\leqslant |\lambda|^{Nd+\alpha(m-1)} C_1(\phi,N,\alpha).R^{\text{Re}(\lambda+\mu+N)}$$

pour $\text{Re}(\lambda+\mu+N) \geqslant 0$ et $|\lambda| >> 0$. Donc

$$|\lambda|^{\alpha}|I\phi(\lambda,\mu)| \leqslant C_1(\phi,N,\alpha+Nd).R^{\text{Re}(\lambda+\mu+N)}$$

pour $\text{Re}(\lambda+\mu+N) \geqslant 0$, $|\lambda| >> 0$.

La majoration cherchée découle de cette dernière et de celle obtenue par symétrie en jouant sur μ, $\overline{Q}_0,\overline{Q}$.

<u>Théorème 11</u> : Soient X une variété analytique complexe de dimension n+1 et $f : X \longrightarrow \mathbb{C}$ une fonction holomorphe satisfaisant (6). Alors pour tout compact K de X il existe des nombres rationnels $r_1,\ldots,r_m$ tels que $0 \leqslant r_i < 1$ et, pour toute (n,n)-forme ψ de classe C^{∞} à support dans K sur X, l'intégrale sur les fibres $\Psi(s) = \int_{f=s} \psi$ admet un développement asymptotique

$$(12)\ \Psi(s) \sim \Sigma\, a^i_{j,k,\ell} |s|^{2r_i} s^j \bar{s}^k (\log|s|)^{\ell} \ ,\ s \longrightarrow 0 \ ,\ a^i_{j,k,\ell} \in \mathbb{C} \ ,$$

indéfiniment dérivable terme à terme.

<u>Remarque 12</u> : Un argument de partition de l'unité montre que le théorème 11 est en fait local sur X. Dans la situation locale les exposants r_i sont congrus modulo $\mathbb{Z}$ aux racines du polynôme $\lambda \to b(\lambda)$, où b est le polynôme de Bernstein de f. De plus, dans la somme de (12), l'entier ℓ est majoré par le nombre, compté avec multiplicité, de racines congrues modulo $\mathbb{Z}$.

Preuve : Comme il est dit ci-dessus, il suffit de traiter le problème localement sur X. Soit $\phi = \psi \wedge df \wedge d\bar{f}$. On a :

$$I\phi(\lambda,\mu) = \int_X f^\lambda \bar{f}^\mu \phi = \int_{\mathbb{C}} s^\lambda \bar{s}^\mu \Psi(s) ds \wedge d\bar{s} = M\Psi(\lambda,\mu) \quad .$$

Les propositions 5 et 10 s'appliquent et montrent que $I\phi$ admet un prolongement analytique méromorphe dans $\mathbb{C}$ qui satisfait (4), avec pôles possibles en

$$(\rho_j,-j_1,\rho_{k'}-k_1), \quad j_1,k_1 \geq 0 \ , \quad \rho_{j'}-\rho_{k'} \in \mathbb{Z} \ ,$$

où $\rho_1,\ldots,\rho_{m'}$ sont les racines de $\lambda \to b(\lambda)$.

Le théorème 4 affirme que $\Psi \in C^\infty(\mathbb{C}^*)$ admet un développement asymptotique du type

$$\Psi(s) \sim \Sigma\, a^{j',k'}_{j_1,k_1,\ell}\, s^{-\rho_{j'}+j_1-1}\,\bar{s}^{-\rho_{k'}+k_1-1} (\log|s|)^\ell \ , \ s \longrightarrow 0$$

Si $r_1,\ldots,r_m$ sont congrus modulo $\mathbb{Z}$ à $-\rho_1,\ldots,-\rho_{m'}$ et $0 \leq \mathrm{Re}\ r_i < 1$, les couples $(-\rho_{j'}+j_1-1,-\rho_{k'}+k_1-1)$ s'écrivent de manière unique (r_i+j,r_i+k), $j,k \in \mathbb{Z}$.

Utilisant encore que l'intégrale sur les fibres de f d'une (n,n)-forme continue est une fonction continue (cf. Barlet [1]), on obtient les exposants annoncés dans (12) □

Remarque 13 : Il n'est pas difficile de relier les coefficients $a^i_{j,k,\ell}$ du développement asymptotique (12) aux distributions polaires du prolongement méromorphe de $\int_X f^\lambda \bar{f}^\mu$ □ . On obtient alors facilement (voir par exemple le lemme 1 de [3]) que les $a^i_{j,k,\ell}$ définissent des courants de type (1,1) sur X .

RÉFÉRENCES

[1] BARLET D. : Convexité de l'espace des cycles, Bull. Soc. Math. (France) 106, 373-397 (1978).

[2] BARLET D. : Développement asymptotique des fonctions obtenues par intégration sur les fibres, Invent. Math. 68, p. 129-174 (1982).

[3] BARLET D. : Contribution effective de la monodromie aux développements asymptotiques, Ann. Scient. Ec. Norm. Sup. 4ème série 17, 293-315 (1984).

[4] BJORK J.E. : Rings of differential operators, North Holland 1979.

[5] KASHIWARA M. : B-functions and holomonic systems, Invent. Math. 38, 33-53 (1976).

[6] LEJEUNE M. et TEISSIER B. : Clôture intégrale des idéaux et équisingularité, Séminaire Ecole Polytechnique (1974).

[7] MAIRE H.M. : Sur les distributions images réciproques par une fonction analytique, Comment. Math. Helvetici 51, 395-410 (1976).

UNE PREUVE SIMPLE DE LA CONJECTURE DE GRAUERT-RIEMENSCHNEIDER

Jean-Pierre Demailly
Institut Fourier, Université de Grenoble I
B.P. 74, F-38402 Saint-Martin-d'Hères.

Résumé. Soit E un fibré hermitien holomorphe en droites au-dessus d'une variété analytique complexe compacte X. Nous démontrons une majoration asymptotique pour la dimension des groupes de cohomologie des puissances tensorielles E^k assez élevées. Le majorant obtenu s'exprime de manière intrinsèque à l'aide d'une intégrale de la forme de courbure de E. Comme application, nous obtenons une preuve simple de la conjecture de Grauert-Riemenschneider, résolue récemment par Siu : si X possède un fibré en droites E quasi-positif, alors X est de Moishezon ; de plus, l'hypothèse de quasi-positivité a pu être affaiblie ici en une condition intégrale qui n'exige pas la semi-positivité ponctuelle de E.

Abstract. Let E be a hermitian holomorphic line bundle over a compact complex manifold X. We give an asymptotic upper bound for the dimension of cohomology groups of high tensor powers E^k. This bound is invariantly expressed in terms of an integral of the bundle curvature form. As an application, we find a simple proof of the Grauert-Riemenschneider conjecture, recently solved by Siu : if X possesses a quasi-positive line bundle E, then X is a Moishezon space ; furthermore the quasi-positivity hypothesis can be weakened here in an integral condition which does not require the bundle E to be pointwise semi-positive.

0. INTRODUCTION ET NOTATIONS.

Soient X une variété analytique complexe compacte de dimension n, F un fibré vectoriel holomorphe de rang r et E un fibré holomorphe en droites hermitien de classe C^∞ au-dessus de X. Soient $\nabla = \nabla' + \nabla''$ la connexion canonique de E et $c(E) = \nabla^2 = \nabla'\nabla'' + \nabla''\nabla'$ la forme de courbure de E. Désignons par $X(q)$, $0 \leq q \leq n$, l'ouvert de X sur lequel la (1,1)-forme de courbure $ic(E)$ possède exactement q valeurs propres < 0 et $n-q$ valeurs propres > 0. Nous démontrons alors l'estimation asymptotique suivante, qui borne la dimension de l'espace de cohomologie $H^q(X,E^k\otimes F)$ en fonction d'une intégrale de courbure de E sur $X(q)$.

THÉORÈME 0.1. - Pour tout $q = 0,1,\ldots,n$ on a l'estimation
$$\dim H^q(X,E^k\otimes F) \leq C(n) r k^n \int_{X(q)} |c(E)^n| + o(k^n)$$
où $r = \text{rang}(F)$ et où $C(n) > 0$ ne dépend que de n.

La constante optimale dans l'inégalité du théorème 0.1 est $C(n) = (2\pi)^{-n}/n!$, mais la preuve de ce résultat requiert une analyse beaucoup plus détaillée que celle élémentaire que nous exposons ici (cf. [D2], [D3]). La constante optimale précédente s'obtient en combinant les inégalités de Morse de E. Witten [W] avec un théorème de [D3], qui décrit de manière très précise le spectre de l'opérateur de Schrödinger associé au champ magnétique $B = k\,ic(E)$ lorsque k tend vers $+\infty$.

Les techniques du présent article sont en fait plus proches des techniques utilisées antérieurement par [Siu 1,2] pour prouver la conjecture de Grauert-Riemenschneider. Indiquons brièvement la méthode de démonstration. Les groupes de cohomologie $H^q(X,E^k\otimes F)$ peuvent être interprétés comme des espaces de formes harmoniques à valeurs dans $E^k\otimes F$, une fois qu'on a muni E et X de métriques hermitiennes. On utilise alors l'identité de Bochner-Kodaira-Nakano non kählérienne de P. Griffiths [G], relative à la connexion $D_k = D'_k + D''_k$ de $E^k\otimes F$:

$$\Delta''_k = \Delta'_k + [ic(E^k\otimes F),\Lambda] + [D'_k,\theta] - [D''_k,\bar{\theta}] \quad ; \qquad (0.2)$$

Δ'_k, Δ''_k désignent ici les Laplaciens holomorphes et antiholomorphes sur $E^k\otimes F$, et θ est un opérateur d'ordre 0 et de bidegré $(-1,0)$ qui dépend uniquement de la torsion de la métrique hermitienne sur X. Il résulte de la présence du terme de courbure $k[ic(E),\Lambda]$ dans (0.2) que toute $(0,q)$-forme harmonique h à valeurs dans $E^k\otimes F$ est nécessairement petite en dehors de l'ensemble $\overline{X(q)}$. Pour majorer h sur $X(q)$, on commence par démontrer un lemme de type Rellich pour opérateur D'_k en bidegré $(0,q)$. Ce lemme repose sur l'ellipticité du $\bar{\partial}$ en degré 0 (cf. § 3, § 4) ; la preuve nécessite l'utilisation d'un pavage de $X(q)$ par des cubes de côté $\sim 1/\sqrt{k}$ de manière à pouvoir contrôler les effets de la courbure (qui sont grosso modo proportionnels à k) lorsque k tend vers $+\infty$.

La dimension de $H^q(X,E^k\otimes F)$ est donc majorée à une constante près par le nombre de cubes du pavage, soit $k^n \,\mathrm{Vol}(X(q))$; il reste alors seulement à choisir la métrique hermitienne sur X de manière adéquate pour en déduire le théorème 0.1.

La méthode de [Siu 1], [Siu 2] était assez différente, et consistait à utiliser l'isomorphisme de Dolbeault en vue d'appliquer le lemme de Schwarz à des cochaînes holomorphes s'annulant en de nombreux points. L'utilisation directe du lemme de Rellich pour les formes harmoniques va entraîner ici un gain de précision considérable dans les estimations recherchées.

Soit maintenant $\chi(E^k \otimes F) = \sum_{q=0}^{n} (-1)^q \dim H^q(X, E^k \otimes F)$ la caractéristique d'Euler-Poincaré du fibré $E^k \otimes F$. La formule de Hirzebruch-Riemann-Roch donne

$$\chi(E^k \otimes F) = r \frac{k^n}{n!} c_1(E)^n + P_{n-1}(k) \tag{0.3}$$

où $P_{n-1} \in \mathbb{Q}[k]$ est un polynôme de degré $\leq n-1$, et où $c_1(E)$ est la première classe de Chern de E. La forme $c_1(E)$ est représentée en cohomologie de de Rham par la (1,1)-forme $\frac{i}{2\pi} c(E)$, de sorte que la formule précédente se récrit

$$\chi(E^k \otimes F) = r \frac{k^n}{n!} \int_X \left(\frac{i}{2\pi} c(E)\right)^n + o(k^n) . \tag{0.3'}$$

En combinant (0.3) et le théorème 0.1 pour $q \geq 2$, on en déduit la minoration suivante du H^0.

COROLLAIRE 0.4. - <u>Supposons que</u> $c(E)$ <u>ait au plus</u> 1 <u>valeur propre</u> < 0 <u>en tout point de</u> X. <u>Alors</u> :

$$\dim H^0(X, E^k \otimes F) \geq \chi(E^k \otimes F) - o(k^n)$$
$$\geq r \frac{k^n}{n!} c_1(E)^n - o(k^n) . \blacksquare$$

Le dernier paragraphe est consacré à l'étude des espaces de Moishezon. Rappelons-en la définition.

DÉFINITION 0.5. - <u>Soit</u> Y <u>un espace analytique compact irréductible. On appelle dimension algébrique de</u> Y, <u>notée</u> $a(Y)$, <u>le degré de transcendance sur</u> $\mathbb{C}$ <u>du corps</u> $\mathcal{M}(Y)$ <u>des fonctions méromorphes de</u> Y.

D'après un théorème bien connu de Siegel [S], on a toujours l'encadrement $0 \leq a(Y) \leq n$, où $n = \dim_{\mathbb{C}} Y$.

DÉFINITION 0.6. - Y <u>est appelé espace de Moishezon si</u> $a(Y) = n$.

En utilisant le raisonnement de Siegel [S], il n'est pas difficile d'obtenir d'autre part l'estimation suivante (cf. § 6 ; voir aussi [Siu 1]).

THÉORÈME 0.7. - Pour tout fibré holomorphe en droites E au-dessus de X, il existe une constante $C > 0$ telle que

$$\dim H^0(X,E^k) \le Ck^{a(X)}, \quad \forall k \ge 1 .$$

Le fibré E est dit quasi-positif si la forme de courbure $ic(E)$ est définie positive sur un ouvert dense de X. La conjecture [G-R] de Grauert et Riemenschneider peut alors s'énoncer comme suit.

CONJECTURE 0.8. - Pour que Y soit un espace de Moishezon, il faut et il suffit qu'il existe une désingularisation $\pi : X \to Y$ de Y et un fibré holomorphe en droites $E \to X$ quasi-positif.

La condition est trivialement nécessaire, car si Y est de Moishezon on sait d'après [Moi] que Y possède une désingularisation projective X. Le corollaire 0.4 et le théorème 0.7 permettent inversement de résoudre par l'affirmative la conjecture de Grauert et Riemenschneider. Le corollaire 0.4 fournit en fait une condition suffisante plus générale, qui n'exige pas la semi-positivité ponctuelle de E.

THÉORÈME 0.9. - Soit X une variété analytique compacte connexe de dimension n. Pour que X soit de Moishezon, il suffit que X possède un fibré hermitien en droites vérifiant l'une des hypothèses suivantes :

(a) $c_1(E)^n > 0$, et $ic(E)$ a au plus une valeur propre < 0 en tout point de X.

(b) $ic(E)$ est semi-positive sur X et définie positive en au moins un point.

Le théorème 0.9 (b) a été démontré antérieurement par [Siu 1] avec l'hypothèse supplémentaire $ic(E) > 0$ presque partout, puis par [Siu 2] en général. C'est ce résultat qui a constitué la principale motivation de notre travail. Une fois que l'on sait que X est de Moishezon, il n'est pas difficile de démontrer un théorème d'annulation sous hypothèse de semi-positivité de E (cf. § 7).

THÉORÈME 0.10. - Soit X une variété complexe compacte et connexe de dimension n, E un fibré hermitien en droites au-dessus de X. Si $ic(E)$ est ≥ 0 sur X et > 0 en au moins un point, alors

$$H^q(X,K_X \otimes E) = 0 = H^{n-q}(X,E^{-1})$$

pour tout $q = 1,\dots,n$.

1. IDENTITÉ DE BOCHNER-KODAIRA-NAKANO EN GÉOMÉTRIE HERMITIENNE.

L'outil essentiel pour la démonstration du théorème 0.1 consiste en une estimation a priori pour les formes harmoniques à valeurs dans le fibré $E^k \otimes F$, dérivée de l'identité de Bochner-Kodaira-Nakano.

Pour obtenir cette estimation, on munit la variété X d'une métrique hermitienne arbitraire ω de type (1,1) et de classe C^∞, et on introduit de même une métrique hermitienne C^∞ sur les fibres de F. L'espace $C^\infty_{p,q}(X,F)$ des (p,q)-formes de classe C^∞ à valeurs dans F se trouve alors muni d'une structure préhilbertienne naturelle. On note $D = D' + D''$ la connexion hermitienne canonique (i.e. telle que $D'' = \bar{\partial}$) de F, $\delta = \delta' + \delta''$ l'adjoint formel de D considéré comme opérateur différentiel sur $C^\infty_{\cdot,\cdot}(X,F)$, et Λ l'adjoint de l'opérateur de multiplication extérieure par ω. Si A, B sont des opérateurs différentiels sur $C^\infty_{\cdot,\cdot}(X,F)$ de degrés respectifs a, b, on définit leur anti-commutateur $[A,B]$ par la formule

$$[A,B] = AB - (-1)^{ab} BA .$$

Pour un troisième opérateur C de degré c, l'identité de Jacobi s'écrit alors :

$$(-1)^{ca}[A,[B,C]] + (-1)^{ab}[B,[C,A]] + (-1)^{bc}[C,[A,B]] = 0 . \qquad (1.1)$$

Avec ces notations, les opérateurs de Laplace-Beltrami Δ', Δ'' du fibré F sont définis par

$$\Delta' = [D',\delta'] = D'\delta' + \delta'D' \quad , \quad \Delta'' = [D'',\delta''] .$$

LEMME 1.2. - <u>On a les relations de commutation</u>

$$[\Lambda, D'] = i(\delta'' + \bar{\theta}) \; , \quad [\Lambda, D''] = -i(\delta' + \theta) \; ,$$

<u>où</u> θ (resp. $\bar{\theta}$) <u>est un opérateur d'ordre</u> 0 <u>et de bidegré</u> (-1,0) (resp. (0,-1)) <u>ne dépendant que de la torsion de la métrique</u> ω <u>sur</u> X.

<u>Démonstration</u>. - Les relations sont vraies dans $\mathbb{C}^n$ pour la métrique canonique (et plus généralement pour toute métrique kählérienne) : on a alors $\theta = 0$. Pour une métrique hermitienne ω quelconque, l'égalité a donc bien lieu au niveau des symboles principaux.

On peut montrer que $\theta^* = [\Lambda, d'\omega]$ (cf. [D1]), mais nous aurons besoin ici seulement de savoir que θ est indépendant de F ; or, ceci est évident, car pour tout $x \in X$ le fibré F admet localement une trivialisation par un repère holomorphe qui est orthonormé et D-parallèle au point x. ∎

L'utilisation du lemme 1.2 et de l'identité (1.1) donne

$$\begin{aligned}\Delta'' &= [D'', -i[\Lambda, D'] - \overline{\theta}] \\ &= -i([D',[D'',\Lambda]] + [\Lambda,[D',D'']]) - [D'',\overline{\theta}] \\ &= \Delta' + [D',\theta] + [i[D',D''],\Lambda] - [D'',\overline{\theta}] \ ,\end{aligned}$$

ce qui implique la formule suivante, connue sous le nom d'identité de Bochner-Kodaira-Nakano.

COROLLAIRE 1.3. - $\Delta'' = \Delta' + [ic(F),\Lambda] + [D',\theta] - [D'',\overline{\theta}]$.■

Pour $u \in C^{\infty}_{p,q}(X,F)$ on note $|u(x)|$ la norme de u en chaque point $x \in X$ et $\|u\|$ la norme L^2 globale :

$$\|u\|^2 = \int_X |u|^2 dV \ , \quad dV = \frac{1}{2^n n!}\omega^n \ .$$

Par adjonction, on obtient les égalités

$$\langle \Delta' u,u\rangle = \|D'u\|^2 + \|\delta' u\|^2 \ , \quad \langle \Delta'' u,u\rangle = \|D''u\|^2 + \|\delta'' u\|^2 \ ,$$

$$\langle [D',\theta]u,u\rangle = \langle \theta u,\delta' u\rangle + \langle D'u,\theta^* u\rangle \ ,$$

$$\langle [D'',\overline{\theta}]u,u\rangle = \langle \overline{\theta} u,\delta'' u\rangle + \langle D''u,\overline{\theta}^* u\rangle \ .$$

Grâce à l'inégalité

$$|\langle \theta u,\delta' u\rangle| \le \tfrac{1}{2}(\|\delta' u\|^2 + \|\theta u\|^2)$$

et ses 3 analogues, on déduit alors du corollaire 1.3 l'estimation

$$\frac{3}{2}\langle \Delta'' u,u\rangle \ \ge \ \frac{1}{2}\langle \Delta' u,u\rangle + \langle [ic(F),\Lambda]u,u\rangle - C_0\|u\|^2 \ , \tag{1.4}$$

où C_0 est une constante ≥ 0 dépendant de $d'\omega$, mais pas de F .

Soit maintenant ∇ la connexion de E , $D_k = D'_k + D''_k$ celle de $E^k \otimes F$, δ_k l'adjoint de D_k , et Δ'_k, Δ''_k les laplaciens associés.

La courbure de $E^k \otimes F$ se calcule par la formule

$$c(E^k \otimes F) = kc(E) \otimes Id_F + c(F) \ .$$

Pour tout $u \in C^{\infty}_{p,q}(X,E^k \otimes F)$, l'estimation (1.4) implique

$$3(\|D''_k u\|^2 + \|\delta''_k u\|^2) \ge \|D'_k u\|^2 + \|\delta'_k u\|^2 + 2k\langle [ic(E),\Lambda]u,u\rangle - C_1\|u\|^2 \tag{1.5}$$

où $C_1 \ge 0$ dépend de $d'\omega$ et de F , mais pas de k . Nous aurons donc besoin d'évaluer le terme en courbure $[ic(E),\Lambda]$. En tout point $x \in X$, notons

$$\alpha_1(x) \le \alpha_2(x) \le \ldots \le \alpha_n(x)$$

les valeurs propres de la (1,1)-forme réelle $ic(E)(x)$, et pour tout multi-indice $I \subset \{1,\ldots,n\}$ notons

$$\alpha_I = \sum_{j \in I} \alpha_j \ .$$

Les α_j sont donc des fonctions continues sur X .
Choisissons une base orthonormée $(\xi_j)_{1 \le j \le n}$ de $\Lambda^{1,0}T_x^*X$ qui diagonalise $ic(E)(x)$ sous la forme

$$ic(E)(x) = i \sum_{j=1}^{n} \alpha_j(x)\, \xi_j \wedge \bar{\xi}_j$$

et une base orthonormée $(f_1,\ldots,f_m)$ de la fibre $(E^k \otimes F)_x$. Alors pour toute forme $u \in \Lambda^{p,q}T_x^*X$ telle que

$$u = \sum u_{I,J,m}\, \xi_I \wedge \bar{\xi}_J \otimes f_m \ ,$$

où $|I| = p$, $|J| = q$, $1 \le m \le r$, on a l'égalité classique (cf. par exemple [D1]) :

$$\langle [ic(E),\Lambda]u,u\rangle = \sum_{I,J,m} \left(\alpha_I + \alpha_J - \sum_{j=1}^{n} \alpha_j\right) |u_{I,J,m}|^2 . \qquad (1.6)$$

2. ESTIMATIONS A PRIORI POUR LES FORMES HARMONIQUES.

D'après la théorie de Hodge, l'espace de cohomologie $H^q(X, E^k \otimes F)$ est isomorphe à l'espace $\mathcal{H}_k^q$ des (0,q)-formes Δ_k''-harmoniques à valeurs dans $E^k \otimes F$. Toute forme $u \in C^\infty_{0,q}(X, E^k \otimes F)$ peut également être interprétée comme une (n,q)-forme $\tilde{u}$ à valeurs dans le fibré $E^k \otimes \tilde{F}$, où $\tilde{F} = F \otimes \Lambda^n TX$; de plus, l'isomorphisme $u \mapsto \tilde{u}$ est une isométrie

$$C^\infty_{0,q}(X, E^k \otimes F) \xrightarrow{\sim} C^\infty_{n,q}(X, E^k \otimes \tilde{F}) \ .$$

Si on écrit $u = \sum u_{J,m}\, \bar{\xi}_J \otimes e_m$, l'égalité (1.6) donne

$$\langle [ic(E),\Lambda]u,u\rangle = \sum_{J,m} -\alpha_{\complement J} |u_{J,m}|^2 \ge -(\alpha_{q+1} + \ldots + \alpha_n)|u|^2 , \qquad (2.1)$$

$$\langle [ic(E),\Lambda]\tilde{u},\tilde{u}\rangle = \sum_{J,m} \alpha_J |u_{J,m}|^2 \ge (\alpha_1 + \ldots + \alpha_q)|u|^2 . \qquad (2.\tilde{1})$$

L'estimation a priori (1.5) appliquée aux formes $u \in C^\infty_{0,q}(X, E^k \otimes F)$ et $\tilde{u} \in C^\infty_{n,q}(X, E^k \otimes \tilde{F})$ entraîne alors les trois inégalités suivantes :

$$\frac{1}{k}\|D_k' u\|^2 - 2B\|u\|^2 \le \varepsilon_k(u) , \qquad (2.2)$$

$$2\int_X -(\alpha_{q+1} + \ldots + \alpha_n)|u|^2 dV \le \varepsilon_k(u) , \qquad (2.3)$$

$$2\int_X(\alpha_1+\ldots+\alpha_q)|u|^2dV \le \varepsilon_k(u) \ , \qquad (2.\bar{3})$$

avec

$$B = \max_{x\in X}(\alpha_{q+1}(x)+\ldots+\alpha_n(x)) \ , \qquad (2.4)$$

$$\varepsilon_k(u) = \frac{3}{k}(\|D_k''u\|^2+\|\delta_k''u\|^2+C_2\|u\|^2) \ , \quad C_2\ge 0 \ . \qquad (2.5)$$

Soit maintenant h une $(0,q)$-forme harmonique à valeurs dans $E^k\otimes F$ et soit ψ une fonction C^∞ arbitraire sur X. On a $D_k''h = \delta_k''h = 0$, donc

$$D_k''(\psi h) = d''\psi\wedge h \ , \qquad \delta_k''(\psi h) = -d'\psi \lrcorner h \qquad (2.6)$$

où $\lrcorner$ désigne le produit intérieur. Considérons le recouvrement de X par les intérieurs des compacts

$$K_+ = \{x\in X \ ; \ \alpha_1(x)+\ldots+\alpha_q(x)\ge \tfrac{1}{2}\} \ ,$$

$$K_- = \{x\in X \ ; \ \alpha_{q+1}(x)+\ldots+\alpha_n(x)\le -\tfrac{1}{2}\} \ ,$$

$$K = \{x\in X \ ; \ \alpha_1(x)+\ldots+\alpha_q(x)\le 1 \ \text{ et } \ \alpha_{q+1}(x)+\ldots+\alpha_n(x)\ge -1\} \ ,$$

et soit (ψ_+,ψ_-,ψ) une partition de l'unité subordonnée à ce recouvrement, telle que $\psi_+^2+\psi_-^2+\psi^2 = 1$. Les estimations (2.3), $(2.\bar{3})$, (2.5), (2.6) appliquées à $u = \psi_\pm h$ fournissent alors

$$\|\psi_\pm h\|^2 \le \frac{C_3}{k}\|h\|^2 \ ,$$

de sorte qu'il suffit de savoir contrôler ψh. Ceci sera possible grâce à l'inégalité (2.2), moyennant un lemme de Rellich convenable pour l'opérateur D_k'.

3. UN LEMME DE RELLICH POUR L'OPÉRATEUR $\bar{\partial}$ DANS $\mathbb{C}^n$.

Soit φ une fonction de classe C^∞ à valeurs réelles dans $\mathbb{C}^n$ (φ de classe C^2 suffirait). On désigne par λ la mesure de Lebesgue sur $\mathbb{C}^n$ et par $\|w\|_{k\varphi}$ la norme L^2 d'une fonction mesurable complexe w, avec poids $\exp(-k\varphi)$:

$$\|w\|_{k\varphi}^2 = \int_{\mathbb{C}^n}|w|^2\exp(-k\varphi)d\lambda \ .$$

Soit $N(\rho)$ le nombre de points du réseau $\mathbb{Z}[i]^n = (\mathbb{Z}+i\mathbb{Z})^n$ situés dans la boule fermée de centre 0 et de rayon ρ. Nous démontrons alors le lemme de Rellich explicite suivant pour l'opérateur $\bar{\partial}$.

THÉORÈME 3.1. - Soit K une partie compacte de $\mathbb{C}^n$ et $A > 0$ un majorant sur K des valeurs propres du Hessien de φ, i.e.

$$\left|\sum \frac{\partial^2\varphi(x)}{\partial z_j \partial \bar{z}_\ell} \xi_j \bar{\xi}_k\right| \le A|\xi|^2 , \quad x \in K , \quad \xi \in \mathbb{C}^n .$$

Soit σ un réel > 0 quelconque. Pour tout réel $k > 0$ il existe alors un entier

$$\gamma(k) = N(\sqrt{\sigma+2n})A^n k^n \lambda(K) + o(k^n) \tag{3.2}$$

et des fonctions $f_{j,k} \in C^0(\mathbb{C}^n)$, $1 \le j \le \gamma(k)$, ayant la propriété suivante : pour toute fonction $w \in C^\infty(\mathbb{C}^n)$ à support dans K, on a l'inégalité

$$\|w\|^2_{k\varphi} \le \frac{1}{\sigma A k} \|\bar{\partial} w\|^2_{k\varphi} + \sum_{1 \le j \le \gamma(k)} |\langle w, f_{j,k}\rangle_{k\varphi}|^2 . \tag{3.3}$$

Démonstration. - Observons d'abord que le problème est, en un certain sens, local sur K. Soient en effet $K_1, \dots, K_s$ des compacts dont les intérieurs $\mathring{K}_\ell$ recouvrent K et soient ψ_ℓ des fonctions réelles C^∞ à support dans K_ℓ, telles que $\sum \psi_\ell^2 = 1$ sur K. L'égalité $2\sum \psi_\ell \bar{\partial}\psi_\ell = 0$ donne

$$\sum_{\ell=1}^{s} |\bar{\partial}(\psi_\ell w)|^2 = \sum_{\ell=1}^{s} |\psi_\ell \bar{\partial}_w + w\bar{\partial}\psi_\ell|^2 = |\bar{\partial} w|^2 + \left(\sum_{\ell=1}^{s} |\bar{\partial}\psi_\ell|^2\right)|w|^2 . \tag{3.4}$$

Supposons (3.3) vraie sur chaque K_ℓ ; il suffira alors de sommer les inégalités (3.3) relatives aux fonctions $\psi_\ell w$ pour obtenir celle relative à w, car la constante $\sum |\bar{\partial}\psi_\ell|^2$ figurant dans (3.4) se trouve multipliée par le facteur $1/k$ tendant vers 0.

Pour démontrer l'inégalité (3.3) on va utiliser un pavage de K par des cubes de côté assez petit. On considère pour cela le pavé "modèle" P de côté 2 défini par

$$P = \{z = (x_j + iy_j)_{1 \le j \le n} ; |x_j| \le 1 , |y_j| \le 1\} . \tag{3.5}$$

On définit une fonction $\psi \in C^0(\mathbb{C}^n)$, à support dans P , en posant

$$\psi(z) = \prod_{1 \le j \le n} \cos\frac{\pi}{2} x_j \cdot \cos\frac{\pi}{2} y_j , \quad z \in P , \tag{3.6}$$

de sorte que la fonction ψ s'annule sur ∂P. Des relations $\cos^2 + \sin^2 = 1$ et $\frac{\partial}{\partial \bar{z}_j}(\cos\frac{\pi}{2}x_j \cdot \cos\frac{\pi}{2}y_j) = -\frac{\pi}{4}(\sin\frac{\pi}{2}x_j \cos\frac{\pi}{2}y_j + i\cos\frac{\pi}{2}x_j \sin\frac{\pi}{2}y_j)$, on tire aussitôt :

$$\sum_{\nu \in \mathbb{Z}[i]^n} \psi(z-\nu)^2 = 1 , \tag{3.7}$$

$$\sum_{\nu \in \mathbb{Z}[i]^n} |\bar{\partial}\psi(z-\nu)|^2 = n\frac{\pi^2}{8} . \tag{3.8}$$

L'inégalité (3.3) va alors se déduire du lemme crucial suivant par un argument de partition de l'unité.

LEMME 3.9. - *Soit ρ un réel > 0 et v, χ des fonctions complexes de classe C^∞ sur P, avec $v_{|\partial P} = 0$. Alors il existe des fonctions $f_j \in C^\infty(P)$, $1 \le j \le N = N(2\rho/\pi)$, telles que*

$$\int_P |v|^2 \exp(-\operatorname{Re}\chi) d\lambda \le \frac{2}{\rho^2} \int_P (|\bar\partial v|^2 + \frac{1}{4} |\bar\partial \chi|^2 |v|^2) \exp(-\operatorname{Re}\chi) d\lambda + \sum_{j=1}^{N} |\langle v, f_j\rangle_\chi|^2 .$$

Démonstration. - Posons $g = v\exp(-\chi/2)$. On a alors

$$\bar\partial g = (\bar\partial v - \frac{1}{2} v \bar\partial \chi) \exp(-\chi/2) ,$$

et l'inégalité de Cauchy-Schwarz entraîne

$$|\bar\partial g|^2 \le 2(|\bar\partial v|^2 + \frac{1}{4} |\bar\partial \chi|^2 |v|^2) \exp(-\operatorname{Re}\chi) .$$

L'inégalité du lemme 3.9 est donc une conséquence de l'inégalité

$$\int_P |g|^2 d\lambda \le \frac{1}{\rho^2} \int_P |\bar\partial g|^2 d\lambda + \sum_j |\langle g, f_j \exp(-\chi/2)\rangle|^2 . \tag{3.10}$$

Identifions l'espace mesuré $(P, d\lambda)$ au tore $(\mathbb{R}/2\mathbb{Z})^{2n}$ et considérons les coefficients de Fourier de g définis par

$$\hat g(\nu) = \int_P g(z) \exp(-i\pi \operatorname{Re}\langle \nu, z\rangle) d\lambda(z) , \quad \nu \in \mathbb{Z}[i]^n .$$

Comme g s'annule sur ∂P, on obtient après intégration par parties l'égalité

$$\widehat{\frac{\partial g}{\partial \bar z_j}}(\nu) = \frac{i\pi}{2} \nu_j \hat g(\nu) .$$

La formule de Parseval-Plancherel donne alors les identités

$$\int_P |g|^2 d\lambda = 2^{-2n} \sum_{\nu \in \mathbb{Z}[i]^n} |\hat g(\nu)|^2 ,$$

$$\int_P |\bar\partial g|^2 d\lambda = 2^{-2n} \frac{\pi^2}{4} \sum_{\nu \in \mathbb{Z}[i]^n} |\nu|^2 |\hat g(\nu)|^2 .$$

Pour assurer la validité de (3.10), il suffit donc de prendre pour fonctions f_j les fonctions $z \mapsto 2^{-n} \exp(i\pi \operatorname{Re}\langle \nu, z\rangle + \chi/2)$ avec $|\nu| < \frac{2\rho}{\pi}$. Le lemme est démontré. ∎

On considère maintenant le recouvrement du compact K par la famille de pavés

$$P_\nu = \frac{1}{\sqrt{Ak}} (P + \nu) , \quad \nu \in \mathbb{Z}[i]^n \tag{3.11}$$

de côté $2/\sqrt{Ak}$ et de centre $a_\nu = \nu/\sqrt{Ak}$. Posons

$$\psi_\nu(z) = \psi(\sqrt{Ak}\, z - \nu) \tag{3.12}$$

de sorte que $\operatorname{Supp} \psi_\nu \subset P_\nu$. D'après (3.7), (3.8) et (3.4), il vient

$$\|w\|^2_{k\varphi} = \sum_\nu \|\psi_\nu w\|^2_{k\varphi} \tag{3.13}$$

$$\sum_\nu \|\bar\partial(\psi_\nu w)\|^2_{k\varphi} = \|\bar\partial w\|^2_{k\varphi} + n\frac{\pi^2}{8}Ak\|w\|^2_{k\varphi} . \tag{3.14}$$

On va maintenant appliquer le lemme 3.9 aux fonctions $\psi_\nu w$ sur chaque cube P_ν. On cherche pour cela un poids $\chi = \chi_\nu$ tel que $\mathrm{Re}\,\chi_\nu = \varphi$, qui minimise $\bar\partial\chi$ sur P_ν. Dans toute la suite, nous conviendrons de noter $C_1, C_2, \ldots$ des constantes dépendant éventuellement de K et de φ, mais indépendantes de k, ε, ν. Pour tout $z \in P_\nu$ la formule de Taylor donne

$$\varphi(z) = \mathrm{Re}\,F_\nu(\zeta) + \sum_{1\le j,\ell\le n} \frac{\partial^2\varphi}{\partial z_j\partial\bar z_\ell}(a_\nu)\zeta_j\bar\zeta_\ell + \eta(\zeta)$$

où $\zeta = z - a_\nu$, $\eta(\zeta) \le C_1|\zeta|^3$, et où F_ν est le polynôme holomorphe défini par

$$F_\nu(\zeta) = \varphi(a_\nu) + 2\sum_j \frac{\partial\varphi}{\partial z_j}(a_\nu)\zeta_j + \sum_{j,\ell} \frac{\partial^2\varphi}{\partial z_j\partial z_\ell}(a_\nu)\zeta_j\zeta_\ell .$$

On pose alors

$$\chi_\nu(z) = \varphi(z) + i\,\mathrm{Im}\,F_\nu(\zeta) ,$$

de sorte que

$$\frac{\partial\chi_\nu}{\partial\bar z_\ell} = \sum_{1\le j\le n} \frac{\partial^2\varphi}{\partial z_j\partial\bar z_\ell}(a_\nu)\zeta_j + \frac{\partial\eta}{\partial\bar z_\ell}(\zeta) , \qquad \left|\frac{\partial\eta}{\partial\bar z_\ell}(\zeta)\right| \le C_2|\zeta|^2 .$$

Puisque les valeurs propres de $i\partial\bar\partial\varphi$ sont majorées par A et puisque $|\zeta_j|^2 \le 2/Ak$ sur P_ν, nous obtenons :

$$|\bar\partial\chi_\nu|^2 \le A^2|\zeta|^2 + C_3|\zeta|^3 \le 2nA/k + C_4k^{-3/2} . \tag{3.15}$$

Appliquons maintenant le lemme 3.9 au poids $\chi(z) = k\chi_\nu((z+\nu)/\sqrt{Ak})$ et à la fonction $v(z) = \psi(z)w((z+\nu)/\sqrt{Ak}) = (\psi_\nu w)((z+\nu)/\sqrt{Ak})$, $z \in P$.

L'estimation (3.15) entraîne $|\bar\partial\chi|^2 \le 2n + C_5k^{-\frac12}$, d'où

$$\|\psi_\nu w\|^2_{k\varphi} \le \frac{2}{\rho^2}\left[\frac{1}{Ak}\|\bar\partial(\psi_\nu w)\|^2_{k\varphi} + (\frac{n}{2} + C_5k^{-\frac12})\|\psi_\nu w\|^2_{k\varphi}\right] + \sum_{j=1}^{N} |\langle w, \psi_\nu f_j\rangle_{k\varphi}|^2 . \tag{3.16}$$

Pour achever la démonstration, il ne reste plus qu'à sommer les inégalités (3.16) sur les cubes P_ν qui rencontrent K. En utilisant (3.13) et (3.14) on obtient alors

$$\|w\|^2_{k\varphi} \le \frac{2}{\rho^2}\left[\frac{1}{Ak}\|\bar\partial w\|^2_{k\varphi} + \left(n\left(\frac12+\frac{\pi^2}{8}\right) + C_5k^{-\frac12}\right)\|w\|^2_{k\varphi}\right] + \sum_{1\le j\le\gamma(k)} |\langle w, f_{j,k}\rangle_{k\varphi}|^2 \tag{3.17}$$

où les fonctions $(f_{j,k})$ ne sont autres que les fonctions $\psi_\nu f_j$ après réindexation. L'inégalité (3.17) implique (3.3) en faisant passer le terme $\|w\|^2_{k\varphi}$ du membre de droite dans le membre de gauche ; il suffit pour cela que

$$\sigma < \frac{1-(1+\pi^2/4)n/\rho^2}{2/\rho^2} = \frac{\rho^2}{2} - \left(\frac{1}{2}+\frac{\pi^2}{8}\right)n ,$$

ce qui est réalisé par exemple pour $\rho = \frac{\pi}{2}\sqrt{\sigma+2n}$. L'entier $\gamma(k)$ est alors donné par

$$\gamma(k) = N \operatorname{card}\{\nu ; P_\nu \cap K \neq \emptyset\}$$

avec $N = N\left(\frac{2\rho}{\pi}\right) = N(\sqrt{\sigma+2n})$. Comme la maille du réseau des translations définissant les cubes P_ν a pour volume $(Ak)^{-n}$, il vient

$$\operatorname{card}\{\nu ; P_\nu \cap K \neq \emptyset\} = A^n k^n \lambda(K) + o(k^n) ,$$

et l'estimation (3.2) s'ensuit. ∎

4. LEMME DE RELLICH POUR L'OPÉRATEUR $D_k^{\prime}$.

Comme l'estimation (3.3) est locale, elle peut s'étendre sans difficulté au cas de l'opérateur $D_k^{\prime}$ agissant sur une section $u \in C^\infty_{0,q}(X,E^k \otimes F)$. Pour cela, il suffit d'appliquer le théorème 3.1 aux composantes de u dans des coordonnées locales convenables.

THÉORÈME 4.1. - Soit K une partie compacte de X et $\mathrm{Vol}(K)$ son volume relativement à la métrique ω . Soit A un réel > 0 tel que

$$\sup_{x\in K} \max_{1\le j\le n} |\alpha_j(x)| \le A ,$$

où $\alpha_1 \le \alpha_2 \le \ldots \le \alpha_n$ sont les valeurs propres de $ic(E)$, et σ un réel >0 quelconque. Pour tout entier $k>0$, il existe alors un entier

$$\nu(k) = \binom{n}{q} r\, N(\sqrt{\sigma+2n})\, A^n k^n \,\mathrm{Vol}(K) + o(k^n) \tag{4.3}$$

et des formes $v_{j,k} \in C^0_{0,q}(X,E^k \otimes F)$, $1 \le j \le \nu(k)$, telles que pour tout $u \in C^\infty_{0,q}(X,E^k \otimes F)$ à support dans K on ait

$$\|u\|^2 \le \frac{1}{\sigma A k}\|D_k^{\prime} u\|^2 + \sum_{1\le j\le \nu(k)} |\langle u, v_{j,k}\rangle|^2 . \tag{4.4}$$

Démonstration. - Soit $\varepsilon \in \,]0,1[$ un réel fixé. On va d'abord démontrer que l'inégalité (4.4) a lieu à un facteur multiplicatif $1+\varepsilon$ près dès que K est assez petit. On suppose que K est contenu dans un ouvert de carte $\Omega \subset X$ qui trivialise les fibrés E et F . Pour simplifier les notations, on identifiera $E_{|\Omega}$ au fibré trivial $\Omega \times \mathbb{C}$; la métrique de E est alors donnée par un poids $e^{-\varphi}$, et la courbure de E est telle que

$$ic(E) = i\partial\bar{\partial}\varphi \quad \text{sur } \Omega . \tag{4.5}$$

Soit d'autre part $(f_1,\ldots,f_m)$ un repère orthonormé C^∞ de $F_{|\Omega}$. Quitte à rétrécir Ω, on peut supposer que Ω est muni de coordonnées locales holomorphes $(z_1,\ldots,z_n)$ approximativement orthonormées, telles que

$$(1+\varepsilon)^{-1} i \sum_{j=1}^{n} dz_j \wedge d\bar{z}_j \leq \omega_{|\Omega} \leq (1+\varepsilon) i \sum_{j=1}^{n} dz_j \wedge d\bar{z}_j . \tag{4.6}$$

Via l'identification $E_{|\Omega} \simeq \Omega \times \mathbb{C}$, toute forme $u \in C^\infty_{0,q}(X, E^k \otimes F)$ peut s'écrire

$$u = \sum_{J,m} u_{J,m} d\bar{z}_J \otimes f_m , \quad |J| = q , \quad 1 \leq m \leq r .$$

LEMME 4.7. - <u>L'opérateur D'_k est défini par la formule</u>

$$D'_k u = \sum_{J,m} \sum_{1\leq \ell \leq n} e^{k\varphi} \frac{\partial}{\partial z_\ell} (e^{-k\varphi} u_{J,m}) dz_\ell \wedge d\bar{z}_J \otimes f_m$$
$$+ (-1)^q \sum_{J,m} u_{J,m} d\bar{z}_J \otimes D' f_m .$$

<u>Démonstration</u>. - En utilisant la formule de différentiation d'un produit tensoriel, on se ramène au cas où le fibré F est trivial (la métrique de F étant elle aussi triviale). Soit

$$(\cdot|\cdot)_k : C^\infty_{p,q}(X, E^k) \times C^\infty_{s,t}(X, E^k) \longrightarrow C^\infty_{p+t,q+s}(X, \mathbb{C})$$

l'accouplement sesquilinéaire induit par la métrique de E^k. Relativement à la trivialisation $E^k_{|\Omega} \simeq \Omega \times \mathbb{C}$, cet accouplement est défini par

$$(v|w)_k = v \wedge \bar{w} e^{-k\varphi} .$$

Comme la connexion D_k est hermitienne et holomorphe, on a la formule

$$\partial(v|w)_k = (D'_k v|w)_k + (-1)^{\deg v} (v|\bar{\partial} w)_k .$$

Ceci implique $D'_k = e^{k\varphi} \partial(e^{-k\varphi} \cdot)$, d'où le lemme. ∎

Posons $w_{J,m} = u_{J,m} e^{-k\varphi}$. D'après (4.6) on a l'inégalité

$$\|u\|^2 \leq (1+\varepsilon)^{n+q} \sum_{J,m} \int_K |w_{J,m}|^2 e^{k\varphi} d\lambda \tag{4.8}$$

car $\operatorname{Supp} u \subset K \subset \Omega$; le coefficient $(1+\varepsilon)^n$ provient de l'inégalité $dV \leq (1+\varepsilon)^n d\lambda$, le coefficient $(1+\varepsilon)^q$ de la métrique du fibré $\Lambda^{0,q} T^* X$. Le lemme 4.7 peut se réécrire par ailleurs

$$e^{k\varphi/2}\sum_{J,m}\partial(w_{J,m})\wedge d\bar z_J\otimes f_m = e^{-k\varphi/2}\Big[D_k'' u-(-1)^q\sum_{J,m}u_{J,m}d\bar z_J\otimes D'' f_m\Big].$$

Grâce à l'inégalité $(a+b)^2 \le (1+\varepsilon)(a^2+\varepsilon^{-1}b^2)$, il vient :

$$\sum_{J,m}\int_K|\partial w_{J,m}|^2 e^{k\varphi}d\lambda \le (1+\varepsilon)^{n+q+2}\Big[\|D_k'' u\|^2+\frac{C_1}{\varepsilon}\|u\|^2\Big], \tag{4.9}$$

où C_1 est un majorant de $(|D'' f_1|+\ldots+|D'' f_r|)^2$ sur K.

Les valeurs propres de $ic(E) = i\partial\bar\partial\varphi$ sont d'autre part majorées sur K par $(1+\varepsilon)A$. Appliquons alors le théorème 3.1 aux fonctions $\bar w_{J,m}$, où φ est remplacé par $-\varphi$ et A par $(1+\varepsilon)^{2n+2q+3}A$. Il vient

$$\|w_{J,m}\|^2_{-k\varphi} \le \frac{(1+\varepsilon)^{-2n-2q-3}}{\sigma Ak}\|\partial w_{J,m}\|^2_{-k\varphi} + \sum_{1\le j\le\gamma(k)}|\langle w_{J,m},f_{j,k}\rangle_{-k\varphi}|^2. \tag{4.10}$$

En combinant (4.8), (4.9) et (4.10) on obtient après sommation sur J,m :

$$\|u\|^2 \le \frac{(1+\varepsilon)^{-1}}{\sigma Ak}\Big[\|D_k'' u\|^2+\frac{C_1}{\varepsilon}\|u\|^2\Big]+\sum_{1\le j\le\nu(k)}|\langle u,v_{j,k}\rangle|^2, \tag{4.11}$$

et comme $\lambda(K) \le (1+\varepsilon)^n\mathrm{Vol}(K)$ il vient

$$\nu(k) = \binom{n}{q}r\,\gamma(k) \le \binom{n}{q}r\,N(\sqrt{\sigma+2n})(1+\varepsilon)^{C_2}A^n k^n\mathrm{Vol}(K) + o(k^n). \tag{4.12}$$

Ceci suppose que $\mathrm{Supp}\,u\subset K$ et que le compact K soit assez petit. Dans le cas général, soient $K_1,\ldots,K_s$ des compacts dont les intérieurs $\overset{\circ}{K}_\ell$ recouvrent K, tels que (4.11) et (4.12) soient réalisés sur chaque K_ℓ et tels que

$$\mathrm{Vol}(K_1)+\ldots+\mathrm{Vol}(K_s) < \mathrm{Vol}(K)+\varepsilon .$$

Soient ψ_ℓ des fonctions réelles C^∞ à support dans K_ℓ vérifiant $\sum\psi_\ell^2 = 1$ sur K. On a alors l'estimation suivante, analogue à (3.4) :

$$\sum_{\ell=1}\|D_k''(\psi_\ell u)\|^2 \le \|D_k'' u\|^2 + C_3\|u\|^2, \tag{4.13}$$

où C_3 est un majorant pour $\sum|\partial\psi_\ell|^2$. Les inégalités (4.11) et (4.12) relatives aux formes $\psi_\ell u$ impliquent

$$\|u\|^2 \le \frac{(1+\varepsilon)^{-1}}{\sigma Ak}\Big[\|D_k'' u\|^2+\Big(\frac{C_1}{\varepsilon}+C_3\Big)\|u\|^2\Big]+\sum_{1\le j\le\nu(k)}|\langle u,v_{j,k}\rangle|^2$$

avec

$$\nu(k) = \binom{n}{q}r\,N(\sqrt{\sigma+2n})(1+\varepsilon)^{C_2}A^n k^n(\mathrm{Vol}(K)+\varepsilon) + o(k^n).$$

Le théorème 4.1 s'ensuit si l'on fait tendre ε vers 0. ∎

5. MAJORATION ASYMPTOTIQUE DE LA DIMENSION DES GROUPES DE COHOMOLOGIE.

Pour illustrer la méthode, nous commencerons d'abord par étudier le cas particulièrement simple où $ic(E) \geq 0$.

THEOREME 5.1. - On suppose $ic(E) \geq 0$ sur X . Alors $\dim H^q(X, E^k \otimes F) = o(k^n)$ si $q \geq 1$.

Ce résultat est dû à Y.T. Siu [Siu 2] (avec une preuve différente) ; grâce à la formule de Riemann-Roch (0.3), on en déduit la minoration suivante du H^0 :

$$\dim H^0(X, E^k \otimes F) \geq r \frac{k^n}{n!} c_1(E)^n - o(k^n) . \tag{5.2}$$

En utilisant le théorème 0.7 on voit que la proposition 5.1 entraîne déjà la conjecture de Grauert-Riemenschneider dans sa formulation 0.9 (b).

Démonstration du théorème 5.1. - Soit Ω_+ l'ouvert des points de X où $ic(E)$ est définie > 0 (c'est-à-dire où $(ic(E))^n > 0$), et K un voisinage compact de $X \setminus \Omega_+$. Pour tout $\varepsilon > 0$, on peut choisir K tel que

$$\int_K (ic(E))^n < \varepsilon .$$

Si $K_+ \subset \Omega_+$ est un voisinage compact de $\overline{X \setminus K}$, il existe des fonctions $\psi, \psi_+ \in C^\infty(X, \mathbb{R})$ à support dans K, K_+ respectivement, telles que $\psi^2 + \psi_+^2 = 1$ sur X .

Soit $\tilde{\omega}$ une métrique hermitienne arbitraire sur X , η un réel > 0 et $\omega = ic(E) + \eta\tilde{\omega}$. Puisque $K_+ \subset \Omega_+$, $ic(E)$ est définie > 0 sur K_+ . Les valeurs propres α_j de $ic(E)$ relativement à la métrique ω vérifient donc $\alpha_1 \leq \ldots \leq \alpha_n \leq 1$ sur X , et sur K_+ on aura

$$\frac{1}{2} \leq \alpha_1 \leq \ldots \leq \alpha_n \leq 1 \tag{5.3}$$

dès que η est assez petit ; pour $\eta < \eta_0$ suffisamment petit, on aura de plus

$$\mathrm{Vol}(K) = \int_K \frac{\omega^n}{2^n n!} < \varepsilon .$$

Soit alors h une $(0,q)$-forme harmonique à valeurs dans $E^k \otimes F$, $q \geq 1$. Les estimations (2.3̄), (2.5), (2.6) pour $u = \psi_+ h$ donnent

$$\|\psi_+ h\|^2 \leq \frac{C_3}{k} \|h\|^2 , \tag{5.4}$$

tandis que les inégalités (2.2), (2.4) pour $u = \psi h$ impliquent

$$\frac{1}{k}\|D_k'(\psi h)\|^2 - (2n-2)\|\psi h\|^2 \le \frac{C_4}{k}\|h\|^2 . \tag{5.5}$$

Utilisons maintenant le théorème 4.1 avec $u = \psi h$, $A = 1$, $\sigma = 2n-1$. Il vient

$$(2n-1)\|\psi h\|^2 - \frac{1}{k}\|D_k'(\psi h)\|^2 \le \sum_{j=1}^{\nu(k)} |\langle h, \psi v_{j,k}\rangle|^2 . \tag{5.6}$$

Par addition de (5.4), (5.5), (5.6), on en déduit

$$\|h\|^2 = \|\psi h\|^2 + \|\psi_+ h\|^2 \le \frac{C_5}{k}\|h\|^2 + \sum_{j=1}^{\nu(k)} |\langle h, \psi v_{j,k}\rangle|^2 ,$$

ce qui entraîne $h = 0$ dès lors que $k > C_5$ et $\langle h, \psi v_{j,k}\rangle = 0$, $1 \le j \le \nu(k)$. Il vient donc

$$\dim H^q(X, E^k \otimes F) \le \nu(k) \le \binom{n}{q} r\, N(\sqrt{4n-1})k^n \varepsilon + o(k^n)$$

pour k assez grand, et le théorème 5.1 est démontré. ∎

Démonstration du théorème 0.1. – L'idée est analogue est celle du théorème 5.1 : elle consiste à combiner l'estimation a priori du Δ_k'' avec le lemme de Rellich pour l'opérateur D_k'. Nous aurons besoin pour cela de construire une métrique hermitienne adéquate sur X.

Désignons par S l'ensemble des points $x \in X$ en lesquels la forme de courbure $ic(E)(x)$ est dégénérée. Avec les notations de l'introduction, posons

$$\Omega_+ = X(0) \cup \ldots \cup X(q-1) , \quad \Omega_- = X(q+1) \cup \ldots \cup X(q) .$$

On a alors une partition de X :

$$X = S \cup X(q) \cup \Omega_+ \cup \Omega_- .$$

L'ensemble $S \cup X(q)$ est compact, et $c(E)^n = 0$ sur S. Pour tout $\varepsilon > 0$, il existe donc un voisinage compact K de $S \cup X(q)$ tel que

$$\int_{K \setminus X(q)} |c(E)^n| < \varepsilon / 2n^n . \tag{5.7}$$

On choisit d'autre part des compacts $K_+ \subset \Omega_+$, $K_- \subset \Omega_-$ tels que

$$X = \mathring{K} \cup \mathring{K}_+ \cup \mathring{K}_- .$$

On va maintenant construire une métrique hermitienne ω sur X qui sera intimement reliée à la forme de courbure $ic(E)$. Soit $\tilde{\omega}$ une métrique hermitienne fixée une fois pour toutes et $\tilde{\alpha}_1 \le \tilde{\alpha}_2 \le \ldots \le \tilde{\alpha}_n$ les valeurs propres de $ic(E)$ relativement à $\tilde{\omega}$.

On définit trois formes hermitiennes ω_η , ω_+ , ω_- semi-positives en tout point $x \in X$ en posant

$$\begin{cases} \omega_\eta = i \sum_{j=1}^{n} \sqrt{\tilde{\alpha}_j(x)^2 + \eta^2}\, \zeta_j \wedge \bar{\zeta}_j \quad , \quad \eta > 0 \\ \omega_+ = i \sum_{\alpha_j < 0} n |\tilde{\alpha}_j(x)| \zeta_j \wedge \bar{\zeta}_j + i \sum_{\alpha_j > 0} \tilde{\alpha}_j(x) \zeta_j \wedge \bar{\zeta}_j \\ \omega_- = i \sum_{\alpha_j < 0} |\tilde{\alpha}_j(x)| \zeta_j \wedge \bar{\zeta}_j + i \sum_{\alpha_j > 0} n\tilde{\alpha}_j(x) \zeta_j \wedge \bar{\zeta}_j \end{cases} \tag{5.8}$$

relativement à une base $(\zeta_j)_{1 \le j \le n}$ de $T_x^* X$, orthonormée pour $\tilde{\omega}$ et orthogonale pour $ic(E)$, telle que

$$ic(E) = i \sum_{j=1}^{n} \tilde{\alpha}_j(x) \zeta_j \wedge \bar{\zeta}_j \ . \tag{5.9}$$

LEMME 5.10. - ω_η (resp. ω_+ , ω_-) <u>est définie</u> > 0 <u>de classe</u> C^∞ <u>sur</u> X (resp. sur $X \setminus S$) .

<u>Démonstration</u>. - Soit M la matrice de $ic(E)$ dans un repère $\tilde{\omega}$-orthonormé de classe C^∞ de TX et $|M| = \sqrt{M^2}$ la valeur absolue de M . Les matrices de ω_η , ω_+ , ω_- sont données par

$$M_\eta = \sqrt{M^2 + \eta^2 I} \ , \quad M_+ = \frac{n+1}{2} |M| - \frac{n-1}{2} M \ , \quad M_- = \frac{n+1}{2} |M| + \frac{n-1}{2} M \ .$$

M_η est donc de classe C^∞ sur X , et M_+ , M_- le sont sur $X \setminus S$. ∎

En recollant ω_η , ω_+ , ω_- à l'aide d'une partition de l'unité, on peut construire une métrique C^∞ définie positive ω sur X telle que

$$\begin{cases} \omega = \omega_\eta & \text{sur } S \cup X(q) \ , \\ \omega = \omega_+ & \text{sur } K_+ \ , \\ \omega = \omega_- & \text{sur } K_- \ . \end{cases} \tag{5.11}$$

Comme les 3 métriques ω_η , ω_+ , ω_- majorent $|ic(E)|$ et comme $\omega_\pm \le n\omega_\eta$ on a l'encadrement

$$|ic(E)| \le \omega \le n\omega_\eta \ . \tag{5.12}$$

Puisque ω_η converge vers $|ic(E)|$ quand η tend vers 0 , (5.7), (5.11), (5.12) entraînent pour $\eta < \eta_0$ assez petit :

$$\int_{K\setminus X(q)} \omega^n < \varepsilon/2 \ , \qquad \int_{X(q)} \omega^n < \int_{X(q)} |c(E)^n| + \varepsilon/2 \ ,$$

d'où l'inégalité

$$\int_K \omega^n < \int_{X(q)} |c(E)^n| + \varepsilon \ . \tag{5.13}$$

Si $\alpha_1 \le \alpha_2 \le \dots \le \alpha_n$ sont les valeurs propres de $ic(E)$ relativement à ω, (5.12) implique $|\alpha_j| \le 1$ sur X, tandis que (5.8), (5.9) et (5.11) donnent

$$\alpha_1 = \dots = \alpha_j = -\frac{1}{n} \ , \quad \alpha_{j+1} = \dots = \alpha_n = 1 \quad \text{sur} \quad K_+ \cap X(j) \ , \quad j < q \ ,$$

$$\alpha_1 = \dots = \alpha_j = -1 \ , \quad \alpha_{j+1} = \dots = \alpha_n = \frac{1}{n} \quad \text{sur} \quad K_- \cap X(j) \ , \quad j > q \ .$$

En particulier, on en déduit

$$\begin{cases} \alpha_1 + \dots + \alpha_q \ \ge \ 1 - \dfrac{q-1}{n} \ \ge \ \dfrac{1}{n} & \text{sur} \quad K_+ \ , \\ -(\alpha_{q+1} + \dots + \alpha_n) \ge 1 - \dfrac{n-q-1}{n} \ \ge \ \dfrac{1}{n} & \text{sur} \quad K_- \ . \end{cases} \tag{5.14}$$

Soient $\psi, \psi_+, \psi_- \in C^\infty(X,\mathbb{R})$ des fonctions à support dans K, K_+, K_- respectivement, telles que $\psi^2 + \psi_+^2 + \psi_-^2 = 1$ sur X. Pour toute $(0,q)$-forme harmonique h à valeurs dans $E^k \otimes F$, les estimations (2.2) pour $u = \psi h$, (2.3) pour $u = \psi_- h$, $(2.\tilde{3})$ pour $u = \psi_+ h$ entraînent respectivement

$$\frac{1}{k} \|D_k''(\psi h)\|^2 - 2n\|\psi h\|^2 \ \le \ \frac{C_6}{k} \|h\|^2 \ , \tag{5.15}$$

$$\|\psi_\pm h\|^2 \ \le \ \frac{C_7}{k} \|h\|^2 \ . \tag{5.16}$$

Utilisons maintenant le théorème 4.1 avec $u = \psi h$, $A = 1$, $\sigma = 2n+1$. Il vient

$$(2n+1)\|\psi h\|^2 - \frac{1}{k}\|D_k''(\psi h)\|^2 \ \le \ \sum_{1\le j\le \nu(k)} |\langle h, \psi v_{j,k}\rangle|^2 \ . \tag{5.17}$$

Par addition de (5.15), (5.16), (5.17) on en déduit

$$\begin{aligned} \|h\|^2 &= \|\psi h\|^2 + \|\psi_+ h\|^2 + \|\psi_- h\|^2 \\ &\le \frac{C_8}{k}\|h\|^2 + \sum_{1\le j\le \nu(k)} |\langle h, \psi v_{j,k}\rangle|^2 \end{aligned} \tag{5.18}$$

ce qui entraîne $h = 0$ dès lors que $k > C_8$ et $\langle h, \psi v_{j,k}\rangle = 0$, $1 \le j \le \nu(k)$. Pour $k > C_8$ il vi[illegible]

$$\dim H^q(X, [illegible] k) \ \le \ \binom{n}{q} r\, N(\sqrt{4n+1})\, k^n \operatorname{Vol}(K) + o(k^n) \ .$$

D'après (5.13) on

$$\mathrm{Vol}(K) = \frac{1}{2^n n!}\int_K \omega^n < \frac{1}{2^n n!}\left(\int_{X(q)} |c(E)^n| + \varepsilon\right) .$$

Comme $\binom{n}{q} \le 2^n$ il s'ensuit

$$\dim H^q(X, E^k \otimes F) \le \frac{1}{n!} N(\sqrt{4n+1}) r k^n \left(\int_{X(q)} |c(E)^n| + \varepsilon\right) + o(k^n) ,$$

et l'estimation asymptotique 0.1 est donc démontrée avec

$$C(n) = \frac{1}{n!} N\left(\sqrt{4n+1}\right) . \blacksquare$$

Le théorème 0.1 entraîne une minoration du nombre de sections holomorphes de $E^k \otimes F$; plus précisément, on a l'énoncé suivant qui généralise le corollaire 0.4.

COROLLAIRE 5.19. - Supposons que la courbure $c(E)$ n'admette aucun point d'indice pair $\neq 0$. Alors

$$\dim H^0(X, E^k \otimes F) \ge r \frac{k^n}{n!} c_1(E)^n - o(k^n) .$$

Démonstration. - Par hypothèse $X(2) = X(4) = \ldots = \emptyset$, donc le théorème 0.1 donne $H^{2q}(X, E^k \otimes F) = o(k^n)$. Par suite

$$\chi(X, E^k \otimes F) = \dim H^0 - (\dim H^1 + \dim H^3 + \ldots) + o(k^n) ,$$

et le corollaire résulte de la formule de Riemann-Roch (0.3). ■

6. MAJORATION DU NOMBRE DE SECTIONS HOLOMORPHES ET DIMENSION DE KODAIRA.

Tous les résultats de ce paragraphe sont archi-classiques. Nous les rappelons simplement afin de donner un exposé complet et autonome.

Si E est un fibré en droites au-dessus de la variété X (supposée connexe), on notera $V_k = H^0(X, E^k)$ et $h_k = \dim V_k$. Si h_k est > 0 , les sections globales $s \in V_k$ définissent une application holomorphe naturelle

$$\Phi_k : X \setminus Z_k \longrightarrow \mathbb{P}(V_k^*) \simeq \mathbb{P}^{h_k - 1}$$

où $Z_k \subset X$ est le sous-ensemble analytique de leurs zéros communs : pour tout $x \in X \setminus Z_k$, l'image $\Phi_k(x)$ est définie comme droite épointée de V_k^* par

$$\Phi_k(x) = \left\{ (V_k \ni s \mapsto \xi . s(x)) \; ; \; \xi \in E_x^{-k} , \xi \neq 0 \right\} \in \mathbb{P}(V_k^*) .$$

Soit ρ_k le rang maximum de Φ_k sur $X\setminus Z_k$.

DÉFINITION 6.1. - <u>On appelle dimension de Kodaira de</u> E <u>l'entier</u>

$\kappa(E) = \max\{\rho_k ; k\geq 1 \text{ et } h_k\neq 0\}$

<u>si</u> $h_k \neq 0$ <u>pour au moins un</u> $k\geq 1$, <u>et</u> $\kappa(E) = -\infty$ <u>sinon</u>.

On a alors la majoration suivante pour les dimensions h_k.

THÉORÈME 6.2. - <u>Il existe une constante</u> $C\geq 0$ <u>telle que pour tout entier</u> $k\geq 1$ <u>on ait</u>

$h_k = \dim H^0(X,E^k) \leq Ck^{\kappa(E)}$.

<u>Démonstration</u>. - Nous reprenons pour l'essentiel les arguments de Siegel [S] tels qu'ils sont exposés dans [Siu 1]. Soit $\{\Omega_\ell\}$ un recouvrement de X par des ouverts de coordonnées $\Omega_\ell \subset \mathbb{C}^n$ et $B_j = B(a_j, R_j)$, $1\leq j\leq m$, une famille de boules relativement compactes dans les ouverts Ω_ℓ , telles que les boules concentriques $B'_j = B(a_j, \frac{1}{7}R_j)$ recouvrent X. Munissons E d'une métrique hermitienne, et soit $\exp(-\varphi_j)$ le poids représentant cette métrique dans une trivialisation de E au voisinage de $\overline{B}_j$.

Soit alors $s\in H^0(X,E^k)$ une section holomorphe qui s'annule à l'ordre p en un point $x_j\in B'_j$. Les inclusions

$$B'_j \subset B\left(x_j, \frac{2}{7}R_j\right) \subset B\left(x_j, \frac{6}{7}R_j\right) \subset B_j$$

et le lemme de Schwarz appliqué aux deux boules intermédiaires entraînent l'inégalité

$$\sup_{B'_j}|s| \leq \exp(Ak)3^{-p}\sup_{B_j}|s| \tag{6.3}$$

où $A = \max_{1\leq j\leq m} \operatorname{diam}\varphi_j(\overline{B}_j)$ est l'oscillation maximale des poids φ_j sur les boules B_j.

Cela étant, on peut supposer $h_k > 0$. Choisissons pour tout $j = 1,\dots,m$ un point $x_j\in B'_j\setminus Z_k$ tel que $d\Phi_k$ soit de rang maximum $= \rho_k$ en x_j, et soit $s_0\in H^0(X,E^k)$ une section qui ne s'annule en aucun point x_j. Pour tout $s\in H^0(X,E^k)$ le quotient s/s_0 est bien défini en tant que fonction méromorphe sur

X , et de plus s/s_0 est une fonction holomorphe au voisinage de x_j , constante le long des fibres de Φ_k . Comme Φ_k est une subimmersion au voisinage de chaque point x_j (théorème du rang), on peut choisir localement une sous-variété complexe M_j de dimension ρ_k passant par x_j et transverse à la fibre $\Phi_k^{-1}(\Phi_k(x_j))$. La section s s'annulera à l'ordre p en chaque point x_j , $1 \leq j \leq m$, si et seulement si les dérivées partielles d'ordre $< p$ de s/s_0 le long de M_j s'annulent en x_j . Ceci correspond au total à l'annulation d'au plus mp^{ρ_k} dérivées. Si nous choisissons $p = ([A]+1)k$, alors l'inégalité (6.3) entraîne

$$\sup_X |s| \leq (e/3)^p \sup_X |s|$$

d'où $s = 0$. Comme $\rho_k \leq \kappa(E)$, nous obtenons par conséquent

$$\dim H^0(X,E^k) \leq mp^{\rho_k} \leq Ck^{\kappa(E)} \quad . \blacksquare$$

Pour achever la preuve du théorème 0.7 et donc de la conjecture de Grauert-Riemenschneider, il suffit maintenant de combiner le théorème 6.2 avec le résultat élémentaire (6.5) ci-dessous.

THÉORÈME 6.4. - Soit $a(X) = \deg.\mathrm{tr}_{\mathbb{C}}\, \mathcal{M}(X)$ la dimension algébrique de X . Alors :

- $\kappa(E) \leq a(X)$ pour tout fibré en droites E sur X ; (6.5)
- $0 \leq a(X) \leq n$, et il existe un diviseur positif D sur X tel que (6.6) $\kappa(\mathcal{O}(D)) = a(X)$.

Démonstration de (6.5). - Avec les notations du début, soit $x \in X \setminus Z_k$ un point où le rang de $d\Phi_k$ est égal à ρ_k . Pour tout voisinage U de x assez petit, $\Phi_k(U)$ est une sous-variété analytique de dimension ρ_k de $\mathbb{P}(V_k^*)$. Il existe donc des coordonnées homogènes $s_0, s_1, \ldots, s_{\rho_k} \in V_k^{**} \simeq V_k$ sur V_k^* telles que $\frac{s_1}{s_0}, \ldots, \frac{s_{\rho_k}}{s_0}$ forment un système de coordonnées locales sur $\Phi_k(U)$. Ceci entraîne que le point $\left(\frac{s_1}{s_0}(x), \ldots, \frac{s_{\rho_k}}{s_0}(x)\right)$ où $x \in U$ décrit un ouvert de $\mathbb{C}^{\rho_k}$, et donc que les fonctions méromorphes $\frac{s_1}{s_0}, \ldots, \frac{s_{\rho_k}}{s_0}$ sont algébriquement indépendantes sur X . Par conséquent $\rho_k \leq a(X)$ et $\kappa(E) \leq a(X)$.

<u>Démonstration de (6.6)</u>. - Soient $f_1,\dots,f_N$ des fonctions méromorphes algébriquement indépendantes sur X et soit D la borne supérieure (ou la somme) des diviseurs polaires des f_j. Rappelons que $\mathcal{O}(D)$ désigne le faisceau inversible des fonctions méromorphes dont le diviseur des pôles est $\le D$. Pour tout polynôme $P \in \mathbb{C}[z_1,\dots,z_N]$ de degré $\le k$, $P(f_1,\dots,f_N)$ est une section de $\mathcal{O}(kD) = \mathcal{O}(D)^k$, et il y a $\binom{k+N}{N} \ge \frac{k^N}{N!}$ telles sections linéairement indépendantes. D'après le théorème 6.2, on a donc $\frac{k^N}{N!} \le C k^{\varkappa(\mathcal{O}(D))}$, ce qui entraîne $N \le \varkappa(\mathcal{O}(D))$ et en particulier $N \le n$. Si on choisit N maximal, i.e. $N = a(X)$, il vient $\varkappa(\mathcal{O}(D)) = a(X)$ grâce à (6.5). ∎

7. <u>THÉORÈME D'ANNULATION SOUS HYPOTHÈSE DE SEMI-POSITIVITÉ.</u>

Nous démontrons ici le théorème d'annulation 0.10, qui est dû à [Siu 2] ; la preuve en est indirecte, et utilise la solution de la conjecture de Grauert-Riemenschneider.

THÉORÈME 7.1. - <u>Soit X une variété complexe compacte et connexe, de dimension n, E un fibré hermitien en droites au-dessus de X. Si $ic(E)$ est ≥ 0 sur X et > 0 en au moins un point, alors</u>
$$H^q(X, K_X \otimes E) = 0 = H^{n-q}(X, E^{-1})$$
<u>pour tout</u> $q = 1,\dots,n$.

<u>Démonstration</u>. - Dans le cas où X est kählérienne, on raisonne comme O. Riemenschneider [R]. Soit h une forme harmonique dans $H^{n-q}(X, E^{-1})$. L'identité 1.3 pour $F = E^{-1}$ donne
$$\|D'h\|^2 + \|\delta'h\|^2 - \langle [ic(E),\Lambda]h, h\rangle = 0 ,$$
et la formule (2.1) entraîne que h s'annule sur l'ouvert de X où $ic(E) > 0$. Le résultat de Aronszajn [Ar] sur les zéros des solutions d'équations elliptiques implique alors que h est identiquement nulle sur X.

Dans le cas général, le théorème 0.9 (b) montre que X est de Moishezon. Il existe donc d'après [Moi] une modification propre $\pi : \tilde{X} \to X$ telle que $\tilde{X}$ soit une variété projective. Le fibré $\tilde{E} = \pi^* E$ est lui aussi semi-positif et > 0 en au moins un point de $\tilde{X}$, car $c(\tilde{E}) = \pi^*(c(E))$. Par suite $H^{n-q}(\tilde{X},\tilde{E}^{-1}) = 0$. Or le morphisme naturel

$$\pi^* : H^{n-q}(X,E^{-1}) \longrightarrow H^{n-q}(\tilde{X},\tilde{E}^{-1})$$

est clairement injectif : on a en effet $\pi_*\circ\pi^* = \mathrm{id}$ où π_* désigne le morphisme image directe

$$\pi_* : H^{n-q}(\tilde{X},\tilde{E}^{-1}) \longrightarrow H^{n-q}(X,E^{-1})$$

calculé au sens des courants (on utilise ici le fait que la cohomologie peut être calculée indifféremment au moyen des formes C^∞ ou au moyen des courants).

La démonstration de la nullité de $H^q(X,K_X\otimes E)$ est analogue, si on identifie cet espace à l'espace des (n,q)-formes harmoniques à valeurs dans E. On peut aussi se ramener au cas précédent en invoquant la dualité de Serre :

$$H^q(X,K_X\otimes E)^* \simeq H^{n-q}(X,E^{-1}) .$$

BIBLIOGRAPHIE

[Ar] N. ARONSZAJN, A unique continuation theorem for solutions of elliptic partial differential equations or inequalities of second order. J. Math. Pures Appl., 36 (1957), pp. 235-249.

[A-S] M.F. ATIYAH and I.M. SINGER, The index of elliptic operators III ; Ann. of Math. 87 (1968), pp. 546-604.

[D 1] J.P. DEMAILLY, Sur l'identité de Bochner-Kodaira-Nakano en géométrie hermitienne. Séminaire P. Lelong - P. Dolbeault - H. Skoda (Analyse) 1983-84, Lecture Notes in Math. n° 1198, Springer-Verlag.

[D 2] J.P. DEMAILLY, Champs magnétiques et inégalités de Morse pour la d''-cohomologie. C.R. Acad. Sc. Paris, t.301, Série I, n° 4, 1985, pp. 119-122.

[D 3] J.P. DEMAILLY, Champs magnétiques et inégalités de Morse pour la d''-cohomologie. Ann. Inst. Fourier, t.35, fasc. 4, 1985.

[G-R] H. GRAUERT und O. RIEMENSCHNEIDER, Verschwindungssätze für analytische Kohomologiegruppen auf Komplexen Räume. Invent. Math. 11 (1970), pp. 263-292.

[Gri] P. GRIFFITHS, The extension problem in complex analysis II : embedding with positive normal bundle. Amer. J. of Math. 88 (1966), pp. 366-446.

[Moi] B. MOIŠEZON, On n-dimensional compact varieties with n algebraically independant meromorphic functions. Amer. Math. Soc. Transl. 63 (1967), pp. 51-177.

[R] O. RIEMENSCHNEIDER, Characterizing Moišezon spaces by almost positive coherent analytic sheaves. Math. Zeit., t. 123 (1971), pp. 263-284.

[S] C.L. SIEGEL, Meromorphe Funktionen auf kompakten Mannigfaltigkeiten. Nachr. Akad. Wiss. Göttingen Math. Phys. Kl. 1955, N°4, pp. 71-77.

[Siu 1] Y.T. SIU, A vanishing theorem for semipositive line bundles over non-Kähler manifolds. J. Diff. Geom. 19 (1984), pp. 431-452.

[Siu 2] Y.T. SIU, Some recent results in complex manifold theory related to vanishing theorems for the semi-positive case ; survey article in the Proceedings of the Math. Arbeitstagung held in Bonn (june 1984), Max Planck Inst. für Math. Lecture Notes in Math. n° 1111, Springer-Verlag

[W] E. WITTEN, Supersymmetry and Morse theory. J. Diff. Geom. 17 (1982), pp. 661-692.

SUR LES THÉORÈMES D'ANNULATION ET DE FINITUDE DE T. OHSAWA ET O. ABDELKADER

Jean-Pierre DEMAILLY
Institut Fourier
B.P. 74
38402 – ST MARTIN D'HERES. France

L'objet de cette note est de donner une démonstration aussi simple que possible des théorèmes d'annulation et de finitude dus à T. Ohsawa [7], [8], et des généralisations de ces théorèmes obtenues par O. Abdelkader [1], [2].

Soit X une variété analytique complexe de dimension n . On suppose que X est faiblement 1-complète, c'est-à-dire que X possède une fonction d'exhaustion plurisousharmonique ψ de classe C^∞ , et on se donne un fibré linéaire holomorphe hermitien E au-dessus de X . Nous redémontrons les résultats suivants.

THÉORÈME D'ANNULATION [1], [8]. — *Si la variété X est kählérienne et si la forme de courbure de E est semi-positive de rang $\geq s$ en tout point de X , alors*

$$H^{p,q}(X,E) = 0 \quad pour \quad p+q \geq 2n-s+1 .$$

THÉORÈME DE FINITUDE [2], [7]. — *On suppose que la forme de courbure de E est semi-positive de rang $\geq s$ en tout point du complémentaire $X \setminus Y$ d'une partie compacte $Y \subset X$, et que X possède une métrique hermitienne α qui est kählérienne sur $X \setminus Y$. Alors* $\dim H^{p,q}(X,E) < +\infty$ *pour* $p+q \geq 2n-s=1$.

THÉORÈME D'ISOMORPHISME [2], [7]. — *Soit ψ une fonction d'exhaustion plurisousharmonique de classe C^∞ sur X . Notons $X_c = \{x \in X; \psi(x) < c\}$, $c \in \mathbb{R}$. On suppose que X, Y, E vérifient les hypothèses du théorème de finitude. Si X_c contient le compact Y , alors le morphisme de restriction*

$$H^{p,q}(X,E) \to H^{p,q}(X_c,E)$$

est un isomorphisme pour $p+q \geq 2n-s+1$.

Notations. — Dans toute la suite, on se donne une métrique α kählérienne sur X (resp. hermitienne sur X et kählérienne sur $X \setminus Y$) , et une fonction d'exhaustion plurisousharmonique ψ de classe C^∞ sur X (l'existence de α et ψ résulte des hypothèses). On considère également une métrique hermitienne ω sur X , qui sera construite ultérieurement à l'aide de α et ψ . On désigne par $D = D' + D''$ la connexion canonique de E , par $c(E) = D^2$ sa forme de courbure, par $\delta = \delta' + \delta''$ l'adjoint de D relativement à la métrique ω . On note enfin L l'opérateur de multiplication extérieure par ω , et Λ l'adjoint de L . Si A, B sont des endomorphismes de degrés respectifs a, b de l'espace $C^\infty_{*,*}(X,E) = \oplus C^\infty_{p,q}(X,E)$ des formes différentielles sur X à valeurs dans E , on note $[A,B] = AB - (-1)^{ab} BA$. Les opérateurs de Laplace-Beltrami Δ' et Δ'' sont alors définis par

$$\Delta' = [D', \delta'] = D'\delta' + \delta' D' , \quad \Delta'' = [D'', \delta''] .$$

1. Théorème d'annulation

Nous utiliserons l'identité de Bochner-Kodaira-Nakano non kählérienne sous la forme énoncée dans [3] (on pourrait en fait se contenter des formules moins précises de P. Griffiths [4] ou de J. Le Potier [6]). Cette identité s'écrit

$$\Delta'' = \Delta'_\tau + [ic(E), \Lambda] + T_\omega \tag{1.1}$$

avec

$$\begin{aligned}\tau &= [\Lambda, d'\omega] ,\\ \Delta'_\tau &= [D' + \tau, \delta' + \tau^*] ,\\ T_\omega &= [\Lambda, [\Lambda, \frac{i}{2} d'd''\omega]] - [d'\omega, (d'\omega)^*] .\end{aligned}$$

Le symbole $d'\omega$ doit être interprété ici comme étant l'opérateur de multiplication extérieure par la $(2,1)$-forme $d'\omega$; τ est donc un opérateur de type $(1,0)$ et d'ordre 0 . Par définition, Δ'_τ est un opérateur autoadjoint ≥ 0 . Par intégration de $\langle \Delta'' u, u\rangle$ relativement à l'élément de volume $dV = \frac{\omega^n}{n!}$, on déduit de (1.1) l'inégalité

$$\int_X (|D''u|^2 + |\delta'' u|^2) dV \geq \int_X (\langle [ic(E), \Lambda]u, u\rangle + \langle T_\omega u, u\rangle) dV \tag{1.2}$$

pour toute forme $u \in C^\infty_{p,q}(X, E)$ à support compact.

Soient $0 \leq \lambda_1 \leq \ldots \leq \lambda_n$ les valeurs propres de $ic(E)$ relativement à ω ; notons $\lambda_I = \sum_{j\in I} \lambda_j$, $I \subset \{1, \ldots, n\}$. Pour toute forme u de type (p, q) à valeurs dans E écrite relativement à une base orthonormée de TX qui diagonalise $ic(E)$, un calcul classique donne (*cf.* par exemple [3]) :

$$\langle [ic(E), \Lambda]u, u\rangle = \sum_{|I|=p, |J|=q} (\lambda_I - \lambda_{\complement J}) |u_{I,J}|^2 . \tag{1.3}$$

Soient χ, ρ deux fonctions convexes croissantes $\mathbb{R} \to \mathbb{R}$ de classe C^∞ . On note E_χ le fibré E muni de la métrique déduite de celle de E par multiplication par $\exp(-\chi \circ \psi)$, et on pose

$$\begin{aligned}\omega &= ic(E_\chi) + \exp(-\rho\circ\psi)\alpha \\ &= ic(E) + id'd''(\chi\circ\psi) + \exp(-\rho\circ\psi)\alpha .\end{aligned} \tag{1.4}$$

LEMME 1.5. — *La fonction ρ étant fixée, on peut pour tout $\varepsilon > 0$ choisir χ à croissance assez rapide pour que $|T_\omega|_\omega \leq \varepsilon$.*

Des calculs triviaux donnent en effet

$$\begin{aligned}d'\omega &= -\rho'\circ\psi \ \exp(-\rho\circ\psi)\ d'\psi \wedge \alpha ,\\ d'd''\omega &= \exp(-\rho\circ\psi) \left[\left((\rho'\circ\psi)^2 - \rho''\circ\psi \right) d'\psi \wedge d''\psi - \rho'\circ\psi \ d'd''\psi \right] \wedge \alpha ,\end{aligned}$$

et comme

$$\omega \geq i(\chi'\circ\psi\ d'd''\psi + \chi''\circ\psi\ d'\psi\wedge d''\psi) + \exp(-\rho\circ\psi)\alpha ,$$

on obtient les majorations

$$\begin{aligned}|d'\omega|_\omega &\leq \rho'\circ\psi\ |d'\psi|_\omega\ |\exp(-\rho\circ\psi)\alpha|_\omega \leq \rho'\circ\psi\ (\chi''\circ\psi)^{-\frac{1}{2}} \\ |d'd''\omega|_\omega &\leq \frac{(\rho'\circ\psi)^2 + \rho''\circ\psi}{\chi''\circ\psi} + \frac{\rho'\circ\psi}{\chi'\circ\psi} .\end{aligned}$$

∎

Désignons par λ_j^χ (resp. $\lambda_j^{\chi,\rho}$) les valeurs propres de $ic(E_\chi)$ par rapport à α (resp. ω), rangées par ordre croissant. Le principe du minimax entraîne $\lambda_j^\chi \geq \lambda_j^0$, et on a par hypothèse $0 < \lambda_{n-s+1}^0 \leq \ldots \leq \lambda_{n-1}^0 \leq \lambda_n^0$. En diagonalisant $ic(E_\chi)$ par rapport à α, on trouve

$$(1.6) \qquad 1 \geq \lambda_j^{\chi,\rho} = \frac{\lambda_j^\chi}{\lambda_j^\chi + \exp(-\rho\circ\psi)} \geq \frac{\lambda_j^0}{\lambda_j^0 + \exp(-\rho\circ\psi)}.$$

LEMME 1.7. — *Si l'on choisit ρ en sorte que $\exp(-\rho\circ\psi) \leq \frac{1}{n}\lambda_{n-s+1}^0$, alors pour tous multi-indices I, J de longueurs p, q telles que $p+q \geq 2n-s+1$, on a*

$$\lambda_I^{\chi,\rho} - \lambda_{\complement J}^{\chi,\rho} \geq \frac{q}{n+1}.$$

En effet d'après (1.6), il vient $\lambda_j^{\chi,\rho} \geq \frac{1}{1+1/n}$ si $j \geq n-s+1$, d'où

$$\lambda_I^{\chi,\rho} - \lambda_{\complement J}^{\chi,\rho} \geq \frac{p-(n-s)}{1+1/n} - (n-q) \geq \frac{n-q+1}{1+1/n} - (n-q) = \frac{q}{n+1}. \qquad \blacksquare$$

Notons $\| \ \|_\chi$ les normes L^2 globales relatives à la métrique de E_χ sur les fibres, et à la métrique hermitienne ω sur X. Avec le choix de ρ donné par le lemme 1.7, les inégalités (1.2, 1.3, 1.5) entraînent pour toute (p,q)-forme u de classe C^∞ à support compact dans X et à valeurs dans E l'estimation L^2 suivante :

$$(1.8) \qquad \|D''u\|_\chi^2 + \|\delta''u\|_\chi^2 \geq \left(\frac{q}{n+1} - \varepsilon\right)\|u\|_\chi^2.$$

Notons C le cône des fonctions convexes croissantes de classe C^∞ sur $\mathbb{R}$. D'après ce qui précède, il existe $\chi_0 \in C$ telle que pour tout $\chi \in \chi_0 + C$ l'inégalité (1.8) soit valide et la métrique ω complète. Pour $\chi \in C$, soit

$$H^{p,q}(X, E_\chi)$$

le groupe de D''-cohomologie en degré q du complexe des $(p,\cdot)$-formes u à coefficients L^2_{loc} à valeurs dans E, telles que u et $D''u$ appartiennent à $L^2_{p,\cdot}(X, E_\chi)$. Les méthodes L^2 classiques de Hörmander [5] entraînent alors

$$H^{p,q}(X, E_\chi) = 0 \quad \text{si} \quad \chi \in \chi_0 + C.$$

LEMME 1.9. — *On a la décomposition en réunion filtrante croissante $L^2_{p,\cdot}(X, E, \mathrm{loc}) = \bigcup_{\chi\in C} L^2_{p,\cdot}(X, E_\chi)$.*

Preuve. — En tout point $x \in X$, la norme relativement à ω d'une forme scalaire donnée décroît avec ω et donc aussi avec χ ; comme les normes $\| \ \|_\chi$ sont calculées avec l'élément de volume $dV = \frac{\omega^n}{n!}$ et avec le poids $\exp(-\chi\circ\psi)$ sur les fibres, il suffit de voir qu'on peut choisir χ en sorte que la fonction $(\chi'\circ\psi + \chi''\circ\psi)^n \exp(-\chi\circ\psi)$ soit arbitrairement petite à l'infini. Ceci résulte du lemme 3.1 démontré plus loin. $\blacksquare$

Du lemme 1.9, on déduit aussitôt par passage à la limite inductive :

$$H^{p,q}(X, E) = \varinjlim_{\chi\in\chi_0+C} H^{p,q}(X, E_\chi) = 0.$$

2. Théorème de finitude

Fixons des réels $a < b < c$ tels que $Y \subset X_a = \{x \in X; \psi(x) < a\}$. Avec la notation (1.4), on peut choisir la fonction $\rho < 0$ de valeur absolue assez grande sur $]-\infty, a]$ pour que la métrique ω soit définie positive sur X_a , et $\rho > 0$ assez grande sur $[b, +\infty[$ pour que l'inégalité (1.6) ait lieu sur $X \backslash X_b$. Le lemme 1.5 s'appliquera de même là où $d\alpha = 0$, donc en particulier sur $X \backslash X_b$. On en déduit l'existence d'une fonction $\chi_0 \in \mathcal{C}$ telle que pour tout $\chi \in \chi_0 + \mathcal{C}$ on ait une inégalité de la forme

$$\|u\|_X^2 \leq C_1 \left(\|D''u\|_X^2 + \|\delta''u\|_X^2 + \int_{X_b} |u|_X^2 dV \right) \tag{2.1}$$

où C_1 est une constante ≥ 0 indépendante de χ . Dans la suite, on fixera $\chi = \chi_0$ sur $]-\infty, c]$ et on ne fera varier χ que sur l'intervalle $]c, +\infty[$.

LEMME 2.2. — *Pour tout $\varepsilon > 0$, il existe un nombre fini de formes f_j dans $L^2_{p,q}(X_b, E_{X_0})$, $1 \leq j \leq N = N(\varepsilon)$, telles que pour tout $u \in$ Dom $(D'') \cap$ Dom (δ'') on ait*

$$\int_{X_b} |u|_{X_0}^2 dV \leq \sum_{1 \leq j \leq N} \left| \int_{X_b} \langle f_j, u \rangle_{X_0} dV \right|^2 + \varepsilon \int_{X_c} \left(|u|_{X_0}^2 + |D''u|_{X_0}^2 + |\delta''u|_{X_0}^2 \right) dV .$$

On sait en effet que l'opérateur Δ'' est elliptique. Le lemme de Rellich entraîne que l'ensemble des restrictions à X_b des (p,q)-formes u vérifiant

$$\left| \int_{X_0} \langle f, u \rangle_{X_0} dV \right|^2 + \varepsilon \int_{X_c} \left(|u|_{X_0}^2 + |D''u|_{X_0}^2 + |\delta''u|_{X_0}^2 \right) dV \leq 1$$

est une partie relativement compacte K_f de $L^2_{p,q}(X_b, E_{X_0})$. Puisque l'intersection des adhérences $\overline{K}_f$ est réduite à $\{0\}$ lorsque f décrit $L^2_{p,q}(X_b, E_{X_0})$, il existe un nombre fini d'éléments f_j tels que l'intersection des K_{f_j} soit contenue dans la boule unité de $L^2_{p,q}(X_b, E_{X_0})$. ∎

Si nous appliquons le lemme 2.2 avec $\varepsilon = 1/2C_1$ en prolongeant f_j par 0 sur $X \backslash X_b$, l'inégalité (2.1) implique

$$\|u\|_X^2 \leq C_2 \left(\|D''u\|_X^2 + \|\delta''u\|_X^2 + \sum_{1 \leq j \leq N} |\langle f_j, u \rangle_X|^2 \right) \tag{2.3}$$

pour tout $u \in$ Dom $D'' \cap$ Dom δ'' . Soit $h \in L^2_{p,q}(X, E_X)$ une forme telle que $D''h = 0$. Notons P et P' les projecteurs orthogonaux sur $\ker D''$ et $(\ker D'')^\perp$ respectivement, opérant dans $L^2_{p,q}(X, E_\lambda)$. Comme $(\ker D'')^\perp = \overline{\operatorname{Im} \delta''} \subset \ker \delta''$, (2.3) entraîne pour tout $u \in$ Dom δ'' l'estimation

$$\begin{aligned} |\langle h, u \rangle_X|^2 = \langle h, Pu \rangle_X|^2 &\leq C_2 \|h\|_X^2 \left(\|\delta'' Pu\|_X^2 + \sum_{1 \leq j \leq N} |\langle f_j, Pu \rangle_X|^2 \right) \\ &= C_2 \|h\|_X^2 \left(\|\delta''u\|_X^2 + \sum_{1 \leq j \leq N} |\langle Pf_j, u \rangle_X|^2 \right) . \end{aligned}$$

Le théorème de Hahn-Banach montre alors qu'on peut écrire

$$\langle h, u \rangle_X = \langle g, \delta''u \rangle_X + \sum_{1 \leq j \leq N} c_j \langle Pf_j, u \rangle_X$$

avec $g \in L^2_{p,q-1}(X, E_X)$ et $c_j \in \mathbf{C}$, d'où

$$h = D''g + \sum_{1 \le j \le N} c_j.Pf_j \ .$$

On en déduit par conséquent $\dim H^{p,q}(X, E_X) \le N$, d'où par passage à la limite inductive la majoration

$$\dim H^{p,q}(X, E) \le N \ .$$

3. Théorème d'isomorphisme

Nous allons montrer que le morphisme de restriction

$$H^{p,q}(X, E) \to H^{p,q}(X_c, E) \ , \quad p + q \ge 2n - s + 1 \ ,$$

est un isomorphisme dès que $X_c \supset Y$. Dans ce but, nous aurons besoin de construire des fonctions convexes d'un type particulier, ayant une croissance rapide mais régulière.

LEMME 3.1. — *Pour toute fonction croissante* $\gamma : \mathbb{R} \to]0, +\infty[$ *, il existe une fonction* $\mu \in \mathcal{C}$ *vérifiant les propriétés suivantes sur* $[0, +\infty[$ *:*

(a) $\mu \ge \gamma$, $\mu' \ge \gamma$, $\mu'' \ge \gamma$, μ'' *croissante;*

(b) les fonctions $\mu' \exp(-\frac{1}{n}\mu)$, $\mu'' \exp(-\frac{1}{n}\mu)$ *sont décroissantes;*

(c) $\mu' \exp(-\frac{1}{n}\mu) \le \exp(-\gamma)$, $\mu'' \exp(-\frac{1}{n}\mu) \le \exp(-\gamma)$.

Démonstration. — Les conditions (b) équivalent à $\mu'' - \frac{1}{n}\mu'^2 \le 0$ et $\mu''' - \frac{1}{n}\mu'\mu'' \le 0$; il suffit donc que la fonction $\mu'' - \frac{1}{2n}\mu'^2$ soit ≤ 0 décroissante, ou encore (puisque μ' est > 0 croissante) que $-\frac{\mu''}{\mu'} + \frac{1}{2n}\mu'$ soit ≥ 0 croissante. Ceci équivaut à dire que la fonction

$$\theta = -\log \left[\frac{1}{2n}\mu' \exp(-\frac{1}{2n}\mu) \right]$$

est convexe croissante. Inversement, si on suppose donnée une fonction $\theta \in \mathcal{C}$, toute fonction μ obtenue par ce procédé est telle que $\frac{d}{dt}[\exp(-\frac{1}{2n}\mu)] = -e^{-\theta}$, d'où la solution

$$\mu(t) = -2n \log \left[\int_t^{+\infty} e^{-\theta(u)} du \right] \ . \tag{3.2}$$

Reste à vérifier que les conditions *(a,c)* peuvent être satisfaites pour un choix convenable de θ . Si l'on suppose $\theta'(0) \ge 1$, il vient

$$\int_t^{+\infty} e^{-\theta(u)} du \le \frac{1}{\theta'(t)} \int_t^{+\infty} \theta'(u) e^{-\theta(u)} du = \frac{e^{-\theta(t)}}{\theta'(t)} \le e^{-\theta(t)} \tag{3.3}$$

d'où $\mu \ge 2n\theta$. D'après (3.2) et (3.3), on obtient d'autre part

$$\mu'(t) = 2n \left[\int_t^{+\infty} e^{\theta(t) - \theta(u)} du \right]^{-1} \ge 2n\theta'(t) \ ,$$

$$\mu''(t) = 2n \left[1 - \theta'(t) \int_t^{+\infty} e^{\theta(t) - \theta(u)} du \right] \left[\int_t^{+\infty} e^{\theta(t) - \theta(u)} du \right]^{-2} \ . \tag{3.4}$$

On observe que $\int_t^{+\infty} \theta'(u) e^{\theta(t)-\theta(u)} du = 1$, donc l'inégalité de Cauchy-Schwarz entraîne

$$\left[\int_t^{+\infty} e^{\theta(t)-\theta(u)} du\right]^2 \leq \int_t^{+\infty} \frac{1}{\theta'(u)} e^{\theta(t)-\theta(u)} du . \tag{3.5}$$

Grâce à une intégration par parties, il vient maintenant

$$1 - \theta'(t) \int_t^{+\infty} e^{\theta(t)-\theta(u)} du = \theta'(t) \int_t^{+\infty} \frac{\theta''(u)}{\theta'(u)^2} e^{\theta(t)-\theta(u)} du . \tag{3.6}$$

En combinant (3.4, 3.5, 3.6) il s'ensuit $\mu''(t) \geq 2n\theta''(t)$, si on suppose que la fonction θ''/θ' est croissante. Un dernier calcul fastidieux nous donne

$$\mu'''(t) = 2n\left\{\left[2 - \theta'(t)\int_t^{+\infty} e^{\theta(t)-\theta(u)} du\right]\left[1 - \theta'(t)\int_t^{+\infty} e^{\theta(t)-\theta(u)} du\right] - \theta''(t)\left[\int_t^{+\infty} e^{\theta(t)-\theta(u)} du\right]^2\right\}\left\{\int_t^{+\infty} e^{\theta(t)-\theta(u)} du\right\}^{-3} .$$

Si on minore $\left[2 - \theta'(t)\int_t^{+\infty} e^{\theta(t)-\theta(u)} du\right]$ par 1 et si on utilise l'inégalité $\mu'' \geq 2n\theta''$, on voit alors que $\mu''' \geq 0$, par suite μ'' est bien croissante. Enfin, par définition de μ :

$$\mu'(t) \exp(-\frac{1}{n}\mu(t)) = 2ne^{-\theta(t)} \int_t^{+\infty} e^{-\theta(u)} du \leq 2ne^{-2\theta(t)} ,$$

$$\mu''(t) \exp(-\frac{1}{n}\mu(t)) = 2n\left[1 - \theta'(t)\int_t^{+\infty} e^{\theta(t)-\theta(u)} du\right] e^{-2\theta(t)} \leq 2ne^{-2\theta(t)} .$$

Il ne reste donc plus qu'à construire une fonction $\theta \in C$ telle que $\theta, \theta', \theta'' \geq \gamma$, avec $\theta(0) \geq \log 2n$, $\theta'(0) \geq 1$ et θ''/θ' croissante. Il suffit pour cela de poser

$$\theta(t) = \log 2n + \int_0^{t+1} e^{\eta(u)} du$$

où $\eta \in C$ a la propriété que $\eta \geq \log \gamma$ et $\eta'(0) \geq 0$, $\eta'(0) \geq 1$. ∎

Nous introduisons maintenant une nouvelle relation d'ordre sur les fonctions, notée $\lll$, strictement plus fine que la relation $\leq$.

DÉFINITION 3.7. — *Si χ_1, χ_2 sont des fonctions de classe C^2 définies sur un intervalle de* $\mathbb{R}$ *, nous écrirons $\chi_1 \lll \chi_2$ si*

(a) $\chi_1 \leq \chi_2$, $\chi_1' \leq \chi_2'$, $\chi_1'' \leq \chi_2''$;

(b) $\chi_1' \exp(-\frac{1}{n}\chi_1) \geq \chi_2' \exp(-\frac{1}{n}\chi_2)$, $\chi_1'' \exp(-\frac{1}{n}\chi_1) \geq \chi_2'' \exp(-\frac{1}{n}\chi_2)$.

L'intérêt de cette définition réside dans l'observation suivante : si ω_{χ_1} et ω_{χ_2} sont les métriques associées par la formule (1.4) à deux fonctions $\chi_1, \chi_2 \in C$ telles que $\chi_1 \lll \chi_2$, alors

$$\omega_{\chi_1} \leq \omega_{\chi_2} , \quad \omega_{\chi_1}^n \exp(-\chi_1 \circ \psi) \geq \omega_{\chi_2}^n \exp(-\chi_2 \circ \psi) , \quad \| \ \|_{\chi_1} \geq \| \ \|_{\chi_2} . \tag{3.8}$$

Pour simplifier les calculs qui suivent, nous supposerons que la fonction d'exhaustion ψ est ≥ 0 et que $0 < c < 1$ (on peut toujours se ramener à ce cas en remplaçant ψ par $\varepsilon\psi + \frac{1}{2}$, avec $\varepsilon > 0$).

LEMME 3.9. — *Pour toute fonction croissante $\gamma : \mathbb{R} \to]0,+\infty[$, il existe :*

(a) une fonction convexe $\chi : [0,c[\to \mathbb{R}$ vérifiant les propriétés du lemme 3.1 relativement à la fonction croissante $\gamma_c(t) = \gamma(\frac{1}{c-t})$;

(b) une suite de fonctions $\chi_k \in C$ vérifiant le lemme 3.1 relativement à γ et convergeant vers χ dans $C^\infty([0,c[)$, telles que $\chi_k \lll \chi_{k+1}$ sur $[0,+\infty[$ et $\chi_k \lll \chi$ sur $[0,c[$.

Démonstration. — Si μ_γ est la fonction donnée par le lemme 3.1, on pose

$$\chi(t) = \mu_\gamma(\frac{1}{c-t}) + \frac{4n}{c-t}, \quad t \in [0,c[,$$

$$P_k(t) = \sum_{0\le m\le N_k} (t+1-c-\frac{1}{k})^m, \quad t \in [0,+\infty[,$$

$$\chi_k(t) = \mu_\gamma(P_k(t)) + 4nP_k(t), \quad t \in [0,+\infty[,$$

où N_k est une suite strictement croissante d'entiers que nous choisirons ultérieurement. $P_k(t)$ converge vers $1/(1-(t+1-c)) = 1/(c-t)$, donc χ_k converge bien vers χ dans $C^\infty([0,c[)$. La vérification des inégalités 3.7 (a) pour la relation $\chi_k \lll \chi_{k+1}$ est triviale, car l'expression $P_k(t)$ est croissante aussi bien par rapport à k que par rapport à t ; de même les propriétés 3.1 (a) pour $\mu = \chi_k$ résultent de ce que $P_k(t) \ge t$, $P_k'(t) \ge 1$ si $k > 1/(1-c)$. Il est clair aussi que $\mu = \chi$ vérifie 3.1 (a), car $\chi^{(m)}(t) \ge \mu_\gamma^{(m)}(\frac{1}{c-t}) \ge \gamma(\frac{1}{c-t})$, $0 \le m \le 2$. Pour obtenir 3.1 (b,c) avec $\mu = \chi_k$, on observe que

$$(3.10)\qquad \begin{cases} \chi_k' \exp(-\frac{1}{n}\chi_k) = (4n + \mu_\gamma' \circ P_k)\exp(-\frac{1}{n}\mu_\gamma \circ P_k) P_k' \exp(-4P_k) \\ \chi_k'' \exp(-\frac{1}{n}\chi_k) = (4n + \mu_\gamma' \circ P_k)\exp(-\frac{1}{n}\mu_\gamma \circ P_k) P_k'' \exp(-4P_k) \\ \qquad\qquad + \mu_\gamma'' \circ P_k \exp(-\frac{1}{n}\mu_\gamma \circ P_k) P_k'^2 \exp(-4P_k). \end{cases}$$

Quitte à remplacer γ par $\gamma+$ constante, on voit qu'il suffit de montrer que les fonctions $P_k' \exp(-2P_k)$ et $P_k''\exp(-4P_k)$ sont décroissantes en t. Cela résulte de ce que les polynômes $P_k''-2P_k'^2$ et $P_k'''-4P_k'P_k'' = \frac{d}{dt}(P_k''-2P_k'^2)$ sont à coefficients ≤ 0 : le coefficient de $(t+1-c-\frac{1}{k})^m$ dans P_k'' est $(m+1)(m+2)$ si $m \le N_k - 2$, tandis que dans $P_k'^2$ il vaut

$$(m+1) + 2m + 3(m-1) + \cdots \ge \frac{(m+1)(m+2)}{2}.$$

Il nous reste seulement à vérifier les inégalités 3.7 (b) pour le couple (χ_k, χ_{k+1}). Pour cela, il suffit de montrer que l'on peut choisir la suite N_k en sorte que les suites $k \mapsto P_k'\exp(-2P_k)$, $k \mapsto P_k''\exp(-4P_k)$ soient décroissantes. Considérons pour k fixé la limite

$$L_k(t) = \lim_{N_k\to+\infty} P_k'(t)\exp(-2P_k(t)),$$

$$L_k(t) = \begin{cases} (c+\frac{1}{k}-t)^{-2}\exp(-2(c+\frac{1}{k}-t)^{-1}) & \text{si } t < c+\frac{1}{k} \\ 0 & \text{si } t \ge c+\frac{1}{k}. \end{cases}$$

La fonction $t \mapsto (c-t)^{-2}\exp(-2(c-t)^{-1})$ est décroissante sur $[0,c[$. On en déduit que $L_k(t) < L_{k-1}(t)$ pour $0 \le t \le c + \frac{1}{k-\frac{1}{2}}$, tandis que pour $t \ge c + \frac{1}{k-\frac{1}{2}} > c + \frac{1}{k}$ il vient :

$$P_{k-1}'(t)\exp(-2P_{k-1}(t)) \ge \exp\left(-2(N_{k-1}+1)\left(t+1-c-\frac{1}{k}\right)^{N_{k-1}}\right),$$

$$P_k'(t)\exp(-2P_k(t)) \le N_k^2\left(t+1-c-\frac{1}{k}\right)^{N_k-1}\exp\left(-2\left(t+1-c-\frac{1}{k}\right)^{N_k}\right).$$

Par conséquent $P_{k-1}'\exp(-2P_{k-1}) > P_k'\exp(-2P_k)$ si N_{k-1} , N_k et N_k/N_{k-1} sont assez grands. Même raisonnement pour la suite $P_k''\exp(-4P_k)$. ∎

Fixons maintenant des fonctions χ, χ_k vérifiant le lemme 3.9, telles que la métrique ω_χ (resp. ω_{χ_k}) soit complète sur X_c . On suppose désormais que $p+q \ge 2n-s+1$. Alors $H^{p,q}(X_c, E_\chi)$ et $H^{p,q}(X, E_{\chi_k})$ sont de dimension finie (théorème de finitude).

Nous allons montrer que le morphisme de restriction

$$H^{p,q}(X, E_{\chi_k}) \to H^{p,q}(X_c, E_\chi) \tag{3.11}$$

est un isomorphisme pour k assez grand; simultanément, nous prouverons les estimations L^2 suivantes, qui précisent les propriétés de surjectivité et d'injectivité. La première exprime en fait une propriété de densité asymptotique.

PROPOSITION 3.12. — *Pour toute forme D''-fermée $h \in L^2_{p,q}(X_c, E_\chi)$, il existe une suite de formes D''-fermées $h_k \in L^2_{p,q}(X_c, E_{\chi_k})$ telles que*

(a) $\lim_{k\to+\infty} \|h - h_k\|_\chi = 0$ *sur* X_c ;

(b) pour tout $\varepsilon > 0$, il existe $a = a(\varepsilon) < c$ et un indice $k_0(\varepsilon)$ tels que

$$\|\mathbb{1}_{X\setminus X_a} h_k\|_{\chi_k} \le \varepsilon \quad \textit{pour} \quad k \ge k_0(\varepsilon)\,.$$

PROPOSITION 3.13. — *Il existe une constante $C_2 > 0$ indépendante de k et un entier k_1 tels que la propriété suivante soit réalisée pour tout $k \ge k_1$. Soit $h \in L^2_{p,q}(X, E_{\chi_k})$ une forme D''-fermée dont la classe de cohomologie est nulle en restriction à $H^{p,q}(X_c, E_\chi)$. Alors il existe $g \in L^2_{p,q}(X, E_{\chi_k})$ telle que $D''g = h$ et $\|g\|_{\chi_k} \le C_2\|h\|_{\chi_k}$.*

Nous démontrons les propositions 3.12, 3.13 et la propriété d'isomorphisme par récurrence sur q , le résultat étant trivial pour $q > n$. Supposons les résultats vrais en degré $q+1$, et démontrons-les en degré q . Le schéma du raisonnement est le suivant :

$(3.13_{q+1}) \Rightarrow (3.12_q) \Rightarrow (3.13_q)$;
(3.12_q) et th. de finitude ⇒ surjectivité du morphisme (3.11);
(3.13_q) ⇒ injectivité du morphisme (3.11) (implication évidente).

• *Preuve de :* $(3.13_{q+1}) \Rightarrow (3.12_q)$.

Par construction de χ_k , il existe une suite croissante $b_k \in [0, c[$ convergeant vers c telle que sur X_{b_k} on ait l'encadrement

$$\|\ \|_\chi \le \|\ \|_{\chi_k} \le 2\|\ \|_\chi\,.$$

Puisque la métrique ω_χ est supposée complète sur X_c , il existe une suite $a_k \in [0, b_k[$ convergeant vers c et une suite de fonctions $\theta_k \in C^\infty(X_c)$ telles que

$$0 \le \theta_k \le 1\,,\quad \theta_k = 1 \ \text{sur}\ X_{a_k}\,,\quad \mathrm{Supp}(\theta_k) \subset X_{b_k}\,,\quad \max_{X_c} |d\theta_k|_\chi \le 1\,.$$

Soit $h \in L^2_{p,q}(X_c, E_\chi)$ une forme D''-fermée sur X_c . La forme $\theta_k h$ prolonge h à X , mais elle n'est pas fermée. On est donc amené à résoudre l'équation

$$D''g = D''(\theta_k h) = d''\theta_k \wedge h \tag{3.14}$$

en bidegré $(p,q+1)$. Posons $\eta_k = \|\mathbb{1}_{X\setminus X_{a_k}} h\|_X$; η_k tend vers 0 quand k tend vers $+\infty$. Le choix de b_k implique

$$\|d''\theta_k \wedge h\|_{X_k} \le 2\|d''\theta_k \wedge h\|_X \le 2\eta_k ,$$

et la classe de cohomologie de $d''\theta_k \wedge h = D''(\theta_k h)$, restreinte à $H^{p,q}(X_c, E_X)$, est nulle par définition. D'après la proposition 3.13 appliquée en bidegré $(p,q+1)$, l'équation (3.14) admet pour k assez grand une solution $g_k \in L^2_{p,q}(X, E_{X_k})$ telle que $\|g_k\|_{X_k} \le 2C_2\eta_k$. Posons $h_k = \theta_k h - g_k$. La forme h_k est alors D''-fermée sur X ; comme $\|\ \|_X \le \|\ \|_{X_k}$ sur X_c , il vient :

$$\|h - h_k\|_X \le \|g_k\|_{X_k} + \|(1-\theta_k)h\|_X \longrightarrow 0 ,$$

$$\|\mathbb{1}_{X\setminus X_{a_m}} h_k\|_{X_k} \le \|g_k\|_{X_k} + 2\|\mathbb{1}_{X_{b_k}\setminus X_{a_m}} h\|_X \le 2C_2\eta_k + 2\eta_m$$

pour $k \ge m$. La proposition (3.12_q) est donc démontrée. ∎

• *Preuve de : $(3.12_q) \Rightarrow$ surjectivité du morphisme* (3.11).

Rappelons le lemme classique suivant :

LEMME 3.15. — *Sous l'hypothèse* $\dim H^{p,q}(X_c, E_\lambda) < +\infty$, *l'opérateur*

$$D''_{p,q-1} : L^2_{p,q-1}(X_c, E_X) \supset \mathrm{Dom}\, D''_{p,q-1} \to \ker D''_{p,q} \subset L^2_{p,q}(X_c, E_X)$$

est d'image fermée, et on a la somme directe orthogonale

$$\ker D''_{p,q} = \mathrm{Im}\, D''_{p,q-1} \oplus \mathcal{H}$$

où $\mathcal{H}$ est l'espace des formes harmoniques $f \in L^2_{p,q}(X_c, E_X)$ (i.e. telles que $D''f = \delta''f = 0$) .

En effet $\ker D''_{p,q}$ est fermé, et par définition on a

$$\mathcal{H} = \ker D''_{p,q} \cap \ker \delta''_{p,q} = \ker D''_{p,q} \cap (\mathrm{Im}\, D''_{p,q-1})^\perp .$$

Il suffit donc de voir que $\mathrm{Im}\, D''_{p,q-1}$ est fermée. Or, l'opérateur $D''_{p,q-1} : \mathrm{Dom}\, D''_{p,q-1} \to \ker D''_{p,q}$ peut être considéré comme un opérateur borné entre espaces de Hilbert si $\mathrm{Dom}\, D''_{p,q-1}$ est muni de la norme du graphe (lequel graphe est fermé dans $L^2_{p,q-1} \times L^2_{p,q}$). Comme l'image de $D''_{p,q-1}$ est de codimension finie dans $\ker D''_{p,q}$, elle admet un supplémentaire S de dimension finie. Le théorème d'isomorphisme de Banach appliqué au morphisme bijectif

$$D''_{p,q-1} \oplus i_S : (\mathrm{Dom}\, D''_{p,q-1} / \ker D''_{p,q-1}) \oplus S \to \ker D''_{p,q}$$

implique que $\mathrm{Im}\, D''_{p,q-1}$ est fermée. Le lemme 3.15 est démontré.

Soit $f^1, \ldots, f^N)$ une base orthonormée de $\mathcal{H} \simeq H^{p,q}(X_c, E_X)$. D'après (3.12_q) , on peut trouver des suites de formes D''-fermées $f^1_k, \ldots, f^N_k \in L^2_{p,q}(X, E_{X_k})$, telles que $\|f^j_k - f^j\|_X$ tende vers 0 quand k tend vers $+\infty$, et vérifiant de plus 3.12 *(b)*. La projection de f^j_k sur $\mathcal{H}$ converge donc vers f^j , par suite les restrictions de $f^1_k, \ldots, f^N_k$ à $H^{p,q}(X_c, E_X)$ forment une base de cet espace pour k assez grand. ∎

• *Preuve de :* $(3.12_q) \Rightarrow (3.13_q)$.

Fixons $b < c$ tel que $Y \subset X_b$. Nous allons d'abord établir le lemme suivant :

LEMME 3.16. — *Pour tout $\eta > 0$, il existe un entier $k_1(\eta)$ et une constante $C_3 = C_3(\eta)$ tels que pour tout $k \ge k_1(\eta)$ et tout $u \in \mathrm{Dom}\, D'' \cap \mathrm{Dom}\, \delta''$ on ait l'inégalité*

$$\int_{X_b} |u|^2_{X_k} dV \le \eta \|u\|^2_{X_k} + C_3 \left(\|D''u\|^2_{X_k} + \|\delta''u\|^2_{X_k} + \sum_{j=1}^N |(f^j_k, u)_{X_k}|^2 \right) .$$

Démonstration. — Si le lemme était faux, on pourrait trouver une partie infinie $A \subset \mathbf{N}$ et une suite de fonctions $u_k \in L^2_{p,q}(X, E, \mathrm{loc})$, $k \in A$, vérifiant les propriétés suivantes :

$$\int_{X_b} |u_k|^2_{X_k} dV \geq 1 ; \tag{3.17}$$

$$\|u_k\|_{X_k} \leq \frac{1}{\eta} ; \tag{3.18}$$

$$\|D''u_k\|^2_{X_k} + \|\delta''u_k\|^2_{X_k} + \sum_{j=1}^{N} |\langle f^j_k, u_k\rangle_{X_k}|^2 \to 0 . \tag{3.19}$$

Comme χ_k converge vers χ dans $C^\infty([0,c[)$, les propriétés (3.18, 3.19) et le lemme de Rellich montrent que la suite u_k est relativement compacte dans $L^2_{p,q}(X_c, E, \mathrm{loc})$. On peut donc trouver une sous-suite infinie u_k , $k \in B \subset A$, convergeant en norme L^2 sur tout compact de X_c vers une forme u . De (3.18, 3.19) on déduit $\|u\|_X \leq 1/\eta$ et $D''u = \delta''u = 0$, donc $u \in \mathcal{H}$. La propriété 3.12 *(b)* relative à la suite (f^j_k) implique également $\langle f^j, u\rangle_X = 0$, $1 \leq j \leq N$. Par suite $u = 0$ sur X_c , ce qui est en contradiction avec (3.17). Le lemme 3.16 est donc démontré. ∎

On a maintenant une estimation a priori analogue à (2.1), du type

$$\|u\|^2_{X_k} \leq C_1 \left(\|D''u\|^2_{X_k} + \|\delta''u\|^2_{X_k} + \int_{X_b} |u|^2_{X_k} dV \right) \tag{3.20}$$

où C_1 est une constante > 0 indépendante de k . Si nous appliquons le lemme 3.16 pour $\eta = 1/2C_1$ et si nous le combinons avec (3.20), il vient pour tout $k \geq k_1$ et tout $u \in \mathrm{Dom}\, D'' \cap \mathrm{Dom}\, \delta''$ l'inégalité

$$\|u\|^2_{X_k} \leq C_4 \left(\|D''u\|^2_{X_k} + \|\delta''u\|^2_{X_k} + \sum_{j=1}^{N} |\langle f^j_k, u\rangle_{X_k}|^2 \right) .$$

Soit $h \in L^2_{p,q}(X, E_{X_k})$ une forme D''-fermée sur X . Avec des notations analogues à celles du §2, on obtient pour tout $u \in \mathrm{Dom}\, \delta''$:

$$\begin{aligned} |\langle h, u\rangle_{X_k}|^2 = |\langle h, Pu\rangle_{X_k}|^2 &\leq C_4 \|h\|^2_{X_k} \left(\|\delta''Pu\|^2_{X_k} + \sum_{1 \leq j \leq N} |\langle f^j_k, Pu\rangle_{X_k}|^2 \right) \\ &\leq C_4 \|h\|^2_{X_k} \left(\|\delta''u\|^2_{X_k} + \sum_{1 \leq j \leq N} |\langle f^j_k, u\rangle_{X_k}|^2 \right) . \end{aligned}$$

Le théorème de Hahn-Banach implique l'existence d'une forme $g \in L^2_{p,q-1}(X, E_{X_k})$ et de scalaires $c_j \in \mathbf{C}$, $1 \leq j \leq N$, tels que

$$h = D''g + \sum_{1 \leq j \leq N} c_j f^j_k ,$$

et

$$\|g\|^2_{X_k} + \sum_{1 \leq j \leq N} |c_j|^2 \leq C_4 \|h\|^2_{X_k} .$$

La restriction à $H^{p,q}(X_c, E_X)$ de la classe de cohomologie de h coïncide avec celle de $\sum c_j f^j_k$. Si cette classe est nulle, on a donc $c_1 = \cdots = c_N = 0$, par suite $h = D''g$. ∎

Comme les fonctions convexes χ et χ_k peuvent être choisies à croissance arbitrairement rapide, l'isomorphisme de restriction $H^{p,q}(X, E_{X_k}) \xrightarrow{\sim} H^{p,q}(X_c, E_X)$ donne par passage à la limite inductive un isomorphisme $H^{p,q}(X, E) \xrightarrow{\sim} H^{p,q}(X_c, E)$ si $p + q \geq 2n - s + 1$.

Bibliographie

[1] O. ABDELKADER. — *Annulation de la cohomologie d'une variété kählérienne faiblement 1-complète à valeurs dans un fibré vectoriel holomorphe semi-positif*, C. R. Acad. Sc. Paris, 290 (1980), 75-78 et Thèse de 3e cycle à l'Université Paris VI (1980).

[2] O. ABDELKADER. — *Théorèmes de finitude pour la cohomologie d'une variété faiblement 1-complète à valeurs dans un fibré en droites semi-positif*, Thèse de Doctorat d'Etat à l'Université Paris VI, 1985.

[3] J.P. DEMAILLY. — *Sur l'identité de Bochner-Kodaira-Nakano en géométrie hermitienne*, Séminaire P. Lelong - P. Dolbeault - H. Skoda (Analyse) 1983/84, Lecture Notes in Maths., Springer-Verlag, 1198 (1984), 88-97.

[4] P.A. GRIFFITHS. — *The extension problem in complex analysis II*, Amer. J. of Math, 88 (1966), 366-446.

[5] L. HÖRMANDER. — *An introduction to Complex Analysis in several variables*, North-Holland Publishing Company, 2nd edition, 1973.

[6] J. LE POTIER. — *Problèmes d'extension de classes de cohomologie*, Thèse de Doctorat d'Etat à l'Université de Poitiers, 1974.

[7] T. OHSAWA. — *Finiteness theorems on weakly 1-complete manifolds*, Publ. R.I.M.S., Kyoto Univ. n° 3, 15 (1979), 853-870.

[8] T. OHSAWA. — *On $H^{p,q}(X, B)$ of weakly 1-complete manifolds*, Publ. R.I.M.S., Kyoto Univ., 17 (1981), 113-126.

— o —

ÉTUDE DES FONCTIONS MÉROMORPHES SUR CERTAINS ESPACES FIBRÉS

Khalid FILALI Adib
U.A.213 du C.N.R.S., Université de Paris VI
Tour 45-46, 5e étage
4, Place Jussieu 7252-PARIS CEDEX 05

O. INTRODUCTION.

En 1977, H.SKODA [10], puis J.-P.DEMAILLY [2] ont construits un fibré holomorphe X non de Stein, à base un ouvert de $\mathbb{C}$ et à fibre $\mathbb{C}^2$, répondant ainsi par la négation à la conjecture de SERRE [15].

Sur un fibré X, toute fonction plurisousharmonique (p.s.h.) est triviale ; i.e. toute fonction p.s.h. sur X est constante sur les fibres.

En reprenant ces deux exemples de fibrés non de Stein, nous allons dans ce qui suit montrer que toute fonction méromorphe sur X est constante le long des fibres. Pour cela, nous procédons comme suit :

-Soit F une fonction méromorphe sur X ; sur chaque carte locale de trivialisation F s'écrit comme quotient de deux fonctions holomorphes ;

-Soit $\lambda \in \mathbb{C}$, Δ le disque unité de $\mathbb{C}$, $f \in O(\Delta \times \mathbb{C}^n)$, $g \in O(\Delta \times \mathbb{C}^n)$; on montre une inégalité de convexité pour la fonction.

Pour $0 < \rho < 1$

$$\text{(I)} \quad \Phi(\log|f - \lambda g|, \rho, r) = \sup_{|x|<\rho} \frac{1}{s_n r^{2n-2}} \int_{S(o,r)} \log|f(x,z) - \lambda g(x,z)|\, ds(z) .$$

Afin de pouvoir utiliser l'argument décrit par SKODA [10] qui consiste à calculer l'enveloppe d'holomorphie de $\bigcup_{j=1}^{N} h_{o,j}(\{x\} \times \Delta_n(o,r))$; où $h_{o,j}$ est un automorphisme de transition du fibré : $\Delta_n(o,r)$ le polydisque de $\mathbb{C}^n$ de rayon r.

Nous allons montrer qu'il existe : $\delta > 0$, $\lambda \in \mathbb{C}$, $c > 0$ tel que :

$$\text{(II)} \quad \delta . \sup_{\substack{|x|<\rho \\ \log|z| \leq c.\log r}} \{ \log^+ |f \circ h_{o,j}(x,z)| + \log^+ |g \circ h_{o,j}(x,z)| \} \leq \Phi(\log|f - \lambda g|, \rho, r).$$

Pour avoir l'inégalité (II) , nous allons , à l'aide des défauts de Nevanlinna, chercher à avoir une estimation de :

$$m(f-\lambda g,\rho,r) = \frac{1}{2\pi r^3}\int_{S(o,\rho)\times S(o,r)} \log^+ \left|\frac{1}{f(x,z)-\lambda g(x,z)}\right| ds(x,z)$$

en fonction de $T(f-\lambda g,\rho,r) = \dfrac{1}{2\pi r^3}\displaystyle\int_{S(o,\rho)\times S(o,r)} \log^+|f(x,z)-\lambda g(x,z)|\,ds(x,z)$.

Nous allons montrer dans la Ière partie qu'il existe $\lambda\in\mathbb{C}$, $\lambda\neq 0$, $0<\delta<1$ tel que pour r assez grand : $m(f-\lambda g,\rho,r)\leq\delta\,.\,T(f-\lambda g,\rho,r)$.

La Ière partie est consacrée à montrer le théorème I.1 qui consiste à dire : pour toute suite $(r_p)_{p\in\mathbb{N}}$ une suite croissante qui tend vers l'infini , soit $\tilde{r}_p = r_p + T(f,\rho,r_p))^{-1}$, il existe alors une infinité de valeurs $\lambda\in\mathbb{C}$ telle que l'on a l'une au moins des deux propriétés suivantes :

(a) $$\varliminf_{r_p\to+\infty} \frac{m(f-\lambda g,\rho,r_p)}{T(f-g,\ ,r_p)} < 1$$

$$\varliminf_{\tilde{r}_p\to+\infty} \frac{m(f-\lambda g,\rho,\tilde{r}_p)}{T(f-\lambda g,\rho,r_p)} < 1$$

La démonstration est faite en distinguant le cas où $\varliminf_{r_p\to+\infty} \dfrac{T(f,\rho,r_p)}{T(g,\rho,r_p)}$ est différente de 1 et celui où elle est égale à 1.

On a , en fait un résultat plus précis :

<u>THEOREME.</u> - Soit $f,g\in O(\Delta\times\mathbb{C}^n)$ l'ensemble

$\{\lambda\in\mathbb{C}\ ;\ \varliminf_{r\to+\infty} \dfrac{m(f-\lambda g,\rho,r)}{T(f-\lambda g,\ ,r)} < 1\}$ est infini, ce qui signifie intuitivement que $f-\lambda g$ prend en moyenne souvent la valeur 0 par rapport à sa croissance totale.

Je tiens à remercier M.le Professeur Henri SKODA pour les conseils et le temps qu'il m'a accordé , ainsi que pour avoir suscité mon intérêt à l'analyse complexe et pour avoir bien voulu diriger ce travail.

IÈRE PARTIE : SUR LES DEFAUTS DE NEVANLINNA.

(1.a) RAPPELS et NOTATIONS.

On pose : $(z_1,\ldots,z_n) \in \mathbb{C}^n$, $|z|^2 = |z_1|^2 + \ldots + |z_n|^2$

$\beta = \frac{i}{2}\,\partial\bar\partial\,|z|$ $\qquad d\tau = \beta^n$

$S(O,r)$: la sphère de centre O et de rayon r dans $\mathbb{C}^n$.

$B(O,r)$: la boule de centre O et de rayon r dans $\mathbb{C}^n$.

$S_1(O,\rho)$: le centre de centre O et de rayon ρ dans $\mathbb{C}$.

Δ : le disque unité de $\mathbb{C}$.

$O(\Delta \times \mathbb{C}^n)$: l'espace des fonctions holomorphes sur $\Delta \times \mathbb{C}^n$.

$M(\Delta \times \mathbb{C}^n)$: l'espace des fonctions méromorphes sur $\Delta \times \mathbb{C}^n$.

On note : $\zeta = (x,z) \in \Delta \times \mathbb{C}^n$.

$S(\rho , r) = S_1(O,\rho) \times S(O,\rho)$.

$d\zeta$: est la mesure produit sur $S_1(O,\rho) \times S(O,r)$

U : le cercle unité de $\mathbb{C}$.

Pour $\rho > 0$; $r > 0$, $f \in O(\Delta \times \mathbb{C}^n)$

$$m(f,\rho,r) = \frac{1}{2\pi\rho\, s_n\, r^{2n-1}} \int_{S(\rho,r)} \log^+\left|\frac{1}{f(\zeta)}\right| d\zeta$$

s_n est l'aire de la sphère unité de $\mathbb{C}^n$

$$T(f,\rho,r) = \frac{1}{2\pi\, s_n\, \rho\, r^{2n-1}} \int_{S(\rho,r)} \log^+|f(\zeta)|\,d\zeta$$

$$A(\log|f|,\rho,r) = \frac{1}{2\pi\rho s_n\, r^{2n-1}} \int_{S(\rho,r)} \log|f(\zeta)|\,d\zeta \; .$$

Pour $x \in \Delta$, on pose $X(x) = \{z \in \mathbb{C}^n ; f(x,z) = 0\}$

$[X(x)]$ le courant d'intégration sur l'ensemble analytique X de $\mathbb{C}^n$.

Pour $r > 1$, $N(f,\rho,r) = \frac{1}{2\pi}\int_0^{2\pi} d\theta \int_1^r \frac{dt}{t^{2n-1}} \int_{B(0,t)} [X(\rho e^{i\theta})] \wedge \beta^{n-1}$

On définit le défaut de Nevanlinna

$$\delta_f^{\ell}(a) = \lim_{r\to+\infty} \frac{m(f-a,\rho,r)}{T(f-a,\rho,r)} .$$

La formule de Jensen :

(0.1) $\Lambda(\log|f-a|,\rho,r) - \Lambda(\log|f-a|,\rho,1) = N(f-a,\rho,r)$

Une démonstration de (0,1) est donnée par DEMAILLY [11].

Pour $a \in \mathbb{C}$; $b \in \mathbb{C}$

$\log|a| = \log^+|a| - \log^+|\frac{1}{a}|$

(0.1) entraîne le F.M.T. dû à Nevanlinna [8]

(0.2) $m(f-a,\rho,r) + N(f-a,\rho,r) = T(f-a,\rho,r) - \Lambda(\log|f-a|,\rho,1)$.

On a de plus les inégalités suivantes :

(0.3) $\log^+|a+b| \le \log^+|a| + \log^+|b| + \log 2$

(0.4) $\log^+|a.b| \le \log^+|a| + \log^+|b|$.

Ce qui entraine pour $f \in O(\Delta\times\mathbb{C}^n)$; $g \in \Theta(\Delta\times\mathbb{C}^n)$

$T(f+g,\rho,r) \le T(f,\rho,r) + T(g,\rho,r) + \log 2$

$T(f.g,\rho,r) \le T(f,\rho,r) + T(g,\rho,r)$.

<u>LEMME 0.5.</u> Pour $f \in O(\Delta\times\mathbb{C}^n)$; $a \in \mathbb{C}$, on a :

$\Lambda(\log|f-a|,\rho,1) < +\infty$

$$0 \le \underline{\lim}_{r\to+\infty} \frac{m(f-a,\rho,r)}{T(f-a,\rho,r)} \le \overline{\lim}_{r\to+\infty} \frac{m(f-a,\rho,r)}{T(f-a,\rho,r)} \le 1 .$$

<u>LEMME 0.6.</u>- Pour $a \in \mathbb{C}$:

$$\frac{1}{2\pi}\int_0^{2\pi} \log|a-e^{i\theta}|d\theta = \log^+|a| .$$

(0.6) entraîne $\frac{1}{2\pi}\int_0^{2\pi} d\theta\,(\Lambda(\log|f-a|,\rho,r)) = T(f,\rho,r)$.

(1.b) THÉORÈME GÉNÉRAL.

Cette partie sera entièrement consacrée à la démonstration du théorème suivant :

THÉORÈME I.1. - Soit $f \in O(\Delta \times \mathbb{C}^n)$; $g \in O(\Delta \times \mathbb{C}^n)$. Il existe E_f un ensemble de mesure finie dans $\mathbb{R}^+$. Pour toute suite $(r_p)_{p\in\mathbb{N}} \subset \mathbb{R}^+ \setminus E_f$ croissante qui tend vers l'infini. Alors l'ensemble des $\lambda \in \mathbb{C}$, $\lambda \neq 0$, tels que l'on a l'une des deux propriétés suivantes :

(a) $$\lim_{r_p \to +\infty} \frac{m(f-\lambda g,\rho,r_p)}{T(f-\lambda g,\rho,r_p)} < 1$$

(b) $$\lim_{\tilde{r}_p \to +\infty} \frac{m(f-\lambda g,\rho,\tilde{r}_p)}{T(f-\lambda g,\rho,\tilde{r}_p)} < 1$$

avec $\tilde{r}_p = r_p + [T(f,\rho,r_p)]^{-1}$ infini.

La restriction de la suite $(r_p)_{p\in\mathbb{N}}$ à $\mathbb{R}\setminus E_f$ est une conséquence d'un lemme de majoration que nous utiliserons à la fin de la Ière partie qui interviendra dans la démonstration de la Proposition I.5.

PROPOSITION I.1. - Soit $(r_p)_{p\in\mathbb{N}}$ une suite de nombres réels positifs croissante qui tend vers l'infini. $f \in O(\Delta \times \mathbb{C}^n)$; $g \in O(\Delta \times \mathbb{C}^n)$ tels que :

(A) $$\lim_{r_p \to +\infty} \frac{T(g,\rho,r_p)}{T(f,\rho,r_p)} = k < 1$$

(i.e. : g croit moins vite que f sur les sphères $S(\rho, r_p)$).

Alors l'ensemble des $\lambda \in U$; tels que : $\displaystyle \lim_{r_p \to +\infty} \frac{m(f-\lambda g,\rho,r_p)}{T(f-\lambda g,\rho,r_p)} < 1$ est de μ-mesure >0.

La condition (A) signifie qu'il existe une sous-suite de $(r_p)_{p\in\mathbb{N}}$ que l'on note abusivement $(r_p)_{p\in\mathbb{N}}$ tel que :

$$\lim_{r_p \to +\infty} \frac{T(g,\rho,r_p)}{T(f,\rho,r_p)} = k < 1 .$$

Preuve : On raisonne par l'absurde.

On suppose que μ-presque pour tout $\lambda \in \mathbb{C}$; $|\lambda| = 1$

$$\lim_{r_p \to +\infty} \frac{m(f-\lambda g,\rho,r_p)}{T(f-\lambda g,\rho,r_p)} = 1 \qquad (B)$$

Pour $|\lambda| = 1$; on écrit (O.2) pour $r > 1$.

$$m(f - \lambda g, \rho , r) + N(f-\lambda g,\rho,r) = T(f-\lambda g,\rho,r) - \Lambda(\log|f - \lambda g , \rho , 1) .$$

On a :

$$(1.1) \quad \int_U m(f - \lambda g, \rho , r) d\mu(\lambda) + \int_U N(f-\lambda g,\rho,r) d\mu(\lambda)$$

$$= \int_U T(f-\lambda g,\rho,r) d\mu(\lambda) - \int_U \Lambda (\log|f - \lambda g|, \rho , 1) d\mu(\lambda) ,$$

soit $\varepsilon > 0$, on considère pour $\nu \in \mathbb{N}$:

$$E_\nu^\varepsilon = \{ \lambda \in U ; \exists r_p \geq \nu ; \frac{m(f - \lambda g, \rho , r_p)}{T(f-\lambda g,\rho,r_p)} < 1 - \varepsilon \}$$

$\{E_\nu^\varepsilon\}_{\nu \in \mathbb{N}}$ est une suite décroissante de sous-ensembles mesurables de U ; avec $\mu(E_\nu^\varepsilon) \underset{\nu \to +\infty}{\to} 0$ car $\mu(\bigcap_\nu E_\nu^\varepsilon) = 0$ d'après l'hypothèse (B) .

D'après (1.1) et la définition de E_ν^ε ; pour $r_p \geq \nu$

$$(1.2) \quad \int_U m(f - \lambda g, \rho , r_p) d\mu(\lambda) \geq (1 - \varepsilon) \int_{U \setminus E_\nu^\varepsilon} T(f-\lambda g,\rho,r_p) d\mu(\lambda) ,$$

car $m(f - \lambda g, \rho , r) \geq 0$.

$$(1.3) \quad \int_U N(f-\lambda g,\rho,r) d\mu(\lambda) \leq \varepsilon \int_U T(f-\lambda g,\rho,r) d\mu(\lambda)$$

$$+ \int_{E_\nu^\varepsilon} T(f-\lambda g,\rho,r) d\mu(\lambda) - \int_U \Lambda (\log|f - \lambda g|, \rho , 1) d\mu(\lambda)$$

$$\int_U N(f-\lambda g,\rho,r) d\mu(\lambda) + \int_U \Lambda(\log|f - \lambda g|, \rho , 1) d\mu(\lambda)$$

$$= \int_U d\mu(\lambda) \frac{1}{2\pi s_n \rho r^{2n-1}} \int_{S(\rho,r)} \log |f(\zeta) - \lambda g(\zeta)| d\zeta .$$

A l'aide du théorème de Fubini et du lemme (O.6)

$$(1.4) \quad \int_U N(f-\lambda g,\rho,r) d\mu(\lambda) = \Lambda (\log|g|, \rho , r) + T(\tfrac{f}{g}; \rho , r) - \Lambda(\log f - \lambda g , \rho ,1) d\mu(\lambda)$$

$$- \int_U \Lambda (\log|f - \lambda g|, \rho , 1) d\mu(\lambda) ,$$

donc pour $r_p \geq \nu$

$$(1.5) \quad \Lambda (\log|g|, \rho , r_p) + T(\tfrac{f}{g}, \rho , r_p) \leq \varepsilon \int_U T(f-\lambda g,\rho,r_p) d\mu(\lambda)$$

$$+ \int_{E_\nu^\varepsilon} T(f-\lambda g,\rho,r_p) d\mu(\lambda) .$$

D'après (0.3) on a $T(f-\lambda g, \rho, r) \leq T(f, \rho, r) + T(g, \rho, r) + \log 2$

et (0.4) $$T(f,\rho,r) \leq T(g,\rho,r) + T(\frac{f}{g}, \rho, r)$$

de plus comme $\Lambda(\log|g|, \rho, r) \underset{r \to +\infty}{\to} +\infty$

on a : $T(\frac{f}{g}, \rho, r_p) \leq \varepsilon(T(f,\rho, r_p) + T(g, \rho, r_p)) + \int_{E_\nu^m} T(f-\lambda g, \rho, r_p) d\mu(\lambda)$,

d'où :

$$(1.6) \quad (1-\varepsilon)T(f,\rho, r_p) \leq (1+\varepsilon)T(g,\rho, r_p) + \int_{E_\nu^\varepsilon} T(f-\lambda g, \rho, r_p) d\mu(\lambda)$$

pour p assez grand.

$$\int_{E_\nu^\varepsilon} T(f-\lambda g, \rho, r_p) d\mu(\lambda) \leq \mu(E_\nu^\varepsilon)(T(f,\rho, r_p) + T(g,\rho, r_p) + \log 2) .$$

Puisque $\mu(E_\nu^\varepsilon) \underset{\nu \to +\infty}{\to} 0$; il existe $\nu_0 > 0$ tel que pour $\nu \geq \nu_0$ $\mu(E_\nu^\varepsilon) \leq \varepsilon$. Donc pour $r_p \geq \nu_0$ et p grand

$$(1.2\varepsilon) \quad T(f,\rho,r_p) \leq (1+2\varepsilon) T(g,\rho, r_p) + \varepsilon . \text{Log } 2 ,$$

ce qui entraîne

$$\frac{1-2\varepsilon}{1+2\varepsilon} \leq \frac{T(g,\rho, r_p)}{T(f,\rho, r_p)} + \frac{\log 2}{T(f,\rho, r_p)} ,$$

si $f \in O(\Delta \times \mathbb{C}^n)$ et non constante $T(f, \rho, r) \to +\infty$

$$\frac{1-2\varepsilon}{1+2\varepsilon} \leq \lim_{r_p \to +\infty} \frac{T(g,\rho, r_p)}{T(f,\rho, r_p)} = k ,$$

si on choisit $\varepsilon > 0$ tel que $\frac{1-2\varepsilon}{1+2\varepsilon} > k$; on a une contradiction avec l'hypothèse (B) ; ce qui achève la démonstration.

<u>COROLLAIRE I.2.</u> - Soient $f \in O(\Delta \times \mathbb{C}^n)$; $g \in O(\Delta \times \mathbb{C}^n)$ deux fonctions non constantes . $(r_p)_{p \in \mathbb{N}} \subset \mathbb{R}^+$ une suite croissante qui tend vers l'infini.

On suppose qu'il existe $\lambda_1 \in \mathbb{C}$, $\lambda_2 \in \mathbb{C}$ tel que :

$$\lim_{r_p \to +\infty} \frac{T(f-\lambda_1 g,\rho, r_p)}{T(g-\lambda_2 f,\rho, r_p)} < 1 .$$

Alors l'ensemble des $\lambda \in \mathbb{C}$ tel que :

$$\varlimsup_{r_p \to +\infty} \frac{m(f-\lambda g, \rho, r_p)}{T(f-\lambda g, \rho, r_p)} < 1 \text{ est de 1-mesure de Hausdorff positive.}$$

Preuve. On pose $u := g - \lambda_1 f$

$v := f - \lambda_2 g$.

D'après la proposition ; l'ens. $\lambda' \in \mathbb{C}$ ($\lambda' \lambda_1 \neq 1$) tel que :

$$\varlimsup_{r_p \to +\infty} \frac{m(v-\lambda' u, \rho, r_p)}{T(v-\lambda' u, \rho, r_p)} < 1 \quad \text{est de } \mu\text{-mes.} > 0 ,$$

d'où : $\displaystyle \varlimsup_{r_p \to +\infty} \frac{m((1+\lambda_1\lambda')f - (\lambda_2+\lambda')g, \rho, r_p)}{T((1+\lambda_1\lambda')f - (\lambda_2+\lambda')g, \rho, r_p)}$

Pour $\lambda = \dfrac{\lambda_2+\lambda'}{1+\lambda'\lambda_1}$ avec $-1 = \lambda' \lambda_1$; on a le corollaire .

Nous allons écarter tous les cas relevant de la proposition I.1. et du corollaire I.2. , en supposant que les fonctions f et g vérifient la condition :

$$(\alpha) \qquad \forall \lambda \in \mathbb{C} \ ; \ * \lim_{r_p \to +\infty} \frac{T(f-g, \rho, r_p)}{T(f, \rho, r_p)} = 1$$

$$* \lim_{r_p \to +\infty} \frac{T(f-\lambda g, \rho, r_p)}{T(g, \rho, r_p)} = 1$$

$$\text{et } \forall \lambda_1 \in C \ ; \ \lambda_2 \in \mathbb{C} \ ; \ \lim_{r_p \to +\infty} \frac{T(f-\lambda_1 g, \rho, r_p)}{T(f-\lambda_2 g, \rho, r_p)} = 1$$

On suppose qu'il existe $\lambda_0 \in \mathbb{C}$; tel que :

$$\lim_{r_p \to +\infty} \frac{m(f-\lambda_0 g, \rho, r_p)}{T(f-\lambda_0 g, \rho, r_p)} = 1 \quad \text{(sinon le théorème I.1 serait trivial).}$$

On pose : $\tilde{v} = f(f - \lambda_0 g)$

$\tilde{w} = (f - \lambda_0 g)^2$.

PROPOSITION I.3. - Soient $f \in O(\Delta \times \mathbb{C}^n)$; $g \in O(\Delta \times \mathbb{C}^n)$; ayant la cond. (α)

$(r_p)_{p \in \mathbb{N}}$ une suite de nombres réels positifs croissante qui tend vers l'infini.

On suppose qu'il existe $\lambda \neq 1$, $\lambda \in \mathbb{C}$ tel que :

$$\varlimsup_{r_p \to +\infty} \frac{m(\tilde{v} - \lambda \tilde{w}, \rho, r_p)}{T(\tilde{v} - \lambda \tilde{w}, \rho, r_p)} < 1 .$$

Alors : $\displaystyle \lim_{r_p \to +\infty} \frac{m(f - \lambda(f - \lambda_o g), \rho, r_p)}{T(f - \lambda(f - \lambda_o g), \rho, r_p)} < 1$.

<u>Preuve</u>. Montrons que d'après la définition de $\tilde{v}$ et $\tilde{w}$:

pour tout $\lambda \in \mathbb{C}$; $\exists r_o > 0$ pour $r_p > r_o$.

$$T(\tilde{v} - \lambda\tilde{w}, \rho, r_p) \leq T(\tilde{w}, \rho, r_p) + o(T(\tilde{w}, \rho, r_p)) .$$

En effet : $T(\tilde{v} - \lambda\tilde{w}, \rho, r_p) = T(f - \lambda(f - \lambda_o g))\ (f - \lambda_o g), \rho, r_p)$

$$\leq T((1 - \lambda)f + \lambda\lambda_o g, \rho, r_p) + T(f - \lambda_o g, \rho, r_p) + \log 2$$

Quitte à supposer $\lambda \neq 1$.

$$T((1 - \lambda)f + \lambda\lambda_o g, \rho, r_p) = T(f + \frac{\lambda\lambda_o}{1-\lambda} g, \rho, r_p) + O(1)$$

$O(1) = \log^+|1 - \lambda|$.

D'après l'hypothèse (α) on a :

$$T(f + \frac{\lambda\lambda_o}{1-\lambda} g, \rho, r_p) = T(f - \lambda_o g, \rho, r_p) + o(T(f - \lambda_o g, \rho, r_p)) .$$

d'où

$$T(\tilde{v} - \lambda\tilde{w}, \rho, r_p) \leq 2\, T(f - \lambda_o g, \rho, r_p) + o(T(f - \lambda_o g, \rho, r_p)) .$$

Si $\lambda = 1$, on utilise directement l'hypothèse (α) .

$$2\, T(f - \lambda_o g, \rho, r_p) = \frac{1}{2\pi\rho}\, s_n\, r^{2n-1} \int_{s(\rho, r) \cap [|f - \lambda_o g| \geq 1]} 2 \log |f - \lambda_o g| d\varsigma$$

d'où :

$$(1.7) \quad T(\tilde{v} - \lambda\tilde{w}, \rho, r_p) \leq T(\tilde{w}, \rho, r_p) + o(T(\tilde{w}, \rho, r_p)) ,$$

on a immédiatement :

$$\overline{\lim_{r_p \to +\infty}} \frac{T(\tilde{v} - \lambda\tilde{w}, \rho, r_p)}{T(\tilde{w}, \rho, r_p)} \leq 1 .$$

On peut supposer quitte à extraire une sous-suite de $(r_p)_{p \in \mathbb{N}}$ que

$$\lim_{r_p \to +\infty} \frac{m(\tilde{v} - \lambda\tilde{w}, \rho, r_p)}{T(\tilde{v} - \lambda\tilde{w}, \rho, r_p)} = k' < 1 ,$$

où $\lambda \in \mathbb{C}$ est fixé (hypothèse de la proposition I.3) .

On a :

$$\lim_{r_p \to +\infty} \frac{m(\tilde{v} - \lambda\tilde{w}, \rho, r_p)}{T(\tilde{w}, \rho, r_p)}$$

$$= \lim_{r_p \to +\infty} \frac{T(\tilde{v} - \lambda\tilde{w}, , r_p)}{T(\tilde{w}, \rho, r_p)} \cdot \frac{m(\tilde{v} - \lambda\tilde{w}, \rho, r_p)}{T(\tilde{v} - \lambda\tilde{w}, \rho, r_p)} .$$

On pose : $\delta = \lim_{r_p \to +\infty} \dfrac{T(\tilde{v} - \lambda\tilde{w}, \rho, r_p)}{T(\tilde{w}, \rho, r_p)} \leq 1$

(quitte à extraire une sous-suite de $(r_p)_{p \in \mathbb{N}}$),

d'où : $\lim_{r_p \to +\infty} \dfrac{m(\tilde{v} - \lambda\tilde{w}, \rho, r_p)}{T(\tilde{w}, \rho, r_p)} = \delta . k' < 1 .$

$$N(\tilde{v} - \lambda\tilde{w}, \rho, r_p) = N((1 - \lambda)f + \lambda\lambda_o g, \rho, r_p) + N(f - \lambda_o g, \rho, r_p) ,$$

d'où :

$$\delta k' = \lim_{r_p \to +\infty} \frac{T(\tilde{v} - \lambda\tilde{w}, \rho, r_p)}{T(\tilde{w}, \rho, r_p)}$$

$$- \frac{N((1 - \lambda)f + \lambda\lambda_o g, \rho, r_p) + N(f - \lambda_o g, \rho, r_p)}{T(\tilde{w}, \rho, r_p)} .$$

$$\lim_{r_p \to +\infty} \frac{N(1-\lambda)f + \lambda\lambda_o g, \rho, r_p) + N(f - \lambda_o g, \rho, r_p)}{T(\tilde{w}, \rho, r_p)} = (1 - k')\delta .$$

comme $\lim_{r_p \to +\infty} \dfrac{m(f - \lambda_o g, \rho, r_p)}{T(f - \lambda_o g, \rho, r_p)} = 1$

d'après (O.2) :

$$\lim_{r_p \to +\infty} \frac{N(f - \lambda_o g, \rho, r_p)}{T(f - \lambda_o g, \rho, r_p)} = 0 ,$$

comme $T(\tilde{w}, \rho, r_p) = 2T(f - \lambda_o g, \rho, r_p)$ et d'après (α) on a :

$$\lim_{r_p \to +\infty} \frac{N((1 - \lambda)f + \lambda\lambda_o g, \rho, r_p)}{T((1-\lambda)f + \lambda\lambda_o g, \rho, r_p)} = 2\delta(1 - k') > 0 ,$$

ce qui explique d'après la formule de Jensen :

$$\lim_{r_p \to +\infty} \frac{m((1-\lambda)f + \lambda\lambda_o g, \rho, r_p)}{T((1-\lambda)f + \lambda\lambda_o g, \rho, r_p)} < 1 ,$$

ce qui achève la démonstration de cette proposition.

On remarque que s'il existe $\lambda \in \mathbb{C}$ tel que $\lim\limits_{r_p \to +\infty} \dfrac{T(\tilde{v} - \lambda\tilde{w}, \rho, r_p)}{T(\tilde{v}, \rho, r_p)} \neq 1$

ou $\lim\limits_{r_p \to +\infty} \dfrac{T(\tilde{v} - \lambda\tilde{w}, \rho, r_p)}{T(\tilde{w}, \rho, r_p)} \neq 1$, la proposition I.3 puis la proposition I.1 entraînent le théorème I.1 .

Il reste le cas où $\forall \lambda \in \mathbb{C}$; $\lim\limits_{r_p \to +\infty} \dfrac{T(\tilde{v} - \lambda\tilde{w}, \rho, r_p)}{T(\tilde{w}, \rho, r_p)} = 1$

$$\lim_{r_p \to +\infty} \frac{T(\tilde{v} - \lambda\tilde{w}, \rho, r_p)}{T(\tilde{v}, \rho, r_p)} = 1 .$$

LEMME I.4. - Soient $f \in O(\Delta \times \mathbb{C}^n)$; $g \in O(\Delta \times \mathbb{C}^n)$, $0 < \rho < 1$. $r > 0$, $\psi(\lambda) = T(f - \lambda g, \rho, r)$. Alors $\psi(\lambda)$ est une fonction p.s.h. en λ .

Preuve.

$$\psi(\lambda) = \frac{1}{2\pi\rho\, s_n\, r^{2n-1}} \int_{S(\rho,r)} \log^+|f(\zeta) - \lambda g(\zeta)|\, d\zeta$$

$\log^+|f(\zeta) - \lambda g(\zeta)|$ est p.s.h. en λ pour tout $\zeta \in S(\rho, r)$, le lemme p. 55 de [6] montre que $\psi(\lambda)$ est s.c.s.

L'inégalité de la moyenne s'obtient par le calcul direct.

PROPOSITION I.5. - Soient $f \in O(\Delta \times \mathbb{C}^n)$; $g \in O(\Delta \times \mathbb{C}^n)$: on suppose que $(r_p)_{p \in \mathbb{N}} \subset \mathbb{R}^+ \setminus E_f$; où E_f est un ensemble de mesure fini qui dépend de f .

On pose $\tilde{r}_p = r_p + (T(f, \rho, r_p))^{-1}$.

On suppose que f et g vérifient la condition (α) relativement à la suite $(r_p)_{p \in \mathbb{N}}$, l'ensemble des $\lambda \in \mathbb{C}$ qui vérifient l'une des deux conditions suivantes :

(1) $\lim\limits_{r_p \to +\infty} \dfrac{m(f - \lambda g, \rho, r_p)}{T(f - \lambda g, \rho, r_p)} < 1$

(2) $\lim\limits_{\tilde{r}_p \to +\infty} \dfrac{m(f - \lambda g, \rho, \tilde{r}_p)}{T(f - \lambda g, \rho, \tilde{r}_p)} < 1$

est infini.

Avant de montrer la proposition I.5 ; on a :

LEMME I.6. - Soient $f \in O(\Delta \times \mathbb{C}^n)$; $g \in O(\Delta \times \mathbb{C}^n)$

avec $\lim\limits_{r_p \to +\infty} \dfrac{T(g, \rho, r_p)}{T(f, \rho, r_p)} < +\infty$

$$E = \{\lambda \in U , \overline{\lim_{r_p \to +\infty}} \frac{T(f - \lambda g, \rho, r_p)}{T(f, \rho, r_p)} \geq 1\}$$

est de μ-mesure non nulle.

Preuve. Pour $r_p > 0$, $\psi(\lambda)$ est p.s.h. donc :

$$T(f, \rho, r_p) \leq \int_U T(f - \lambda g, \rho, r_p) d\mu(\lambda) ,$$

si $\mu(E) = 0$; le lemme de Fatou :

$$1 \leq \overline{\lim_{r_p \to +\infty}} \int_U \frac{T(f - \lambda g, \rho, r_p)}{T(f, \rho, r_p)} d\mu(\lambda) \leq \int_U \overline{\lim_{r_p \to +\infty}} \frac{T(f - \lambda g, \rho, r_p)}{T(f, \rho, r_p)} d\mu(\lambda) < 1 ,$$

le lemme de Fatou est valide car :

$$\frac{T(f - \lambda g, \rho, r_p)}{T(f, \rho, r_p)} \leq 1 + \frac{T(g, \rho, r_p)}{T(f, \rho, r_p)} + \frac{\log 2}{T(f, \rho, r_p)} \leq C^{te} ,$$

constante indépendante de λ et p , ce qui donne une contradiction , ce qui achève la démonstration du lemme.

Preuve de la proposition I.5. Soient $f \in O(\Delta \times \mathbb{C}^n)$; $g \in O(\Delta \times \mathbb{C}^n)$ qui vérifient la condition (α) , soit $\lambda_0 \in \mathbb{C}$; tel que :

$$\lim_{r_p \to +\infty} \frac{m(f - \lambda_0 g, \rho, r_p)}{T(f - \lambda_0 g, \rho, r_p)} = 1 .$$

On pose $\tilde{v} := f(f - \lambda_0 g)$

$\tilde{w} := (f - \lambda_0 g)^2$.

D'après les hypothèses $\tilde{v}$ et $\tilde{w}$ vérifient la condition (α) ,

soit $q \geq 2$: le lemme (I.6) entraîne qu'il existe $\lambda \in U$ tel

$$\overline{\lim_{r_p \to +\infty}} \frac{T(\tilde{v}^q - \lambda \tilde{w}^q, \rho, r_p)}{T(\tilde{v}^q, \rho, r_p)} > 1$$

car $\lim\limits_{r_p \to +\infty} \dfrac{T(\tilde{v}^q, \rho, r_p)}{T(\tilde{w}^q, \rho, r^p)} = 1$.

Quitte à extraire une sous-suite $(r_p)_{p \in \mathbb{N}}$; on peut supposer que

$$\lim_{r_p \to +\infty} \frac{T(\tilde{v}^q - \lambda \tilde{w}^q, \rho, r_p)}{T(\tilde{v}^q, \rho, r_p)} \geq 1 .$$

D'où (1.8) $T(\tilde{v}^q, \rho, r_p) \leq T(\tilde{v}^q - \lambda\tilde{w}^q, \rho, r_p) + o(T(\tilde{v}^q, \rho, r_p))$.

On choisit $q \geq 2$, $\lambda \in U$; on introduit $\lambda_j \in U$, $1 \leq j \leq q$ tel que $\lambda_j^q = \lambda$.

La condition (α) appliquée à $\tilde{v}$ et $\tilde{w}$:

(1.9) $T(\tilde{v}, \rho, r_p) = T(\tilde{v} - \lambda j\tilde{w}, \rho, r_p) + o(T(\tilde{v}, \rho, r_p))$,

comme $T(\tilde{v}^q, \rho, r_p) = qT(\tilde{v}, \rho, r_p)$.

(1.10) $\sum_{j=1}^{q} T(\tilde{v} - \lambda_j \tilde{w}, \rho, r_p) = T(\tilde{v}^q, \rho, r_p) + o(T(\tilde{v}, \rho, r_p))$.

On pose $\tilde{h} = \dfrac{1}{\tilde{v}^q - \lambda\tilde{w}^q} = \sum_{j=1}^{q} \dfrac{A_j}{\tilde{v} - \lambda_j \tilde{w}}$ où $A_j \in \mathbb{C}^*$

l'égalité (O.2) (1.8) et (1.10) entraîne :

(1.11) $\sum_{j=1}^{q} m(\tilde{v} - \lambda_j \tilde{w}, \rho, r_p) \leq m(\tilde{v}^q - \lambda\tilde{w}^q, \rho, r_p) + o(T(\tilde{v}, \rho, r_p))$.

Comme $\tilde{h} = \dfrac{1}{\tilde{v}^q - \lambda\tilde{w}^q}$, on a : $m(\tilde{v}^q - \lambda\tilde{w}^q, \rho, r_p) = T(\tilde{h}, \rho, r_p)$ et donc :

(1.11) $\sum_{j=1}^{q} m(\tilde{v} - \lambda_j\tilde{w}, \rho, r_p) \leq T(\tilde{h}, \rho, r_p) + o(T(\tilde{v}, \rho, r_p))$.

Pour $f \in O(\Delta \times \mathbb{C}^n)$; on introduit $\tilde{F}$:

$$\text{soit } \tilde{F} = \begin{vmatrix} f & f - \lambda_0 g \\ f_{z_n}(x,z) & (f - \lambda_0 g)_{z_n}(x,z) \end{vmatrix} = -\lambda_0 \begin{vmatrix} f & g \\ f_{z_n} & g_{z_n} \end{vmatrix}$$

où $f_{z_n} = \dfrac{\partial}{\partial z_n} f(x,z)$, avec $\lambda_0 \neq 0$.

D'après (O.4)

(1.12) $T(\tilde{h}, \rho, r_p) \leq T(\tilde{h}\tilde{F}, \rho, r_p) + m\left(\dfrac{1}{\tilde{F}}, \rho, r_p\right)$

$$m\left(\frac{1}{\tilde{F}}, \rho, r_p\right) = \frac{1}{2\pi\rho s_n r_p^{2n-1}} \int_{S(\rho,r_p)} \mathrm{Log}^+ |\tilde{F}(\zeta)| d\zeta$$

$$\leq \frac{1}{2\pi\rho s_n r_p^{2n-1}} \int_{S(\rho,r_p)} \log^+ \left| \frac{\tilde{F}(\zeta)}{\tilde{v}(\zeta)} \right| d\zeta + \frac{1}{2\pi\rho s_n r_n^{2n-1}} \int_{S(\rho,r_p)} \log^+|\tilde{v}(\zeta)| d\zeta .$$

ce qui entraîne que :

(1.13) $m\left(\dfrac{1}{\tilde{F}}, \rho, r_p\right) \leq T(\tilde{v}, \rho, r_p) + m\left(\dfrac{\tilde{v}}{\tilde{F}}, \rho, r_p\right)$.

En résumé, on a :

$$(1.14)\quad \sum_{j=1}^{q} m(\tilde{v} - \lambda_j \tilde{w}, \rho, r_p) \leq T(\tilde{v}, \rho, r_p) + m\left(\frac{\tilde{v}}{\tilde{F}}, \rho, r_p\right) + T(\tilde{h}\tilde{F}, \rho, r_p) + o(T(\tilde{v}, \rho, r_p)).$$

$$(1.15)\quad \frac{\tilde{F}}{\tilde{v}^2} = \begin{vmatrix} 1 & 1 \\ \frac{f_{z_n}}{f} & \frac{(f - \lambda_o g)_{z_n}}{f - \lambda_o g} \end{vmatrix}$$

d'après la propriété du déterminant $F = \frac{\lambda_o}{\lambda} \begin{vmatrix} f & f - \lambda g \\ f_{z_n} & (f - \lambda g)_{z_n} \end{vmatrix}$

pour tout $\lambda \in \mathbb{C}$, on a :

$$(1.16)\quad \tilde{h}\tilde{F} = \sum_{j=1}^{q} - A_j \begin{vmatrix} 1 & 1 \\ \frac{(f - \lambda_o g)_{z_n}}{f - \lambda_o g} & \frac{((1 - \lambda_j)f + \lambda_j \lambda_o g)_{z_n}}{(1 - \lambda_j)f + \lambda_j \lambda_o g} \end{vmatrix}$$

$$\sum_{j=1}^{q} \frac{A_j}{\tilde{v} - \lambda_j \tilde{w}} = \sum_{j=1}^{q} \frac{A_j}{(f - \lambda_o g)[(1-\lambda_j)f + \lambda_j \lambda_o g)]}.$$

D'autre part, par la bilinéarité du déterminant :

$$\begin{vmatrix} f - \lambda_o g & (1 - \lambda_j)f + \lambda_j \lambda_o g \\ (f - \lambda_o g)_{z_n} & [(1 - \lambda_j)f + \lambda_j \lambda_o g]_{z_n} \end{vmatrix}$$

$$[\lambda_j \lambda_o + \lambda_o (1 - \lambda_j)] \begin{vmatrix} f & g \\ f_{z_n} & g_{z_n} \end{vmatrix} =$$

$$\lambda_o \begin{vmatrix} f & g \\ f_{z_n} & g_{z_n} \end{vmatrix} = -\tilde{F}$$

il en résulte l'identité cherchée :

$$\tilde{h}\tilde{F} = -\sum_{j=1}^{q} A_j \begin{vmatrix} 1 & 1 \\ \frac{(f - \lambda_o g)_{z_n}}{f - \lambda_o g} & \frac{((1 - \lambda_j)f + \lambda_j \lambda_o g)_{z_n}}{(1 - \lambda_j)f + \lambda_j \lambda_o g} \end{vmatrix}$$

d'après (1.15) et (0.3) :

$$m(\frac{\tilde{V}}{\tilde{F}}, \rho, r_p) = \frac{1}{2\pi\rho\, s_n\, r_p^{2n-1}} \int_{S(\rho, r_p)} \log^+ \left|\frac{\tilde{F}(\zeta)}{\tilde{V}(\zeta)}\right| d\zeta$$

$$(1.17) \quad < \frac{1}{2\pi\rho\, s_n\, r_p^{2n-1}} \int_{S(\rho,r_p)} \log^+ \left|\frac{(f-\lambda_o g)z_n(\zeta)}{(f-\lambda_o g)(\zeta)}\right| d\zeta + \log 2 ,$$

(1.16) et (0.3) entraînent :

$$T(\tilde{h}\tilde{F}, \rho, r_p) \le \sum_{j=1}^{q} \frac{1}{2\pi\rho\, s_n\, r_p^{2n-1}} \int_{S(\rho,r_p)} \log^+ \left|\frac{((1-\lambda_j)f + \lambda_o\lambda_j g)z_n(\zeta)}{(1-\lambda_j)f + \lambda_o\lambda_j g(\zeta)}\right| d\zeta$$

$$(1.18) \quad + \frac{q}{2\pi\, s_n\, \rho\, r_p^{2n-1}} \int \log^+ \left|\frac{(f-\lambda_o g)z_n(\zeta)}{(f-\lambda_o g)(\zeta)}\right| d\zeta + \sum_{j=1}^{q} \log^+ |A_j| + \log 2q .$$

Avant d'estimer $T(\tilde{h}\tilde{F}, \rho, r_p)$; on remarque que si :

$$\exists\, \lambda_1, \lambda_2 \in C \text{ tel que } \lim_{\tilde{r}_p \to +\infty} \frac{T(f-\lambda_1 g, \rho, \tilde{r}_p)}{T(g-\lambda_2 f, \rho, \tilde{r}_p)} \neq 1 ,$$

la propositon I.5 est vérifiée, maintenant si, $\forall\, \lambda_1, \lambda_2 \in C$, on a :

$$\lim_{r_p \to +\infty} \frac{T(f-\lambda_1 g, \rho, \tilde{r}_p)}{T(g-\lambda_2 f, \rho, \tilde{r}_p)} = 1. \quad (\gamma)$$

On va utiliser le lemme de dérivation logarithmique sans valeurs exceptionnelles [16].

<u>LEMME I.7.</u> – Soit $f \in O(\Delta \times \mathbb{C}^n)$: on pose $f_{z_n} = \frac{\partial}{\partial z_n} f(x,z)$,

on a alors pour $1 < r < \eta$

$$\frac{1}{2\pi\rho\, s_n\, r^{2n-1}} \int_{S(\rho,r)} \log^+ \left|\frac{f_{z_n}}{f}\right| d\zeta \le 8 \log^+ T(f, \rho, \eta)$$

$$+ 8(2n-n)\log^+ \eta + 10 \log^+ r + 10 \log^+ \frac{1}{\eta - r} + O(1).$$

Avant de montrer ce lemme qui est en fait une conséquence immédiate de la proposition 3.7 de [16], on va terminer la démonstration de la proposition I.5.

<u>LEMME I.8.</u> – Soit y une fonction continue, non constante croissante pour $0 \leq x \leq +\infty$. Alors $y(x + \frac{1}{y(x)}) \leq 2y(x)$ pour tout $x > 0$ sauf pour au plus un ensemble de mesure finie E_y.

En appliquant le lemme I.7 pour $\mu \in \mathbb{C}$; $\eta = r + T(f,\rho,r))^{-1}$

$$\frac{1}{2\pi\rho\ s_n\ r^{2n-1}} \int_{S(\rho,r)} \log^+ \left|\frac{(f-\mu g)_{z_n}(\zeta)}{(f-\mu g)(\zeta)}\right| d\zeta$$

$$\leq 8 \log^+ T(f-\mu g,\rho, r + T(f,\rho, r))^{-1})$$

$$+ 8(2n-1)\log^+[r + \frac{1}{T(f,\rho, r)}] + 10 \log^+ r$$

$$+ 10 \log^+ T(f,\rho,r) + O(1) .$$

La condition (γ) entraîne :

$$\frac{1}{2\pi\ \rho\ s_n\ r^{2n-1}} \int_{S(\rho,r)} \log^+ \left|\frac{(f-\mu g)_{z_n}(\zeta)}{(f-\mu g)(\zeta)}\right| d\zeta$$

$$(1.19) \quad \leq O(1) + 8(2n-1)\log^+(r + T(f,\rho, r))^{-1}) + 10 \log^+ r$$

$$+ 10 \log^+ Tf(\rho,r) + 8 \log^+ \frac{T(f-\mu g(\rho,\tilde{r})}{T(f,\rho,\tilde{r})} + 8 \log^+ T(f,\rho,\tilde{r}) .$$

En utilisant le lemme (1.7) , si de plus $(r_p)_{p\in N} \cap E_f = \phi$ où E_f est l'ensemble exceptionnel pour $y(r) = T(f,\rho,r)$.

La condition (α) et (γ) entraînent et (1.19) :

$$\frac{1}{T(f,\rho,r_p)} \frac{1}{2\pi\ \rho\ s_n\ r_p^{2n-1}} \int_{S(\rho,r_p)} \log^+ \left|\frac{(f-\mu g)_{z_n}(\zeta)}{(f-\mu g)(\zeta)}\right| d\zeta$$

$$\leq O(1) + 8.(2n-1) \frac{\log^+(r + T(f,\rho,r_p))^{-1}}{T(f,\rho,r_p)} + 10 \frac{\log^+ r_p}{T(f,\rho, r_p)}$$

$$(1.20) \quad + 10 \frac{\log^+ T(f,\rho,r_p)}{T(f,\rho,r_p)} + \frac{8}{T(f,\rho,r_p)} \cdot \log^+ \frac{T(f-\mu g,\rho, \tilde{r}_p)}{T(f,\rho, \tilde{r}_p)}$$

$$+ 8 \frac{\log^+ T(f,\rho, \tilde{r}_p)}{T(f,\rho,r_p)} .$$

Pour f non polynomiale, on a $\lim\limits_{r\to+\infty} \frac{\log r}{T(f,\rho,r)} = 0$

(1.20) et la condition (γ) entraînent pour $\mu \in \mathbb{C}$

$$(1.21) \quad \frac{1}{2\pi\, s_n\, \rho\, r_p^{2n-1}} \int_{S(\rho,r_p)} \log^+ \left| \frac{(f-\mu g)_{z_n}(\zeta)}{(f-\mu g)(\zeta)} \right| d\zeta < o(T(f,\rho,r_p)) .$$

(1.14) devient à l'aide de la condition (α) de (1.21) et des inégalités (1.17) et (1.18) μ prend la valeur λ_0 et $\frac{-\lambda_0 \lambda_j}{(1-\lambda_j)}$:

$$(1.22) \quad \sum_{j=1}^{q} m(\tilde{v} - \lambda_j \tilde{w}, \rho, r_p) \leq T(\tilde{v},\rho, r_p) + o(T(f,\rho,r_p)) + O(1) ,$$

comme $2T(f,\rho,r_p) \simeq 2T(f-\lambda_0 g,\rho,r_p) \simeq T(\tilde{w},\rho,r_p) \simeq T(\tilde{v},\rho,r_p)$.

On a alors l'inégalité (car $\tilde{v}$ et $\tilde{w}$ vérifiant (α)) :

$$(1.23) \quad \sum_{j=1}^{q} \frac{m(\tilde{v}-\lambda_j \tilde{w}, \rho, r_p)}{\tilde{v}-\lambda_j \tilde{w}\, \rho, r_p)} \leq 1 + \frac{o(T(\tilde{w},\rho,r_p))}{T(\tilde{w},\rho,r_p)} ,$$

ce qui implique que pour au plus un $\lambda_j^o \in \{ \lambda_j ,\ 1 \leq j \leq q \}$

$\varlimsup\limits_{r_p\to+\infty} \frac{m(\tilde{v}-\lambda_j^o \tilde{w},\rho,r_p)}{T(\tilde{v}-\lambda_j^o \tilde{w},\rho,r_p)} = 1$; ce qui entraîne pour $\lambda_j \neq \lambda_j^o$ $\varlimsup\limits_{r_p\to+\infty} \frac{m(\tilde{v}-\lambda_j \tilde{w},\rho,r_p)}{T(\tilde{v}-\lambda \tilde{w},\rho,r_p)} < 1$

pour $\lambda_j \neq \lambda_j^o$, avec $\lambda_j' = -\frac{\lambda_j \lambda_o}{1-\lambda_j}$ ($\lambda_j \neq 1$, car $\lambda \neq 1$, λ ens. de mes. > 0 .

Dans le cas où f est polynomiale ; la condition (α) implique que g est polynomiale ; on peut montrer :

$T(f,\rho,r) = O(\log r)$ de même $N(f,\rho,r) = O(\log r)$ ce qui implique

$\varliminf\limits_{r\to+\infty} \frac{N(f,\rho,r)}{T(f,\rho,r)} > 0$.

Pour montrer le lemme I.7 , on reprend la proposition 3.7 de [16] en explicitant les notations utilisées par Biancofiore et Stoll [16] .

<u>PROPOSITION</u>. - Soit $f \in \mathcal{O}(\mathbb{C}^n)$, $n > 1$. Pour $1 < r < \eta$

$$\frac{1}{s_n r^{2n-1}} \int_{S(o,r)} \log^+ \left| \frac{f_{z_n}(z)}{f(z)} \right| ds(z) \leq 8 \log^+ \frac{1}{s_n r^{2n-1}} \int_{S(o,r)} \log^+ \sqrt{1+|f|^2}\, d\leq(z)$$

$$+ 4 \cdot \frac{1}{s_n} \int_{S(o,1)} \log^+ \frac{\sqrt{1+|f|^2}}{|f|} ds(z) + 4 \cdot \frac{1}{s_n} \int_{S(o,1)} \log^+ \sqrt{1+|f|^2} ds(z)$$

$$+ 8(2n-1) \log^+ \eta + 10 \log^+ r + 10 \log^+ \frac{1}{\eta - r} + 33 \log 2 + \frac{1}{2} \sum_{\nu=1}^{n} \frac{1}{\nu} .$$

Pour avoir le lemme I.7 ; on utilise en plus un lemme de concavité du logarithme.

<u>LEMME</u>. - Soit $h \geq 0$ une fonction intégrable sur $S(o,r)$, pour $r > o$. μ une mesure normalisée sur $S(o,r)$.

On a : $$\int_{S(o,r)} \log^+ h(z)\, d\mu(z) \quad \log^+ \int_{S(o,r)} h(z) d\mu(z) .$$

La proposition et le lemme précédents montrent immédiatement le lemme I.7 car :

$$\log^+ (|f|^2 + 1)^{1/2} \leq \log^+ |f| + \log 2$$
$$\log^+ \frac{\sqrt{|f|^2 + 1}}{|f|} \leq \log^+ \left|\frac{1}{f}\right| + \log 2 .$$

On remarque que pour obtenir une infinité de valeurs λ qui vérifient (1), il suffit $q \in \mathbb{N}$ de plus en plus grand.

De plus si (γ) n'est pas vérifiée, la proposition I.1 nous assure de l'existence d'une famille de 1-mesure de Hausdorff > 0, de $\lambda \in \mathbb{C}$ qui satisfont (2). Ce qui achève la démonstration de la proposition I.5 et par conséquent le théorème I.1 est démontré.

On remarque que la conséquence (b) du théorème I.1 est due à la démonstration du lemme de dérivation logarithmique du fait qu'on s'est imposé une suite $(r_p)_{p \in \mathbb{N}}$.

IIème PARTIE : EXEMPLES DE FIBRES HOLOMORPHES NON DE STEIN.

RAPPELS et NOTATIONS.

Soit Ω un ouvert de $\mathbb{C}^p$; V une fonction p.s.h. sur $\Omega \times \mathbb{C}^n$, $\omega \subset\subset \Omega$ un ouvert relativement compact ; pour $r > 0$

$$\Phi(V, \omega, r) = \sup_{x \in \omega} \frac{1}{s_n r^{2n-1}} \int_{S(o,1)} V(x,z) ds(z)$$

On suppose qu'il existe $\rho_0 > 1$ tel que $\{x \in \mathbb{C}^p \ , |x| \leq \rho_0\} \subset \Omega$ pour $\rho < \rho_0$ on pose : $\Phi(V, \rho, r) = \sup_{|x|<\rho} \frac{1}{s_n r^{2n-1}} \int_{S(o,r)} V(x,z) ds(z)$

PROPOSITION II.1. - Soit $\Omega \subset \mathbb{C}^p$, V une fonction p.s.h. sur $\Omega \times \mathbb{C}^n$. $\Phi(V, \rho, r)$ est une fonction convexe croissante en $(\log \rho, \log r)$ i.e. : Pour $\rho < \rho_0$, $\sigma < 1$ tel que $\rho^\sigma < \rho_0$, $r > 0$.

$$(2.1) \qquad \Phi(V, \rho, r) \leq \frac{1}{\sigma} \Phi(V, \rho^\sigma, r^\sigma) + \left(1 - \frac{1}{\sigma}\right) \Phi(V, 1, 1) .$$

Preuve: Nous allons donner deux lemmes qui permettent de démontrer cette proposition . Cette démonstration est analogue à la démonstration de l'inégalité de Lelong [6].

Pour $u \in \Delta$ $t \in \mathbb{C}$; on pose :

$$\Phi(V, u, t) = \sup_{|x|<\rho_0} \frac{1}{su} \int_{S(o,1)} V(u.x, tz) ds(z) .$$

LEMME II.2. - Pour $x \in \Omega$; $|x| < \rho$.

$$\Phi_x(V, u, t) = \frac{1}{s_n} \int_{S(o,1)} V(u.x, tz) ds(z) \quad \text{est p.s.h. sur } \Delta \times \mathbb{C} .$$

LEMME II.3. - $\Phi(V, u, t) = \sup_{|x|<\rho_0} \frac{1}{sn} \int_{S(o,1)} V(u.x, t.z) ds(z)$

est p.s.h. sur $\Delta \times \mathbb{C}$.

La démonstration des lemmes 2 et 3 est tirée du chapitre 2 [6] .

Comme $\Phi(V, u, t)$ est p.s.h. et ne dépend que de u et t par conséquent convexe en $(\log |u|, \log |t|)$, ce qui achève de montrer la proposition 1.

DEFINITION II.4. - Soit X une variété analytique complexe . On dit que X est un fibré holomorphe au-dessus de Ω à fibre $\mathbb{C}^n$ si :

-Il existe $\pi : X \to \Omega$ une projection holomorphe .

-Il existe un recouvrement ouvert $\{\Omega_j\}_{j\in J}$ de Ω tel que sur chaque $\Omega_j \times \mathbb{C}^n$, on a une carte de trivialisation $\varphi_j\ X|_{\Omega_j} \to \Omega_j \times \mathbb{C}^n$.

-De plus, pour $i \neq j$ tel que $\Omega_i \cap \Omega_j \neq \phi$, $\varphi_j \circ \varphi_i^{-1} : \Omega_i \cap \Omega_j \times \mathbb{C}^n \to \Omega_i \cap \Omega_j \times \mathbb{C}^n$

$$(x, z) \to (x, h_{ij}(x,z))$$

où h_{ij} est un automorphisme analytique de $\mathbb{C}^n$.

DEFINITION II.5. - On dit que F est une fonction méromorphe sur X si : il exsite $\mathscr{U} = (U_i)_{i\in I}$ un recouvrement ouvert de X, tel que: pour $i \in I$, il existe $f_i \in O(U_i)$ $g_i \in O(U_i)$, $t \in U_i$: $F(t) = \dfrac{f_i(t)}{g_i(t)}$ de plus $t \in U_i \cap U_j$, $i \neq j$,

$f_i(t).g_j(t) = f_j(t).g_i(t)$.

(2.a) Trivialité des fonctions méromorphes sur certains fibrés holomorphes.

$M(X)$: l'ensemble des fonctions méromorphes sur X ,soit $F \in M(X)$ pour chaque $j \in J$

$F_j = F\circ\varphi_j^{-1}$, $F_j \in M(\Omega_j \times \mathbb{C}^n)$ $F_j = F_i \circ \varphi_i \circ \varphi_j^{-1}$ sur $\Omega_i \cap \Omega_j \times \mathbb{C}^n$

$F_j = F_i \circ h_{ij}$ sur $\Omega_i \cap \Omega_j \times \mathbb{C}^n$.

Nous rappelons un résultat classique ; pour plus de détails on peut consulter [4].

THEOREME. - Soit $U = U_1 \times \ldots \times U_m$ où U_i , $1 \leq i \leq m$ sont des ouverts de $\mathbb{C}$ dont $(m-1)$ sont simplement connexes , soit $F \in M(U)$. Il existe alors $f \in O(U)$; $g \in O(U)$ tel que : $F = \dfrac{f}{g}$ où en tout point de U ; f et g induisent des germes premiers entre eux.

Donc $F \in M(X)$; $f_j \in M(\Omega_j \times \mathbb{C}^n)$; par conséquent il existe $(f_j, g_j) \in O(\Omega_j \times \mathbb{C}^n)$ tel que :

$$F_j = \frac{f_j}{g_j} \tag{2.3}$$

$$\frac{fj}{gj} = \frac{f_i \circ h_{ij}}{g_i \circ h_{ij}} \quad \text{sur} \quad \Omega_i \cap \Omega_j \times \mathbb{C}^n . \tag{2.4}$$

Comme f_j et g_j sont premiers entre eux pour $j \in J$ sur $\Omega_j \times \mathbb{C}^n$, on a :

$g_j^{-1} . g_i \circ h_{ij} \in O^*(\Omega_i \cap \Omega_j \times \mathbb{C}^n)$.

On pose $e^{-\alpha_{ij}} = g_j^{-1} . g_i \circ h_{ij}$ où $\alpha_{ij} \in O(\Omega_i \cap \Omega_j \times \mathbb{C}^n)$.

Pour $\lambda \in C$: on a : $\dfrac{f_j}{g_j} - \lambda = \dfrac{f_i \circ h_{ij}}{g_i \circ h_{ij}} - \lambda$

d'où

(2.5) $f_j - \lambda g_j = (f_i \circ h_{ij} - \lambda g_i \circ h_{ij}) e^{\alpha_{ij}}$ sur $\Omega_i \cap \Omega_j \times \mathbb{C}^n$.

(2.b) <u>Ier exemple</u>.

Nous allons dans ce paragraphe caractériser les fonctions méromorphes sur le fibré holomorphe non de Stein donné par [10] , soit $\Omega = \bigcup_{j=0}^{N} \Omega_j$ avec $\Omega_i \cap \Omega_j = \phi$, $1 \leq i \leq j \leq N$ et $\Omega_0 \cap \Omega_i = \Omega_i' \cup \Omega_i''$, où Ω_i' et Ω_i'' sont deux composantes connexes.

Soit le fibré X au-dessus de Ω à fibre $\mathbb{C}^2$ défini par le recollement des cartes trivialisantes $\Omega_i \times \mathbb{C}^2$ et $\Omega_j \times \mathbb{C}^2$ à l'aide de l'automorphisme de transition

$$h_{o,j}(x,z) = \begin{cases} h_j(z) & \text{si} \quad x \in \Omega_j' \\ z & \text{si} \quad x \in \Omega_j'' . \end{cases}$$

Pour $1 \leq j \leq 4$, $h_j(z) = (z_1, z_2 \exp \beta_j z_1)$

$\beta_1 = 1$, $\beta_2 = -1$, $\beta_3 = i$, $\beta_4 = -i$

$5 \leq j \leq 8$ $\qquad h_j(z) = (z_1 \exp \beta_j z_2 , z_2)$

$\beta_5 = 1$, $\beta_6 = -1$, $\beta_7 = i$, $\beta_8 = -i$

soit $F \in M(X)$. Pour $1 \leq j \leq 8$, $\lambda \in \mathbb{C}$, (2.5) entraîne

(2.6) $(f_j - \lambda g_j)(x,z) = (f_0 \circ h_j - \lambda g_0 \circ h_j) e^{\alpha_j'}(x,z)$ pour $(x,z) \in \Omega_j' \times \mathbb{C}^2$,

où $\alpha_j' := \alpha_{o,j}|_{\Omega_j' \times \mathbb{C}^2}$.

(2.7) $(f_j - \lambda g_j)(x,z) = (f_0 - \lambda g_0) e^{\alpha_j''}(x,z)$ pour $(x,z) \in \Omega_j'' \times \mathbb{C}^2$

où $\alpha_j' \in O(\Omega_j' \times \mathbb{C}^2)$, $\alpha_j'' \in O(\Omega_j'' \times \mathbb{C}^2)$, $\alpha_j'' = \alpha_{o,j}|_{\Omega_j'' \times \mathbb{C}^2}$.

<u>COROLLAIRE II.6.</u> - Soit Ω un ouvert de $\mathbb{C}^p$, ω_1 et ω_2 deux ouverts relativement compacts de Ω, V une fonction p.s.h. sur $\Omega \times \mathbb{C}^n$. Il existe $\sigma > 1$, $r_o > 0$, $C > 0$ tel que pour $r \geq r_o$

$$\Phi(V, \omega_1, r) \leq \Phi(V, \omega_2, r^\sigma) + C$$
$$\Phi(V, \omega_2, r) \leq \Phi(V, \omega_1, r^\sigma) + C. \tag{2.8}$$

<u>Preuve</u>. Cette démonstration est identique à celle de l'inégalité de Lelong.
En effet on suppose $\omega_1 = B(0, \rho_1)$, $\omega_2 = B(0, \rho_2)$, $B(0, \rho_3)$, $\rho_1 < \rho_2 < \rho_3$.
On considère $\lambda \in [0,1]$: $\log \rho_2 = \lambda \log \rho_1 + (1-\lambda) \log \rho_3$ d'où $\lambda = \dfrac{\log \rho_2/\rho_3}{\log \rho_1/\rho_3}$.
On a $\log r = \lambda \log r^{1/\lambda} + (1-\lambda) \log 1$

$\sigma = \dfrac{1}{\lambda} = \dfrac{\log \rho_3/\rho_1}{\log \rho_3/\rho_2}$; d'où d'après la proposition II.1

$$\Phi(V, \rho_2, r) \leq \frac{1}{\sigma} \Phi(V, \rho_1, r^\sigma) + \left(1 - \frac{1}{\sigma}\right) \Phi(V, \rho_3, 1)$$

comme V est p.s.h. $\Phi(V, \rho, r) \underset{r \to +\infty}{\to} +\infty$; d'où

$$\Phi(V, \rho_2, r) \leq \Phi(V, \rho_1, r^\sigma) + C$$

où $C > 0$.

On refait le même procédé plusieurs fois pour aboutir au corollaire. Soit
$\omega_o \subset\subset \Omega_o$, $\omega_j' \subset\subset \Omega_j'$, $\omega_j'' \subset\subset \Omega_j'$ avec $j \geq 1$.

On applique tout d'abord le corollaire II.6 au couple d'ouverts (ω_o, ω_j'') avec $V = \log |f_o \circ h_j - \lambda g_o \circ h_j|$, on a :

$$\Phi(\log|f_o \circ h_j - \lambda g_o \circ h_j|, \omega_o, r) \leq \Phi(\log|f_o \circ h_j - \lambda g_o \circ h_j|, \omega_j, r^\sigma) + C \tag{2.10}$$

Puis, au couple $(\omega_j' \omega_j'')$ et $V = \log|f_j - \lambda g_j|$.

$$\Phi(\log|f_j - \lambda g_j|, \omega_j', r) \leq \Phi(\log|f_j - \lambda g_j|, \omega_j'', r^\sigma) + C. \tag{2.11}$$

Enfin, au couple (ω_j'', ω_o) avec $V = \log|f_o - \lambda g_o|$.

$$\Phi(\log|f_o - \lambda g_o|, \omega_j'', r) \leq \Phi(\log|f_o - \lambda g_o|, \omega_o, r^\sigma) + C. \tag{2.12}$$

De plus d'après (2.6) on a :

$$|\Phi(\log|f_o \circ h_j - \lambda g_o \circ h_j|, \omega_j', r) - \Phi(\log|f_j - \lambda g_j|, \omega_j', r)| \tag{2.13}$$

$$\leq \sup_{x \in \omega_j'} \frac{1}{s_n r^{2n-1}} \left| \int_{S(o,r)} \log |e^{\alpha_j'(x,z)}| \, ds(z) \right| = \sup_{x \in \omega_j'} |\mathrm{Re}\, \alpha_j'(x,0)| < +\infty,$$

de même $\Phi(\log|f_j - g_j| , \omega_j^{"} , r) - \Phi(\log|f_o - \lambda g_o| , \omega_j^{"} , r)| \leq C^{te}$

indépendante de r , en considérant $\alpha_j^{"}$

En combinant (2.10), 2.11), (2.12), (2.13) et (2.14) , on a :

pour $\lambda \in \mathbb{C}$ pour $1<j<8$ $\exists\, \sigma > 1$, $r_o > 0$, $C > 0$ pour $r \geq 0$:

(2.15) $\Phi(\log|f_o \circ h_j - \lambda g_o \circ h_j| , \omega_o , r) < \Phi(\log |f_o - \lambda g_o|, \omega_o , r^{\sigma}) + C$.

On prend $\omega_o = \rho.\Delta = \{x \in \mathbb{C} , |x| < \rho\}$.

Pour $\lambda \in \mathbb{C}$, $r > 0$

$$\frac{1}{2\pi\ \rho\ s_n\ r^{2n-1}} \int_{S(\rho,r)} \log|(f_o \circ h_j - \lambda g_o \circ h_j)\ (\zeta)|d\zeta \leq \Phi(\log|f_o \circ h_j - \lambda g_o \circ h_j|, \rho, r)$$

<u>PROPOSITION II.7.</u> - Soit $F \in M(X)$; on suppose que $\rho\,\Delta \subset\subset \Omega_o$, $1 \leq j \leq 8$

$\exists\, \sigma > 1$; $\forall \lambda \in \mathbb{C}$; $\exists\, r_o > 0$; $\exists\, C > 0$ tel que $\forall\, r \geq r_o$

(2.16) $\Lambda(\log|f_o \circ h_j - \lambda g_o \circ h_j| , \rho, r) \leq \Phi(\log |f_o - \lambda g_o|, \rho, r^{\sigma}) + C$.

<u>LEMME II.8.</u> - Soient $f \in O(\Delta \times \mathbb{C}^n)$; $g \in O(\ \times \mathbb{C}^n)$ distinctes ; $(r_p)_{p\in\mathbb{N}}$ une suite de nombres réels positifs qui tend vers l'infini. Il existe au plus $\lambda_o \neq 0$ tel que pour $\lambda \in \mathbb{C} \setminus \{0, \lambda_o\}$, il existe une sous-suite de $(r_p)_{p\in\mathbb{N}}$ (notée encore $(r_p)_{p\in\mathbb{N}}$) et il existe $\delta > 0$, $\rho_o > 0$ pour $r_p \geq \rho_o$,

$\delta(T(f, \rho, r_p) + T(g, \rho, r_p)) \leq T(f-\lambda g, \rho, r_p)$.

<u>Preuve</u>. Quitte à extraire une sous-suite de $(r_p)_{p\in\mathbb{N}}$, on peut supposer que

$$\lim_{r_p\to+\infty} \frac{T(g,\rho,r_p)}{T(f,\rho,r_p)} = k < +\infty \text{ ou } \lim_{r_p\to+\infty} \frac{T(f,\rho,r_p)}{T(g,\rho,r_p)} = k < +\infty .$$

Si $k \neq 1$; d'après (0.4) on a : pour $\lambda \neq \lambda_o$; $\lambda \neq 0$

$$T(f,\rho, r_p) - T(g,\rho, r_p)| \leq T(f-\lambda g,\rho, r_p) + \log 2 + \log^+|\lambda| + |\log^+ |\tfrac{1}{\lambda}||$$

d'où pour $r_p \geq \rho_o$. Pour $\varepsilon > 0$ voisin de 0 tel que: $|1-k| - \varepsilon > 0$, $k-\varepsilon > 0$

$$T(f,\rho, r_p)\ (|1-k| - \varepsilon) < T(f-\lambda g\ \rho, r_p) + \log 2 + |\log|\lambda||$$

d'où $(\frac{|1-k|}{2} - \varepsilon)\, T(f,\rho, r_p) + \frac{(|1-k| - \varepsilon)\ (k-\varepsilon)}{2} T(g,\rho, r_p) \leq T(f-\lambda g, \rho, r_p) + O(1)$.

$\delta = \inf\left(\frac{|1-k| - \varepsilon}{2} , \frac{(|1-k| - \varepsilon)(k-\varepsilon)}{2}\right)$ donne le lemme si $k = 1$; on suppose qu'il existe $\lambda_o \in \mathbb{C}$ tel que (quitte à extraire une sous-suite de $(r_p)_{p\in\mathbb{N}}$)

$$\lim_{r_p\to+\infty} \frac{T(f-\lambda_o g,\rho, r_p)}{T(f,\rho,r_p)} = k \neq 1 .$$

Pour $\lambda \in \mathbb{C} \setminus \{\lambda_o\}$ on a (éventuellement λ_o, tel que : $f = \lambda_o g$)

$$(f - \lambda g) = (f - \lambda_o g) + (\lambda_o - \lambda) g ,$$

on a alors :

$$T(f - \lambda_o g, \rho, r_p) - T(g, \rho, r_p) < T(f - \lambda g, \rho, r_p) + |\log|\lambda - \lambda_o|| + \log 2$$

d'où : pour $\varepsilon > 0$ voisin de 0 , $r_p \geq \rho_o$

$$|\log|\lambda - \lambda_o|| + T(f - \lambda g, \rho, r_p) + \log 2 \geq |\frac{1-k}{4}|(1 - \varepsilon) T(f, \rho, r_p) + T(g, \rho, r_p)) .$$

Si pour tout $\lambda \in \mathbb{C}$; $\lim\limits_{r_p \to +\infty} \dfrac{T(f - \lambda g, \rho, r_p)}{T(f, \rho, r_p)} = 1$ le résultat est immédiat car : $T(f, \rho, r_p)/T(g, \rho, r_p) \to 1$ de sorte qu'on aura l'inégalité cherchée avec $0 < \delta < \frac{1}{2}$ par exemple $\delta = \frac{1}{4}$.

On note $E_{f_o \circ h_j}$, $1 \leq j \leq N$; l'ensemble "exceptionnel" de mesure finie considérée dans le théorème I.1 . On considère $(r_p)_{p \in \mathbb{N}}$ une suite croissante de nombres réels qui tend vers l'infini tel que $\{r_p , p \in \mathbb{N}\} \cap \bigcup\limits_{j=1}^{N} E_{f_o \circ h_j} = \phi$.
Pour $j = 1$, on a le théorème I.1 qui entraîne l'une des 2 inégalités :
$\exists \delta < 1$ $\exists \lambda_1 \in \mathbb{C}$ tel que $\tilde{r}^1_p = r_p + (T(f_o \circ h_1, \rho, r_p))^{-1}$ une sous-suite de $(r_p)_{p \in \mathbb{N}}$ ou de $(\tilde{r}^1_p)_{p \in \mathbb{N}}$ tel que :

$$m(f_o \circ h_1 - \lambda_1 g_o \circ h_1 , \rho, r_p) \leq \delta . T(f_o \circ h_1 - \lambda_1 g_o \circ h_1 , \rho, r_p) .$$

ou $m(f_o \circ h_1 - \lambda_1 g_o \circ h_1 , \rho, \tilde{r}^1_p) < \delta T(f_o \circ h_1 - \lambda_1 g_o \circ h_1 , \rho, \tilde{r}^1_p)$.
Or comme $\Lambda(\log|f - \lambda_1 g|, \rho, r) = T(f - \lambda_1 g, \rho, r) - m(f - \lambda_1 g, \rho, r)$;
d'où on a au moins l'une des deux inégalités suivantes :

$$(1 - \delta) T(f_o \circ h_1 - \lambda_1 g_o \circ h_1 , \rho, r_p) < \Lambda(\log|f_o \circ h_1 - \lambda_1 g_o \circ h_1|, \rho, r_p)$$

où

$$(1 - \delta) T(f_o \circ h_1 - \lambda_1 g_o \circ h_1 , \rho, \tilde{r}^1_p) \leq \Lambda(\log|f_o \circ h_1 - \lambda_1 g_o \circ h_1| , \rho, \tilde{r}^1_p) .$$

Comme l'ensemble des $\lambda \in \mathbb{C}$ qui vérifie le théorème I.1 est infini ; on prend $\lambda_1 \neq \lambda_1^1$, $\lambda_1 \neq 0$ (λ_1^1 valeur exceptionnelle du lemme (II.8)) ; quitte à extraire une sous-suite de $(r_p)_{p \in \mathbb{N}}$ où $(r^1_p)_{p \in \mathbb{N}}$, on applique le lemme II.8 : on a l'une des deux inégalités $\exists \delta_1 > 0$ tel que :

$$\delta_1(T(f_o \circ h_1, \rho, r_p) + T(g_o \circ h_1, \rho, r_p)) \leq \Lambda(\log|f_o \circ h_1 - \lambda_1 g_o \circ h_1|, \rho, r_p)$$

ou

$$\delta_1(T(f_o \circ h_1, \rho, \tilde{r}_p^1) + T(g_o \circ h_1, \rho, \tilde{r}_p^1) \leq \Lambda(\log|f_o \circ h_1 - \lambda_1 g_o \circ h_1, \rho, \tilde{r}_p^1)$$

comme $T(f_o \circ h_1, \rho, r_p) \underset{p \to +\infty}{\to +\infty}$ $\tilde{r}_p^1 \leq r_p + 1$

de plus $T(f, \rho, r)$ est croissante : ces deux dernières inégalités entraînent pour p assez grand :

$$\delta_1(T(f_o \circ h_2, \rho, r_p) + T(g_o \circ h_2, \rho, r_p)) \leq \Lambda(\log|f_o \circ h_1 - \lambda_1 g_o \circ h_1|, \rho, r_p+1)$$

Quitte à extraire une sous-suite de $(r_p)_{p \in \mathbb{N}}$: $\exists\, \delta_2 > 0$, $\lambda_2 \neq 0$, $r_p \geq \rho_o$.

$$\delta_2(T(f_o \circ h_2, \rho, r_p) + T(g_o \circ h_2, \rho, r_p) \leq \Lambda(\log|f_o \circ h_2 - g_o \circ h_2|, \rho, r_p + 1) .$$

On repète l'opération pour $1 \leq j \leq 8$; en extrayant à chaque étape une sous-suite de $(r_p)_{p \in \mathbb{N}}$ et en choisissant $\lambda_j \neq \lambda_1^j$,"valeur exceptionnelle" du lemme II.8 pour chaque $f_o \circ h_j$, $\delta = \inf\{\delta_j, 1 \leq j \leq 8\}$.

De plus
$$\Phi(\log|f_o - \lambda g_o|, \rho, r) \leq \sup_{|x|<\rho} \frac{1}{s_n r^{2n-1}} \int_{S(o,r)} [\log^+|f_o(x,z)| + \log^+|g_o(x,z)|]ds(z) + \log 2 + \log^+|\lambda|$$

ce qui entraîne d'après (2.16)

$$(T(f_o \circ h_j, \rho, r_p) + (g_o \circ h_j, \rho, r_p))$$

$$\text{(2.17)} \leq \sup_{\substack{|x|<\rho \\ |z| \leq (r_p+1)^\sigma}} \{\log^+|f_o(x,z)| + \log^+|g_o(x,z)|\} + C + \log 2 + \sup_{1 \leq j \leq 8} \log^+|\lambda_j| .$$

<u>LEMME II.9.</u> - Soit $V \geq 0$ une fonction p.s.h. sur $\mathbb{C} \times \mathbb{C}^n$, $0 < \theta < 1$

$M(V, \rho, r) = \sup_{\substack{x<\rho \\ z<r}} V(x,z)$, on a :

$$\left(\frac{1-\theta}{1+\theta}\right)^{n+1} M(V, \theta\rho, \theta r) \leq \Lambda(V, \rho, r) .$$

On applique le lemme II.9 à (2.17) pour $1 \leq j \leq 8$

$$\left(\frac{1-\theta}{1+\theta}\right)^{n+1} \delta \sup_{\substack{|x|<\theta\rho \\ |z|<\theta r_p}} (\log^+|f_o \circ h_j| + \log^+|g_o \circ h_j|) \leq \sup_{\substack{|x|<\rho \\ |z|<(r_p+1)^\sigma}} (\log^+|f_o| + \log^+|g_o|) + C$$

$$\leq \sup_{\substack{|x|<\theta\rho \\ |z|<(r_p+1)^{\tilde{\sigma}}}} (\log^+|f_o| + \log^+|g_o|) + C$$

d'après l'inégalité de P.Lelong 6 où $\tilde{\sigma} = \frac{\sigma}{\lambda}$ où $\lambda = \frac{\log \theta\rho}{\log \theta\rho}$, en supposant que

$\Delta \subset \Omega_0$.

Soit $c_{\theta,\delta} = (\frac{1-\theta}{1+\theta})^{n+1}\ \delta$, on veut"éliminer" le facteur $c_{\theta,\delta}$ quitte à modifier un peu les sup. l'application $r \to \sup_{|z|\leq r} V(x,z)$ est convexe en $\log r$ si

V est p.s.h. d'où si $c_{\theta,\delta} < 1$

$$\sup_{\log|z|\leq c_{\theta,\delta}\log r} V(x,z) < c_{\theta,\delta} \sup_{|z|\leq r} V(x,z) + (1 - c_{\theta,\delta}) \sup_{|z|<1} V(x,z) .$$

Pour $1 \leq j \leq 8$, on choisit $V = \log^+|f_0 \circ h_j| + \log^+|g_0 \circ h_j|)$

$$\sup_{\substack{|x|<\theta\rho \\ \log|z|<c_{\theta,\delta}\log(\theta r)}} (\log^+|f_o \circ h_j| + \log^+|g_o \circ h_j|) \leq \sup_{|x|<\theta\rho} (\log^+|f_0| + \log^+|g_0|)$$

$$+ C + \sup_{\substack{|x|<\theta\rho \\ |z|<1}} (\log^+|f_0 \circ h_j| + \log^+|g_0 \circ h_j|) .$$

On pose $\rho_p = \theta r_p$, on a pour $1 \leq j \leq 8$

$$\sup_{\substack{|x|<\theta\rho \\ \log|z|<c_{\theta,\delta}\log(\rho_p)^{\tilde{\sigma}}}} (\log^+|f_0 \circ h_j| + \log^+|g_0 \circ h_j|) \leq \sup_{\substack{|x|<\theta\rho \\ |z|<(1/\theta\ \rho_p+1)}} (\log^+|f_0| + \log^+|g_0|) + \tilde{C}$$

comme $\log^+|f_0| + \log^+|g_0|$ est une fonction p.s.h. sur $\Omega_0 \times \mathbb{C}^2$.

Pour K compact dans $\mathbb{C}^2$; on pose K l'enveloppe holomorphiquement convexe de K.

On a :

$$(2.19)\quad \sup_{\substack{|x|<\theta\rho \\ z\in\bigcup_{j=1}^{N} h_j(B(0,\rho_p^{c_{\theta,\delta}})}} (\log^+|f_0| + \log^+|g_0|) \sup_{\substack{|x|<\theta\rho \\ |z|<(\frac{1}{\theta}\rho_p+1)^{\tilde{\sigma}}}} \log^+|f_0| + \log^+|g_0| + \tilde{C} .$$

On note $D(0,r)$ le bidisque de $\mathbb{C}^2$, de rayon r, on a : $D(0,\frac{\sqrt{2}}{2}r) \subset B(0,r)$.

On pose $\tilde{r} = \sup\{R > 0\ ,\ D(0,R) \subset \cup\, h_j(D(0,r))\}$. Afin d'estimer $\tilde{r}$ nous allons reprendre le calcul fait dans [10].

Pour z_1 fixé $|z_1| = r$ $|\arg z_1| \leq \frac{\pi}{4}$, $w = h_1(z)$, on a :

$h_1(\{z_1\} \times \{|z_2| < r\}) = \{z_1\} \times \{|w_2| < r \exp \operatorname{Re} z_1\}$, donc

$h_1(\{z_1\}\times\{|z_2|<r\}) \supset \{z_1\}\times\{|w_2|<r\exp(\frac{\sqrt{2}}{2}r)\}$, $h_1(D(0,r)) \supset \{w\in \mathbb{C}^2$;

$|w_1| = r \quad |\arg w_1| \leq \pi/4$, $|w_2|<r\exp(\frac{\sqrt{2}}{2}r)\}$. D'où

$$\bigcup_{j=1}^{4} h_j(D(0,r)) \supset \{w\in\mathbb{C}^2 \; ; \; |w_1| = r \; ; \; |w_2| < r\exp(\frac{\sqrt{2}}{2}r)\}$$
$$\cup \{w\in\mathbb{C}^2 \; ; \; |w| \leq r \; ; \; |w_2| \leq r\exp(-r)\} .$$

D'après le principe du disque ; cf [5] ; l'enveloppe holomorphiquement convexe de $\bigcup_{j=1}^{4} h_j(D(0,r))$ contient le bidisque $\{|w_1|<r \; ; \; |w_2|<r\exp(\frac{\sqrt{2}}{2}r)\}$.

De même $\widehat{\bigcup_{j=5}^{8} h_j(D(0,r))} \supset \{|w_1|<r\exp(\frac{2}{2}r) \; ; \; |w_2|<r\}$ le principe du disque entraîne que , pour $r>0$

$$\widehat{\bigcup_{j=1}^{8} h_j(D(0,r))} \supset \{|w_1|<r\exp(\frac{\sqrt{2}}{4}r) \quad ; \; |w_2|<r\exp(\frac{\sqrt{2}}{4}4)\}$$

d'où $\tilde{r} = r\exp(\frac{\sqrt{2}}{4}r)$

(2.19) entraîne si on remplace r par $\frac{\sqrt{2}}{2}\rho_p^{c_{\theta,\delta}}$, on a :

$$\sup_{\substack{|x|<\theta\rho \\ |z|\leq\frac{\sqrt{2}}{2}\rho_p^{c_{\theta,\delta}}\exp(\frac{1}{4}\rho_p^{c_{\theta,\delta}})}} \{\log^+|f_o| + \log^+|g_o|\}$$

(2.20)

$$\leq \sup_{\substack{|x|<\theta\rho \\ |z|<(\frac{1}{\theta}\rho_p+1)^{\tilde{\sigma}}}} \{\log^+|f_o| + \log^+|g_o|\} + \tilde{C}$$

Si F n'est pas constante sur les fibres $\mathbb{C}^2$ (2.20) nous fournit une contradiction. En effet quitte à choisir $\tilde{\sigma}_1 > \tilde{\sigma}$ tel que : pour tout $\rho_p > \rho_o$, on a :

$$\sup_{\substack{|x|<\theta\rho \\ |z|<(\frac{1}{\theta}\rho_p+1)^{\tilde{\sigma}}}} (\log^+|f_o| + \log^+|g_o|) + \tilde{C} \leq \sup_{\substack{|x|<\theta\rho \\ |z|<(\frac{1}{\theta}\rho_p+1)^{\tilde{\sigma}_1}}} (\log^+|f_o| + \log^+|g_o|) .$$

Cette dernière inégalité est une conséquence directe de l'inégalité de Lelong.

On a donc : $\exists R>0$ tel que pour $\rho_p > R$:

$$\frac{\sqrt{2}}{2}\rho_p^{c_{\theta,\delta}}\exp(\frac{\sqrt{2}}{4}\rho_p^{c_{\theta,\delta}}) > (\frac{1}{\theta}\rho_p+1)^{\tilde{\sigma}_1} \tag{2.22}$$

ce qui contredit (2.20) et (2.21) lorsque $\log^+|f_o| + \log^+|g_o|$ est non constante. $\log^+ |f_o| + \log^+|g_o|$ est donc constante et f_o et g_o sont constantes.

Remarque. On remarque que le type exponentiel des automorphismes de transition joue un rôle important, car (2.21) qui fournit la contradiction dépend $c_{\theta,\delta}$, or δ dépend à priori de la fonction méromorphe considérée puisqu'elle dépend de λ et k où :

$$k = \varlimsup_{r\to+\infty} \frac{m(f-\lambda g, \quad, r)}{T(f-\lambda g, \rho, r)} < 1$$

la constante $\tilde{\sigma}_1$ ne dépend que de l'inégalité de Lelong. Si l'automorphisme de transition est polynomial [1] ; on ne peut conclure car on n'a pas de renseignements plus précis sur $c_{\theta,\delta}$ qui doit intervenir dans une inégalité du type (2.21).

THEOREME (II.10). - Toute fonction méromorphe $F \in M(x)$ est constante le long des fibres.

(II.c) 2ème exemple.

On reprend exactement l'exemple donné par J.-P.DEMAILLY [2] :

$\Omega_1 = \mathbb{C} \setminus \{-1\}$

$\Omega_2 = \mathbb{C} \setminus \{1\}$.

On définit un fibré holomorphe X au-dessus de $\mathbb{C}$ à fibre $\mathbb{C}^2$ en recollant les deux cartes de trivialisation $\Omega_1 \times \mathbb{C}^2$ et $\Omega_2 \times \mathbb{C}^2$ avec l'automorphisme de transition

$$h_{12} : \underbrace{\mathbb{C}\setminus\{-1,1\}}_{\Omega_o = \Omega_1 \cap \Omega_2} \times \mathbb{C}^2 \to \mathbb{C}\setminus\{-1,+1\} \times \mathbb{C}^2$$

défini par $h_{12} = h_{o,1}^{-1} \circ h_{o,2}$ où :

$$h_{o,1}(x,z) = (x, z_1, z_2 \exp(u(x)z_1))$$

$$h_{o,2}(x,z) = (x, z_1 \exp(u(x)z_2), z_2)$$

$$u(x) = \exp \frac{1}{x^2-1} .$$

Soit $F \in M(x)$; (2.5) implique : il existe $(f_j, g_j)_{j=o,1,2} \in O(\Omega_j \times \mathbb{C}^2)$ tel que pour $i \neq j$, $\lambda \in \mathbb{C}$: $f_j - \lambda g_j = (f_i \circ h_{ij} - \lambda g_i \circ h_{ij}) \cdot e^{\alpha_{ij}}$ sur $\Omega_o \times \mathbb{C}^2$

En effet d'après la définition de $e^{\alpha_{ij}}$

$$g_j = e^{\alpha_{ij}} (g_i \circ h_{ij}) \quad \text{sur} \quad \Omega_i \cap \Omega_j \times \mathbb{C}^2 .$$

$e^{\alpha_{ii}} = 1$; $1 = e^{\alpha_{ij}} \cdot e^{\alpha_{ji} \circ h_{ji}}$ sur $\Omega_i \cap \Omega_j \times \mathbb{C}^2$;

$1 = \exp(\alpha_{jk}) \cdot \exp(\alpha_{ij} \circ h_{jk}) \cdot \exp(-\alpha_{ik})$ sur $\Omega_i \cap \Omega_j \cap \Omega_k \times \mathbb{C}^2$.

Or comme pour tout (i,j) , $h_{ij}(x,0) = (x,0)$, on a :
$(e^{\alpha_{ij}(x,0)})_{ij}$ est un 1-cocycle associé au recouvrement $\{\Omega_j\}_{j=0,1,2}$ de $\mathbb{C}$
$H^2(\mathbb{C},\mathbb{Z}) = 0$ entraîne que :

$$e^{\alpha_{ij}(x,0)} = e^{\alpha_j(x) - \alpha_i(x)} \quad \text{pour } x \in \Omega_i \cap \Omega_j .$$

Par commodité on pose $\alpha_j(x,0) = \alpha_j(x) \in O(\Omega_j)$.

On a alors une inégalité fondamentale :

$$(2.22) \quad f_j - \lambda g_j = e^{\alpha_{0,j}(x,z) + \alpha_0(x,0)} e^{-\alpha_0(x,0)} [e^{-\alpha_0(x,0)} (f_0 \circ h_{0,j} - \lambda g_0 \circ h_{0,j})(x,z)]$$

$$= \exp(\tilde{\alpha}_{0,j}(x,z)) \cdot [(\tilde{f}_0 - \lambda \tilde{g}_0) \circ h_{0,j}] ,$$

pour $(x,z) \in \Omega_0 \times \mathbb{C}^2$.

Comme $h_{0,j}(x,0) = (x,0)$ pour $x \in \Omega_0$, on note :
$\tilde{f}_0(x,z) = e^{-\alpha_0(x,0)} f_0(x,z)$; $\tilde{g}_0(x,z) = e^{-\alpha_0(x,0)} \cdot g_0(x,z)$; $\tilde{\alpha}_{0,j}(x,z) = \alpha_{0,j}(x,z) + \alpha_0(x,z)$

Soient $\Delta_1 = \Delta \cap \{\mathrm{Re}\, x \geq 0\} \subset\subset \Omega_1$, $\Delta_2 = \Delta \cap \{\mathrm{Re}\, x \geq 0\} \subset\subset \Omega_2$.

Sur Δ_j $(j = 1,2)$ $\sup_{\Delta_j} |\mathrm{Re}\, \tilde{\alpha}_{0,j}(x,0)| < +\infty$ car

$\sup_{\Delta_j} |\mathrm{Re}\tilde{\alpha}_{0,j}(x,0)| = \sup_{\Delta_j} |\mathrm{Re}\alpha_j(x,0)| < +\infty$ puisque $\alpha_j(x,0) \in O(\Omega_j)$ et que $\Delta_j \subset\subset \Omega_j$.

Soit $\omega = \frac{1}{2}\Delta$, on considère $h_a(x) = \dfrac{x + a}{1 + \bar{a}x}$ où $a \in \Delta$.

Nous allons exploiter le fait que lorsque a est proche de 1 , on a alors u assez petit sur $h_a(\omega)$; d'où $h_{0,1}$ très proche de l'identité, par conséquent, on peut affirmer que la croissance de $\phi(\log |\tilde{f}_0 \circ h_{0,1} - \lambda \tilde{g}_0 \circ h_{0,1}|, h_a(\omega), r)$ est la même que celle de $\phi(\log |\tilde{f}_0 - \lambda \tilde{g}_0|, h_a(\omega), r)$, $h_a(\omega)$ est le disque de centre x_a et de rayon α_a , $x_a = \dfrac{3}{4 - a^2} \in]0,1[$ $\alpha \in \dfrac{2(1 - a^2)}{4-a^2} \in]0, \frac{1}{2}[$.

Considérons les deux disques $B_1(x,\beta) \subset\subset B_1(x,\gamma)$ concentriques à $h_a(\omega) = B_1(x,\alpha)$ de rayons $\beta = x_a + \frac{1}{2}$, $\gamma = x_a + \frac{3}{4}$. On a $\log \gamma/\beta > \frac{1}{7}$, et $\omega \subset\subset B(x_a,\beta)$,
$B_1(x_a,\gamma) \subset\subset B(1, \frac{7}{4}) \subset\subset \Omega_1$.
La valeur σ est donnée par la proposition II.1 $\sigma = \dfrac{\log \gamma/\alpha}{\log \gamma/\alpha} \leq 7 \log 4/_{(1-a)}$.

Pour V p.s.h. sur $\Omega\times\mathbb{C}^n$:

$$\Phi(V,\omega,r)\le\frac{1}{\sigma}\;\Phi(V,B_1(x_a,\alpha)\;,r^\sigma)+(1-\frac{1}{\sigma})\;\Phi(V,B(x_a,\gamma)\;,1)\;.$$

On a de plus :

$$\sup_{x\in h_a(\omega)}\;\mathrm{Re}\;\frac{1}{x-1}=\frac{1}{h_a(-1/2)-1}=\frac{2-a}{3(a-1)}<\frac{1}{3(a-1)}$$

$$\sup_{x\in h_a(\omega)}\;\log|u(x)|=\sup_{x\in h_a(\omega)}\;\frac{1}{2}(\mathrm{Re}\,\frac{1}{x-1}-\mathrm{Re}\,\frac{1}{x-1})<\frac{1}{6(a-1)}\;.$$

Le choix de a tel que :

$$(2.23)\qquad \frac{1}{1-a}=48\log r\,.\,\log\log r$$

donne pour r assez grand :

$$(2.24)\quad \sup_{x\in h_a(\omega)}|u(x)|\le r^{-8\log\,\log r}\le r^{-\sigma}$$

car quand $r\to\infty$, $a\to 1$ et $\sigma\le 7\log\log r+\log\log\log r+C^{te}$, alors $\sigma\le 8\log\log r$.

On a alors :

$$h_{0,1}(\{x\}\times B(0,r^\sigma))\subset\{x\}\times B(0,\sqrt{2}\,e\,r^\sigma)\quad\text{pour}\quad x\in h_a(\omega)\;.$$

<u>PROPOSITION II.11.</u> - Soit F une fonction méromorphe sur X ; il existe $c>0$ tel que pour $j=1,2$ et $r>1$, on a :

$$\Phi(\log|\tilde f_o\circ h_{o,1}-\lambda\tilde g_o\circ h_{o,1}|,\omega,r)\le\Phi(\log|\tilde f_o-\lambda\tilde g|,\omega,\exp(\log r)^3)+C\;.$$

<u>Preuve</u>. On montre la proposition pour $j=1$; on applique la proposition II.1 à $B_1(x_a,\alpha)\subset\subset B_1(x_a,\beta)\subset\subset B_1(x_a,\gamma)$, de plus $\omega\subset\subset B_1(x_a,\beta)$ et $B_1(x_a,\gamma)$ $B_1(x_a,\gamma)\subset\subset B_1(1,\frac{7}{4})\subset\subset\Omega_1$ et à la fonction $\log|f_1-\lambda g_1|$.

$$(2.25)\quad \Phi(\log|f_1-\lambda g_1|,\omega,r)\le\Phi(\log|f_1-\lambda g_1|,B_1(x_a,\beta)\;,r)$$
$$\le\frac{1}{\sigma}\Phi\,|\log|f_1-\lambda g_1|,h_a(\omega)\;,\;r^\sigma)+(1-\frac{1}{\sigma})\,\Phi\,(\log|f_1-\lambda g_1|,B_1(x_a,\gamma)+1)\,.$$

D'après (2.22), on a :

$$|\Phi(\log|\tilde f_o\circ h_{o,1}-\lambda\tilde g_o\circ h_{o,1}|,\omega,r)-\Phi(\log|f_1-\lambda g_1|,\omega,r)|$$
$$\le\sup_{\omega}|\mathrm{Re}\;\tilde\alpha_{o,1}(x,0)|<+\infty\;,$$

de même comme $h_a(\omega)\subset\subset\Delta_1$ pour a voisin de 1 , on a

$$|\Phi\;(\log|f_1-\lambda g_1|,h_a(\omega)\;,r^\sigma)-\Phi(\log|\tilde f_o\circ h_{o,1}-\lambda\tilde g_o\circ h_{o,1}|,h_a(\omega),r^\sigma)$$
$$\le\sup_{\Delta_1}|\mathrm{Re}\;\tilde\alpha_{o,1}(x,0)|<+\infty$$

d'où (2.26) :

$$\Phi(\log|\tilde{f}_0 \circ h_{0,1} - \lambda \tilde{g}_0 \circ h_{0,1}|, \omega, r) \leq \Phi(\log|\tilde{f}_0 \circ h_{0,1} - \lambda\tilde{g}_0 \circ h_{0,1}, h_a(\omega), r^\sigma)$$

$$\left.\begin{aligned} &+ (1 - \tfrac{1}{\sigma})\, \Phi(\log|f_1 - \lambda g_1|, B_1(1, \tfrac{7}{4}), 1) \\ &+ \sup_{\omega} |\mathrm{Re}\, \tilde{\alpha}_{0,1}(x,0)| + \sup_{\Delta_1} |\mathrm{Re}\, \tilde{\alpha}_{0,1}(x,0)| \end{aligned}\right\} = C^{te}$$

car $f_1 - \lambda g_1 \in O(\Omega_1 \times \mathbb{C}^2)$.

Pour $a > 0$ qui vérifie (2.23), on va montrer un lemme qui permet de majorer

$$\frac{1}{s_3\, r^{3\sigma}} \int_{S(o,r^\sigma)} \log|\tilde{f}_0 \circ h_{0,1} - \lambda\tilde{g}_0 \circ h_{0,1}|ds \quad \text{en fonction de}$$

$$\frac{1}{s_3\, r^{3\sigma}} \int_{S(o,r^\sigma)} \log|\tilde{f}_0 - \lambda\tilde{g}_0|ds(z) \quad \text{à l'aide de la formule de Jensen.}$$

<u>LEMME II.12.</u> - Soit $r>0$, $a>0$ vérifiant (2.27) , pour $x \in h_a(\omega)$, $0 \leq t \leq r^\sigma$; θ un courant positif de bidegré (1,1) de $\mathbb{C}^n$:

$$\int_{B(o,t)} (h_{1,o_*}\theta) \wedge \beta \leq 3(1 + e^2) \int_{B(0,e\sqrt{2}.t)} \theta \wedge \beta .$$

<u>Preuve</u>. Soit $r > 1$, $a > 0$ qui vérifie (2.27) pour $x \in h_a(\omega)$.

$$(2.27) \int_{B(o,t)} (h_{1,o_*}\theta) \wedge \beta = \int_{h_{0,1}(B(o,t))} \theta \wedge i\partial_z \bar{\partial}_z |h_{1,o}(x,z)|^2 .$$

car : $< h_{1,o_*}\theta , \beta . 1\!\!1_{B(o,t)} > = < \theta\ (h_{1,o}^* \beta)\ 1\!\!1_{B(o,t)} \circ h_{1,o} >$

(2.27) se montre pour un (1,1) courant d'ordre nul en prenant une suite $\{\chi_r\}$ de fonctions C^∞ à supports compacts qui converge ponctuellement vers $1\!\!1_{B(o,t)}$

$h_{1,o}(x,z) = (x, z_1, z_2 \exp(-u(x).z_1))$.

$i\partial_z \bar{\partial}_z |h_{1,o}(x,z)|^2 =$

$$= (1 + |u(x)z_2|^2 |\exp(-u(x)z_1)|^2)\, i\partial\bar{\partial}|z_1|^2 + |\exp(-u(x).z_1)|^2 i\partial\bar{\partial}|z_2|^2$$
$$+ i\partial|z_2|^2 \wedge \bar{\partial}|\exp(-u(x)z_1)|^2 + i\partial|\exp(-u(x).z_1)|^2 \wedge \bar{\partial}|z_2|^2 .$$

On pose : $i\partial\bar{\partial}|h_{1,o}|^2 = \sum_{1\leq i,\, j\leq 2} h^{ij}\, dz_i \wedge d\bar{z}_j$

$$\theta = \sum_{1\leq i,j\leq 2} \theta_{ij}\, dz_i \wedge d\bar{z}_j$$

$$\int_{h_{o,1}(B(o,t))} \theta \wedge i\partial\bar\partial |h_{1,o}|^2 \leq \int_{h_{o,1}(B(o,t))} (\theta_{11}h^{22} + \theta_{22}\, h^{11} + |\theta_{12}.h^{21}| + |\theta_{21}.h^{12}|)\, \beta^2$$

θ et $i\partial\bar\partial |h_{1,o}|^2$ sont deux $(1,1)$ courants positifs pour $i \neq j$,

$|\theta_{ij}| \leq \theta_{11} + \theta_{22}$; $|h^{ij}| \leq h^{11} + h^{22}$,

$$\text{d'où} \int_{B(o,t)} h_{1,o}\ \theta \wedge \beta \leq \int_{h_{o,1}(B(o,t))} [(\theta_{11}\, h^{22} + \theta_{22}.h^{11})] + 2[h^{11} + h^{22}][\theta_{11} + \theta_{22}]]\beta^2 .$$

Comme $h^{11}(x,z) = (1 + |u(x)z_2|^2 |\exp(-u(x).z_1)|^2)$,
$h^{22}(x,z) = |\exp(-u(x).z_1)|^2 \leq e^2$,

d'après (2.27) on a pour $x \in h_a(\omega)$, $z \in B(o,t)$, $0 \leq t \leq r^{\sigma}$, $h^{11} \leq 1 + e^2$

$$\int_{B(o,t)} (h_{1,o}\ \theta) \wedge \beta \leq \int_{B(o,\sqrt{2}.e\, t)} \theta \wedge i\partial\bar\partial |h_{1,o}|^2$$

d'après ce qui précède :

$$\int_{B(o,t)} (h_{1,o}\ \theta) \wedge \beta \leq 3(1 + e^2) \int_{B(o,e\sqrt{2},t)} \theta \wedge \beta$$

ce qui achève de démontrer le lemme.

Avec les hypothèses du lemme II.12 , on utilise la formule de Jensen particulière :

Soit $f \in O(\mathbb{C}^n)$, $f(0) \neq 0$; pour $r > 0$:

$$\frac{1}{s_n\, r^{2n-1}} \int_{S(o,r)} \log|f(z)|\, ds(z) - \log|f(0)| = \int_o^r \frac{dt}{t^{2n-1}} \int_{B(o,t)} i\partial\bar\partial \log|f| \wedge \beta^{n-1} .$$

Pour $r \to +\infty$; la valeur de a donnée par (2.27) $B_1(1,\eta)$ est le disque de centre 1 et de rayon η ; $\omega'_\eta = \Delta \cap B_1(1,\eta)$: pour $r \geq r_o$, $h_a(\omega) \subset \omega'_\eta$.

Sur $\Omega_o \times \mathbb{C}^2$; $(\tilde f_o - \lambda \tilde g_o) \circ h_{o,1} = e^{-\tilde\alpha_{o,1}} . (f_1 - \lambda g_1)$

pour $x \in \Delta$, $(f_1 - \lambda g_1) e^{-\alpha_{o,1}}(x,o) = (\tilde f_o - \lambda \tilde g_o)\ (x,o)$, comme $(f_1 - \lambda g_1)\ (x,o) \not\equiv 0$

et $\Delta_1 \subset\subset \Omega_1$, pour tout $\lambda \in \mathbb{C}$ sauf pour au plus une valeur $\lambda_o \in \mathbb{C}$ telle que $f_1 = \lambda_o\, g$ sur $\Omega_1 \times \{0\}$.

L'ensemble $A = \{x \in \Delta ;\ (f_1 - \lambda g_1)\ (x,o) = 0\}$ est fini alors il existe $\eta > 0$ tel que $A \in \omega'_\eta = \phi$; on peut supposer que pour tout $x \in h_a(\omega)$

$(\tilde f_o - \lambda \tilde g_o)(x,o) = e^{-\tilde\alpha_o(x,o)}\ (f_1 - \lambda g_1)(x,o) \neq 0$.

En appliquant le lemme II.12 et (2.28), on a :

$$(2.29)\quad \frac{1}{s_3\, r^{3\sigma}}\int_{S(o,r^\sigma)} \log|\tilde{f}_o \circ h_{o,1} - \lambda\tilde{g}_o \circ h_{o,1}|\,ds(z)$$

$$= \int_o^r \frac{dt}{t^3}\int_{B(o,t)} i\partial\bar{\partial}\log|\tilde{f}_o \circ h_{o,1} - \lambda\tilde{g}_o \circ h_{o,1}| \wedge \beta + \log|(\tilde{f}_o - \lambda\tilde{g}_o)(x,o)|$$

$$\leq 3(1+e^2)\int_o^{r^\sigma} \frac{dt}{t^3}\int_{B(o,\sqrt{2}\,e\,t)} i\partial\bar{\partial}\log|\tilde{f}_o - \lambda\tilde{g}_o| \wedge \beta + \log|(\tilde{f}_o - \lambda\tilde{g}_o)(x,o)| .$$

On suppose que $g_1(1,o) \neq 0$, pour $x \in W$ voisinage de 1 dans $\mathbb{C}$ on a

$g_1(x,o) \neq 0$ d'après (2.22) et $h_{o,1}(x,o) = (x,o)$,

$\log|(\tilde{f}_o - \lambda\tilde{g}_o)(x,o)| = \log|(f_1 - \lambda g_1)(x,o)| - \mathrm{Re}\ \tilde{\alpha}_{o,1}(x,o)$; or comme

$\tilde{\alpha}_{o,1}(x,o) \in O(\Omega_1)$ on a pour $\lambda \in \mathbb{C}$, $|\lambda| >> 0$: $\log|(\tilde{f}_o - \lambda\tilde{g}_o)\ (x,o)| \geq 0$

pour tout $x \in h_a(\omega) \subset W$ quand $a \to 1$, d'où

$$\Phi(\log|\tilde{f}_o \circ h_{o,1} - \lambda\tilde{g}_o \circ h_{o,1}|, x, r^\sigma)$$

$$\leq 3(1+e^2)\ \left(\int_o^r \frac{dt}{t^3}\int_{B(o,\sqrt{2}\,e\,t)} i\partial\bar{\partial}\log|\tilde{f}_o - \lambda\tilde{g}_o| \wedge \beta + \log|(\tilde{f}_o - \lambda\tilde{g}_o)(x,o)|\right)$$

$$= \frac{3(1+e^2)(e\sqrt{2})^2}{s_3(\sqrt{2}\,e\,r^\sigma)^3}\int_{S(o,\sqrt{2}\,e\,r^\sigma)} \log|\tilde{f}_o - \lambda\tilde{g}_o|\,ds(z)$$

En combinant (2.26) et (2.29) , on a :

$$(2.30)\quad \Phi(\log|\tilde{f}_o \circ h_{o,1} - \lambda\tilde{g}_o \circ h_{o,1}|, \omega, r)$$

$$\leq \frac{3(1+e^2)\ (e\sqrt{2})^2}{\sigma}\Phi(\log|\tilde{f}_o - \lambda\tilde{g}_o|,\ h_a(\omega)\ , e\sqrt{2}\,r^\sigma) + C .$$

Comme $\sigma \to +\infty$ quand $r \to +\infty$, on a :

$$(2.31)\quad \Phi(\log|\tilde{f}_o \circ h_{o,1} - \lambda\tilde{g}_o \circ h_{o,1}|, \omega, r) \leq \Phi(\log|\tilde{f}_o - \lambda\tilde{g}_o|, h_a(\omega), e\sqrt{2}\,r^\sigma) + C$$

où $C > 0$ est une constante.

On applique une dernière fois la proposition II.1.

COROLLAIRE II.13. - Soit $f \in O(\Delta \times \mathbb{C}^2)$

(2.32) $$\Phi(\log|f|, h_a(\omega), r) \le \frac{1}{\tau}\Phi(\log|f|, \omega, r^\tau) + (1-\frac{1}{\tau})\Phi(\log|f|, \Delta, 1)$$

où $\tau = \dfrac{\log 1/2}{\log h_{|a|}(1/2)}$.

Preuve du corollaire II.13. Soit $\sigma = h_{|a|}(\frac{1}{2})$, on a $h_a(\omega) \subset\subset \rho\Delta$ et on applique la proposition II.1.

d'où $$\tau = \frac{\log 2}{\log 1/h_a(\frac{1}{2})} \le \frac{\log 2}{1 - h_a(\frac{1}{2})} \le \frac{3 \log 2}{1-a}.$$

En appliquant (2.32) à (2.31) on a :

$$\Phi(\log|\tilde{f}_o - \lambda\tilde{g}_o|, h_a(\omega), \sqrt{2}\, e\, r^\sigma) \le \frac{1}{\tau}\log|\tilde{f}_o - \lambda\tilde{g}_o|, \omega, (\sqrt{2}.e\, r^\sigma)^\tau)$$
$$+ (1-\frac{1}{\tau}) \quad \Phi(\log|\tilde{f}_o - \lambda\tilde{g}_o|, \Delta, 1).$$

On suppose pour l'instant que $\Phi(\log|\tilde{f}_o - \lambda\tilde{g}_o|, \Delta, 1) < +\infty$.

On a pour r grand $\sigma < 7 \log r$, $\tau < 144 \log 2$, $\log r . \log\log r$ on a pour $r >> 0$:
$$\Phi(\log|\tilde{f}_o \circ h_{0,1} - \lambda\tilde{g}_o \circ h_{0,1}|, \omega, r)$$
$$\le \Phi(\log|\tilde{f}_o - \lambda\tilde{g}_o|, \omega, \exp(700(\log r.\log\log r)^2)) + C.$$

LEMME II.14. - $\Phi(\log|\tilde{f}_o - \lambda\tilde{g}_o|, \Delta, 1) < +\infty$.

Preuve. On rappelle $\Delta_1 = \Delta \cap \{\mathrm{Re}\, x > 0\} \subset\subset \Omega_1$

$\Delta_2 = \Delta \cap \{\mathrm{Re}\, x < 0\} \subset\subset \Omega_2$

$$\Phi(\log|\tilde{f}_o - \lambda\tilde{g}_o|, \Delta, 1) = \sup_{k=1,2}\{\Phi(\log|\tilde{f}_o - \lambda\tilde{g}_o|, \Delta_k, 1)\}.$$

D'après (2.22) on a :

$$\tilde{f}_o - \lambda\tilde{g}_o = [e^{\tilde{\alpha}_{o,1}(x,z)} . (f_1 - g_1)] \circ h_{1,o}.$$

D'où $|\Phi(\log|\tilde{f}_o - \lambda\tilde{g}_o|, \Delta_1, 1) - \Phi(\log|(f_1 - \lambda g_1)\circ h_{1,o}|, \Delta_1, 1)|$

$\le \sup_{\Delta_1}|\mathrm{Re}\, \tilde{\alpha}_{o,1} \circ h_{1,o}(x,o)| = \sup_{\Delta_1}|\mathrm{Re}\, \tilde{\alpha}_{o,1}(x,o)| < +\infty$

car $h_{1,o}(x,o) = (x,o)$.

Pour montrer que $\Phi(\log|\tilde{f}_o - \lambda\tilde{g}_o|, \Delta, 1) < +\infty$, il suffit de montrer que

$\Phi(\log|(f_1 - \lambda g_1)\circ h_{1,o}|, \Delta_1, 1) < +\infty$ car de même

$\tilde{f}_o - \lambda\tilde{g}_o = [e^{-\tilde{\alpha}_{o,2}}(f_2 - \lambda g_1)]\circ h_{2,o}$. Donc pour que $\Phi(\log|\tilde{f}_o - \tilde{g}_o|, \Delta, 1)$

soit fini ; on va montrer que pour $k = 1, 2$

$$\Phi(\log\,|(f_k - \lambda g_k) \circ h_{k,o}|,\ \Delta_k\ ,\ 1\ ) < +\infty .$$

On prend $k = 1$

$$\Phi(\log|(f_1 - \lambda g_1) \circ h_{1,o}|,\ \Delta_1\ ,\ 1) = \sup_{x\in\Delta_1} \frac{1}{s_3} \int_{S(o,1)} \log|(f_1 - \lambda g_1) \circ h_{1,o}| ds(z) .$$

Soit $x \in \Delta_1$, on note $ds_t(z)$ la mesure normalisée sur $S(o,t)$; pour $1 \leq t \leq 2$:

$$\int_{S(o,1)} \log|f_1 \circ h_{1,o} - \lambda g_0 \circ h_{1,o}| ds(z) \leq \int_{S(o,1)} \log^+|f_1 \circ h_{1,o} - \lambda g_1 \circ h_{1,o}| ds(z) .$$

Comme $\log^+|f_1 \circ h_{1,o} - \lambda g_1 \circ h_{1,o}|$ est p.s.h. sur $\mathbb{C}^2$

$$\int_1^2 t^3\,dt \int_{S(o,1)} \log^+|f_1 \circ h_{1,o} - \lambda g_1 \circ h_{1,o}| ds(z) = c \int_{S(o,1)} \log^+|f_1 \circ h_{1,o} - \lambda g \circ h_{1,o}| ds(z)$$

$$\leq \int_{B(o,2)} \log^+|f_1 \circ h_{1,o} - \lambda g_0 \circ h_{1,o}| d\lambda(z) \quad \text{où} \quad c = \int_1^2 t^3\,dt > 0 .$$

On utilise le changement de variables $z = h_{o,1}(w)$

$$\int_{B(O,2)} \log^+ |f_1 \circ h_{1,o} - \lambda g_1 \circ h_{1,o}| d\lambda(z) = \int_{h_{1,o}(B(o,2))} \log^+|f_1 - \lambda g_1| . |J h_{o,1}(w)| d\lambda(w)$$

comme $|J h_{o,1}(w)| \leq |\exp u(x).w|$ et pour $x \in \Delta$ $|\exp u(x)| \leq C$ (C est une constante > 0) , de plus il existe K un compact de $\mathbb{C}^2$ tel que $h_{1,o}(B(o,2)) \subset K$, on a $|J h_{1,o}(w)| \leq C_2$ car $\left|\exp \frac{1}{x^2-1}\right| \leq C_1$ pour tout $x \in \Delta$, d'où

$$\sup_{\Delta_1} \frac{1}{s_3} \int \log |f_1 \circ h_{1,o} - \lambda g_1 \circ h_{1,o}| ds(z) \leq \text{mes}(K).C_2\, c^{-1} \sup_{\Delta_1 \times K} \log^+|f_1 - \lambda g_1| < +\infty ,$$

ce qui achève la démonstration du lemme II.14 et par conséquent de la proposition II.11.

La proposition II.11 étant acquise, on applique le théorème I.1 , en choisissant une suite $(r_p)_{p \in \mathbb{N}}$ très convenable, et en appliquant le même procédé à l'aide du lemme II.8 .

Il existe $\bar{c} > 0$, $\rho_o > 0$ pour $r_p \geq \rho_o$, on a :

$$\sup_{\substack{|x|<\frac{1}{2} \\ |z|\leq r_p}} (\log^+|\tilde{f}_o \circ h_{o,j}| + \log^+|\tilde{g}_o \circ h_{o,j}|) \leq \sup_{\substack{|x|<\frac{1}{2} \\ |z|<\exp(\bar{c}(\log(r_p+1))^3)}} (\log^+|\tilde{f}_o|+ \log^+|\tilde{g}_o|) + C$$

où $\bar{c}$ est une constante indépendante de r , qui dépend de F , de l'inégalité de Lelong et du défaut de Nevanlinna, de la même façon que dans l'exemple 1 :

soit $K(x,r) = \bigcup_{j=1}^{2} h_{o,j}(\{x\} \times B(o,r))$; $\hat{K}(x,r)$ l'enveloppe holomorphiquement convexe de $K(x,r)$.

<u>LEMME.</u> - (DEMAILLY [2]). Pour r assez grand $\hat{K}(x,r) \supset \{x\} \times B(o,\hat{r})$, $\hat{r} = \exp(\frac{r}{16e^6})$

si $F \in M(X)$ est non constante sur les fibres de X , on a :

$$\leq M(\log^+|f_o| + \log^+|g_o|, \omega_o , \exp(\frac{r_p}{8e^6})) \leq M(\log^+|f_o|+ \log^+|g_o|, \omega_o, \exp \bar{c}(\log F_p + 1)^3 + C ,$$

ce qui donne une contradiction car $\exp(\frac{r_p}{16e^6}) \geq \exp \bar{e}(\log (r_p + 1))^3$ pour r_p grand.

Pour X la fibré holomorphe construit par DEMAILLY [2] on a le même énoncé que le théorème II.10.

Remarquons enfin l'importance du caractère exponentiel des automorphismes de transition comme dans le Ier exemple.

BIBLIOGRAPHIE

[1] J.-P.DEMAILLY. Différents exemples de fibrés holomorphes non de Stein. Sém. P.LELONG,H.SKODA, 1976, Lecture Notes 694, Springer.

[2] J.-P.DEMAILLY. Un exemple de fibré holomorphe non de Stein à fibre $\mathbb{C}^2$ au-dessus du disque ou du plan (à paraître).

[3] GAUTHIER et HENGARTNER. The value distribution of most functions of one or several complex variables. Ann. of Math., 96, 1972.

[4] GRAUERT et REMMERT. Theory of Stein spaces. Springer, 1979.

[5] L.HÖRMANDER. An introduction to complex analysis in several variables. North-Holland, 1973.

[6] P.LELONG. Fonctionnelles analytiques et fonctions entières (n variables). Montréal, 1968.

[7] P.LELONG. Fonctions p.s.h. et formes différentielles positives. Gordon and Beach, 1968.

[8] NEVANLINNA. Analytic functions. Springer, 1970.

[9] SADULLAEV et DEGTYAR. Approximation divisors of a holomorphic mapping and the deficiencies of meromorphic several variables. Ukr. Math. J. 33, 1982.

[10] H.SKODA. Fibré holomorphe à base et à fibre de Stein. Inv. Math., 43, 97-107, 1977.

[11] J.-P.DEMAILLY . Sur les nombres de Lelong associés à l'image directe d'un courant positif fermé. Ann. Inst. Fourier, 32-2, 1982.

[12] W.STOLL. The Growth of the area of Transcendental analytic set (I et II). Math. Ann. 156, 1964.

[13] R.GUNNING et H.ROSSI. Analytics functions of several variables. Printice Hall, 1966.

[14] J.-P.SERRE. Quelques problèmes globaux relatifs aux variétés de Stein. Colloque sur les fonctions de plusieurs variables. Bruxelles, 1953.

[15] BIANCOFIORE-STOLL. Another proof of the logarithmic derivative in several complex variables. Recent developments in several complex variables. Edited by J.E.FORNAESS, Annals of Math. Studies, n° 100, Princeton University Press.

TRANSFORMATION DE BOCHNER-MARTINELLI DANS UNE VARIÉTÉ DE STEIN

Christine Laurent-Thiébaut
C.N.R.S. , U.A.213, Tour 45-46,5e étage
Université de Paris VI
4, Place Jussieu 75252-PARIS France

Résumé. Etant donné une forme différentielle $\mathcal{C}^1$ ou un courant d'ordre nul, f , à support compact sur une hypersurface réelle d'une variété de Stein, on définit, en utilisant les noyaux globaux de Henkin et Leiterer , une transformée de Bochner-Martinelli généralisée de f et on étudie son comportement au voisinage de l'hypersurface. Dans le cas où l'hypersurface est le bord d'un domaine relativement compact et où f est une mesure vérifiant les conditions de Cauchy-Riemann, on obtient une généralisation du théorème d'extension de Bochner.

Abstract. Let f a $\mathcal{C}^1$ differential form or a current of order zero with compact support on a real hypersurface of a Stein manifold. ; using Henkin-Leiterer's global kernels on Stein manifold, we define a generalized Bochner-Martinelli transform of f and we study its behaviour on the hypersurface. When the hypersurface is the boundary of a relatively compact domain and if f is measure which verifies the Cauchy-Riemann conditions, we obtain a generalization of Bochner extension theorem.

Introduction.

Soit V une hypersurface réelle, lisse, de classe $\mathcal{C}^1$ de $\mathbb{C}^n$, si on note $K(z,\zeta)$ le noyau de Bochner-Martinelli dans $\mathbb{C}^n \times \mathbb{C}^n$ et f une fonction définie, continue, à support compact dans V , on appelle transformée de Bochner-Martinelli la fonction F définie sur $\mathbb{C}^n \setminus V$ par $F(z) = \int_V f(\zeta)K(z,\zeta)$. Harvey et Lawson [5] et Čirka [2] ont étudié indépendamment le comportement de F au voisinage de l'hypersurface V en fonction de la régularité de f et en ont déduit un théorème d'extension des fonctions CR définies sur le bord d'un domaine relativement compact à bord lisse d'une variété analytique complexe en fonctions holomorphes à l'intérieur.

L'étude de ce problème d'extension débute dans les années 1940. Bochner [2] et Martinelli [13] donnent indépendamment une démonstration rigoureuse du théorème de Hartogs :

si D est un ouvert borné de $\mathbb{C}^n$ $(n \geq 2)$, à bord connexe et régulier toute fonction holomorphe au voisinage de ∂D admet une extension holomorphe au voisinage de $\bar{D}$; de plus Bochner démontre que toute fonction $\mathcal{C}^\infty$ définie seulement sur ∂D vérifiant $\bar{\partial}_{\partial D} f = 0$ s'étend en une fonction holomorphe sur D et $\mathcal{C}^\infty$ sur $\bar{D}$.

En 1957, Fichera [4] donne dans $\mathbb{C}^n$ une caractérisation de la trace f sur le bord d'un domaine d'une fonction holomorphe F lorsque F a une intégrale de Dirichlet finie. Une nouvelle caractérisation est ensuite obtenue par Weinstock [18] sans hypothèse sur F et pour des données au bord f supposées seulement continues.

Entre-temps Martinelli [14] a exhibé une expression intégrale du prolongement F de f, utilisant la transformée de Bochner-Martinelli, lorsque la donnée au bord f est une fonction $\mathcal{C}^1$.

Finalement en 1972, Andreotti et Hill [1] ont remplacé $\mathbb{C}^n$ par une variété X vérifiant $H^1_*(X, \mathcal{O}) = 0$ lorsque la donnée au bord est de classe $\mathcal{C}^\infty$ et en 1975, Harvey et Lawson [6] (voir aussi [5]) ont montré que si la donnée au bord f est $\mathcal{C}^p (p > 0)$, son extension F à $\bar{D}$ est aussi de classe $\mathcal{C}^p$. Des résultats analogues ont été démontrés simultanément par Čirka [3]. Par ailleurs le cas où la donnée au bord est une hyperfonction a été traité par Polking et Wells [17]. Remarquons que dans le cas des variétés aucun de ces résultats ne donne une représentation intégrale de l'extension.

Rappelons aussi que Kohn et Rossi [11] et Henkin [8] donnent des théorèmes d'extension pour les (p,q)-formes différentielles CR définies sur le bord d'un domaine strictement pseudoconvexe d'une variété analytique complexe quelconque. Ces derniers résultats sont indépendants de l'étude de la transformée de Bochner-Martinelli d'une (p,q)-forme différentielle qui a été faite par Harvey et Polking [7].

Dans cet article, en utilisant les noyaux introduits par Henkin et Leiterer ([9] et [10]) dans les variétés de Stein, nous définissons la transformée de Bochner-Martinelli généralisée d'une forme différentielle ou d'un courant définis sur une hypersurface réelle V d'une variété de Stein M. Lorsque V est le bord d'un domaine relativement compact de M et si $\dim M \geq 2$, nous obtenons un théorème d'extension holomorphe des mesures CR sur V avec une représentation intégrale du prolongement.

Dans une première partie (paragraphe 2) nous étudions successivement la transformée de Bochner-Martinelli des fonctions et des formes différentielles de bidegré $(0,q)$ et $(n,n-q-1)$ $(0 \leq q \leq n-1)$. Dans le cas où la donnée est une fonction nous montrons en particulier le théorème suivant :

THÉORÈME. - Soient M une variété de Stein, U un ouert de M, V une hypersurface $\mathcal{C}^1$, orientée de U telle que $U \setminus V$ ait deux composantes connexes U^+ et U^- vérifiant $\partial U^+ = V$. Soient $f \in \mathcal{C}^1_o(V)$ et $F(z) = \int_V f(\zeta)\Omega^o(z,\zeta)$ la transformée de Bochner-Martinelli de f ($\Omega^o(z,\zeta)$ est le noyau de Henkin-Leiterer).
Alors $F|_{U^\pm}$ a un prolongement continu $F^\pm$ à $U^\pm \cup V$ et sur V ces extensions satisfont les formules suivantes

$$F^+ - F^- = f \quad \text{et} \quad F^+ + F^- = 2VP\int_V f(\zeta)\Omega^o(z,\zeta)$$

où VP désigne la valeur principale de Cauchy.

Au paragraphe 3 nous considérons le cas où la donnée est un courant f d'ordre nul défini sur l'hypersurface V. Nous démontrons l'existence de valeurs au bord à droite et à gauche sur V, $vb^+ F$ et $vb^- F$, pour la transformée de Bochner-Martinelli généralisée F de f, de plus la différence $vb^+ F - vb^- F$ est en relation simple avec f.

Dans le dernier paragraphe nous supposons que $V = \partial D$ où D est un domaine relativement compact de M et que les courants d'ordre nul donnés f satisfont des conditions de Cauchy-Riemann sur ∂D. Dans ce cas la transformée de Bochner-Martinelli généralisée de f est $\bar\partial$-fermée et si de plus f est de degré 0 ou n la transformée de Bochner-Martinelli de f est nulle sur $M \setminus \bar D$. En utilisant alors les résultats des paragraphes précédents on obtient la généralisation suivante du théorème de Bochner.

THÉORÈME. - Soient M une variété de Stein de dimension $n (n \geq 2)$, D un domaine relativement compact de M à bord $\mathcal{C}^\infty$, connexe et f une mesure CR sur ∂D, alors la fonction F définie sur $M \setminus \partial D$ par $F(z) = \int_{\zeta\in\partial D} f(\zeta)\Omega^o(z,\zeta) = \langle f, i^* \Omega^o(z,.)\rangle$

où $i : \partial D \to M$ est l'injection de ∂D dans M, est holomorphe dans $M \setminus \partial D$, nulle sur $M \setminus \bar{D}$ et admet une valeur au bord sur ∂D vérifiant $vb_{\partial D} F = f$.

1. Préliminaires.

Soit M une variété de Stein de dimension n dont l'orientation est définie par la condition suivante : si $z_1,\ldots,z_n$ sont des coordonnées locales holomorphes, la forme $(-i)^n \, d\bar{z}_1 \wedge \ldots \wedge d\bar{z}_n \wedge dz_1 \wedge \ldots \wedge dz_n$ est positive. On note $\tilde{T}(M \times M)$ et $\tilde{T}^*(M \times M)$ les images réciproques respectives de $T(M)$ et $T^*(M)$ par la projection de $M \times M$ sur M, $(z,\zeta) \mapsto z$.

En reprenant les notations de [9], rappelons les principaux résultats relatifs au noyau et à la formule de Bochner-Martinelli dans une variété de Stein obtenus par Henkin et Leiterer (voir aussi [10], chapitre 4).

Soient $u = (u_1,\ldots,u_n)$ et $v = (v_1,\ldots,v_n)$ deux n-uplets de fonctions $\mathcal{C}^1$ définies sur un ouvert W de $M \times M$, on pose

$$< v,u > = v_1 u_1 + \ldots + v_n u_n$$

$$\omega_\zeta(u) = d_\zeta u_1 \wedge \ldots \wedge d_\zeta u_n$$

$$\omega'_\zeta(v) = \sum_{j=1}^{n} (-1)^{j-1} v_j \bigwedge_{s\neq j} dv_s$$

$$\bar{\omega}'_{z,\zeta}(v) = \sum_{j=1}^{n} (-1)^{j-1} v_j \bigwedge_{s\neq j} \bar{\partial}_{z,\zeta} v_s$$

$$\tilde{\Omega}^0(v,u) = \frac{(n-1)!}{(2i\pi)^n} \frac{\bar{\omega}'_{z,\zeta}(v) \wedge \omega_\zeta(u)}{<v,u>^n}$$

$\tilde{\Omega}^0(v,u)$ est une forme différentielle $\mathcal{C}^1$ sur $W \setminus \{(z,\zeta) \in M \,/\, <v,u>(z,\zeta) = 0\}$.

On a la décomposition suivante

$$\tilde{\Omega}^0(v,u) = \sum_{q=0}^{n-1} \Omega^0_q(v,u)$$

où $\Omega^0_q(v,u)$ est de type $(n,n-q-1)$ en ζ et $(0,q)$ en z.

On remarque que $\Omega^0_0(v,u) = \dfrac{(n-1)!}{(2i\pi)^n} \dfrac{\omega'_\zeta(v) \wedge \omega_\zeta(u)}{<v,u>^n}$.

Si $M = \mathbb{C}^n$, $u = (z - \zeta)$ et $v = (\bar{z} - \bar{\zeta})$, $\tilde{\Omega}^0(v,u)$ est le noyau de Bochner-Martinelli dans $\mathbb{C}^n$.

Pour obtenir la généralisation du noyau de Bochner-Martinelli, Henkin et Leiterer considèrent des sections s de $\tilde{T}(M \times M)$ et $\bar{s}$ de $\tilde{T}^*(M \times M)$ qui joueront dans M les rôles de $(z - \zeta)$ et $(\bar{z} - \bar{\zeta})$ dans $\mathbb{C}^n$. Ils démontrent les points suivants :

1. Il existe une section holomorphe $s(z,\zeta) : M \times M \to \tilde{T}(M \times M)$ telle que pour tout $z \in M$, $s(z, z) = 0$ et $s(z,.) : M \to \tilde{T}_{(z,.)}(M \times M) \simeq T_z M$ soit biholomorphe au voisinage de z.

2. On peut construire une application fibrée $\sigma : \tilde{T}(M \times M) \to \tilde{T}^*(M \times M)$, $\mathcal{C}^\infty$, antilinéaire et bijective sur chaque fibre telle que l'application $x \longmapsto |x|_\sigma = \sqrt{<\sigma x, x>}$ (où $< . , . >$ est la dualité entre $\tilde{T}(M \times M)$ et $\tilde{T}^*(M \times M)$) définisse une métrique hermitienne lisse sur $\tilde{T}(M \times M)$ et $x^* \mapsto |x^*|_\sigma = \sqrt{<x^*, \sigma^{-1} x^*>}$ une métrique hermitienne lisse sur $\tilde{T}^*(M \times M)$.

Si $s(z,\zeta)$ est une section de $\tilde{T}(M \times M)$ on pose $\bar{s}(z,\zeta) = \sigma s(z,\zeta)$ c'est une section de $\tilde{T}^*(M \times M)$.

3. Il existe une fonction φ holomorphe sur $M \times M$ telle que $\varphi(z, z) = 1$ pour tout $z \in M$ et un entier $\chi \geq 0$ tel que $\varphi^\chi |s|^{-2}$ soit $\mathcal{C}^1$ sur $M \times M \setminus \Delta(M)$ ($\Delta(M)$ désigne la diagonale de $M \times M$ et $|s|$ est le module de s par rapport à une métrique hermitienne lisse de $T(M)$)

Par conséquent $\dfrac{\varphi^*(z,\zeta)}{<\bar{s}(z,\zeta), s(z,\zeta)>}$ est une fonction $\mathcal{C}^1$ sur $M \times M \setminus \Delta(M)$.

4. Soit (U,h) des coordonnées holomorphes dans un voisinage d'un point $z_0 \in M$ fixé. On note $\hat{u}(z,.)$ et $u(z,.)$ les expressions de $\bar{s}(z,.)$ et $s^*(z,.)$ dans les coordonnées induites sur $T_z(M)$ et $T_z^*(M)$. On pose alors pour tout entier $\nu \geq \chi$

$$\tilde{\Omega}^0(\varphi^\nu, \bar{s}, s) = \frac{(n-1)!}{(2i\pi)^n} \varphi^{\nu n}(z,\zeta)\, \bar{\omega}'_{z,\zeta}\left(\frac{\hat{u}}{<\hat{u},u>}\right) \wedge \omega_\zeta(u)$$

cette expression est indépendante des coordonnées choisies et permet donc de définir le noyau de Bochner-Martinelli dans une variété de Stein que nous noterons pour simplifier $\tilde{\Omega}^0$.

Le noyau $\tilde{\Omega}^0$ ainsi défini possède les propriétés suivantes :

a/ $\bar{\partial}_{z,\zeta} \tilde{\Omega}^0 = 0$ et par conséquent $\bar{\partial}_\zeta \Omega^0_q = - \bar{\partial}_z \Omega^0_{q-1}$, $q = 0,\dots,n$ si on a posé $\Omega^0_{-1} = \Omega^0_n = 0$.

b/ Formule de Bochner-Martinelli-Koppelman.

Soit D un domaine relativement compact de M à bord $\mathcal{C}^1$, soit $\nu \geq 2X$ un entier et f une $(0,q)$-forme différentielle continue sur $\bar{D}$ telle que $\bar{\partial}f$ soit aussi continue sur $\bar{D}$, $0 \leq q \leq n$. Alors

$$f(z) = (-1)^q\Big[\int_{\zeta\in\partial D} f(\zeta)\wedge\Omega_q^0(z,\zeta) - \int_{\zeta\in D}\bar{\partial}_\zeta f(\zeta)\wedge\Omega_q^0(z,\zeta) + \bar{\partial}_z\int_{\zeta\in D} f(z)\wedge\Omega_{q-1}^0(z,\zeta)\Big], z\in D.$$

2. Transformée de Bochner-Martinelli généralisée.

2.1. Notations et définitions.

Dans tout le paragraphe 2, M désignera une variété de Stein M de dimension n, U un ouvert de M et on suppose que V est une hypersurface réelle fermée, orientée de l'ouvert U de classe $\mathcal{C}^{1+\alpha}$ $(\alpha \geq 0)$, telle que $U \setminus V$ ait deux composantes connexes.

Le faisceau des (p,q)-formes $\mathcal{C}^k$ sur V, noté $\Lambda^{p,q}|_V$, est par définition la restriction du faisceau $\Lambda^{p,q}$ des (p,q) - formes sur M à la sous-variété V. On notera $\mathcal{C}^k_{p,q}(V)$ l'espace des sections $\mathcal{C}^k$ de $\Lambda^{p,q}|_V$ $(k \geq 0)$.

On considérera une application ρ de classe $\mathcal{C}^{1+\alpha}$ de M dans $\mathbb{R}$ telle que $V = \{z \in M \mid \rho(z) = 0\}$.

Définition 2.1.1. (cf. [11]) Une forme différentielle $f \in \mathcal{C}_{p,q}(V)$ est dite normale complexe si il existe $g \in \mathcal{C}_{p,q-1}(V)$ telle que $f = g \wedge (\bar{\partial}\rho)|_V$.
Cette définition est indépendante du choix de la fonction ρ qui définit V. On notera $\tilde{\mathcal{C}}_{p,q}(V)$ le sous espace de $\mathcal{C}_{p,q}(V)$ formé des formes différentielles normales complexes.

Considérons l'espace quotient $\mathcal{C}_{p,q}(V)/\tilde{\mathcal{C}}_{p,q}(V)$, pour toute forme différentielle $f \in \mathcal{C}_{p,q}(V)$ on notera f_t sa projection sur $\mathcal{C}_{p,q}(V)/\tilde{\mathcal{C}}_{p,q}(V)$.

Définition 2.1.2. Soient W la composante connexe de $M \setminus V$ telle que V soit le bord de W, F une (p,q) - forme différentielle continue sur W. Nous dirons que F se prolonge continûment à $W \cup V$ modulo $\bar{\partial}\rho$ si il existe une (p,q) - forme différentielle $\tilde{F}$ continue sur $W \cup V$ telle que $\tilde{F} - F = \bar{\partial}\rho \wedge G$ sur W, G étant une forme différentielle continue sur W de bidegré $(p,q-1)$.

Dans ce cas nous noterons F_t la projection sur $\mathscr{C}_{p,q}(V)/\tilde{\mathscr{C}}_{p,q}(V)$ de $\tilde{F}|_V$.

Il est facile de voir que F_t est indépendante du prolongement $\tilde{F}$ et de la fonction ρ définissant V.

Soit K une forme différentielle continue sur $M \times M \setminus \Delta(M)$, $f \in \mathscr{C}_{p,q}(V)$ à support compact, on définit la valeur principale de Cauchy $VP \int_{\zeta \in V} f(\zeta) \wedge K(z,\zeta)$ de la manière suivante :

<u>Définition 2.1.3.</u> Soient $z \in V$, $(U_{\varepsilon,z})_{\varepsilon > 0}$ un système fondamental de voisinages de z dans M, h_K une application biholomorphe d'un voisinage de z dans M sur un voisinage de 0 dans $\mathbb{C}^n$ tels que pour tout ε assez petit $U_{\varepsilon,z} = h_K^{-1}(B(0,\varepsilon))$ où $B(0,\varepsilon)$ est la boule de centre 0 et de rayon ε de $\mathbb{C}^n$, alors $VP \int_{\zeta \in V} f(\zeta) \wedge K(z,\zeta)$ est égale à la limite, lorsqu'elle existe,

de $\int_{\zeta \in V \setminus U_{\varepsilon,z}} f(\zeta) \wedge K(z,\zeta)$ quand ε tend vers 0.

Nous poserons $\left(VP \int_{\zeta \in V} f(\zeta) \wedge K(z,\zeta)\right)_t = \lim\limits_{\varepsilon \to 0} \left(\int_{\zeta \in V \setminus U_{\varepsilon,z}} f(\zeta) \wedge K_\varepsilon(z,\zeta)\right)_t$

chaque fois que cette limite existe.

<u>Définition 2.1.4.</u> On considère $f \in \mathscr{C}^1_{p,q}(V)$ une (p,q)-forme différentielle de classe $\mathscr{C}^1$, à support compact dans V.

Si f est de type $(0,q)$ (resp. $(n,n-q-1)$) on appelle <u>transformée de Bochner-Martinelli généralisée</u> de f la forme différentielle F définie sur $U \setminus V$ par

$F(z) = \int_{\zeta \in V} f(\zeta) \wedge \Omega^0_q(z,\zeta)$ (resp $F(\zeta) = \int_{z \in V} f(z) \wedge \Omega^0_q(z,\zeta)$) où $\Omega^0_q(z,\zeta)$ est le noyau de Henkin-Leiterer dont nous avons rappelé la définition au paragraphe 1.

2.2. Cas où f est une fonction.

Nous allons étendre à une variété de Stein les résultats de type "Plemelj" de Harvey-Lawson pour la transformée de Bochner-Martinelli (cf. [6], paragraphe 5 et appendice B).

On notera U^+ et U^- les composantes connexes de $U \setminus V$, l'orientation sur V étant celle obtenue lorsque l'on considère que V est la frontière de U^+.

THÉORÈME 2.2.1. On suppose que V est de classe $\mathcal{C}^1$, soient $f \in \mathcal{C}^1(V)$ une fonction $\mathcal{C}^1$ à support compact dans V et $F(z) = \int_{\zeta\in V} f(\zeta)\,\Omega_o^o(z,\zeta)$ la tranformée de Bochner-Martinelli de f.

Alors $F|_{U^\pm}$ a un prolongement continu $F^\pm$ à $U^\pm \cup V$ et sur V ces extensions satisfont les formules de Plemelj suivantes :

$$F^+ - F^- = f \quad \text{et} \quad F^+ + F^- = 2\ \mathrm{VP}\int_V f(\zeta)\,\Omega_o^o(z,\zeta)$$

De plus pour tout compact $L \subset V$ il existe une constante C telle que

$$\| F^+ \|_{\infty,V} < C \| f \|_{\mathcal{C}^1(V)} \quad \text{pour toute } f \in \mathcal{C}^1(V) \text{ telle que supp } f \subset L .$$

Remarque 1. Le résultat du théorème 2.2.1 s'étend sans difficultés au cas où $f \in \mathcal{C}^{o+\alpha}(V)$ $(0 < \alpha < 1)$ au lieu de $\mathcal{C}^1(V)$.

Remarque 2. Pour démontrer le théorème 2.2.1 nous suivrons les méthodes de Martinelli [14] pour la partie saut et de Harvey-Lawson pour la partie valeur principale de Cauchy, mais ainsi que l'a remarqué Fichera on pourrait lorsque f et V sont $\mathcal{C}^1$ ou V $\mathcal{C}^{1+\alpha}$ si f est moins régulière appliquer le thérème 14.V de Miranda [15] en montrant que localement $\Omega_o^o(z,\zeta)$ peut être représenté au moyen de dérivées premières d'une fonction de Levi.

Démonstration du théorème. Le problème étant local, on peut supposer que le support de f est arbitrairement petit

1ère étape. Le support de f étant petit, on montre que $F^+ - F^- = f$.

Supposons que le support de f est assez petit pour qu'il existe un domaine D relativement compact de bord $\mathcal{C}^1$ tel que supp $f \subset \partial D \cap V$, $D \subset U^+$.
Nous sommes donc ramenés au cas où $V = \partial D$, D domaine relativement compact de M à bord $\mathcal{C}^1$ et $f \in \mathcal{C}^1(\partial D)$ est une fonction $\mathcal{C}^1$ sur ∂D.

LEMME 2.2.2. <u>Soit</u> M <u>une variété de Stein</u>, D <u>un domaine relativement compact dans</u> M <u>à frontière</u> $\mathcal{C}^1$, $f \in \mathcal{C}^1(\partial D)$.

<u>Alors la fonction</u> $F(z)$ <u>définie dans</u> $M \setminus \partial D$ <u>par</u>

$$F(z) = \int_{\zeta \in \partial D} f(\zeta)\Omega_0^0(z,\zeta)$$

<u>admet dans</u> $\bar{D}$ <u>et</u> $M \setminus D$ <u>des extensions continues</u> F^+ <u>et</u> F^- <u>telles que</u>

$$F^+|_{\partial D} - F^-|_{\partial D} = f .$$

<u>Démonstration du lemme</u> : On suit la démonstration de ([14] ou [16]).

Considérons l'intégrale : $\int_{\partial D} (f - f(z))\Omega_0^0(z,.)$

Comme f est $\mathcal{C}^1$ sur V (ou simplement lipschitzienne d'ordre α, $0 < \alpha < 1$) et puisque Ω_0^0 a une singularité d'ordre $2n-1$ en $z = \zeta$, elle est définie pour $z \in \partial D$.

Supposons montrée l'égalité suivante

$$(1) \qquad \lim_{\substack{t \to z \\ t \notin \partial D}} \int_{\partial D} (f - f(z))\Omega_0^0(t,.) = \int_{\partial D} (f - f(z))\Omega_0^0(z,.).$$

On a $\int_{\partial D} (f - f(z))\Omega_0^0(t,.) = F(t) - f(z)\int_{\zeta \in \partial D} \Omega_0^0(t,\zeta)$

or d'après la formule de Bochner-Martinelli rappelée au paragraphe 1 appliquée à la fonction 1 on a

$$\int_{\zeta \in \partial D} \Omega_0^0(z,\zeta) = 1 \quad \text{si} \quad z \in D$$

de plus $\Omega_\alpha^0(z,.)$ étant fermée sur $M \setminus \{z\}$ on a aussi

$$\int_{\zeta \in \partial D} \Omega_0^0(z,\zeta) = 0 \quad \text{si} \quad z \notin \bar{D}$$

En utilisant (1) on voit alors que

$$\lim_{\substack{t \to z \\ t \in D}} F(t) \quad \text{et} \quad \lim_{\substack{t \to z \\ t \notin \bar{D}}} F(t) \quad \text{existent pour tout} \quad z \in \partial D$$

d'où l'existence de F^+ et F^- et la relation $F^+|_{\partial D} - F^-|_{\partial D} = f$.

Montrons maintenant la relation (1). Nous suivons la démonstration de Martinelli ([14], paragraphe 5) . Rappelons les principales étapes de cette démonstration :

a/ Soient U' un voisinage de z dans ∂D et W un voisinage de z dans M.

Pour $t \in W$ et $\zeta \in \partial D \setminus U'$, l'application

$(t,\zeta) \to (f(\zeta) - f(z))\Omega_o^o(t,\zeta)$ est continue et donc

$$\lim_{t\to z} \int_{\partial D\setminus U'} (f - f(z))\,\Omega_o^o(t,.) = \int_{\partial D\setminus U'} (f - f(z))\,\Omega_o^o(z,.),$$ il suffit donc d'étudier

$$\lim_{\substack{t\to z\\ t\in W\setminus U'}} \int_{U'} (f - f(z))\,\Omega_o^o(t,.).$$

b/ On suppose U' et W assez petits pour que U' puisse être représenté de la manière suivante : si $x_1,\dots,x_{2n}$ sont des coordonnées sur W,

$U' = \{x \in W \;/\; x_{2n} = g(x_1,\dots,x_{2n-1})\ ,\ g \in \mathscr{C}^1\}$ si dans ces coordonnées $t = (\tau_1,\dots,\tau_{2n})$ on pose $t^* = (\tau_1,\dots,\tau_{2n-1}, g(\tau_1,\dots,\tau_{2n-1}))$, on montre alors que si

$\lim\limits_{\substack{t\to z\\ t\in W}} \int_{U'} (f(\zeta) - f(t^*))\Omega_o^o(t,\zeta)$ existe, $\lim\limits_{\substack{t\to z\\ t\in W\setminus U'}} \int_{U'} (f(\zeta) - f(z))\Omega_o^o(t,\zeta)$ existe et lui est égale.

c/ Si $(U_\varepsilon)_{\varepsilon>0}$ est un système fondamental de voisinages de z dans ∂D tels que pour $\varepsilon < \varepsilon'$, $U_\varepsilon \subset U_{\varepsilon'}$, on montre que l'intégrale

$$\int_{U_\varepsilon} (f(\zeta) - f(t^*))\Omega_o^o(t,\zeta)$$

tend vers 0 avec ε uniformément par rapport à t dans W .

Pour cela il faut majorer sur U_ε la quantité à intégrer .

En gardant les notations de b/ on a

$$\zeta = (\tau_\zeta, g(\tau_\zeta)) \quad \text{et} \quad t^* = (\tau, g(\tau))$$

f et g étant des fonctions $\mathscr{C}^1$ on a

$$|f(\zeta) - f(t^*)| \leq A\,\|\tau_\zeta - \tau\| \,.$$

Dans les coordonnées choisies $\Omega_o^o(t,\zeta)$ s'écrit

$$\frac{\varphi^{\vee n}}{|u|_\sigma^{2n}} \Big(\sum_{j=1}^{n} (-1)^{j-1}\, \hat{u}_j \bigwedge_{j\neq s} d\hat{u}_s\Big) \bigwedge_{k=1}^{n} du_k$$

∂D étant $\mathscr{C}^1$ ainsi que u et $\hat{u}$ on a

$$\Big| \bigwedge_{j\neq s} d\hat{u}_s \bigwedge_{k=1}^{n} du_k \Big|_{\partial D} \Big| \leq B\, d\tau_{\zeta,1}\wedge\dots\wedge d\tau_{\zeta,2n-1}$$

De plus $u(t,.)$ est une application biholomorphe au voisinage de t donc

$$|u(t,\zeta)| \geq C\,\|\tau_\zeta - \tau\|$$

et

$$|\hat{u}_j(t,\zeta)| \leq D\,\|\tau_\zeta - \tau\|$$

d'où $$\Big|(f(\zeta) - f(t^*))\,\Omega_o^o(t,\zeta)\,\Big|_{U_\varepsilon}\Big| \leq \frac{n\,A\,B\,D}{C}\ \frac{d\tau_{\zeta,1}\wedge\dots\wedge d\tau_{\zeta,2n-1}}{\|\tau_\zeta - \tau\|^{2n-2}}$$

et l'on conclut comme dans [14] .

q.e.d.

<u>2ème étape</u>. Existence de $VP\int_V f(\zeta)\Omega_o^o(z,\zeta)$ et calcul de $F^+ + F^-$.

On suit la méthode de démonstration de ([6] , appendice B).

LEMME 2.2.3 - <u>Soit</u> V <u>une hypersurface réelle $\mathcal{C}^1$, orientée, de volume fini d'une variété de Stein</u> M <u>alors</u> $VP\int_{\zeta\in V^o}\Omega_o^o(z,\zeta)$ <u>existe pour tout</u> $z\in M$. <u>Si de plus</u> $V = \partial D$ <u>où</u> D <u>est un domaine simplement connexe et relativement compact de</u> M <u>on a</u>

$$VP\int_{\zeta\in V}\Omega_o^o(z,\zeta) = \frac{1}{2}.$$

<u>Démonstration</u>. Il suffit de démontrer la 2ème partie du lemme : en effet si U est un voisinage de z contenu dans un domaine de carte et U_o un autre voisinage de z tel que $\bar{U}_o \subset U$, il existe un domaine D simplement connexe inclu dans U de bord $\mathcal{C}^1$ tel que $V\cap\partial D = V\cap\bar{U}_o$ et on a

$$VP\int_V\Omega_o^o(z,\zeta) = \int_{V\setminus U_o}\Omega_o^o(z,\zeta) + VP\int_{\partial D}\Omega_o^o(z,\zeta) - \int_{\partial D\setminus(V\cap U_o)}\Omega_o^o(z,\zeta).$$

Soit D un domaine simplement connexe, relativement compact de bord $\mathcal{C}^1$

$$VP\int_{\partial D}\Omega_o^o(z,\zeta) = \lim_{\varepsilon\to 0}\int_{\partial D\setminus U_\varepsilon}\Omega_o^o(z,\zeta)$$

où $(U_\varepsilon)_{\varepsilon>0}$ est un système fondamental de voisinages relativement compacts à bord régulier de z dans M isomorphes aux boules $B(0,\varepsilon)$ de $\mathbb{C}^n$ lorsque $\dim M = n > 1$ D étant simplement connexe $\bar{D}$ admet un voisinage U tel que $U\setminus\{z\}$ soit simplement connexe. Comme $\Omega_o^o(z,\zeta)$ est une $(n,n-1)$ forme en ζ il existe une forme $\mathcal{C}^\infty$ $\varphi_z(\zeta)$ dans $U\setminus\{z\}$ telle que $d\varphi_z(\zeta) = \Omega_o^o(z,\zeta)$ et on a donc

$$VP\int_{\partial D}\Omega_o^o(z,\zeta) = \lim_{\varepsilon\to 0}\int_{\zeta\in\partial D\cap\partial U_\varepsilon}\varphi_z(\zeta)$$
$$= \lim_{\varepsilon\to 0}\int_{\zeta\in D\cap\partial U_\varepsilon}\Omega_o^o(z,\zeta).$$

De plus cette dernière égalité reste vraie si $\dim M = 1$ grâce au théorème de Cauchy car alors $\Omega_o^o(z,\zeta)$ est holomorphe.

Pour étudier cette dernière intégrale nous allons expliciter le noyau $\Omega_o^o(z,\zeta)$ au voisinage de z. Soit U un voisinage de z contenu dans un domaine de carte de M et inclus dans la réunion des ouverts d'un sous-recouvrement fini du recouvrement de M permettant de définir $\bar{s}$.

Soit $(U_j)_{j=1,\dots,k}$ ce sous-recouvrement : $U\subset\bigcup_{j=1}^k U_j$ et $(\chi_j)_{j=1,\dots,k}$ une partition de l'unité relative à U_j. On choisit sur $\tilde{T}(M\times M)|_{U\times M}$ des coordonnées telles que $s = (u_i)_{i=1,\dots,n} = u$ sur $U\times M$ et on note h_j les changements de carte permet de passer des coordonnées dans $\tilde{T}(M\times M)|_{U_j\times M}$ aux coordonnées dans $\tilde{T}(M\times M)|_{U\times M}$.

Par définition de $\bar{s}$ ([9], p. 101) on a dans les coordonnées choisies sur U, $s = \hat{u} = (\hat{u}_1,\dots,\hat{u}_n)$ avec $\hat{u} = \sum_{j=1}^{k} \chi_j(z)\, h_j\overline{(h_j^{-1}\, u)}$.

Nous allons maintenant exprimer $\omega'_\zeta(\hat{u})$ en fonction de $\omega'_\zeta(\bar{u})$.

$$\omega'_\zeta(\hat{u}) = \frac{1}{(n-1)!} \det \begin{pmatrix} \hat{u}_1 & d\hat{u}_1 & \dots & d\hat{u}_1 \\ \vdots & \vdots & & \\ \hat{u}_n & d\hat{u}_n & \dots & d\hat{u}_n \end{pmatrix} \quad \text{cf. ([9], p. 95).}$$

$\hat{u} = \sum_{j=1}^{k} \chi_j(z)\, v_j$ où $v_j = h_j\overline{(h_j^{-1}\, u)} = h_j \circ \overline{h_j^{-1}}(\bar{u})$ ($\overline{h_j^{-1}}$ est la matrice conjuguée de la matrice inverse de h_j).

En utilisant la multilinéarité par rapport aux lignes de l'application déterminant on voit que

$$\omega'(\hat{u}) = \sum_{(j_1,\dots,j_n)} \chi_{j_1}(z)\dots\chi_{j_n}(z)\,\omega'(t_{j_1,\dots,j_n})$$

où $(j_1,\dots,j_n)$ est un n-uplet d'entiers compris entre 1 et k et non nécessairement distincts et $t_{j_1,\dots,j_n} = (v_{j_1,1}, \dots, v_{j_n,n})$ avec $v_{j_k,k}$ la $k^{\text{ième}}$ coordonnée de v_{j_k}.

On a

$$t_{j_1,\dots,j_n} = M_{j_1,\dots,j_n}\,\bar{u}$$

où M est la matrice $n\times n$ ne dépendant pas de ζ définie de la manière suivante : pour tout $k\in\{1,\dots,n\}$ la $k^{\text{ième}}$ ligne de $M_{j_1,\dots,j_n}$ est la $k^{\text{ième}}$ ligne de $h_{j_k}\circ\overline{h_{j_k}^{-1}}$.

Grâce aux propriétés de ω'_ζ on a donc

$$\omega'_\zeta(\hat{u}) = \sum_{(j_1,\dots,j_n)} \chi_{j_1}(z)\dots\chi_{j_n}(z)\,\det(M_{j_1,\dots,j_n})\,\omega'(\bar{u})$$

$$\omega'_\zeta(\hat{u}) = C(z)\,\omega'_\zeta(\bar{u}) \quad \text{où } C \text{ est une fonction } \mathcal{C}^\infty \text{ de la variable } z.$$

Par définition de $\Omega^0_0(z,\zeta)$ (cf. § 1) on a donc dans les coordonnées choisies

$$\Omega^0_0(z,\zeta) = \frac{(n-1)!}{(2i\pi)^n}\, \varphi^{\vee n}(z,\zeta)\, C(z)\, \frac{|u|^{2n}}{|u|_0^{2n}}\, \frac{\omega'_\zeta(\bar{u})\wedge\omega_\zeta(u)}{\langle\bar{u},u\rangle^n}$$

z étant fixé l'application $u(z,.)$ est un isomorphisme analytique d'un voisinage de z sur un voisinage de 0 dans $\mathbb{C}^n$. Nous allons choisir la famille (U_ε)

définissant la valeur principale de Cauchy de la manière suivante :

$$U_\varepsilon = u^{-1}(B_\varepsilon) \quad \text{où} \quad B_\varepsilon = \{\xi \in \mathbb{C}^n \ / \ |\xi| \leqslant \varepsilon\}$$

on a alors

$$\begin{aligned} VP \int_{\partial D} \Omega_o^o(z,\zeta) &= \lim_{\varepsilon\to 0} \int_{D\cap\partial U_\varepsilon} \Omega_o^o(z,\zeta) \\ &= \lim_{\varepsilon\to 0} C(z) \int_{u^{-1}(u(D\cap B_\varepsilon)\cap\partial B_\varepsilon)} \frac{(n-1)!}{(2i\pi)^n} \varphi^{\nu n}(z,\zeta) \frac{|u|^{2n}}{|u|_\sigma^{2n}} \frac{\omega'_\zeta(\bar u)\wedge\omega_\zeta(u)}{\langle \bar u, u\rangle^n} \\ &= \lim_{\varepsilon\to 0} C(z) \int_{u(D\cap B_\varepsilon)\cap\partial B_\varepsilon} \varphi^{\nu n}(z,u^{-1}(\xi)) \frac{|\xi|^{2n}}{|\xi|_\sigma^{2n}} \Omega_\xi(\bar\xi,\xi) \end{aligned}$$

or φ est continue et $\varphi(z,z) = 1$ donc

$$\lim_{\varepsilon\to 0} C(z) \int_{u(D\cap B_\varepsilon)\cap\partial B_\varepsilon} \varphi^{\nu n}(z,u^{-1}(\xi)) \frac{|\xi|^{2n}}{|\xi|_\sigma^{2n}} \Omega_\xi(\bar\xi,\xi) = \lim_{\varepsilon\to 0} C(z) \int_{u(D\cap B_\varepsilon)\cap\partial B_\varepsilon} \frac{|\xi|^{2n}}{|\xi|_\sigma^{2n}} \Omega(\bar\xi,\xi)$$

La dernière intégrale converge vers l'intégrale sur une demi-sphère, la quantité à intégrer étant invariante en changeant ξ en $-\xi$ on obtient

$$\lim_{\varepsilon\to 0} \frac{1}{2} C(z) \int_{\partial B_\varepsilon} \frac{|\xi|^{2n}}{|\xi|_\sigma^{2n}} \Omega(\bar\xi,\xi) = \frac{1}{2}\int_{\partial U_\varepsilon} \Omega_o^o(z,\zeta) = \frac{1}{2}$$ grâce à la formule de Bochner-Martinelli.

d'où $VP\int_{\partial D} \Omega_o^o(z,\zeta) = \frac{1}{2}$.

COROLLAIRE 2.2.4. <u>Si</u> $f \in \mathscr{C}^1(V)$ (<u>ou</u> $Lip_\alpha(V)$ <u>avec</u> $\alpha > 0$) <u>alors</u>

$VP \int_{\zeta\in V} f(\zeta)\Omega_o^o(z,\zeta)$ <u>existe et est égale à</u>

$$\int_{\zeta\in V} (f(\zeta) - f(z))\Omega_o^o(z,\zeta) + \frac{1}{2} f(z)$$

<u>pour tout</u> $z \in V$.

Pour obtenir ce résultat il suffit de reprendre la démonstration du corollaire B3 de [6].

LEMME 2.2.5. <u>Les extensions</u> F^+ <u>et</u> F^- <u>de</u> F <u>à</u> $U^+\cup V$ <u>et</u> $U^-\cup V$ <u>vérifient</u>

$$F^+ + F^- = 2 \ VP\int_{\zeta\in V} f(\zeta)\Omega_o^o(z,\zeta) .$$

<u>Démonstration.</u> On peut supposer f à support assez petit

pour pouvoir appliquer le lemme 2.2.2 et sa démonstration

$$F^+(z) + F^-(z) - f(z) = 2 \int_V (f(\zeta) - f(z))\Omega_0^0(z,\zeta)$$
$$= 2 \ \mathrm{VP} \int_V f(\zeta)\Omega_0^0(z,\zeta) - f(z)$$

d'où

$$F^+(z) + F^-(z) = 2 \ \mathrm{VP} \int_V f(\zeta)\Omega_0^0(z,\zeta) .$$

__4ème étape__. Contrôle de $\|F^+\|_{\infty,V}$

la démonstration est identique à celle de ([6] , p. 288).

Remarquons que le théorème 2.2.1 peut se généraliser au cas où la fonction f dépend du paramètre z .

__Remarque__. Le lemme 2.2.5 montre qu'en fait la valeur principale de Cauchy que nous considérons ici est indépendante du choix de l'isomorphisme h_K (cf.2.1.3) .

Considérons maintenant le cas où la donnée f est une fonction continue mais non $\mathscr{C}^1$.

THÉORÈME 2.2.6. __On suppose que l'hypersurface V est de classe $\mathscr{C}^1$ soit ν un vecteur transverse à V en z_0 tel que dans des coordonnées choisies au voisinage de z_0 pour tout ε positif assez petit $z_0 + \varepsilon\nu \in U^+$. Si f est une fonction continue à support compact dans V alors sa transformée de Bochner-Martinelli F vérifie:__

$$\lim_{\substack{\varepsilon \to 0 \\ \varepsilon > 0}} F(z_0 + \varepsilon \nu) - F(z_0 - \varepsilon \nu) = f(z_0) .$$

__Démonstration__ : On peut toujours supposer que le support de f est assez petit pour qu'il existe un domaine D relativement compact contenu dans U^+ , à bord $\mathscr{C}^1$ tel que $z_0 \in \operatorname{supp} f \subset \partial D \cap U$ et alors pour tout $z \in U \setminus V$ $F(z) = \int_{\zeta\in\partial D} f(\zeta)\, \Omega_0^0(z,\zeta)$.

On a donc (en suivant Čirka [3], démonstration de la proposition 1.9)

$$F(z_0+\varepsilon\nu)-F(z_0-\varepsilon\nu)-f(z_0) = \int_{\zeta\in\partial D} (f(\zeta)-f(z_0))(\Omega_0^0(z_0+\varepsilon\nu,\zeta)-\Omega_0^0(z_0-\varepsilon\nu,\zeta))$$

Si d est une distance sur M , on considère $S(r_\varepsilon) = \partial D \cap \{ z \in M \mid d(z,z_0) < r_\varepsilon \}$ et on notera ω le module de continuité de f sur ∂D

$$\left| \int_{S(r_\varepsilon)} (f(\zeta)-f(z_0))(\Omega^0_0(z_0+\varepsilon\nu,\zeta)-\Omega^0_0(z_0-\varepsilon\nu,\zeta)) \right|$$

$$< \omega(r_\varepsilon) \int_{S(r_\varepsilon)} | \Omega^0_0(z_0+\varepsilon\nu,\zeta) - \Omega^0_0(z_0-\varepsilon\nu,\zeta) |$$

$$\left| \int_{\partial D\setminus S(r_\varepsilon)} (f(\zeta)-f(z_0))(\Omega^0_0(z_0+\varepsilon\nu,\zeta) - \Omega^0_0(z_0-\varepsilon\nu,\zeta)) \right|$$

$$< 2\,C \int_{\partial D\setminus S(r_\varepsilon)} | \Omega^0_0(z_0+\varepsilon\nu,\zeta) - \Omega^0_0(z_0-\varepsilon\nu,\zeta)) |$$ où C est la

borne supérieure de $|f|$ sur V.

On peut supposer que D est inclus dans un domaine de carte de M et donc, des coordonnées étant choisies, telles que $s = u$ et $\bar{s} = \hat{u}$, on a

$$\Omega^0_0(z,\zeta) = \frac{(2\,i\,\pi)^n}{n!}\,\varphi^{\nu n}(z,\zeta)\,\frac{\omega'_\zeta(\hat{u})\wedge\omega_\zeta(u)}{<\hat{u},u>}$$

et par conséquent si $z = z_0 \pm \varepsilon\nu$ les coefficients de Ω^0_0 sont majorés par

$$\frac{C_1}{\|z-\zeta\|^{2n-1}} < \frac{C'_1}{\varepsilon^{2n-1}}$$ car $\zeta\in\partial D$ et ν est transverse en z_0 à ∂D

On obtient donc la majoration suivante :

$$\int_{S(r_\varepsilon)} | \Omega^0_0(z_0+\varepsilon\nu,\zeta) - \Omega^0_0(z_0-\varepsilon\nu,\zeta) | < C_2\left(\frac{r_\varepsilon}{\varepsilon}\right)^{2n-1}$$

Par ailleurs les coefficients de $\Omega^0_0(z_1,\zeta) - \Omega^0_0(z_2,\zeta)$ sont de la forme

$$\frac{f(z_1,\zeta)}{|u(z_1,\zeta)|^{2n}_\sigma} - \frac{f(z_2,\zeta)}{|u(z_2,\zeta)|^{2n}_\sigma}$$ où f est continue en ζ et $\mathscr{C}^1$ en z.

$$\text{Or } \frac{f(z_1,\zeta)}{|u(z_1,\zeta)|^{2n}_\sigma} - \frac{f(z_2,\zeta)}{|u(z_2,\zeta)|^{2n}_\sigma} = \frac{f(z_1,\zeta)-f(z_2,\zeta)}{|u(z_1,\zeta)|^{2n}_\sigma} + f(z_2,\zeta)\left(\frac{1}{|u(z_2,\zeta)|_\sigma}-\frac{1}{|u(z_1,\zeta)|_\sigma}\right)$$

$$\left(\sum_{i=0}^{2n-1}\frac{1}{|u(z_1,\zeta)|^{i}_\sigma}\;\frac{1}{|u(z_2,\zeta)|^{2n-i-1}_\sigma}\right)$$

et donc $$\left|\frac{f(z_1,\zeta)}{|u(z_1,\zeta)|^{2n}_\sigma} - \frac{f(z_2,\zeta)}{|u(z_2,\zeta)|^{2n}_\sigma}\right| < \frac{C_3\,\|z_1-z_2\|}{(\inf(|u(z_1,\zeta)|_\sigma,|u(z_2,\zeta)|_\sigma))^{2n}}$$ pour $\zeta\in\partial D$

Le vecteur ν étant transverse à ∂D en z_0 les coefficients de

$\Omega_0^0(z_0 + \varepsilon\nu,\zeta) - \Omega_0^0(z_0 - \varepsilon\nu,\zeta)$ sont alors majorés par $C_3' \dfrac{\varepsilon}{\|z_0-\zeta\|^{2n}}$ et par conséquent

$$\int_{\partial D\setminus S(r_\varepsilon)} |\ \Omega_0^0(z_0 + \varepsilon\nu,\zeta) - \Omega_0^0(z_0 - \varepsilon\nu,\zeta)\| < C_4 \ \frac{\varepsilon}{r_\varepsilon}$$

Choisissons r_ε tel que $\lim\limits_{\varepsilon\to 0} \omega(r_\varepsilon)\left(\dfrac{r_\varepsilon}{\varepsilon}\right)^{2n-1} = \lim\limits_{\varepsilon\to 0} \dfrac{\varepsilon}{r_\varepsilon} = 0$, on obtient alors que $F(z_0 + \varepsilon\nu) - F(z_0 - \varepsilon\nu) - f(z_0) \xrightarrow[\varepsilon\to 0]{} 0$

q.e.d.

COROLLAIRE 2.2.7. <u>Soit</u> f <u>une fonction continue à support compact sur l'hypersurface réelle</u>, $\mathcal{C}^1$, V <u>et</u> F <u>sa tranformée de Bochner-Martinelli sur</u> $U\setminus V$. <u>Si</u> $F|_{U^-}$ <u>admet une extension continue</u> F^- <u>à</u> $U^- \cup V$ <u>alors</u> $F|_{U^+}$ <u>admet une extension continue</u> F^+ <u>à</u> $U^+ \cup V$ <u>qui vérifie</u>

$$F^+|_V - F^-|_V = f$$

<u>Démonstration</u>. (cf. [6] lemme 5.5)

Soit $z_0 \in V$ un point fixé et z un point de U^+ contenu dans un petit voisinage de z_0, il existe un point $\zeta \in V$ et un vecteur ν transverse à V en ζ tel que $z = \zeta + \varepsilon\nu$ dans des coordonnées choisies au voisinage de z_0.

Posons $F^+(z_0) = F^-(z_0) + f(z_0)$

$$|F(z) - F^+(z_0)| \leq |F(\zeta + \varepsilon\nu| - F(\zeta - \varepsilon\nu) - f(\zeta)| + |F^-(z_0) - F(\zeta - \varepsilon\nu)|$$
$$+ |f(z_0) - f(\zeta)|$$

On déduit alors du théorème 2.2.6, de l'existence de F^- et de la continuité de f que si z tend vers z_0 dans U^+ alors $|F(z) - F^+(z_0)|$ tend vers 0.

2.3. CAS DES FORMES DIFFERENTIELLES.

Si $V = \{z \in M \ / \ \rho(z) = 0\}, \rho \in \mathcal{C}^{1+\alpha}(M), \alpha > 0$, nous allons nous ramener, modulo $\bar\partial\rho$, au cas des fonctions en suivant la méthode de Harvey et Polking ([7] § 7).

Soit W un ouvert relativement compact contenu dans un domaine de carte de M. Considérons le noyau $\tilde\Omega$ sur $W \times W$ défini de la manière suivante :

Prenons des coordonnées sur W, dans lesquelles les sections s et $\bar s$ de [9] s'écrivent respectivement $u = (u_j)_{j=1,\dots,n}$ et $\hat u = (\hat u_j)_{j=1,\dots,n}$.

On pose
$$\omega_{z,\zeta}(u) = \bigwedge_{j=1}^{n} d_{z,\zeta}\, u_j$$
$$\bar\omega'_{z,\zeta}(\hat u) = \sum_{j=1}^{n} (-1)^{j-1}\, \hat u_j \bigwedge_{s\neq j} \bar\partial_{z,\zeta}\, \hat u_s$$

et
$$\tilde\Omega(z,\zeta) = \frac{(n-1)!}{(2i\pi)^n}\, \bar\omega'_{z,\zeta}\left(\frac{\varphi^{\nu}\, \hat u}{\langle \hat u, u\rangle}\right) \wedge \omega_{z,\zeta}(u)$$

on a la décomposition suivante :
$$\tilde\Omega(z,\zeta) = \sum_{\substack{q=0,\dots,n-1\\ p=0,\dots,n}} \Omega^p_q(z,\zeta) \quad \text{où } \Omega^p_q \text{ est de type } (p,q) \text{ en } z,$$

on notera
$$\tilde\Omega^n = \sum_{q=0,\dots,n-1} \Omega^n_q(z,\zeta)$$

et on remarquera que $\sum_{q=0,\dots,n-1} \Omega^0_q(z,\zeta)$ n'est autre que le noyau $\tilde\Omega^0$ de [9] restreint à W.

Soit $f \in \mathcal{C}^1_{p,q}(V)$ une forme différentielle $\mathcal{C}^1$ sur V à support compact dans W, on pose

$$F(z) = \int_{\zeta\in V} f(\zeta) \wedge \tilde\Omega(z,\zeta) = \langle [V]^{0,1},\, f(\zeta) \wedge \tilde\Omega(z,\zeta)\rangle$$

où $[V]^{0,1}$ est la composante de type (0,1) du courant d'intégration sur V, $[V]^{0,1} = \bar\partial\rho\ \sigma$ où σ est la mesure de surface sur V. F est une (p,q)-forme $\mathcal{C}^1$ sur $W \setminus V$ car $\tilde\Omega$ est $\mathcal{C}^1$ sur $W \times W \setminus \Delta(W)$

PROPOSITION 2.3.1. <u>Notons</u> W^+ <u>et</u> W^- <u>les deux composantes connexes de</u> $W \setminus V$ <u>avec</u> $\partial W^+ = V$. <u>La</u> (p,q)-<u>forme différentielle</u> F <u>admet, modulo</u> $\bar\partial\rho$, <u>des prolongements continus à</u> $W^+ \cup V$ <u>et</u> $W^- \cup V$ <u>et on a</u>

$$F_t^+ - F_t^- = (-1)^{p+q} f_t$$

$$\underline{\text{et}}\ F_t^+ - F_t^- = 2\ (\mathrm{VP}\int_{\zeta\in V} f(\zeta)\wedge\tilde\Omega(z,\zeta))_t\,.$$

__Démonstration.__ Par linéarité du problème, on peut supposer que dans les coordonnées choisies sur W on a $f(z) = f_{IJ}(z)\,dz_I\wedge d\bar z_J$ où I et J sont des multi-indices de longueur respective p et q. On a alors

$$F(z) = \int_{\zeta\in V} f(\zeta)\wedge\tilde\Omega(z,\zeta) = \int_M \bar\partial\rho(\zeta)\wedge f_{IJ}(\zeta)\,d\zeta_I\wedge d\bar\zeta_J\wedge\tilde\Omega(z,\zeta)\,d\sigma(\zeta)$$

Nous allons ramener l'étude de F au cas où la donnée f est une fonction et nous pourrons alors appliquer le théorème 2.2.1.

LEMME 2.3.2. __Sur l'ouvert__ W __de__ M __on a__

$$\tilde\Omega(z,\zeta)\wedge\bar\partial\rho(\zeta)\wedge d\zeta_I\wedge d\bar\zeta_J = \tilde\Omega(z,\zeta)\wedge\bar\partial\rho(\zeta)\wedge dz_I\wedge d\bar z_J + \delta(z,\zeta) + \bar\partial\rho(z)\wedge\beta(z,\zeta)$$

__où les coefficients de la forme__ $\delta(z,\zeta)$ __sont majorés par__ $C\,\|z-\zeta\|^{1+\alpha-2n}$.

__Démonstration.__

Puisque u est une fonction holomorphe telle que $u(z,z) = 0$ on a $u(z,\zeta) = \sum_{i=1}^n (z_i - \zeta_i)\,v_i(z,\zeta)$ où les v_i sont aussi des fonctions de classe $\mathcal{C}^1$ de (z,ζ). Par ailleurs comme $\hat u = \sum_{j=1}^k \chi_j(z)\,t_j$ où les t_j sont des combinaisons linéaires des composantes $\bar u_i$ de $\bar u$ (démonstration du lemme 2.2.3) on a $\hat u(z,\zeta) = \sum_{i=1}^n (\bar z_i - \bar\zeta_i)\theta_i(z,\zeta)$. On en déduit que $\omega_{z,\zeta}(u) = v(z,\zeta)\,d(z-\zeta) + a(z,\zeta)$ où les coefficients de a sont majorés par $C_1\,\|z-\zeta\|$

$$\bar\omega'_{z,\zeta}(\hat u) = \sum_{j=1}^n \hat u_j(z,\zeta)\,b(z,\zeta)\wedge_{s\neq j} d(\bar z_s - \bar\zeta_s) + c(z,\zeta)$$ où les coefficients de c sont majorés par $C_2\|z-\zeta\|^2$

et que $\tilde\Omega(z,\zeta) = A_1(z,\zeta) + A_2(z,\zeta)$

où les coefficients de $A_2(z,\zeta)$ sont majorés par $\dfrac{C_3}{\|z-\zeta\|^{2n-2}}$ et

$$A_1(z,\zeta) = \frac{(n-1)!}{(2i\Pi)^n} \frac{\varphi^{\nu n}(z,\zeta)}{\langle \tilde{u},u\rangle^n} \left(\sum_{j=1}^{n} u_j(z,\zeta)\, b(z,\zeta) \wedge \bigwedge_{s\neq j} d(\bar{z}_j-\bar{\zeta}_j)\right)\wedge v(z,\zeta)\, d(z-\zeta)$$

Si on montre que

$$A_1(z,\zeta)\wedge\bar{\partial}\rho(\zeta)\wedge d\zeta_I\wedge d\bar{\zeta}_J = A_1(z,\zeta)\wedge\bar{\partial}\rho(\zeta)\wedge dz_I\wedge d\bar{z}_J + \delta_1(z,\zeta) + \bar{\partial}\rho(z)\wedge\beta_1(z,\zeta)$$

avec $\delta_1 = O(\|z-\zeta\|^{2-2n})$, on aura

$$\tilde{\Omega}(z,\zeta)\wedge\bar{\partial}\rho(\zeta)\wedge d\zeta_I\wedge d\bar{\zeta}_J = \tilde{\Omega}(z,\zeta)\wedge\bar{\partial}\rho(\zeta)\wedge dz_I\wedge d\bar{z}_J + \delta_1(z,\zeta)$$
$$+ A_2(z,\zeta)\wedge\bar{\partial}\rho(\zeta)(d\zeta_I\wedge d\bar{\zeta}_J - dz_I\wedge d\bar{z}_J) + \bar{\partial}\rho(z)\wedge\beta_1(z,\zeta)$$

si on pose $\delta(z,\zeta) = \delta_1(z,\zeta) + A_2(z,\zeta)\wedge\bar{\partial}\rho(\zeta)(d\zeta_I\wedge d\bar{\zeta}_J - dz_I\wedge d\bar{z}_J)$ et $\beta = \beta_1$, $\delta = O(\|z,\zeta\|^{1+\alpha-2n})$ et le lemme sera démontré.

Montrons le lemme en substituant A_1 à $\tilde{\Omega}$.

Soit X un champ de vecteur sur W tel que $X(z)\lrcorner\,\bar{\partial}\rho(z) = 1$. Si on pose

$$B(z,\zeta) = A_1(z,\zeta)\wedge\bar{\partial}\rho(\zeta)\wedge d\zeta_I\wedge d\bar{\zeta}_J - A_1(z,\zeta)\wedge\bar{\partial}\rho(\zeta)\wedge dz_I\wedge d\bar{z}_J$$

on a $B(z,\zeta) = B_1(z,\zeta) + \bar{\partial}\rho(z)\wedge B_2(z,\zeta)$

avec $B_1(z,\zeta) = X\lrcorner\,(\bar{\partial}\rho(z)\wedge B(z,\zeta))$ et $B_2(z,\zeta) = X\lrcorner\, B(z,\zeta)$ il suffit de vérifier que $\bar{\partial}\rho(z)\wedge B(z,\zeta) = O(\|z-\zeta\|^{2-2n})$.

Comme $A_1(z,\zeta) = a_1(z,\zeta)\wedge d(z-\zeta)$ où $d(z-\zeta) = d(z_1-\zeta_1)\wedge\ldots\wedge d(z_n-\zeta_n)$ on a $d(z-\zeta)\wedge(dz_i-d\zeta_i) = 0$ et donc $A_1(z,\zeta)\wedge d\zeta_I = A_1(z,\zeta)\wedge d\,z_I$ et $B(z,\zeta) = A_1(z,\zeta)\wedge\bar{\partial}\rho(\zeta)\wedge dz_I\wedge(d\bar{\zeta}_J - d\bar{z}_J)$.

$$\bar{\partial}\rho(z)\wedge B(z,\zeta) = \bar{\partial}\rho(z)\wedge A_1(z,\zeta)\wedge(\bar{\partial}\rho(\zeta)-\bar{\partial}\rho(z))\wedge dz_I\wedge(d\bar{\zeta}_J - d\bar{z}_J)$$

or $\bar{\partial}\rho(\zeta) - \bar{\partial}\rho(z) = \displaystyle\sum_{j=1}^{n}\left(\frac{\partial\rho}{\partial\bar{\zeta}_j}(\zeta) - \frac{\partial\rho}{\partial\bar{\zeta}_j}(z)\right)d\bar{z}_j + \sum_{j=1}^{n}\frac{\partial\rho}{\partial\bar{\zeta}_j}(\zeta)\, d(\bar{\zeta}_j - \bar{z}_j)$

Comme l'hypersurface V est de classe $\mathscr{C}^{1+\alpha}$ le terme $\dfrac{\partial\rho}{\partial\bar{\zeta}_j}(\zeta) - \dfrac{\partial\rho}{\partial\bar{\zeta}_j}(z)$ est majoré par $C_4\|z-\zeta\|^{\alpha}$ et donc

$$A_1(z,\zeta)\wedge\sum_{j=1}^{n}\left(\frac{\partial\rho}{\partial\bar{\zeta}_j}(\zeta) - \frac{\partial\rho}{\partial\bar{\zeta}_j}(z)\right)d\bar{z}_j = O(\|z-\zeta\|^{1+\alpha-2n})$$

D'autre part $A_1(z,\zeta) \wedge \sum_{j=1}^{n} \frac{\partial\rho}{\partial\zeta_j}(\zeta)\, d(\bar\zeta_j - \bar z_j)$ est de la forme $a_1(z,\zeta)\, d(\bar\zeta - \bar z)$ et comme $d(\bar\zeta - \bar z) \wedge (d\bar\zeta_I - d\bar z_J) = 0$, ce terme est nul. q.e.d.

<u>fin de la démonstration de la proposition</u>

Transformons l'expression de F en utilisant le lemme.

Pour $z \in W \setminus V$, $F(z) = \int \bar\partial\rho(\zeta) \wedge f_{IJ}(\zeta)\, d\zeta_I \wedge d\bar\zeta_J \wedge \tilde\Omega(z,\zeta)\, d\sigma(\zeta)$

$$= (-1)^{p+q} F_{IJ}(z)\, dz_I \wedge d\bar z_J + F_2(z) + \bar\partial\rho(z) \wedge F_3(z)$$

avec $F_{IJ}(z) = \int \bar\partial\rho(\zeta) \wedge f_{IJ}(\zeta) \wedge \tilde\Omega(z,\zeta)\, d\sigma(\zeta)$ et $F_2(z) = \int f_{IJ}(\zeta)\, \delta(z,\zeta)\, d\sigma(\zeta)$.

Posons $\tilde F(z) = (-1)^{p+q} F_{IJ}(z)\, dz_I \wedge d\bar z_J + F_2(z)$

Puisque V est de dimension $2n-1$ et $\delta = O(\|z - \zeta\|^{1+\alpha-2n})$ la forme F_2 se prolonge continûment à travers V.

D'autre part $F_{IJ}(z) = \int_V F_{IJ}(\zeta)\, \tilde\Omega(z,\zeta) = \int_V f_{IJ}(\zeta)\, \Omega_o^o(z,\zeta)$

pour des raisons de degré et d'après le théorème 2.2.1 la fonctions F_{IJ} se prolonge continûment à $W^+ \cup V$ et $W^- \cup V$.

Comme $F - \tilde F = \bar\partial\rho \wedge F_3$ on en déduit que F se prolonge modulo $\bar\partial\rho$, à $W^+ \cup V$ et $W^- \cup V$.

Evaluons $F_t^+ - F_t^-$.

$F_t^+ - F_t^- = (-1)^{p+q} (F_{IJ}^+ (dz_I \wedge d\bar z_J)_t - F_{IJ}^- (dz_I \wedge d\bar z_J)_t)$

et $F_{IJ}^+ - F_{IJ}^- = f_{IJ}$

donc $F_t^+ - F_t^- = (-1)^{p+q} f_{IJ} (dz_I \wedge d\bar z_J)_t = (-1)^{p+q} f_t$

calculons maintenant $\left(VP \int_{\zeta \in V} f(z) \wedge \tilde\Omega(z,\zeta)\right)_t$

Soit $z \in V \cap W$ et $(U_{\varepsilon,z})$ un système fondamental de voisinage de z permettant de définir la valeur principale de Cauchy

$$\left(\int_{\zeta \in V \setminus U_{\varepsilon,z}} f(\zeta) \wedge \tilde\Omega(z,\zeta)\right)_t = (-1)^{p+q} \left(\int_{V \setminus U_{\varepsilon,z}} f_{IJ}(\zeta)\right) \tilde\Omega(z,\zeta) \quad (dz_I \wedge d\bar z_J)_t$$
$$+ \left(\int_{V \setminus U_{\varepsilon,z}} f_{IJ}(\zeta)\, \delta(z,\zeta)\, d\sigma(\zeta)\right)_t$$

Or d'après le théorème 2.2.1 $VP \int_V f_{IJ}(\zeta) \wedge \tilde{\Omega}(z,\zeta) = \lim_{\varepsilon\to 0} \int_{V\setminus U_{\varepsilon,z}} f_{IJ}(\zeta) \wedge \tilde{\Omega}(z,\zeta)$ existe et est égale à $\frac{1}{2}(F_{IJ}^{+} + F_{IJ}^{-})$

et $\lim_{\varepsilon\to 0} \int_{V\setminus U_{\varepsilon,z}} f_{IJ}(\zeta)\, \delta\,(z,\zeta)\, d\sigma(\zeta) = F_2(z)$

Donc $\left(VP \int_{\zeta\in V} f(\zeta) \wedge \tilde{\Omega}(z,\zeta)\right)_t$ existe et

$$2\left(VP \int_{\zeta\in V} f(\zeta) \wedge \tilde{\Omega}(z,\zeta)\right)_t = (-1)^{p+q}\,(f_{IJ}^{+} + f_{IJ}^{-})(dz_I \wedge d\bar{z}_J)_t + 2(F_2(z))_t$$

$$= F_t^{+}(z) + F_t^{-}(z)$$

q.e.d.

THÉORÈME 2.3.3. <u>Sous les hypothèses du début du</u> 2, <u>si</u> V <u>est de classe</u> $\mathcal{C}^{1+\alpha}$, $\alpha > 0$ <u>soient</u> f <u>une</u> $(0,q)$<u>-forme différentielle</u> $\mathcal{C}^1$ <u>à support compact dans</u> V et $F(z) = \int_{\zeta\in V} f(\zeta) \wedge \Omega_q^0(z,\zeta)$ <u>sa transformée de Bochner Martinelli</u>.

<u>Alors</u> F <u>admet, modulo</u> $\bar{\partial}\rho$, <u>des prolongements continus à</u> $U^+ \cup V$ <u>et</u> $U^- \cup V$ <u>qui vérifient</u>

1) $F_t^{+} - F_t^{-} = (-1)^q f_t$

et $F_t^{+} + F_t^{-} = 2\left(VP \int_{\zeta\in V} f(\zeta) \wedge \Omega_q^0(z,\zeta)\right)_t$

2) <u>Si</u> L <u>et</u> L' <u>sont deux compacts de</u> V <u>il existe une constante</u> C <u>telle que</u> $\| F_t^{\pm} \|_{\infty,L'} < C \| f \|_{\mathcal{C}^1(V)}$ <u>pour toute</u> $f \in \mathcal{C}^1(V)$ <u>vérifiant supp</u> $f \subset L$

<u>Démonstration</u>. Le problème étant local on peut supposer f à support dans un domaine de carte et pour des raisons de degré $F(z) = \int_{\zeta\in V} f(\zeta) \wedge \Omega_q^0(z,\zeta) = \int_{\zeta\in V} f(\zeta) \wedge \tilde{\Omega}(z,\zeta)$. Les résultats de saut se déduisent alors de la proposition 2.3.1 et la majoration du théorème 2.2.1 et de la décomposition $F_t^{\pm} = (-1)^{p+q} f_{IJ}^{\pm}\,(dz_I \wedge d\bar{z}_J)_t + (F_2(z))_t$ obtenue dans la démonstration de la proposition 2.3.1.

Nous allons maintenant démontrer un théorème analogue pour les formes différentielles de type $(n,n-q-1)$

THÉORÈME 2.3.4. Sous les hypothèses du début du 2 si V est de classe $\mathcal{C}^{1+\alpha}$, $\alpha > 0$ soient f une $(n,n-q-1)$-forme différentielle de classe $\mathcal{C}^1$ à support compact dans V et $F(\zeta) = \int_{z\in V} (f(z) \wedge \Omega_q^0(z,\zeta)$ sa transformée de Bochner-Martinelli.

Alors F admet, modulo $\bar\partial_b$, des prolongements continus à $U^+ \cup V$ et $U^- \cup V$ qui vérifient

1) $F_t^+ - F_t^- = (-1)^{q+1} f_t$

et $F_t^+ + F_t^- = 2\left(VP \int_{z\in V} f(z) \wedge \Omega_q^0(z,\zeta)\right)_t$

2) Si L et L' sont deux compacts de V, il existe une constante C telle que

$$\| F_t^\pm \|_{\infty,L'} < C \| f \|_{\mathcal{C}^1(V)} \quad \text{pour toute } f \in \mathcal{C}^1(V) \text{ vérifiant supp } f \subset L.$$

Démonstration. On peut toujours supposer que f est à support dans un ouvert de carte.

Pour des raisons de degré on a

$$\begin{aligned}
F(\zeta) &= \int_{z\in V} f(z) \wedge \tilde\Omega^0(z,\zeta) \\
&= \int_{z\in V} f(z) \wedge \tilde\Omega^n(\zeta,z) + \int_{z\in V} f(z) \wedge (\tilde\Omega^0(z,\zeta) - \tilde\Omega^n(\zeta,z)) \\
&= \int_{z\in V} f(z) \wedge \tilde\Omega(\zeta,z) + \int_{z\in V} f(z) \wedge (\tilde\Omega^0(z,\zeta) - \tilde\Omega^n(\zeta,z))
\end{aligned}$$

Grâce à la proposition 2.3.1, le premier terme de la décomposition de F vérifie les formules de saut cherchées.

Pour obtenir le théorème il suffit alors de vérifier que le second terme de la décomposition de F se prolonge continûment à travers V ; il en sera ainsi si on montre que $\tilde\Omega^0(z,\zeta) - \tilde\Omega^n(\zeta,z)$ possède une singularité d'ordre $2n-2$ en $z = \zeta$.

LEMME 2.3.5. Le noyau $\tilde{\Omega}^o(z,\zeta) - \tilde{\Omega}^n(\zeta,z)$ a une singularité d'ordre $2n-2$ sur la diagonale $\Delta(W)$ de $W \times W$, c'est-à-dire que pour tout compact L de $W \times W$ il existe une constante C_L telle que

$$|\tilde{\Omega}^o(z,\zeta) - \tilde{\Omega}^n(\zeta,z)| \leq \frac{C_L}{\|z-\zeta\|^{2n-2}}$$

pour tout $(z,\zeta) \in L$.

Démonstration du lemme.

On a
$$\tilde{\Omega}^o(z,\zeta) = [\frac{(n-1)!}{(2i\pi)^n}\, \overline{\omega}'_{z,\zeta}\, (\frac{\varphi^\nu\, \hat{u}}{<\hat{u}, u>}) \wedge \omega_\zeta(u)]\ (z,\zeta)$$
$$\tilde{\Omega}^n(\zeta,z) = [\frac{(n-1)!}{(2i\pi)^n}\, \overline{\omega}'_{z,\zeta}\, (\frac{\varphi^\nu\, \hat{u}}{<\hat{u},u>}) \wedge \omega_z(u)\ ]\ (\zeta,z)$$

$\tilde{\Omega}^o(z,\zeta)$ et $\tilde{\Omega}^n(\zeta,z)$ sont des formes $\mathcal{C}^1$ sur $W \times W \smallsetminus \Delta(W)$ ayant chacune une singularité d'ordre $2n-1$ en $z = \zeta$.

La section u admet un zéro d'ordre 1 en $z = \zeta$ et par conséquent il existe n fonctions $(v^i)_{i=1,\dots,n}$, $\mathcal{C}^1$ sur W telles que

$$u(z,\zeta) = \sum_{i=1}^{n} (z_i - \zeta_i)\, v^i(z,\zeta).$$

Evaluons les différents termes apparaissant dans l'expression des noyaux $\tilde{\Omega}^o$ et $\tilde{\Omega}^n$.

On a $\omega_\zeta(u)\,(z,\zeta) = \det\,[J_\zeta(u)\,(z,\zeta)]\, d\zeta_1 \wedge \dots \wedge d\zeta_n$ et $\omega_z(u)(\zeta,z) = \det\,[J_z(u)(\zeta,z)]\, d\zeta_1 \wedge \dots \wedge d\zeta_n$ où $J_\zeta(u)$ et $J_z(u)$ désignent respectivement les matrices jacobiennes de u considérée tout d'abord comme fonction de sa 2ème variable, puis comme fonction de sa 1ère variable

$$J_\zeta(u)(z,\zeta) = \begin{pmatrix} -v_1^1(z,\zeta) & \dots\dots & -v_1^n(z,\zeta) \\ & & \\ -v_n^1(z,\zeta) & \dots\dots & -v_n^n(z,\zeta) \end{pmatrix} + \begin{pmatrix} \sum_{i=1}^n (z_i-\zeta_i)\frac{\partial v_1^i}{\partial \zeta_1} & \dots & \sum_{i=1}^n (z_i-\zeta_i)\frac{\partial v_1^i}{\partial \zeta_n} \\ & & \\ \sum_{i=1}^n (z_i-\zeta_i)\frac{\partial v_n^i}{\partial \zeta_1} & \dots & \sum_{i=1}^n (z_i-\zeta_i)\frac{\partial v_n^i}{\partial \zeta_n} \end{pmatrix}$$

$$J_z(u)(\zeta,z) = \begin{pmatrix} +v_1^1(\zeta,z) & \dots\dots & +v_1^n(\zeta,z) \\ & & \\ +v_n^1(\zeta,z) & \dots\dots & +v_n^n(\zeta,z) \end{pmatrix} + \begin{pmatrix} \sum_{i=1}^n (\zeta_i-z_i)\frac{\partial v_1^i}{\partial z_1} & \dots & \sum_{i=1}^n (\zeta_i-z_i)\frac{\partial v_1^i}{\partial z_n} \\ & & \\ \sum_{i=1}^n (\zeta_i-z_i)\frac{\partial v_n^i}{\partial z_1} & \dots & \sum_{i=1}^n (\zeta_i-z_i)\frac{\partial v_n^i}{\partial z_n} \end{pmatrix}$$

d'où $[\omega_\zeta(u)\,(z,\zeta) + (-1)^{n+1}\, \omega_z(u)(\zeta,z)]\big|_{z=\zeta} = 0$.

En utilisant des arguments analogues on peut voir facilement que $\left(\bigwedge_{s\neq j} \overline{\partial}_{z,\zeta}\, \hat{u}_s\right)(z,\zeta) + (-1)^n \left(\bigwedge_{s\neq j} \overline{\partial}_{z,\zeta}\, \hat{u}_s\right)(\zeta,z)\Big|_{z=\zeta} = 0$ puisque $\hat{u}(z,\zeta) = \sum_{i=1}^n (\overline{z}_i - \overline{\zeta}_i)\, \hat{v}^i(z,\zeta)$.

Comme $\overline{\omega}'_{z,\zeta}\left(\frac{\varphi^\nu\, \hat{u}}{\langle \hat{u},u\rangle}\right) = \frac{\varphi^{\nu n}}{\langle \hat{u},u\rangle^n} \sum_{j=1}^n (-1)^{j-1}\, \hat{u}_j \bigwedge_{s\neq j} \overline{\partial}_{z,\zeta}\, \hat{u}_s$

on a

$$[\tilde{\Omega}^\nu(z,\zeta) - \tilde{\Omega}^n(\zeta,z)]\times \|z-\zeta\|^{2n-2}\Big|_{z=\zeta} = \frac{(n-1)!}{(2i\pi)^n}\left(\sum_{j=1}^n \frac{\hat{u}_j\|z-\zeta\|^{2n-1}}{\langle u,u\rangle^n}\Big|_{z=\zeta}\right)(-1)^{j-1}$$

$$\frac{1}{\|z-\zeta\|}\left(\bigwedge_{s\neq j} \overline{\partial}_{z,\zeta}\, \hat{u}_s(z,\zeta)\wedge\omega_\zeta(u)(z,\zeta) - \left(\bigwedge_{s\neq j} \overline{\partial}_{z,\zeta}\, \hat{u}_s(\zeta,z)\right)\wedge\omega_z(u)(\zeta,z)\right)\Big|_{z=\zeta} .$$

Chaque terme qui apparaît dans l'expression précédente est borné sur tout compact de $\Delta(W)$.

Comme de plus $\tilde{\Omega}^\nu(z,\zeta) - \tilde{\Omega}^n(\zeta,z)$ est $\mathcal{C}^\infty$ sur $W\times W \setminus \Delta(W)$, le lemme est démontré.

3. <u>ÉTUDE DE LA TRANSFORMÉE DE BOCHNER-MARTINELLI D'UN COURANT D'ORDRE NUL</u>.

Nous allons étendre les résultats du paragraphe 2 au cas où la donnée f est un courant d'ordre nul sur V.

Si U désigne un ouvert de M, V une hypersurface $\mathcal{C}^\infty$ de U et f un courant d'ordre nul sur V, de degré q, à support compact, on définit la transformée de Bochner-Martinelli de f par

$F(z) = \langle i_* f , \Omega_q^0(z,.) \rangle = \langle [i_*f]^{0,q+1} , \Omega_q^0(z,.) \rangle$ où i est l'injection de V dans U.

Si F est de degré $2n-q-1$ on pose

$F(\zeta) = \langle i_* f , \Omega_q^0(.,\zeta) \rangle = \langle [i_*f]^{n,n-q} , \Omega_q^0(.,\zeta) \rangle$.

Les formes différentielles F ainsi définies sont de classe $\mathcal{C}^1$ sur $U \setminus V$.

Supposons que $V = \{z \in U \,/\, \rho(z) = 0\}$ où $\rho \in \mathcal{C}^\infty(U)$ et $(d\rho)_z \neq 0$ pour tout $z \in V$ et pour ε assez petit on pose $V_\varepsilon = \{z \in U \,/\, \rho(z) = \varepsilon\}$.

On note i et i_ε les injections respectives de V et V_ε dans U. Si $\gamma \in \mathcal{D}'(V)$ et $\tilde{\gamma} \in \mathcal{D}'(U)$ vérifient $\gamma = i^* \tilde{\gamma}$, on pose $\gamma_\varepsilon = i_\varepsilon^* \tilde{\gamma}$, c'est une forme différentielle $\mathcal{C}^\infty$ à support compact sur V_ε.

<u>Définition 3.1.</u> Si $U \setminus V = U^+ \cup U^-$, considérons sur V l'orientation induite par celle du bord de U^+. Soit F une forme différentielle $\mathcal{C}^1$ définie sur U^+. On dira que F admet <u>une valeur au bord</u> sur V, s'il existe un courant T sur V tel que pour toute forme différentielle γ, $\mathcal{C}^\infty$, à support compact dans V on ait :

$$\lim_{\varepsilon \to 0} \int_{V_\varepsilon} F \wedge \gamma_\varepsilon = \langle T , \gamma \rangle .$$

Il est facile de voir que cette définition est équivalente à celle donnée par Lojasiewicz et Tomassini dans [12].

Nous allons démontrer le théorème suivant :

THÉORÈME 3.2. <u>Soient</u> M <u>une variété de Stein</u>, U <u>un ouvert de</u> M, V <u>une hypersurface</u> $\mathcal{C}^\infty$, <u>orientée de</u> U <u>telle que si</u> U^+ <u>et</u> U^- <u>sont les deux composantes</u>

connexes de $U \setminus V$ l'orientation sur V soit donnée pour que V coïncide avec ∂U^+.

Si f désigne un courant d'ordre nul sur V de degré $2n-q-1$ à support compact tel que $[i_* f]^{n,n-q} \wedge \bar\partial\rho = 0$, ρ étant une équation de V et i l'injection de V dans U alors

$$F(\zeta) = \langle i_* f , \Omega_q^o(.,\zeta) \rangle$$

admet des valeurs au bord sur V, $vb_V^+ F$ et $vb_V^- F$ qui vérifient :

$$\langle vb_V^+ F - vb_V^- F, \gamma \rangle = (-1)^{q+1} \langle [i_* f]^{n,n-q}, \tilde\gamma \rangle$$

pour toute forme γ de classe $\mathcal{C}^\infty$ sur V à support compact et $\tilde\gamma \in \mathcal{D}(U)$ telle que $i^* \tilde\gamma = \gamma$.

Démonstration.

Nous devons étudier la quantité suivante

$$\int_{z\in V_\varepsilon} F(\zeta) \wedge \gamma_\varepsilon(\zeta) = \int_{\zeta\in V_\varepsilon} \langle [i_* f]^{n,n-q}, \Omega_q^o(z,\zeta) \rangle \wedge \gamma_\varepsilon(\zeta)$$
$$= \langle [i_* f]^{n,n-q} \wedge \int_{\zeta\in V_\varepsilon} \gamma_\varepsilon(\zeta) \wedge \Omega_q^o(z,\zeta) \rangle$$

En utilisant une partition de l'unité on peut se ramener au cas où γ est à support dans un domaine de carte W de M.

Le théorème résultera alors du lemme suivant :

LEMME 3.8. Soit γ une (p,q)-forme différentielle $\mathcal{C}^\infty$ à support compact dans $V \cap W$, posons $\Gamma(z) = \int_{\zeta\in V\cap W} \gamma(\zeta) \wedge \tilde\Omega(z,\zeta)$, Γ^+ et Γ^- des prolongements continus, modulo $\bar\partial\rho$, de Γ à $W^+ \cup V$ et $W^- \cup V$.

Soit $\tilde\gamma$ une extension de γ à support compact dans W et $\gamma_\varepsilon = i_\varepsilon^* \tilde\gamma$ on note

$$\Gamma_\varepsilon(z) = \int_{\zeta\in V_\varepsilon} \gamma_\varepsilon(\zeta) \wedge \tilde\Omega(z,\zeta) .$$

Alors, modulo $\bar\partial\rho$ la famille $(\Gamma_\varepsilon)_{\varepsilon\in\mathbb{R}^*}$ converge uniformément sur tout compact de V vers Γ^+ quand $\varepsilon \to 0$, $\varepsilon < 0$ et vers Γ^- quand ε tend vers 0, $\varepsilon > 0$.

En effet grâce au lemme 3.3. et à l'hypothèse $[i_* \; f]^{n,n-q} \wedge \bar\partial\rho = 0$

$$\lim_{\substack{\varepsilon\to 0\\ \varepsilon>0}} \int_{\zeta\in V_\varepsilon} F(\zeta) \wedge \gamma_\varepsilon(\zeta) = \langle [i_* \; f]^{n,n-q} \, , \Gamma^- \rangle$$

$$\lim_{\substack{\varepsilon\to 0\\ \varepsilon<0}} \int_{\zeta\in V_\varepsilon} F(\zeta) \wedge \gamma_\varepsilon(\zeta) = \langle [i_* \; f]^{n,n-q} \, , \Gamma^+ \rangle$$

de plus les applications $\gamma \mapsto \langle [i_* \; f]^{n,n-q} \, , \Gamma^\pm \rangle$ sont des formes linéaires continues sur $\mathcal{D}(V)$ car d'après le théorème 2.3.3. $\|\Gamma^\pm_t\|_{L^\infty,\mathrm{supp}\,\gamma} \le C\|\gamma\|_{\mathcal{C}^1(V)} \le C'\|\gamma\|_{\mathcal{C}^\infty(V)}$.
On définit donc ainsi les valeurs au bord $vb^+_V F$ et $vb^-_V F$.

De plus grâce aux formules de "saut" vérifiées par Γ^+ et Γ^-

$$\begin{aligned} \langle vb^+F - vb^-F, \gamma \rangle &= - \langle [i_* \; f]^{n,n-q} \, , \Gamma^+ - \Gamma^- \rangle \\ &= (-1)^{q+1} \langle [i_* \; f]^{n,n-q} \, , \tilde\gamma \rangle . \end{aligned}$$

COROLLAIRE 3.4. <u>Sous les hypothèses du théorème</u> 3.2 , <u>si f est un courant d'ordre nul sur</u> V <u>de degré</u> 2n-q-1 <u>tel que</u>

$i_* \; f = [i_* \; f]^{n,n-q}$ alors $F(\zeta) = \langle i_* \; f, \Omega^o_q(\cdot,\zeta) \rangle$

<u>admet des valeurs au bord sur</u> V, $vb^+_V F$ <u>et</u> $vb^-_V F$, <u>qui vérifient</u>

$$vb^+_V F - vb^-_V F = (-1)^{q+1} f \, .$$

<u>Remarque</u>. Si f est de degré maximum sur V , c'est-à-dire si $q = 0$ alors l'hypothèse $i_* \, f = [i_* \, f]^{n,n}$ est toujours vérifiée et d'après le corollaire 3.4 on a $vb^+_V F - vb^-_V F = - f$.

<u>Démonstration du corollaire.</u>

L'hypothèse $i_* \; f = [i_* \; f]^{n,n-q}$ implique nécessairement $[i_* \; f]^{n,n-q} \wedge \bar\partial\rho = 0$, si ρ est une équation de V , on peut alors appliquer le théorème 3.2.

Démonstration du lemme 3.3.

1ère étape. Réduction au cas où γ est une fonction. Grâce à la linéarité du problème on peut supposer que $\gamma = \gamma_{IJ}\, dz_I \wedge d\bar{z}_J$ $|I| = p$, $|J| = q$ dans les coordonnées choisies sur W , alors en utilisant la décomposition du lemme 2.3.2 on a

$$\Gamma(z) = (-1)^{p+q}\, \Gamma_{IJ}(z)\, dz_I \wedge d\bar{z}_J + \Gamma_2(z) + \bar{\partial}\rho(z) \wedge \Gamma_3(z)$$

où $\Gamma_{IJ}(z) = \int_V \gamma_{IJ}(\zeta)\, \Omega_0^0(z,\zeta)$ et $\Gamma_2(z) = \int_V \gamma'(z,\zeta)$,

γ' étant majorée au voisinage de la diagonale par $C\,\|z-\zeta\|^{1+\alpha-2n}$.

De même si $\tilde{\gamma} = \tilde{\gamma}_{IJ}\, dz_I \wedge d\bar{z}_J$ on a pour ε assez petit

$$\Gamma_\varepsilon(z) = (-1)^{p+q}\, \Gamma_{\varepsilon,IJ}(z)\, dz_I \wedge d\bar{z}_J + \Gamma_{\varepsilon,2}(z) + \bar{\partial}\rho(z) \wedge \Gamma_{\varepsilon,3}(z)$$

où $\Gamma_{\varepsilon,IJ}(z) = \int_{V_\varepsilon} \gamma_{\varepsilon,IJ}\, \Omega_0^0(z,\zeta)$ et $\Gamma_{\varepsilon,2}(z) = \int_{V_\varepsilon} \gamma'_\varepsilon(z,\zeta)$,

γ'_ε étant elle aussi majorée au voisinage de la diagonale par $C\,\|z-\zeta\|^{1+\alpha-2n}$.

Il suffit alors de montrer que $\Gamma_{\varepsilon,IJ}$ et $\Gamma_{\varepsilon,2}$ convergent respectivement uniformément sur tout compact de V vers Γ_{IJ} et Γ_2 quand ε tend vers 0 .

2ème étape. Convergence de la famille $(\Gamma_{\varepsilon,IJ})_{\varepsilon\in\mathbb{R}}$.

Considérons des familles $(D_\varepsilon)_{\varepsilon>0}$ et $(D_\varepsilon)_{\varepsilon<0}$ de domaines relativement compacts de W , à bord $\mathscr{C}^\infty$, dépendant continûment de ε au sens suivant : pour ε assez petit ∂D_ε est difféomorphe à $\partial D^\pm$ et il existe une famille de $\mathscr{C}^\infty$-difféomorphisme $\pi_\varepsilon : \partial D^\pm \to \partial D_\varepsilon$ tel que $\lim\limits_{\substack{\varepsilon\to 0\\ \varepsilon\gtrless 0}} \pi_\varepsilon = Id_{\partial D^\pm}$ uniformément sur $\partial D^\pm$.

On suppose de plus que les D_ε sont tels que :

$$\partial D_\varepsilon \cap V_\varepsilon \supset \operatorname{supp} \gamma_\varepsilon \;,\; D_\varepsilon \cap V \supset \operatorname{supp} \gamma \,.$$

On note D^+ et D^- les limites respectives des familles de domaines $(D_\varepsilon)_{\varepsilon>0}$ et $(D_\varepsilon)_{\varepsilon<0}$ quand $\varepsilon \to 0$.

On a alors pour $z \in W \setminus V_\varepsilon$

$$\Gamma_{\varepsilon,IJ}(z) = \int_{\zeta\in V_\varepsilon} \gamma_{\varepsilon,IJ}\, \Omega_0^0(z,\zeta) = a_\varepsilon \int_{\zeta\in\partial D_\varepsilon} \gamma_{\varepsilon,IJ}\, \Omega_0^0(z,\zeta)$$

où $a_\varepsilon = 1$ si $\varepsilon > 0$ et $a_\varepsilon = -1$ si $\varepsilon < 0$

$$\int_{\zeta\in\partial D_\varepsilon}\gamma_{\varepsilon,IJ}\,\Omega_o^o(z,\zeta)=\int_{\zeta\in\partial D_\varepsilon}(\gamma_{\varepsilon,IJ}(\zeta)-\tilde{\gamma}_{IJ}(z))\,\Omega_o^o(z,\zeta)+\tilde{\gamma}_{IJ}(z)\int_{\zeta\in\partial D_\varepsilon}\Omega_o^o(z,\zeta)$$

or d'après la formule intégrale 2.2.10 de [9]

$$\int_{\zeta\in\partial D_\varepsilon}\Omega_o^o(z,\zeta)=1\quad\text{si}\quad z\in D_\varepsilon$$

donc pour $z\in\operatorname{supp}\gamma\subset D_\varepsilon$ on a

$$\Gamma_{\varepsilon,IJ}(z)=a_\varepsilon(\tilde{\gamma}_{IJ}(z)+\int_{\zeta\in\partial D_\varepsilon}(\gamma_{\varepsilon,IJ}(\zeta)-\tilde{\gamma}_{IJ}(z))\,\Omega_o^o(z,\zeta))$$

et par définition des domaines D_ε

$$\int_{\zeta\in\partial D_\varepsilon}(\gamma_{\varepsilon,IJ}(\zeta)-\tilde{\gamma}_{IJ}(z))\,\Omega_o^o(z,\zeta)=\int_{\zeta\in\partial D^\pm}\delta_\varepsilon(z,\zeta)$$

où $\delta_\varepsilon(z,\zeta)=(\pi_\varepsilon^*\,\gamma_{\varepsilon,IJ}(\zeta)-\tilde{\gamma}_{IJ}(z))\,\pi_\varepsilon^*\,\Omega_o^o(z,\zeta)$.

La famille $(\delta_\varepsilon)_{\varepsilon\in\mathbb{R}}$ est une famille de formes différentielles continues sur $V\times V$ qui converge simplement vers la forme

$$\delta(z,\zeta)=(\gamma_{IJ}(\zeta)-\gamma_{IJ}(z))\,\Omega_o^o(z,\zeta)$$

quand ε tend vers 0 , $\varepsilon>0$ ou $\varepsilon<0$, de plus la convergence est uniforme sur tout compact de $(V\times V)\setminus\Delta(V)$.

Par ailleurs les formes δ_ε et la forme δ sont bornées sur tout compact au voisinage de $\Delta(V)$ par $\dfrac{C}{\|z-\zeta\|^{2n-2}}$.

On déduit alors de la théorie de l'intégration que

$\lim\limits_{\varepsilon\to o}\int_{\zeta\in\partial D^\pm}\delta_\varepsilon(z,\zeta)=\int_{\zeta\in\partial D^\pm}\delta(z,\zeta)$, cette limite étant uniforme sur tout compact de V .

On a donc la convergence uniforme sur tout compact de V de $(\Gamma_{\varepsilon,IJ})_{\varepsilon\in\mathbb{R}^*}$ vers :

$\gamma_{IJ}(z)+\int_{\zeta\in\partial D^+}(\gamma_{IJ}(\zeta)-\gamma_{IJ}(z))\,\Omega_o^o(z,\zeta)=\Gamma_{IJ}^-(z)$, si $\varepsilon>0$ (car $D^+\subset U^-$)

$-(\gamma_{IJ}(z)+\int_{\zeta\in\partial D^-}(\gamma_{IJ}(\zeta)-\gamma_{IJ}(z))\,\Omega_o^o(z,\zeta))=\Gamma_{IJ}^+(z)$ si $\varepsilon<0$ (car $D^-\subset U^+$) .

<u>3ème étape</u>. fin de la démonstration.

On peut étudier de manière analogue la famille $(\Gamma_{\varepsilon,2})_{\varepsilon\in\mathbb{R}^*}$:

$\Gamma_{\varepsilon,2}(z) = a_\varepsilon \int_{\partial D^\pm} \pi_\varepsilon^* \gamma'(z,\zeta)$ et les formes différentielles $\pi_\varepsilon^* \gamma'$ et γ' possèdent les mêmes propriétés que les formes δ_ε et δ étudiées à la deuxième étape. On en déduit donc que $\Gamma_{\varepsilon,2}(z)$ converge uniformément sur tout compact de V vers $\Gamma_2(z)$ lorsque ε tend vers 0 , $\varepsilon > 0$ ou $\varepsilon < 0$.

Par conséquent, modulo $\bar\partial\rho$, $\Gamma_\varepsilon(z)$ converge uniformément sur tout compact de V, quand ε tend vers 0, vers $\Gamma^+(z) = (-1)^{p+q} \Gamma_{IJ}^+ dz_I \wedge d\bar z_J + \Gamma_2(z)$ si $\varepsilon < 0$ et vers $\Gamma^-(z) = (-1)^{p+q} \Gamma_{IJ}^-(z) dz_I \wedge d\bar z_J + \Gamma_2(z)$ quand $\varepsilon > 0$

q.e.d.

Nous allons maintenant considérer le cas où la donnée est un courant de degré q , $0 < q < n$.

THÉORÈME 3.5. Considérons un ouvert U de M et une hypersurface V de U vérifiant les hypothèses du théorème 3.2 . Si f désigne un courant d'ordre nul de degré q sur V à support compact alors

$$F(z) = < i_* f \, , \, \Omega_q^0(z,.) >$$

admet des valeurs au bord sur V , vb_V^+F et vb_V^-F qui vérifient $< vb_V^+F - vb_V^-F \, , \, \gamma > = (-1)^q < [i_* \; f]^{0,q+1} \, , \, \tilde\gamma >$ pour toute forme différentielle γ de classe $\mathcal{C}^\infty$, à support compact dans V , et $\tilde\gamma \in \mathcal{D}(U)$ telle que $i^* \tilde\gamma = \gamma$.

Démonstration. Elle est analogue à celle du théorème 3.2 car on a toujours $[i_* \; f]^{0,q+1} \wedge \bar\partial\rho = 0$.

Il suffit simplement de démontrer un lemme équivalent au lemme 3.3 quand la donnée γ est une $(n,n-q-1)$ forme .

LEMME 3.6. Soit γ une $(n,n-q-1)$-forme différentielle $\mathcal{C}^\infty$ à support compact dans $V \cap W$, posons $\hat\Gamma(\zeta) = \int_{z \in V \cap W} \gamma(z) \wedge \Omega_q^0(z,\zeta)$, $\hat\Gamma^+$ et $\hat\Gamma^-$ des prolongements continus, modulo $\bar\partial\rho$ de $\hat\Gamma$ à $W^+ \cup V$ et $W^- \cup V$.

Alors la suite $(\hat\Gamma_\varepsilon(\zeta) = \int_{z \in V_\varepsilon} \gamma_\varepsilon(z) \wedge \Omega_q^0(z,\zeta))_{\varepsilon \in \mathbb{R}^*}$ converge, modulo $\bar\partial\rho$, uniformément sur tout compact de V vers $\hat\Gamma^+$ quand $\varepsilon \to 0$, $\varepsilon < 0$ et vers $\hat\Gamma^-$ quand $\varepsilon \to 0$, $\varepsilon > 0$.

<u>Démonstration</u>. Reprenons les notations du paragraphe 2.3

$$\hat{\Gamma}(\zeta) = \int_{z \in V} \gamma(z) \wedge \tilde{\Omega}^n(\zeta,z) + \int_{z \in V} \gamma(z) \wedge (\tilde{\Omega}^o(z,\zeta) - \tilde{\Omega}^n(\zeta,z))$$

$$= \Gamma(\zeta) + \int_{z \in V_\varepsilon} \gamma(z) \wedge (\tilde{\Omega}^o(z,\zeta) - \tilde{\Omega}^n(\zeta,z))$$

$$\hat{\Gamma}_\varepsilon(\zeta) = \Gamma_\varepsilon(\zeta) + \int_{z \in V_\varepsilon} \gamma_\varepsilon(z) \wedge (\tilde{\Omega}^o(z,\zeta) - \tilde{\Omega}^n(\zeta,z))$$

$$= \Gamma_\varepsilon(\zeta) + a_\varepsilon \int_{z \in \partial D^\pm} \pi_\varepsilon^* \gamma_\varepsilon(z) \wedge \pi_\varepsilon^*(\tilde{\Omega}^o(z,\zeta) - \tilde{\Omega}^n(\zeta,z))$$

où a_ε, $D^\pm$, π_ε sont définis dans la démonstration du lemme 3.3.

La famille $(\theta_\varepsilon = \pi_\varepsilon^* \gamma_\varepsilon(z) \wedge \pi_\varepsilon^*(\tilde{\Omega}^o(z,\zeta) - \tilde{\Omega}^n(\zeta,z))_{\varepsilon \in \mathbb{R}^*}$ possède les mêmes propriétés que la famille $(\delta_\varepsilon)_{\varepsilon \in \mathbb{R}^*}$ elle converge donc uniformément sur tout compact de V vers $\int_{z \in V} \gamma(z) \wedge (\tilde{\Omega}^o(z,\zeta) - \tilde{\Omega}^n(\zeta,z))$. Grâce au lemme 3.3 $(\Gamma_\varepsilon)_{\varepsilon \in \mathbb{R}^*}$ converge vers Γ^+ si $\varepsilon < 0$ et Γ^- si $\varepsilon > 0$ et donc $(\hat{\Gamma}_\varepsilon)_{\varepsilon \in \mathbb{R}^*}$ converge uniformément sur tout compact de V vers $\hat{\Gamma}^+$ si $\varepsilon < 0$ et $\hat{\Gamma}^-$ si $\varepsilon > 0$ quand ε tend vers 0.

COROLLAIRE 3.7. <u>Sous les hypothèses du théorème 3.2, si</u> f <u>désigne un courant d'ordre nul, de degré nul sur</u> V <u>à support compact alors</u> $F(z) = \langle i_* f, \Omega_o^o(z,.)\rangle$ <u>admet des valeurs au bord sur</u> V, vb_V^+F <u>et</u> vb_V^-F <u>qui vérifient</u> $vb_V^+F - vb_V^-F = f$.

<u>Démonstration.</u> Soit γ une forme de d^o $2n-1$ sur V, $\int_{V_\varepsilon} F(z) \wedge \gamma_\varepsilon(z) = \langle i_* f, \hat{\Gamma}_\varepsilon\rangle$. D'après le lemme 3.6, il existe une forme différentielle A_ε telle que $\hat{\Gamma}_\varepsilon - \bar{\partial}\rho \wedge A_\varepsilon$ converge uniformément sur tout compact vers $\hat{\Gamma}^\pm$ quand ε tend vers 0.

Si on reprend la décomposition du lemme 2.3.2, on voit facilement que lorsque $\tilde{\gamma}$ est de degré $2n-1$, $\bar{\partial}\rho \wedge A_\varepsilon$ est de type $(n,n-1)$ et par conséquent $\langle i_* f, \bar{\partial}\rho \wedge A_\varepsilon\rangle = 0$ en effet $i_* f = [i_* f]^{1,0} + [i_* f]^{0,1}$ où $[i_* f]^{1,0}$ est de bidegré $(1,0)$ et $[i_* f]^{0,1} \wedge \bar{\partial}\rho = 0$.

4. Théorème de Bochner sur une variété de Stein.

Dans ce paragraphe M désigne une variété de Stein de dimension n $(n \geq 2)$ et D un domaine relativement compact de M dont le bord ∂D est une variété $\mathcal{C}^\infty$, connexe.

Rappelons la définition d'un courant CR sur le bord de D.

Définition 4.1. On dit qu'un courant f de degré q sur ∂D est CR si pour toute forme différentielle $\gamma \in \mathcal{D}^{n,n-q-2}(M)$, on a :

$$\langle i_* f , \bar\partial\gamma \rangle = 0$$

i étant l'injection de ∂D dans M (i.e. $[i_* f]^{0,q+1}$ est $\bar\partial$-fermé).

PROPOSITION 4.2. *Soit f un courant d'ordre nul sur ∂D de degré p. Nous avons défini, sa transformée de Bochner-Martinelli par :*

$$F(z) = \langle [i_* \ f]^{0,q+1} , \Omega_q^0(z,.) \rangle \quad \text{avec } q = p \text{ si } 0 < p < n-1$$

ou $F(\zeta) = \langle [i_* \ f]^{n,n-q} , \Omega_q^0(.,\zeta) \rangle$ *avec* $q = 2n-p-1$ *si* $n < p < 2n-1$. Alors

1) *Si* $p = n-1$ *ou* $p = 2n-1$, F *définit une forme différentielle* $\mathcal{C}^1$, *$\bar\partial$-fermée sur* $M \setminus \partial D$.

2) *Si* f *est* CR, F *définit pour tout* p *une forme différentielle* $\mathcal{C}^1$, *$\bar\partial$-fermée sur* $M \setminus \partial D$.

3) *Si* $p = 0$ *ou* $p = n$ *et si* f *est* CR *la forme différentielle* F *est identiquement nulle sur* $M \setminus \bar D$.

Démonstration.

Puisque les singularités de Ω_q^0 sont concentrées sur la diagonale $\Delta(M)$ de

$M \times M$ et que Ω_q^0 est $\mathcal{C}^1$ sur $M \times M \setminus \Delta(M)$ la forme différentielle F est définie et de classe $\mathcal{C}^1$ sur $M \setminus \partial D$.

Supposons que f est un courant de degré p , $0 < p < n-1$, les démonstrations étant analogues lorsque $n < p < 2n-1$.

Considérons tout d'abord le cas où $p = n-1$, alors

$$\bar\partial F(z) = < [i_* \ f]^{0,n} \ , \ \bar\partial_z \ \Omega_{n-1}^0(z,.) > .$$

Or d'après Henkin-Leiterer ([9] , lemme 2.4.2), $\bar\partial_z \ \Omega_{n-1}^0 = 0$ sur $M \times M \setminus \Delta(M)$ et par conséquent $\bar\partial F(z) = 0$ sur $M \setminus \partial D$.

Si $0 < p = q < n-2$ on a la relation ([9] , lemme 2.4.2)

$$\bar\partial_\zeta \ \Omega_q^0 = - \ \bar\partial_z \ \Omega_{q-1}^0 \ .$$

d'où $\bar\partial F(z) = <[i_* \ f]^{0,q+1} \ , \ \bar\partial_z \ \Omega_q^0(z,.) >$

$$= - <[i_* \ f]^{0,q+1} \ , \ \bar\partial_\zeta \ \Omega_{q+1}^0(z,.) >$$

$$= - <[i_* \ f]^{0,q+1} \ , \ \bar\partial_\zeta \ \widehat{\Omega_{q+1}^0}(z,.) >$$

où $\widehat{\Omega_{q+1}^0}$ est une forme différentielle $\mathcal{C}^1$ de type $(n,n-q-2)$ en ζ dans $\bar D$, à support compact, égale à $\Omega_{q+1}^0(z,.)$ au voisinage de ∂D .

Le courant f étant supposé CR (cf. définition 4.1) on a $\bar\partial F(z) = 0$ sur $M \setminus \partial D$.

Si $p = 0$ montrons que F est identiquement nulle sur $M \setminus \bar D$ lorsque f est CR

$$F(z) = <[i_* \ f]^{0,1} \ , \ \Omega_0^0(z,.) > .$$

$\Omega_0^0(z,\zeta)$ est une forme différentielle de classe $\mathcal{C}^1$ de ζ sur $M \setminus \{z\}$ et $\bar\partial_\zeta$-fermée donc $\bar\partial_\zeta$-exacte sur tout domaine pseudo-convexe contenu dans $M \setminus \{z\}$.

Le courant f étant CR , $F(z)$ est nul sur l'ensemble des z pour lesquels il existe un domaine pseudo-convexe contenant $\bar D$ et contenu dans $M \setminus \{z\}$, qui est un ouvert de $M \setminus \bar D$. F étant holomorphe sur $M \setminus \bar D$, elle y est identiquement nulle .

Nous allons maintenant donner l'énoncé du théorème de Bochner, il se déduit facilement du corollaire 3.7 et de la proposition 4.2.

THÉORÈME 4.3. Soient M une variété de Stein de dimension n ($n \geq 2$), D un domaine relativement compact de M à bord $\mathcal{C}^\infty$, connexe et f une mesure CR sur ∂D, alors la fonction F définie sur $M \setminus \partial D$ par

$$F(z) = \int_{\zeta \in \partial D} f(\zeta)\, \Omega_o^o(z,\zeta) = < [i_* \; f]^{o,1} \, , \, \Omega_o^o(z,.) >$$

où $i : \partial D \to M$ désigne l'injection de ∂D dans M, est holomorphe dans $M \setminus \partial D$, nulle sur $M \setminus \bar{D}$ et admet une valeur au bord sur ∂D vérifiant $vb_{\partial D} F = f$.

BIBLIOGRAPHIE

[1] A. ANDREOTTI ET C.D. HILL.

- E.E. Levi convexity and the Hans Lewy problem I. Reduction to vanishing theorems.
Ann. Scuola Norm. Sup. Pisa, 26, 1972, p. 325-363.

[2] S. BOCHNER.

- Analytic and meromorphic continuation by means of Green's formula.
Ann. of Math. (2), 44, 1943, p. 652-673.

[3] E.M. ČIRKA.

- Analytic representation of CR-functions.
Math. USSR Sbornik (4), 27, 1975, p. 526-553.

[4] G. FICHERA.

- Caratterizzazione della traccia, sulla frontiera di un campo, di una funzione analitica di piu variabili complesse.
Atti Accad. Naz. Liencei Rend. Sci. Fis. Mat. Nat. (8), 22, 1957, p. 706-715.

[5] R. HARVEY.

- Holomorphic chains and their boundaries.
Proc. of Sym. in Pure Math., 30, 1977, p. 309-382.

[6] R. HARVEY et H.B. LAWSON.

- Boundaries of complex analytic varieties I.
Ann. of Math., 102, 1975, p. 233-290.

[7] R. HARVEY et J. POLKING.

- Fundamental solution in complex analysis.
Duke Math. Journal (2), 46, 1979, p. 253-340.

[8] G.M. HENKIN.

- The Lewy equation and analysis on pseudoconvex manifolds.
Russian Math. surveys (3), 32, 1977, p. 59-130.

[9] G.M. HENKIN et J. LEITERER.

- Global integral formulas for solving the $\bar{\partial}$-equation on Stein manifold.
Ann. Pol. Math., 39, 1981, p. 93-116.

[10] G.M. HENKIN et J. LEITERER.

- Theory of functions on complex manifold.
Birkhaüser Verlag 1984.

[11] J.J. KOHN et H. ROSSI.

- On the extension of holomorphic functions from the boundary of a complex manifold. Ann. of Math. (2), 81, 1965, p. 451-472.

[12] S. ŁOJASIEWICZ et G. TOMASSINI.

- Valeur au bord des formes holomorphes. Proc. of Int. conf., Cortona, Italie, 1976-77, p. 222-245.

[13] E. MARTINELLI.

- Sopra una dimonstrazione di R. Fueter per un teorema di Hartogs. Comment. Math. Helv. 15, 1943, p. 340-349.

[14] E. MARTINELLI.

- Sulla determinazione di una funzione analitica di piu variabili complesse in un campo, assegnatone la traccia sulla frontiera. Ann. di Math. pura ed appl. (4), 55, 1961, p. 191-202.

[15] C. MIRANDA.

- Partial differential equations of elliptic type, Springer-Verlag, Berlin, 1970.

[16] F. NORGUET.

- Introduction aux fonctions de plusieurs variables complexes, représentations intégrales. Lecture Notes n° 409, 1974, p. 1-97.

[17] J. POLKING et R.O. WELLS.

- Boundary values of Dolbeault cohomology classes and a generalized Bochner-Hartogs theorem. Abh. Math. Sem. Univ. Hamburg, 47, 1978, p. 3-24.

[18] B.M. WEINSTOCK.

- Continuous boundary values of analytic functions of several complex variables. Proc. amer. Math. Soc., 21, 1969, p. 463-466.

SUR UN CALCUL SYMBOLIQUE DE FEYNMANN

G.LAVILLE
Université de Paris VI,U.A.213 du C.N.R.S.
Mathématiques
4, Place Jussieu

75252 - PARIS CEDEX 05

1. Le calcul des opérateurs de Feynman.

Dans l'article [3] R.P. Feynmann expose l'idee suivante :

L'ordre des opérateurs est écrit de façon classique avec la convention que les opérateurs sont appliqués de la droite vers la gauche. Soient, par exemple, A et B deux matrices, ou des opérateurs sur des espaces hilbertiens, ou, de façon générale des éléments d'une algèbre d'opérateurs non-commutative, et X un vecteur correspondant

$A\,B\,X$ signifie $A(BX)$.

L'algèbre des opérateurs étant ici non-commutative, les règles élémentaires habituelles de l'analyse ne peuvent être utilisées que si l'on a un seul opérateur, par exemple $\exp(sA)\exp(tA) = \exp(s+t)A$ $(s,t$ réels).

Si l'on a plusieurs opérateurs les principes élémentaires de l'analyse ne s'appliquent plus $\exp(x+y)$ n'est plus $\exp(x)\exp(y)$.

L'idée de Feynmann est d'ordonner les opérateurs à l'aide d'indices. Par exemple AB sera écrit $A_2 B_1$, ceci signifiant que l'opérateur d'indice 1 est appliqué d'abord, l'opérateur d'indice 2 ensuite. Une fois les indices écrits, on peut permuter :

$$A\,B = A_2 B_1 = B_1 A_2$$

(mais pas égal à $B\,A = B_2 A_1$) .

De façon générale si s et s' sont deux nombres réels

$$A_s\ B_{s'} = \begin{cases} A\,B & \text{si } s > s' \\ B\,A & \text{si } s' > s \end{cases}$$

non défini si $s = s'$.

Donnons deux exemples

$$(1)\qquad e^{A}Be^{-A} = e^{A_3}B_2e^{-A_1}$$

$$= B_2 e^{A_3 - A_1}$$

$$= B_2 \sum_{n=0}^{\infty} \frac{1}{n!}(A_3 - A_1)^n$$

$$= B_2 + B_2(A_3 - A_1) + \frac{1}{2}B_2(A_3 - A_1)^2 + \ldots +$$

$$+ \frac{1}{n!}B_2(A_3 - A_1)^{n-1}(A_3 - A_1) + \ldots$$

$$= B + [A,B] + \frac{1}{2}[A,[A,B]] + \ldots +$$

$$+ \frac{1}{n!}[A,[A,\ldots[A,B]\ldots] + \ldots$$

avec $[A,B] = AB - BA$.

Avec la notation classique $\mathrm{Ad}\,A(B) = [A,B]$ on retrouve l'expression bien connue (par exemple en théorie des groupes et algèbres de Lie).

$$(2)\qquad e^{A}Be^{-A} = \exp(\mathrm{Ad}\,A)B\ .$$

Comme deuxième exemple soient A,B,C tels que A inversible et $\|A^{-1}B\| < 1$, cherchons X tel que

$$(3)\qquad AX + XB = C$$

$$A_2X_1 + X_1B_0 = C_1\quad .$$

On peut mettre en facteur :

$$X_1(A_2 + B_0) = C_1$$

$$X_1 = C_1(A_2 + B_0)^{-1}$$

$$= C_1\frac{1}{A_2(1 + A_2^{-1}B_0)}$$

$$= A_2^{-1}C_1[1 - A_2^{-1}B_0 + (A_2^{-1}B_0)^2 + \ldots + (-1)^n(A_2^{-1}B_0)^n + \ldots]$$

$$X = A^{-1}[C - A^{-1}CB + A^{-2}CB^2 + \ldots + (-1)^n A^{-n}CB^n + \ldots]$$

la convergence étant assurée par $\|A^{-1}B\| < 1$.

Il est à noter que tous les calculs effectués de cette manière peuvent se redémontrer ou être vérifiés de façon habituelle. Mais, en général les calculs sont beaucoup plus longs ou techniquement plus élaborés.

Il faut cependant être prudent, par exemple

$$\left.\begin{array}{l} A = A_0 = A_1 \\ B = B_0 = B_1 \end{array}\right\} \quad AB \text{ n'est pas égal à } A_0 B_1 \text{ mais à } A_1 B_0 .$$

L'égalité n'est plus transitive. Ceci donne à penser qu'il n'y a pas beaucoup d'espoir pour rendre ce calcul rigoureux.

Etudions l'exponentielle. D'après Feynmann

$$\begin{aligned} (4) \qquad \exp(A+B) &= \lim_{N\to\infty} \left[1 + \frac{1}{N}(A+B)\right]^N \\ &= \lim_{N\to\infty} \left[1 + \frac{1}{N}(A+B)\right] \ldots \left[1 + \frac{1}{N}(A+B)\right] \\ &= \lim_{N\to\infty} \left[1 + \frac{1}{N}(A_N+B_N)\right] \ldots \left[1 + \frac{1}{N}(A_1+B_1)\right] \\ &= \lim_{N\to\infty} \prod_{i=1}^{N} \left[1 + \frac{1}{N}(A_i+B_i)\right] \\ &= \lim_{N\to\infty} \exp\left[\frac{1}{N}\sum_{i=1}^{N}(A_i+B_i)\right] \\ &= \exp\left[\int_0^1 (A_s+B_s)ds\right] . \end{aligned}$$

De là, quand on a une exponentielle, on écrira

$$(5) \qquad \exp(A+B) = \exp\left[\int_0^1 (A_s+B_s)ds\right]$$

on fera ensuite les calculs sachant que A_s et B_s commutent. D'où

$$\begin{aligned} \exp(A+B) &= \exp\left[\int_0^1 (A_s+B_s)ds\right] \\ &= \exp\left(\int_0^1 A_s ds\right) \exp\left(\int_0^1 B_s ds\right) . \end{aligned}$$

Comme précédemment, le calcul fonctionne bien :

$$\begin{aligned} (6) \qquad \exp(A+B) &= \sum_{n=0}^{\infty} \frac{1}{n!}\left(\int_0^1 A_s ds\right)^n \sum_{m=0}^{\infty} \frac{1}{m!}\left(\int_0^1 B_s ds\right)^n \\ &= 1 + \int_0^1 A_s ds + \int_0^1 B_s ds + \int_0^1 A_s ds \int_0^1 B_s ds + \ldots \\ &= 1 + A + B + \frac{1}{2}(AB+BA) + \ldots \end{aligned}$$

ceci puisque

$$\int_0^1 \int_0^1 A_s B_{s'}\, ds ds' = \int_0^1 \left(\int_0^s A_s B_{s'}\, ds' + \int_s^1 A_s B_{s'} ds'\right) ds$$

$$= \int_0^1 \left(\int_0^s AB\, ds' + \int_s^1 BA\, ds'\right) ds$$

$$= \frac{1}{2}(AB + BA)\ .$$

Donnons un exemple de l'efficacité de ce calcul.

Soit $A(t)$, opérateur dépendant d'un paramètre.

$$(7)\ \frac{d}{dt} e^{A(t)} = \frac{d}{dt} e^{\int_0^1 A_s(t) ds}$$

$$= \left(\frac{d}{dt} \cdot \int_0^1 A_s(t) ds\right) e^{\int_0^1 A_{s'}(t) ds}$$

$$= \int_0^1 e^{\int_s^1 A_{s'}(t) ds'} \frac{dA_s(t)}{dt} e^{\int_0^s A_{s'}(t) ds'} ds$$

$$= \int_0^1 e^{(1-s)A(t)} \frac{dA(t)}{dt} e^{s\,A(t)} ds\ .$$

Le calcul rigoureux habituel est bien connu.

Posons $\beta(s) = \frac{d}{dt} e^{s\,A(t)}$

$$\beta'(s) = \frac{d}{dt}\left(A(t) e^{s\,A(t)}\right) = A(t)\, \beta(s) + A'(t)\, e^{s\,A(t)}$$

avec $\beta(0) = 0$.

Solution de cette équation différentielle

$$\beta(s) = e^{s\,A(t)}\, C(s) \qquad \text{avec} \quad C(0) = 0$$

$$e^{s\,A(t)}\, C'(s) = A'(t)\, e^{s\,A(t)}$$

$$C'(s) = e^{-s\,A(t)}\, A'(t)\, e^{s\,A(t)}$$

$$C(1) = \int_0^1 e^{-s\,A(t)}\, A'(t)\, e^{s\,A(t)} ds$$

$$\frac{d}{dt} e^{A(t)} = \int_0^1 e^{(1-s)\,A(t)} \frac{dA(t)}{dt} e^{s\,A(t)} ds\ .$$

Nous allons essayer de donner un sens à ces calculs.

2. L'analyse ordonnée.

Soit Ω une algèbre de Banach unitaire non commutative, $A^{(1)},\dots,A^{(n)}$ un ensemble fini d'éléments de Ω. Soit $i : \{1,\dots,m\} \to \{1,\dots,n\}$ surjective $(m \geqslant n)$.

Les valeurs de la fonction i seront notées $i_1,\dots,i_m$. Ce sont m éléments de $\{1,\dots,n\}$ avec possibilité de répétition.

Nous noterons $x = (x_1,\dots,x_m) \in \mathbb{R}^m$.

Proposition 1. Pour tout polynôme $p : \mathbb{R}^m \to \mathbb{R}$ il existe un polynôme $\tilde{p} : \mathbb{R}^{m+1} \to \Omega$ tel que $\tilde{p}(0,x) = p(x)$. Pour deux polynômes p et q et deux réels a et b

$$(a\, p + bq)^{\sim} = a\tilde{p} + b\tilde{q}\,.$$

Démonstration : Si $p(x) = x_m^{k_m} \dots x_1^{k_1}$

$$\tilde{p}(x) = (x_m + A^{(i_m)} x_0)^{k_m} \dots (x_1 + A^{(i_1)} x_0)^{k_1}\,.$$

Un polynôme quelconque étant somme de polynômes homogènes on prolonge chacun de ses termes.

Proposition 2. Pour une série $S : U \to \mathbb{R}$ convergente dans $U \subset \mathbb{R}^m$, il existe $\tilde{S} : V \to \Omega$, $V \subset \mathbb{R}^{m+1}$ tel que $\tilde{S}(0,x) = S(x)$. Pour deux séries S et T et deux nombres réels a et b, on a

$$(a\, S + b\, T)^{\sim} = a\, \tilde{S} + b\, \tilde{T}$$

sur l'ensemble où ces deux séries sont définies.

Démonstration : Si $S(x) = \Sigma a_n p_n(x)$, on pose $\tilde{S}(x_0,x) = \Sigma a_n\, \tilde{p}_n(x_0,x)$ et U domaine où cette série converge. La linéarité est évidente.

Proposition 3. Soit $\varphi \in L^2(\mathbb{R}^m)$. Il existe une fonction $\tilde{\varphi} : V \to \Omega$ telle que $\tilde{\varphi}(0,x) = \varphi(x)$, $V \subset \mathbb{R}^{m+1}$. De plus, pour φ, $\psi \in L^2(\mathbb{R}^m)$ et a,b réels

$$(a\varphi + b\psi)^{\sim} = a\,\tilde{\varphi} + b\,\tilde{\psi}\,.$$

Démonstration : $\hat{\varphi}(\xi) = \int_{\mathbb{R}^m} e^{-2i\pi x.\xi}\, \varphi(x)dx\,.$

Soit r un réel > 0 , posons

$$\varphi_r(x) = \int_{\|\xi\| < r} e^{2i\pi x.\xi}\, \hat{\varphi}(\xi)d\xi$$

$$= \sum \frac{(2i\pi)^{(h)m}}{h!} x_1^{h_1} \dots x_m^{h_m} \int_{\|\xi\| < r} \xi_1^{h_1} \dots \xi_m^{h_m}\, \hat{\varphi}(\xi)d\xi$$

avec $h! = h_1! \dots h_m!$ et $(h) = h_1 + \dots + h_m$

$\varphi_r(x)$ se prolonge d'après la proposition 2 . Puis on passe à la limite quand $r \to \infty$, V est le domaine où l'on a convergence.

<u>Remarque</u> : Posons

(8) $$E(\xi, x_0, x) = \prod_{k=m}^{1} \exp 2i\pi \, [\xi_k(x_k + A^{(i_k)} x_0)] \, .$$

Noter l'ordre dans lequel on effectue le produit.

Alors, aux points où il y a convergence, on a :

$$\tilde{\varphi}(x) = \int_{R^m} E(\xi, x_0, x)\, \hat{\varphi}(\xi)d\xi \, .$$

De là, la justification du calcul fait en (1) :

$n = 2$, opérateurs $A = A^{(1)}$, $B = A^{(2)}$

$i_1 = 1$, $i_2 = 2$, $i_3 = 1$.

On considère $f(x_1, x_2, x_3) = e^{x_3} x_2 e^{-x_1}$

$$\tilde{f}(x_0, x_1, x_2, x_3) = e^{(x_3 + A x_0)} (x_2 + B x_0)\, e^{-(x_1 + A x_0)}$$

$$f(x_1, x_2, x_3) = x_2 e^{x_3 - x_1}$$

$$= x_2 \sum_{n=0}^{\infty} \frac{1}{n!} (x_3 - x_1)^n = \sum_{n=0}^{\infty} \frac{1}{n!} x_2 (x_3 - x_1)^n$$

$$f(1,0,0,0) = \sum_{n=0}^{\infty} \frac{1}{n!} \, [A,[A,\dots,[A,B]\dots] \, .$$

3. L'analyse symétrisée.

Soit Ω une algèbre de Banach unitaire non commutative $A^{(1)},\dots,A^{(m)}$ m éléments de Ω.

Considérons les fonctions $f : \mathbb{R}^{m+1} \to \Omega$ de classe $\mathcal{C}^1$ telles que

$$\frac{\partial f}{\partial x_0} - \sum_{k=1}^{m} A^{(k)} \frac{\partial f}{\partial x_k} = 0 . \tag{9}$$

Lemme 1. Posons $x = (x_1,\dots,x_m) \in \mathbb{R}^m$, $\lambda = (\lambda_1,\dots,\lambda_m) \in \mathbb{R}^m$.

$$E(\lambda,x_0,x) = \exp\left\{\sum_{k=1}^{m} \lambda_k(x_k + A^{(k)}x_0)\right\} \tag{10}$$

alors E satisfait à (9).

Démonstration. Les calculs peuvent se faire comme dans le cas commutatif car seul l'opérateur $\sum_{k=1}^{m} \lambda_k A^{(k)}$ intervient.

$$\frac{\partial E}{\partial x_0} = \sum_{k=1}^{m} \lambda_k A^{(k)} E \quad \text{et} \quad \sum_{k=1}^{m} A^{(k)} \frac{\partial E}{\partial x_k} = \sum_{k=1}^{m} \lambda_k A^{(k)} E .$$

Lemme 2. Posons

$$\frac{\partial^{p_1+\dots+p_m} E}{\partial\lambda_1^{p_1} \dots \partial\lambda_m^{p_m}} (0,x_0,x) = f(x_0,x) . \tag{11}$$

Alors $f(0,x) = x_1^{p_1} \dots x_m^{p_m}$. Pour tout polynôme $p : \mathbb{R}^m \to \mathbb{R}$, il existe $\tilde{p}(x_0,x)$ tel que $\tilde{p}$ satisfait à (9) et $\tilde{p}(0,x) = p(x)$.

Démonstration. Evident d'après le lemme 1, $\tilde{p}(x_0,x) = f(x_0,x)$.

Proposition 4. Soit $f : U \to \Omega$, $U \subset \mathbb{R}^{m+1}$ ouvert, f analytique telle que $f(0,x) = 0$ pour tout $x \in U \cap \mathbb{R}^m$ et satisfait à l'équation (9). Alors f est identiquement nulle dans U.

Démonstration. D'après (9), pour tout entier k, on a $\frac{\partial^k f}{\partial x_0^k}(0,x) = 0$, toutes les dérivées de f sont donc nulles sur $U \cap \mathbb{R}^m$; f est analytique dans U donc f est nulle dans un voisinage de $U \cap \mathbb{R}^m$ et par suite dans tout U.

<u>Corollaire.</u> Posons

$$w_1 = \dots = w_{p_1} = x_1 + A^{(1)} x_0$$

$$w_{p_1+1} = \dots = w_{p_1+p_2} = x_2 + A^{(2)} x_0$$

$$\vdots$$

$$w_{p_1+\dots+p_{m-1}} = \dots = w_p = x_m + A^{(m)} x_0$$

avec $p = p_1 + \dots + p_m$

Θ le groupe des permutations de $p_1 + \dots + p_m$ objets, $f(x_0, x)$ la fonction définie dans le lemme 2 . Alors

$$f(x_0,x) = \sum_{\sigma \in \Theta} \frac{1}{(p_1+\dots+p_m)!} w_{\sigma(1)} \dots w_{\sigma(p)}. \tag{12}$$

<u>Remarque</u> : On voit que $f(x_0,x)$ est le symétrisé de $x_1 + A^{(1)}x_0, \dots, x_m + A^{(m)}x_0$.

<u>Démonstration</u>.

Posons: $Q = \sum_{\sigma \in \Theta} \frac{1}{(p_1+\dots+p_m)!} w_{\sigma(1)} \dots w_{\sigma(p)}$

et $c = (p_1 + \dots + p_m)!$, $p = p_1 + \dots + p_m$

$$c \frac{\partial Q}{\partial x_0} = \sum_{\sigma} \sum_{r=1}^{p} (x_{\sigma(1)} + A^{\sigma(1)} x_0) \dots \widehat{(x_{\sigma(r)} + A^{\sigma(r)} x_0)} A^{\sigma(r)} \dots (x_{\sigma(p)} + A^{\sigma(p)} x_0)$$

$$= \frac{1}{x_0} \Big[\sum_{\sigma} \sum_{r} (x_{\sigma(1)} + A^{\sigma(1)} x_0) \dots (x_{\sigma_p} + A^{\sigma(p)} x_0)$$

$$- \sum_{\sigma} \sum_{r} x_{\sigma(r)} (x_{\sigma(1)} + A^{\sigma(1)} x_0) \dots \widehat{(x_{\sigma(r)} + A^{\sigma(r)} x_0)} \dots (x_{\sigma(p)} + A^{\sigma(p)} x_o) \Big]$$

$$c \sum_{\mu=1}^{m} A^{(\mu)} \frac{\partial Q}{\partial x_\mu} = \sum_{\sigma} \sum_{r=1}^{p} A^{\sigma(r)} (x_{\sigma(1)} + A^{\sigma(1)} x_0) \dots \widehat{(x_{\sigma(r)} + A^{\sigma(r)} x_0)} \dots (x_{\sigma(p)} + A^{\sigma(p)} x_0)$$

$$= \frac{1}{x_0} \Big[\sum_{\sigma} \sum_{r} (x_{\sigma(r)} + A^{\sigma(r)} x_0)(x_{\sigma(1)} + A^{\sigma(1)} x_0) \dots \widehat{(x_{\sigma(r)} + A^{\sigma(r)} x_0)} \dots (x_{\sigma(p)} + A^{\sigma(p)} x_0)$$

$$- \sum_{\sigma} \sum_{r} x_{\sigma(r)} (x_{\sigma(1)} + A^{\sigma(1)} x_0) \dots \widehat{(x_{\sigma(r)} + A^{\sigma(r)} x_0)} \dots (x_{\sigma(p)} + A^{\sigma(p)} x_0) \Big]$$

D'où

$$\left(\frac{\partial}{\partial x_0} - \sum_{k=1}^{m} A^{(k)} \frac{\partial}{\partial x_k}\right) Q = 0 .$$

$Q(0,x_0) = f(0,x_0)$. D'après la proposition 2 , on a bien l'égalité (12) .

<u>Théorème 1</u>. Soit $f \in L^2(\mathbb{R}^m)$. Les deux conditions suivantes sont équivalentes.

(1) f est la restriction à $\mathbb{R}^m$ d'une fonction F satisfaisant à (9) dans la bande $\{(x_0,x) : |x_0| < a\}$ et satisfaisant à

$$\int \|F(x_0,x)\|^2 dx \leqslant k \quad \text{pour} \quad |x_0| < a ,$$ norme dans l'espace de Banach; k constante dépendant de a , $\|f\|_{L^2}$, $\|A^k\|$.

(2) $\hat{f}(\xi)\, e^{ca\|\xi\|}$ est une fonction de $L^2(\mathbb{R}^m)$ avec $c = 2\pi \sup_k \|A^k\|$.

<u>Démonstration</u> : Analogue à la démonstration classique du théorème de Paley-Wiener . Le prolongement de f étant réalisé par la fonction

$$\tilde{f}(x_0,x) = \int_{\mathbb{R}^m} E(2i\pi\xi,x_0,x)\hat{\varphi}(\xi)d\xi .$$

<u>Théorème 2</u>. Soit $\varphi : U \to \mathbb{R}$, $U \subset \mathbb{R}^m$ ouvert, φ développable en série entière de U . Alors il existe un voisinage V de U dans $\mathbb{R}^{m+1}$ et une fonction $\tilde{\varphi} : V \to \Omega$ tels que $\tilde{\varphi}$ satisfait à (9) , $\tilde{\varphi}(0,x) = \varphi(x)$ et si dans un voisinage de $a \in U$ on a

$$(13) \quad \varphi(x+a) = \sum \frac{1}{n_1!\dots n_m!} x_1^{n_1}\dots x_m^{n_m} \frac{\partial^{n_1+\dots+n_m}\varphi}{\partial x_1^{n_1}\dots\partial x_m^{n_m}}(a)$$

alors dans un voisinage de $(0,a)$:

$$(14) \quad \tilde{\varphi}(x_0,x) = \sum \frac{1}{n_1!\dots n_m!} \sum_{\sigma\in\Theta} \frac{1}{(n_1+\dots+n_m)!} w_{\sigma(1)}\dots w_{\sigma(p)} \frac{\partial^{n_1+\dots+n_m}\varphi}{\partial x^{n_1}\dots\partial x_m^{n_m}}(a) .$$

<u>Demonstration</u>.

D'après la proposition 2 et son corollaire.

<u>Théorème 3</u>. (Cauchy-Morera). Soit

$$\omega = d(x_1 + A^{(1)} x_0) \wedge \ldots \wedge d(x_m + A^{(m)}\, x_0)$$

forme différentielle à valeurs dans Ω. Une fonction f satisfait à (9) si et seulement si pour tout domaine régulier

$$\Gamma \subset \mathbb{R}^{m+1} \quad , \quad \int_{\partial\Gamma} \omega f = 0 \ .$$

<u>Démonstration</u>. D'après la formule de Stokes

$$\int_{\partial\Gamma} \omega f \;= \int_\Gamma \omega \wedge df + \int_\Gamma d\omega\, f$$

$$= \int_\Gamma \omega \wedge \sum_{k=0}^{m} \frac{\partial f}{\partial x_k}\, dx_k \wedge d\omega$$

$$= \int_\Gamma \Big(\frac{\partial f}{\partial x_0} - \sum_{k=1}^{m} A^{(k)}\, \frac{\partial f}{\partial x_k} \Big) dx_0 \wedge \ldots \wedge dx_m \ .$$

Noter que

$$\omega = dx_1 + \wedge \ldots \wedge dx_m + \sum_{k=1}^{m} (-1)^k A^{(k)}\, dx_0 \wedge \ldots \wedge \widehat{dx_k} \wedge \ldots \wedge dx_m$$

4. <u>Remarque</u>.

De façon plus générale, on peut construire l'analyse partiellement ordonnée, partiellement symétrisée. La construction est analogue à celle des paragraphes 2 et 3 . Les polynômes prolongés des polynômes homogènes s'obstiennent aussi par prolongement des exponentielles. Donnons un exemple.

Soient A et B , $\| A \| < 1$, cherchons Y tel que

$$(16) \qquad Y - \frac{1}{2}(AY + YA) = B \ .$$

Il faut d'abord ordonner les opérateurs :

$$Y - B - \frac{1}{2}(AY + YA) = 0$$

la fonction $f : \mathbb{R}^4 \to \mathbb{R}$ correspondante sera :

$$(17) \qquad x_3 - x_2 - \frac{1}{2}(x_4 x_3 + x_3 x_1) = 0$$

avec $(x_4 + Ax_0)$, $(x_1 + Ax_0)$, $(x_2 + Bx_0)$, $(x_3 + Yx_0)$

et les polynômes prolongés des polynômes homogènes sont engendrés par dérivations sucessives en les $\lambda_1, \ldots, \lambda_m$ de

$$e^{\lambda_4 (x_4 + A x_0)}\, e^{\lambda_3 (x_3 + Y x_0) + \lambda_2 (x_2 + B x_0)}\, e^{\lambda_1 (x_1 + A x_0)}$$

(symétrisation des variables 3 et 2) .

L'équation (17) peut s'écrire

$$x_3 [1 - \frac{1}{2} (x_4 + x_1)] = x_2$$

$$x_3 = \frac{1}{1 - 1/2(x_4 + x_1)} x_2$$

$$= [1 + \frac{1}{2}(x_4 + x_1) + \frac{1}{4} (x_4 + x_1)^2 + \dots + \frac{1}{2^n}(x_4 + x_1)^n + \dots] x_2$$

$$= x_2 + \frac{1}{2}(x_4 x_2 + x_2 x_1) + \frac{1}{4}(x_4^2 x_2 + 2 x_4 x_2 x_1 + x_2 x_1^2) + \dots +$$

$$+ \frac{1}{2^n} (\sum_{p=0}^{n} C_n^p x_4^p x_2 x_1^{n-p}) + \dots$$

Prolongeons cette égalité jusqu'au point (1,0,0,0,0) .

$$(18) \qquad Y = B + \frac{1}{2} (AB + BA) + \frac{1}{4} (A^2 B + 2 ABA + BA^2) + \dots +$$

$$+ \frac{1}{2^n} (\sum_{p=0}^{n} C_n^p A^p B A^{n-p}) + \dots$$

convergente puisque $\| A \| < 1$.

Posons $s_A(B) = \frac{1}{2} (AB + BA)$

(18) peut encore s'écrire

$$Y = \frac{1}{1 - s_A} (B)$$

solution de (16) , évidente à priori.

5. Lien avec l'analyse Cliffordienne.

Plaçons-nous ici dans le cas d'algèbre de matrices.

Faisons quelques rappels (voir [1]).

Soit $\mathcal{A}$ l'algèbre de Clifford associé à l'espace euclidien $\mathbb{R}^m$.

Soit $e_1, \dots, e_m$ une base euclidienne de $\mathbb{R}^m$ qui peut être considérée comme une base algébrique de $\mathcal{A}$. Une fonction $f : \mathbb{R}^{m+1} \to \mathcal{A}$ est dite monogène à gauche quand

$$(19) \qquad \frac{\partial f}{\partial x_0} + \sum_{i=1}^{m} e_i \frac{\partial f}{\partial x_i} = 0 .$$

Tout polynôme $x_1^{\ell_1} \ldots x_m^{\ell_m}$ possède un prolongement $p_{\ell_1 \ldots \ell_m}(x)$ tel que $p_{\ell_1 \ldots \ell_m}$ satisfait à (19) et $p_{\ell_1 \ldots \ell_m}(0,x) = x_1^{\ell_1} \ldots x_m^{\ell_m}$.

De façon plus générale, on construit le prolongement C - K des fonctions analytiques définies sur des ouverts de $\mathbb{R}^m$. Ce prolongement a été introduit dans le but de définir un produit tel que le produit de deux fonctions satisfaisant à (19) , satisfait encore à (19) . (C - K produit, produit de Cauchy-Kowalevski).

Ce prolongement C - K permet de passer de l'algèbre non-commutative $\mathcal{A}$ à l'algèbre des nombres réels (qui est commutative!) .

Soient $A, B \in \mathcal{A}$ associés à des vecteurs

$$A = \sum_{i=1}^{m} a_i e_i$$

$$B = \sum_{i=1}^{m} b_i e_i$$

avec $a_i , b_i \in \mathbb{R}$

$$A \to f_A(x) = \sum_i a_i (x_i + e_i x_0)$$

$$B \to f_B(x) = \sum_i b_i (x_i + e_i x_0) .$$

Par exemple, calculons

$$\frac{d}{dt} e^{A+tB}$$

$$e^{A+tB} \to f_t(x) = \exp[\sum_i (a_i + tb_i)(x_i - e_i x_0)]$$

fonction satisfaisant à (19)

$$f_t(1,0,\ldots,0) = e^{A+tB}$$

$$f_t(0,x_1,\ldots,x_m) = \exp[\sum_i (a_i + tb_i) x_i] .$$

Sur l'hyperplan $\mathbb{R}^m$, on se trouve dans le cas commutatif.

Posons $A_0 = \sum_i a_i x_i$ $B_0 = \sum_i b_i x_i$ A_0 et B_0 commutent.

$$\frac{d}{dt} f_t(0,x_1,\dots,x_m) = \sum_i b_i x_i \exp\left[\sum_i (a_i + tb_i) x_i \right].$$

Il suffit maintenant de prolonger pour trouver $\frac{d}{dt} f_t(1,0,\dots,0)$.

Proposition 5.

La fonction

$$\varphi(x_0,x_1,\dots,x_m) = \int_0^1 \exp\left[s \sum_i (a_i + tb_i)(x_i - e_i x_0) \right]$$
$$\sum_i b_i (x_i - e_i x_0) \exp\left[(1-s) \sum_i (x_i + tb_i)(x_i - e_i x_0) \right] ds$$

est monogène (c'est-à-dire satisfait à l'équation (19) , à gauche et à droite.

Demonstration.

$f_t(x)$ est monogène et $\frac{d}{dt} f_t(x) = \varphi(x_0,x_1,\dots,x_m)$.

Conclusion.

L.Fantappié dans [2] avait créé sa formule de représentation intégrale dans le but de créer un calcul symbolique des opérateurs commutatifs. Cette formule modifiée a été appelée formule de Cauchy-Fantappié-Leray. Nous essayons ici de passer un cas non-commutatif. On peut noter aussi que J.Leray dans [4] avait écrit des formules de représentations intégrales dans le but de faire un calcul symbolique d'opérateurs commutatifs.

Références :

[1] F.Bracks, R.Delanghe, F. Sommen. Clifford analysis. Pitman (1982).

[2] L.Fantappié. L'indicatrice proiettiva dei funzinali lineari e i prodolti funzionali proiettivi . Annali di Mat, serie 4 a, vol XII ,1943.

[3] R.P.Feymann. An operator calculus having applications in quantum electrodynamics Physical Review , vol.84, Nos 1 , 1951.

[4] J.Leray. Problème de Cauchy III. Bull. Soc. Math. France 87 (1959), 81 - 180.

[5] G.W.Johnson, M.L.Lapidus. Une multiplication des fonctionnelles de Wiener et le calcul opérationnel de Feynmann. Comptes-Rendus Acad. Sc. Paris, 1987, t. 304, p. 523-526.

PHENOMÈNE DE HARTOGS ET EQUATIONS DE CONVOLUTION

A.MÉRIL et D.C.STRUPPA(*)

__Résumé__. Soient $(\Omega_i)_{0 \leq i \leq 2}$ et $(\Omega_i')_{0 \leq i \leq 2}$ des ouverts bornés $\mathbb{R}^n$ telles que $\Omega_1 \subset\subset \Omega_2$, $\Omega_0 = \Omega_2 \setminus \overline{\Omega}_1$, $\Omega_1' \subset\subset \Omega_2'$ et $\Omega_0' = \Omega_2 - \overline{\Omega}_1'$. Soient $r \geq 2$ et $(\mu_j)_{1 \leq j \leq r}$, r distributions à support compact dans $\mathbb{R}^n$, telles que pour tout j, $1 \leq j \leq r$ et tout $i, 0 \leq i \leq 2$, la convolution par μ_j envoie $\mathcal{E}(\Omega_i)$ dans $\mathcal{E}(\Omega_i')$. Nous prouvons sous certaines conditions portant sur les $(\mu_j)_{1 \leq j \leq r}$ et les ouverts, que toute solution dans $\mathcal{E}(\Omega_0)$ du système $\mu_j * f = 0 (1 \leq j \leq r)$ se prolonge dans $\mathcal{E}(\Omega_2)$ en une solution du même système. Nous établissons le même résultat pour des solutions dans des espaces de distributions ou dans des espaces de fonctions non quasi-analytiques.

__Abstract__. Let $(\Omega_i)_{0 \leq i \leq 2}$ and $(\Omega_i')_{0 \leq i \leq 2}$ be open and bounded set in $\mathbb{R}^n$ such that $\Omega_1 \subset\subset \Omega_2$, $\Omega_0 = \Omega_2 \setminus \Omega_1$, $\Omega_1' \subset\subset \Omega_2'$ and $\Omega_0' = \Omega_2' \setminus \overline{\Omega}_1'$. Let $r \geq 2$ and $(\mu_j)_{1 \leq j \leq r}$ be r distributions with compact support in $\mathbb{R}^n$ such that for very j, $1 \leq j \leq r$ and every i, $0 \leq i \leq 2$, the convolution operator μ_j maps $\mathcal{E}(\Omega_1)$ in $\mathcal{E}(\Omega_1')$. Under some technical conditions about the $(\mu_j)_{1 \leq j \leq r}$ and the open sets, we show that any solution in $\mathcal{E}(\Omega_0)$ of the convolution system $\mu_j * f = 0$ $(1 \leq j \leq r)$ can be extended in $\mathcal{E}(\Omega_2)$ to a solution of the same system. We prove the same result for spaces of distributinns and for some spaces of non quasi-analytic functions.

§ . Introduction.

Il est bien connu que si Ω est un ouvert de $\mathbb{C}^n$ $(n \geq 2)$ et si K est un sous-ensemble compact de Ω tel que $\Omega \setminus K$ est connexe, alors toute fonction holomorphe dans $\Omega \setminus K$ est la restriction à $\Omega \setminus K$ d'une fonction holomorphe dans Ω. Ce fut Ehrenpreis dans [6] qui, suivant en cela des travaux de Bochner, montra que ce phénomène de Hartogs était en fait un résultat sur les systèmes d'équations aux dérivées partielles à coefficients constants.

(*) Partiellement supporté par G.N.S.A.G.A. du C.N.P. Italien.

Il parait donc intéressant ainsi que le signale Ehrenpreis [6], d'étudier le même phénomène dans le cas d'opérateur de convolution, c'est-à-dire en prenant r distributions $(\mu_j)_{1 \leq j \leq r}$ à support compact. Nous sommes donc amenés à nous placer dans la situation suivante : soient $r \geq 2$ et $\mu_1,\ldots,\mu_r$, r distributions à support compact de $\mathbb{R}^n$, soit F un sous-ensemble compact de $\mathbb{R}^n$ contenant supp μ_j pour tout j, $1 \leq j \leq r$.

Nous ferons dans toute la suite l'hypothèse géométrique (H_1) suivante sur les ouverts bornés $(\Omega_i)_{0 \leq i \leq 2}$ et $(\Omega'_i)_{0 \leq i \leq 2}$.

(H_1)

Les ouverts $(\Omega_i)_{0 \leq i \leq 2}$ et $(\Omega'_i)_{0 \leq i \leq 2}$ sont tels que $\Omega_1 \subset\subset \Omega_2$, $\Omega_0 = \Omega_2 \setminus \bar{\Omega}_1$; $\Omega'_1 \subset\subset \Omega'_2$ et $\Omega'_2 \setminus \bar{\Omega}'_1$ et tels que $\Omega'_i - F \subset \Omega_i$ pour tout i.

Sous cette hypothèse, il est clair que pour tout i et tout j, l'opérateur de convolution μ_j envoie $\mathcal{E}(\Omega_i)$ dans $\mathcal{E}(\Omega'_i)$.

Dans l'énoncé de notre théorème principal il interviendra deux hypothèses (H_2) et (H_3) qui seront énoncées au paragraphe 1. L'hypothèse (H_2) est assez naturelle pour ce type de problème et est une condition de type "slowly decreasing" (cf.[3]). L'hypothèse (H_3) donne une condition liant les ouverts dans lesquels on travaille aux opérateurs de convolution, elle remonte à Ehrenpreis [6].

On obtient dans le cas $\mathcal{E}^\infty$ le théorème d'extension du type Hartogs suivant.

THÉORÈME. - <u>Soient</u> $(\Omega_i)_{0 \leq j \leq 2}$ <u>et</u> $(\Omega'_i)_{0 \leq i \leq 2}$ <u>des ouverts bornés de</u> $\mathbb{R}^n$. <u>Soient</u> $\mu_1,\ldots,\mu_r$ $(r \geq 2)$, r <u>distributions à support compact de</u> $\mathbb{R}^n$. <u>Si les ouverts bornés</u> $(\Omega_i)_{0 \leq i \leq 2}$, $(\Omega'_i)_{0 \leq i \leq 2}$ <u>et les distributions</u> $(\mu_j)_{1 \leq j \leq r}$ <u>vérifient les hypothèses</u> (H_1), (H_2) <u>et</u> (H_3) <u>alors toute solution dans</u> $\mathcal{E}(\Omega_0)$ <u>du système d'équations de convolution</u>

$$\mu_1 * f = \ldots = \mu_r * f = 0$$

<u>s'étend en une solution du même système dans</u> $\mathcal{E}(\Omega_2)$.

Nous avons un théorème du même type pour les espaces de distributions et de fonctions non quasi-analytiques.

Nous tenons à remercier les Professeurs C.A.Berenstein , R.Gay, B.A.Taylor et A.Yger pour avoir eu la patience de nous écouter ainsi que pour leurs conseils.

§ 1. Cas des fonctions $\mathcal{C}^\infty$ et des distributions.

Soit μ une distribution à support compact, nous noterons, ainsi qu'il est usuel, $\hat{\mu}$ sa transformée de Fourier.

Soient $(\mu_j)_{1 \leq j \leq r}$ r distributions à support compact, soient B, C et ε des constantes positives, nous noterons V et $S_{B,C,\varepsilon}$ les ensembles suivants

$$V = \{z \in \mathbb{C}^n : \hat{\mu}_1(z) = \ldots = \hat{\mu}_r(z) = 0\}$$

et

$$S_{B,C,\varepsilon} = \{z \in \mathbb{C}^n : \text{ pour tout } j, 1 \leq j \leq r, |\hat{\mu}_j(z)| \leq C(1+|z|)^{-B} e^{-\varepsilon|\operatorname{Im} z|}\}$$

Nous supposerons donc pour la suite que les r distributions $(\mu_j)_{1 \leq j \leq r}$ vérifient l'hypothèse (H_2) suivante, dans laquelle nous noterons pour simplifier $S = S_{B,C,\varepsilon}$ (il en sera de même pour toute la suite).

(H_2)

1) $m = \operatorname{codim} V \geq 2$.

2) Il existe des constantes positives B, C, ε, il existe une famille $\mathcal{C} = (L)$ de sous-espaces affines complexes de $\mathbb{C}^n$, telles que pour tout $L \in \mathcal{C}$, on ait $\dim L = m$ et

$$S \subset \bigcup_{L \in \mathcal{C}} L .$$

Pour tout L, toute composante connexe de $L_S = L \cap S$ est compacte. Il existe des constantes C_1 et C_2, pour tout $\alpha > 0$, il existe des constantes positives B_α et A_α telles que pour tout $L \in \mathcal{C}$, pour toute composante connexe ω de L_S et pour tout $(z_1, z_2) \in \omega^2$ on ait

$$(1) \quad \operatorname{Log}(1 + |z_1|) \leq C_1 \operatorname{Log}(1 + |z_2|) + C_2$$

et

$$(2) \quad |\operatorname{Im} z_1 - \operatorname{Im} z_2| \leq \alpha |\operatorname{Im} z_2| + B_\alpha + A_\alpha \operatorname{Log}(1 + |z_2|) .$$

Nous allons maintenant énoncer notre hypothèse (H_3), pour cela nous considérons r distributions à support compact $(\mu_j)_{1 \leq j \leq r}$ et des ouverts bornés $(\Omega_i)_{0 \leq i \leq 2}$ et $(\Omega'_i)_{0 \leq i \leq 2}$ vérifiant les hypothèses (H_1) et (H_2). Nous désignerons par Ω_3 (resp. Ω'_3) un voisinage de $\overline{\Omega}_1$ dans Ω_2 (resp. de $\overline{\Omega}'_1$ dans Ω'_2) tel que $\overline{\Omega}_3 \cap \partial\Omega_2 = \phi$ (resp. $\overline{\Omega}'_3 \cap \partial\Omega'_2 = \phi$) et tels que $\Omega'_0 \setminus \Omega'_3 - F \subset \Omega_0 \setminus \overline{\Omega}_3$. Pour Ω'_3 ainsi défini K désignera son enveloppe convexe fermée et si $\alpha > 0$, K_α désignera l'α-voisinage de K. Le nombre ε intervenant dans l'hypothèse (H_3) est celui de l'hypothèse (H_2).

(H_3)

Pour tous voisinages Ω_3 et Ω_3' suffisamment petit. Si $h \in \mathcal{D}(\mathbb{R}^n)$ est identiquement nul sur $\mathbb{R}^n \setminus K_\varepsilon$ et $\mu_j * h = 0$ sur $\mathbb{R}^n \setminus \Omega_3'$ alors $h = 0$ sur $\mathbb{R}^n \setminus \Omega_3$.

Nous avons alors le théorème suivant

1. THEOREME. - Soient $(\Omega_i)_{0 \leq i \leq 2}$ et $(\Omega_i')_{0 \leq i \leq 2}$ des ouverts bornés de $\mathbb{R}^n$. Soient $\mu_1,\ldots,\mu_r$ $(r \geq 2)$ r distributions à support compact de $\mathbb{R}^n$. Supposons que les ouverts $(\Omega_i)_{0 \leq i \leq 2}$ et $(\Omega_i')_{0 \leq i \leq 2}$ et les distributions $(\mu_j)_{1 \leq j \leq r}$ vérifient les hypothèses (H_1), (H_2) et (H_3) alors toute solution dans $\mathcal{E}(\Omega_0)$ du système d'équations de convolution

$$\mu_1 * f = \ldots = \mu_r * f = 0$$

s'étend en une solution du même système dans (Ω_2)

Preuve. - Soit $g \in \mathcal{E}(\Omega_2)$ tel que

(3) $g|_{\Omega_0 \setminus \overline{\Omega}_3} = f$

un calcul facile montre que

(4) $(\mu_j * g)|_{\Omega_0' \setminus \overline{\Omega}_3'} = 0$.

Notons pour $j = 1,\ldots,r$, $g_j = \mu_j * g$, vu la définition $g_j \in \mathcal{E}(\Omega_2')$ (car $g \in \mathcal{E}(\Omega_2)$) et $\operatorname{supp} g_j \subset \Omega_3'$. On peut donc étendre, pour tout j, g_j en une fonction de $\mathcal{D}(\mathbb{R}_n)$ à support dans Ω_3', encore notée g_j (extension par zéro).

On a donc pour tout j et tout k, $1 \leq j \leq k \leq m$

(5) $\mu_k * g_j = \mu_j * g_k$

cette égalité se réécrit via la transformation de Fourier et en notant $G_j = \hat{g}_j$

$$\hat{\mu}_k \cdot G_j = \hat{\mu}_j \cdot G_k .$$

Définissons pour j et k, $1 \leq j \leq k \leq m$

$$H = G_j / \hat{\mu}_j = G_k / \hat{\mu}_k$$

alors H est holomorphe en dehors de V, mais comme codim $V \geq 2$ alors H est une fonction entière ; il faut donc voir que H à la bonne croissance afin d'écrire $H = \hat{h}$ pour $h \in \mathcal{D}(\mathbb{R}^n)$ à support convenable (ceci explique l'hypothèse $(H_2)2^o$) .

Puisque $G_j \in \hat{\mathcal{D}}(\mathbb{R}^n)$, le théorème de Paley-Wiener implique que pour tout $B' > 0$, il existe $C_1' > 0$ tel que

$$|G_j(z)| \leq C_1'(1 + |z|)^{-B'} \exp(H_K(\mathrm{Im} z)) \quad \text{pour tout } j .$$

Si $z \notin S$, il existe j tel que

$$|\hat{\mu}_j(z)| \geq C(1 + |z|)^{-B} \exp(-\varepsilon|\mathrm{Im} z|)$$

donc

$$|G_j(z)/\hat{\mu}_j(z)| \leq \frac{C_1'}{C}(1 + |z|)^{B-B'} \exp(H_K(\mathrm{Im} z) + \varepsilon|\mathrm{Im} z|)$$

comme B' est arbitraire, on voit donc que si $z \notin S$, on a pour tout $B' > 0$, il existe $C_1'' > 0$ tel que

$$(6) \quad |H(z)| \leq C_1''(1 + |z|)^{-B''} \exp(H_{K_\varepsilon}(\mathrm{Im} z)) .$$

Soit $z_0 \in S$, il existe $L \in$ tel que $z_0 \in L$. Soit ω une composante connexe de L_S contenant z_0 , le calcul précédent et le principe du maximum implique que

$$|H(z_0)| \leq C_1'' \sup_{z \in \partial\omega} (1 + |z|)^{-B} \exp(H_{K_\varepsilon}(\mathrm{Im} z))$$

l'hypothèse $(H_2)2^o(1)$ donne l'inégalité , pour $z \in \partial\omega$

$$(1 + |z|)^{-B''} \leq (1 + |z_0|)^{-B'' C_1^{-1}} \exp(B'' C_2 C_1^{-1}) ,$$

il reste à majorer toujours pour $z \in \partial\omega$, $\exp(H_{K_\varepsilon}(\mathrm{Im} z))$.

La fonction H_{K_ε} est une fonction d'appui et est donc sous-additive , par conséquent, on a

$$H_{K_\varepsilon}(\mathrm{Im} z) \leq H_{K_\varepsilon}(\mathrm{Im} z_0) + H_{K_\varepsilon}(\mathrm{Im} z - \mathrm{Im} z_0)$$

et

$$H_{K_\varepsilon}(\mathrm{Im} z - \mathrm{Im} z_0) \leq (\sup_{y \in K_\varepsilon} |y|) \; |\mathrm{Im} z - \mathrm{Im} z_0| ,$$

en utilisant l'inégalité (2) en chosissant $\alpha' = \dfrac{\alpha}{\sup_{y \in K_\varepsilon} |y|}$ on obtient

pour tout $\alpha > 0$

$$(7) \quad |H(z_0)| \leq C_1'' \exp(B\, C_2 C_1^{-1} + B_\alpha^1)\ (1 + |z_0|)^{-B'' C_1^{-1} + C_\alpha^1} \exp(H_{K_{\varepsilon+\alpha}}(\mathrm{Im} z_0))$$

avec $B_\alpha^1 = B_\alpha \sup_{y\in K} |y|$ et $C_\alpha^1 = C_\alpha \sup_{y\in K} |y|$.

En combinant (6) et (7) , on a donc obtenu que $H = \hat{h}$ avec $h \in \mathcal{D}(\mathbb{R}^n)$ et $\mathrm{Supp}\, h \subset K_{\varepsilon+\alpha}$, comme on peut choisir α aussi petit qu'on veut alors $\mathrm{Supp}\ h \subset K_\varepsilon$.

Maintenant posons $\tilde{f} = g - h$ alors $\tilde{f} \in \mathcal{C}^\infty(\Omega_2)$ et $\tilde{f} = f$ sur $\Omega_2 \setminus \Omega_3$, de plus $\mu_j * \tilde{f} = \mu_j * g - \mu_j * h = 0$ sur Ω_2' et on conclut comme Ehrenpreis [6] en utilisant l'hypothèse (H_3) pour passer à la limite et en remarquant que si on a deux fonctions $\tilde{f}_1$ et $\tilde{f}_2$ de classe $\mathcal{C}^\infty$ sur Ω_2 , vérifiant pour tout j , $\mu_j * \tilde{f}_1 = \mu_j * \tilde{f}_2 = 0$ et telles que $\tilde{f}_1 = f$ sur $\Omega_2 \setminus \Omega_3$ et $\tilde{f}_2 = f$ sur $\Omega_2 \setminus \tilde{\Omega}_3$ avec $\Omega_3 \subset \tilde{\Omega}_3$ alors $\tilde{f}_1 = \tilde{f}_2$: en effet $\tilde{f}_1 - \tilde{f}_2$ est à support compact (donc appartient à $\mathcal{D}(\mathbb{R}^n)$ par prolongement par zéro) de plus $\mu_j * (\tilde{f}_1 - \tilde{f}_2) = 0$ donc $\hat{\mu}_j(\tilde{f}_1 - \tilde{f}_2)^\wedge = 0$ d'où $(f_1 - f_2)^\wedge = 0$ ce qui donne $\tilde{f}_1 = \tilde{f}_2$. □

Nous allons indiquer quelques exemples de distributions à support compact vérifiant l'hypothèse $(H_2)2^o$, en fait si les $(\hat{\mu}_j)_{1\le j\le r}$ sont tels que $\hat{\mu}_j$ est une exponentielle polynôme pour tout j , alors l'hypothèse $(H_2)2^o$ est vérifiée (cf. [4]) ; en fait on peut remplacer l'hypothèse $(H_2)2^o$ par la condition suivante : l'idéal engendré dans $\hat{\mathcal{E}}'(\mathbb{R}^n)$ par les $(\hat{\mu}_j)_{1\le j\le r}$ contient une exponentielle polynôme . En effet, soit $u_1,\dots,u_r$ r éléments de $\hat{\mathcal{E}}'(\mathbb{R}^n)$ tels que $P = u_1\hat{\mu}_1 + \dots + u_r\hat{\mu}_r$ soit une exponentielle polynôme alors l'égalité

$$H = \frac{G_1}{\hat{\mu}_1} = \dots = \frac{G_r}{\hat{\mu}_r}$$

donne $H = \dfrac{u_1G_1 + \dots + u_rG_r}{P}$ et pour avoir une inégalité analogue à celle de (7) , il suffit d'utiliser l'inégalité de Malgrange-Ehrenpreis pour les exponentielles polynômes (cf. [2]) .

Remarquons aussi comme [6] que les hypothèses $(H_2)2^o$ et (H_3) sont nécessaires pour le théorème 1, la preuve est analogue à celle de [6] , voir aussi [8].

Nous allons énoncer l'analogue du théorème 1 dans le cas des distributions pour cela nous aurons besoin d'hypothèses (H_2') et (H_3') analogues à ceux que nous venons d'énoncer, nous laissons le soin au lecteur de les écrire.

En utilisant cette fois-ci le théorème de Paley-Wiener-Schwartz on obtient le

2. THÉORÈME. - Soient $(\Omega_i)_{0 \le i \le 2}$ et $(\Omega_i')_{0 \le i \le 2}$ des ouverts bornés de $\mathbb{R}^n$. Soient $(\mu_j)_{1 \le j \le r}$ $(r \ge 2)$ distributions à support compact. Supposons que les ouverts $(\Omega_i)_{0 \le i \le 2}$, $(\Omega_i')_i$ et les distributions $(\mu_j)_{1 \le j \le r}$ vérifient les hypothèses (H_1), (H_2') et (H_3') alors toute solution dans $\mathcal{D}'(\Omega_0)$ du système d'équations de convolution

$$\mu_1 * T = \ldots = \mu_r * T = 0$$

est la restriction d'une solution du même système dans $\mathcal{D}'(\Omega_2)$.

§ 2. Cas des fonctions ultradifférentiables.

Nous nous placerons d'abord dans le cas où on sait précisément caractériser les opérateurs ultradifférentiables comme étant les ultradistributions à support l'origine. Nous suivrons les notations de Komatsu [9].

Soit $(M_p)_{p \in \mathbb{N}}$ une suite logarithmiquement convexe de nombres positifs, de premier terme 1 , on supposera que

(M.2) (Stabilité par les opérateurs ultradifférentiables)

il existe A et $H > 0$ telles que pour tout $p \in \mathbb{N}^*$, on ait

$$M_p \le A H^p \min_{0 \le q < p} M_q . M_{p-q} .$$

(M.3) (non quasi-analyticité forte)

$$\sum_{q=p+1}^{+\infty} M_{q-1}/M_q \le A p \, M_p/M_{p+1} .$$

Soit $M(\rho)$ la fonction associée : rappelons que

$$M(\rho) = \sup_p \operatorname{Log} \rho^p M_0/M_p$$

et que la suite $(M_p)_{p \in \mathbb{N}}$ se récupère à partir de la fonction M par la formule

$$M_p = \operatorname{Sup}_{\rho} \rho^p/\exp(M(\rho)).$$

De plus les propriétés de la suite sont équivalentes aux propriétés suivantes de la fonction M (cf. [9] et [11]): la fonction M est croissante, différentiable par morceaux telle que $M(0) = 0$, $M(\infty) = \infty$, M' est strictement décroissante et $\rho \to \rho M'(\rho)$ tend vers l'infini en croissant : de plus

(i) $\int_1^{+\infty} M(\rho)/\rho^2 \, d\rho < +\infty$

(ii) il existe $\tau > 1$ et $K > 0$ tels que

$$2M(\rho) \leq M(\tau\rho) + K .$$

En outre la concavité de M donne l'inégalité

(iii) $M(\rho) \leq \frac{1}{2}M(2\rho)$.

Rappelons que

3. DÉFINITION. - Une fonction Φ, $\mathscr{C}^\infty$ à support compact K, est dite ultradifférentiable de classe $(M_p)_p$ de type Beurling (resp. Roumieu) si ses dérivées vérifient les inégalités:

Pour tout $\varepsilon > 0$, il existe $c > 0$ (resp. il existe ε et $c > 0$) tels que pour tout $z \in K$, $p \in \mathbb{N}$, $\alpha \in \mathbb{N}^n$, $|\alpha| = p$ on ait

(iv) $|D^\alpha \Phi(z)| \leq c \varepsilon^p M_p$.

Lorsque Ω est un ouvert de $\mathbb{R}^n$, on dit qu'une fonction Φ, $\mathscr{C}^\infty$ dans Ω, est ultradifférentiable de la classe $(M_p)_p$ de type Beurling (resp. de type Roumieu) s'il vérifie l'inégalité (iv) pour tout compact de Ω .

On notera $\mathscr{C}^{(M_p)}(\Omega)$ (resp. $\mathscr{C}^{[M_p]}(\Omega)$) l'espace des fonctions ultradifférentiables de la classe $(M_p)_p$ de type Beurling (resp. de type Roumieu) et de la classe $\mathscr{C}^\infty$ sur Ω. De même on notera $\mathscr{D}^{(M_p)}(\Omega)$ (resp. $\mathscr{D}^{[M_p]}(\Omega)$) pour les fonctions ultradifférentiables à support compact contenu dans Ω .

Rappelons aussi que soit $P(D) = \sum_{\alpha \in \mathbb{N}^n} a_\alpha D^\alpha$ un opérateur différentiel d'ordre infini, P sera dit un opérateur ultradifférentiel de la classe (M_p) (resp. $[M_p]$) s'il existe des constantes positives L et c (resp. pour tout $L > 0$ il existe $c > 0$) telles que pour tout $\alpha \in \mathbb{N}^n$ on ait

$$|a_\alpha| \leq cL^{|\alpha|} / M_{|\alpha|} .$$

Soit $\hat{P}(\xi) = \sum_\alpha a_\alpha \xi^\alpha$ la fonction entière associée (par transformation de Fourier) ; on montre ([9]) que P est un opérateur ultradifférentiel de la classe (M_p) (resp. $[M_p]$) si et seulement si la fonction entière $\hat{P}$ a la croissance suivante :

il existe L et C (resp. pour tout $L > 0$, il existe $C > 0$) tels que :

$$|\hat{P}(\xi)| \leq C \exp(M(L|\xi|)) .$$

Un opérateur ultradifférentiel de la classe (M_p) (resp. $[M_p]$) opère sur $\mathcal{E}^{(M_p)}(\Omega)$ (resp. $\mathcal{E}^{[M_p]}(\Omega)$) par la formule $P(D)f = \sum_\alpha a_\alpha D^\alpha f$, série convergente dans $\mathcal{E}^{(M_p)}(\Omega)$ (resp. $\mathcal{E}^{[M_p]}(\Omega)$), pour tout ouvert Ω de $\mathbb{R}^n$.

Nous allons nous intéresser au problème original de Ehrenpreis, pour faciliter l'énoncé des hypothèses nous allons uniquement nous intéresser au cas (M_p). Des hypothèses analogues pouvant être immédiatement écrites dans le cas $[M_p]$.

Dans la suite, les $(\Omega_i)_{0 \leq i \leq 2}$ seront des ouverts bornés de $\mathbb{R}^n$ tels que $\Omega_1 \subset\subset \Omega_2$ et $\Omega_0 = \Omega_2 \setminus \bar{\Omega}_1$. Soient $(P_j)_{1 \leq j \leq r}$ $(r \geq 2)$ r opérateurs ultradifférentiels de la classe (M_p), nous noterons

$$V = \{ z \in \mathbb{C}^n : \hat{P}_1(z) = \dots = \hat{P}_r(z) = 0 \}$$

et pour h et $C_h > 0$

$$S_h = (z \in \mathbb{C}^n : \forall j (1 \leq j \leq r) |\hat{P}_j(z)| \leq C_h \exp(-M(|z| / h)))$$

Nous supposerons donc avoir

(H_2'')

1) $m = \operatorname{codim} V \geq 2$

2) Pour tout $h > 0$, il existe C_h tel que l'ensemble $S = \bigcap_{h>0} S_h$ soit tel qu'il existe une famille $\mathcal{C} = (L)$ de sous-espaces affines complexes de $\mathbb{C}^n$, telle que pour tout $L \in \mathcal{C}$, on ait $\dim L = m$ et

$$S \subset \bigcup_{L \in \mathcal{C}} L$$

et toute composante connexe de $L_S = L \cap S$ soit compacte ; de plus ou bien toutes les composantes connexes sont de diamètres uniformément majorés, ou bien pour tout $h > 0$, il existe une constante C'_h telle que si z_1 et z_2 sont dans une même composante connexe de L_S on ait

$$|M(|z_1|/h) - M(|z_2|/h)| \leq C'_h .$$

L'hypothèse (H''_3) dont nous aurons besoin est analogue à l'hypothèse (H_3) nous ne la réécrirons pas. On obtient alors le

4. THÉORÈME. - <u>Soient</u> $(\Omega_i)_{0 \leq i \leq 2}$ <u>des ouverts bornés de</u> $\mathbb{R}^n$ <u>tels que</u> $\Omega_1 \subset\subset \Omega_2$ et $\Omega_0 = \Omega_2 \setminus \overline{\Omega}_1$. <u>Soient pour</u> $r \geq 2$, $(P_j)_{1 \leq j \leq r}$ r <u>opérateurs ultradifférentiels de la classe</u> (M_p). <u>Supposons que les opérateurs</u> $(P_j)_{1 \leq j \leq r}$ <u>et les ouverts</u> $(\Omega_i)_{0 \leq i \leq 2}$ <u>vérifient les hypothèses</u> (H''_2) et (H''_3) <u>alors toute solution dans</u> $\mathcal{E}^{(M_p)}(\Omega_0)$ <u>du système</u>

$$P_1(D)f = \ldots = P_r(D)f = 0$$

<u>est la restriction d'une fonction de</u> $\mathcal{E}^{(M_p)}(\Omega_2)$ <u>solution du même système</u>.

<u>Preuve</u>. Analogue à celle du théorème 1, en prenant $\Omega_3 = \tilde{\Omega}'_3$ et en remarquant qu'on peut trouver $g \in \mathcal{E}^{(M_p)}(\Omega_2)$ tel que

$$g|_{\Omega \setminus \overline{\Omega}_3} = f$$

car il existe des partitions de l'unité ([9]).

Signalons qu'on peut étudier le même problème ou bien en prenant des ultradistributions à support compact ou bien en prenant des espaces de fonctions ultradifférentiables dans lesquels on ne sait pas caractériser les opérateurs ultradifférentiables comme étant les ultradistributions à support l'origine (cf. [5] et [9]) dans ce cas on considérera soit des opérateurs aux dérivées partielles, soit des distributions à support compact. Nous renvoyons pour cela à [1], où une étude intéressante est faite.

B I B L I O G R A P H I E

[1] ABRAMCZUK (V.). - On continuation of quasi-analytic solutions of partial differential equations to compact convex sets. A paraître au Jour. Aust. Math. Soc.

[2] BERENSTEIN (C.A.) and DOSTAL (M.). - A lower estimates for exponential Sums. Bull. A.M.S. 80, 1974, 687-691.

[3] BERENSTEIN (C.A.) et TAYLOR (B.A.). - Interpolation problems in $\mathbb{C}^n$ with applications to harmonic analysis. J. Anal. Math., 33, 1979, 109-143.

[4] BERENSTEIN (C.A.) et YGER (A.). - Ideals generated by exponential polynomials (à paraître). Advances in Math.

[5] CHOU (C.C.). - La transformation de Fourier complexe et l'équation de convolution. Lecture Notes in Math. n° 325, Springer Verlag, 1973.

[6] EHRENPREIS (L.). - A new proof and an extension of Hartogs'theorem. Bull. Amer. Math. Soc., 67 , 1961, 507-509.

[7] EHRENPREIS (L.). - Fourier Analysis in Several Complex Variables. Wiley interscience, 1970.

[8] KANEKO (A.). - On continuation of regular solutions of partial differential equations to compact convex sets. J.Fac.Sci. Tokyo Sec. 1A, 17, 1970, 567-580.

[9] KOMATSU.(H.). - Ultradistributions I, Structure theorems and a characterization, J. Fac. Sci. Univ. Tokyo Sec. 1A, 2A, 1973, 25-105.

[10] KOMATSU (H.). - Ultradistributions II, The kernel theorem and ultradistributions with support in a manifold, J.Fac.Sci. Univ. Tokyo Sec. 1A, 24, 1977, 607-628.

[11] de ROEVER (J.V.). - Complex Fourier Transform and Analytic Functional with unbounded carriers. Math. Centre Tracts 89, Amsterdam, 1978.

Alex MÉRIL
Université de BORDEAUX I
U.E.R.de Mathématiques et d'Informatique
351,Cours de la Libération
33405 - TALENCE Cedex FRANCE

Danièle STRUPPA
Scuola Normale Superiore
Piazza dei Cavalieri, 7
56100 - PISA

COURANTS MEROMORPHES ET EGALITE DE LA VALEUR PRINCIPALE ET DE LA PARTIE FINIE

Mikael PASSARE
Stockholms Universitet
Matematiska Institutionen
Box 6701 S-113 85 STOCKHOLM (Suède)

1 - INTRODUCTION

Soit f une fonction analytique réelle. Hormis quelques cas où les zéros de f sont d'une nature simple, il est impossible d'associer à $1/f$ une distribution valeur principale.

Ce que l'on peut toujours faire c'est d'introduire la distribution p.f. $[1/f]$, dite la partie finie de $1/f$. En effet, la fonction $|f|^{2\lambda}$ est méropmorphe par rapport à l'exposant λ (cf. [1], [2]), et elle se décompose autour du pôle -1 en série de Laurent dont les coefficients μ_j sont des distributions bien déterminées. Ainsi, pour définir la partie finie, on n'a qu'à poser

$$\text{p.f. } [1/f] = \bar{f}\mu_0 \quad . \tag{1}$$

Dans le cadre complexe, lorsque f est une fonction holomorphe, la situation est fort différente. Il est vrai que la définition de la partie finie reste la même, mais ce qu'il y a de nouveau c'est que la valeur principale v.p. $[1/f]$ existe quelle que soit f (ne s'annulant pas partout). Elle est obtenue par passage à la limite de la façon suivante (cf. [4], [6]) :

$$\langle \text{v.p.}[1/f] , \psi \rangle = \lim_{\varepsilon \to o} \int_{|f|>\varepsilon} \psi/f \quad , \tag{2}$$

où ψ désigne une fonction test.

Il se trouve en effet (cf. [5]) que les définitions (1) et (2) aboutissent toutes les deux à une distribution commune que nous noterons $P[1/f]$, ou bien $[1/f]$. Clarifions brièvement le rapport étroit entre les deux points de vue :

D'une part on peut écrire

$$\text{v.p. } [1/f] = \lim_{\varepsilon \to 0} \frac{\chi(|f|/\varepsilon)}{f} \tag{3}$$

où χ est la fonction caractéristique de l'intervalle $[1,\infty[$ (ou bien une autre fonction de même allure).

D'autre part il est évident que si la limite

$$\lim_{\lambda \to -1^+} \bar{f}|f|^{2\lambda} = \lim_{\varepsilon \to 0} \frac{|f|^\varepsilon}{f} \tag{4}$$

existe (ce qui est en fait vrai et équivaut à $\bar{f}\mu_j = 0$ pour $j < 0$), alors elle coïncide forcément avec la partie finie $\bar{f}\mu_0$.

Vu la similitude entre les membres droits de (3) et (4) on dirait qu'il ne s'agit que de deux manières différentes d'approcher la fonction 1.

Remarquons aussi qu'en faisant agir l'opérateur $\bar{\partial}$ nous disposons de deux définitions du courant résiduel $\bar{\partial}[1/f]$, à savoir

$$\bar{\partial}[1/f] = \lim_{\varepsilon \to 0} \frac{\bar{\partial}\chi(|f|/\varepsilon)}{f} = \lim_{\varepsilon \to 0} \frac{\bar{\partial}|f|^\varepsilon}{f}$$

Nous emploierons parfois l'écriture alternative $R[1/f]$ pour ce dernier courant.

2 - COURANTS RÉSIDUELS ASSOCIÉS À UNE APPLICATION HOLOMORPHE : DEUX APPROCHES

Soit X une variété analytique complexe connexe de dimension n et $f : X \to \mathbb{C}^{p+q}$ une application holomorphe. Nous noterons $D_{(r,s)}(X)$ l'espace des formes test sur X de bidegré (r,s) et $D'_{(r,s)}(X)$ celui des courants sur X de ce même bidegré.

Nous allons donner deux définitions différentes du courant

$$\bar{\partial}[1/f_1]\wedge\ldots\wedge\bar{\partial}[1/f_p]\,[1/f_{p+1}]\ldots[1/f_{p+q}] \in D'_{(0,p)}(X),$$ pour lequel nous

utiliserons également la notation abrégée $R^pP^q[1/f]$. Ensuite nous montrerons que ces deux définitions sont en effet équivalentes.

La première approche (déja utilisée dans [8] et [9]) a son origine dans la théorie déjà classique des courants valeurs principales d'HERRERA-LIEBERMAN [6] et de DOLBEAULT [4].

La deuxième approche provient du théorème (non moins classique) de BERNSTEIN-GELFAND [2] et d'ATIYAH [1] sur le prolongement méromorphe des puissances de fonctions analytiques positives. Cette démarche a été employée par YGER dans [10] et c'est lui qui a proposé qu'on éclaircisse la liaison entre les deux méthodes.

Soit donc pour démarrer $\chi : \mathbb{R} \to [0,1]$ une fonction lisse et croissante telle que

$$\begin{cases} \chi(x) = 0 & , \quad x \leq C_1 \\ \chi(x) = 1 & , \quad x \geq C_2 \end{cases} ,$$

pour certaines constantes $0 < C_1 < C_2$, et désignons par Σ_m l'ensemble

$$\left\{ s \in \mathbb{R}^m \ ; s_j > 0 \ , \ \Sigma s_j = 1 \right\} .$$

<u>DÉFINITION A</u> – <u>Le courant</u> $R^p P^q [1/f]$ <u>est donné par la moyenne</u>

$$⨍_{\Sigma_{p+q}} R^p P^q [1/f] \ (s)$$

<u>des limites</u>

$$R^p P^q [1/f](s) = \lim_{\varepsilon \to 0} \frac{\bar\partial \chi_1}{f_1} \wedge \ldots \wedge \frac{\bar\partial \chi_p}{f_p} \frac{\chi_{p+1}}{f_{p+1}} \cdots \frac{\chi_{p+q}}{f_{p+q}} \tag{5}$$

<u>où</u> $\chi_j = \chi(|f_j| / \varepsilon^{s_j})$ <u>et</u> $s \in \Sigma_{p+q}$.

Comme nous l'avons signalé dans l'introduction il n'est pas nécessaire d'expliciter le prolongement méromorphe dans le cas complexe ; on obtient la partie finie directement comme une limite. Ainsi, le théorème d'ATIYAH se trouve légèrement déguisé dans la définition suivante.

<u>DÉFINITION B</u> – <u>Le courant</u> $R^p P^q [1/f]$ <u>est donné par la limite</u>

$$\lim_{\varepsilon \to 0} \frac{\bar\partial |f_1|^\varepsilon}{f_1} \wedge \ldots \wedge \frac{\bar\partial |f_p|^\varepsilon}{f_p} \frac{|f_{p+1}|^\varepsilon}{f_{p+1}} \cdots \frac{|f_{p+q}|^\varepsilon}{f_{p+q}} . \tag{6}$$

<u>Remarque</u> La dernière définition a l'air plus directe que la première. En revanche, il s'agit dans (5) d'une limite de formes lisses, tandis que l'expression (6) devient assez délicate lorsque ε s'approche de zéro.

<u>THÉORÈME</u> – <u>Les définitions</u> A <u>et</u> B <u>sont compatibles : elles déterminent toutes les deux le même courant</u>.

<u>Remarque</u> On affirme en particulier que (pour presque tout s) les limites (5) et (6) existent au sens des courants.

<u>Démonstration</u> D'après [9 , Prop. 1 et Thm 3 i)] on sait que Définition A a un sens et qu'en effet $R^p P^q [1/f] =$

$= \bar\partial [1/f_1] \wedge \ldots \wedge \bar\partial [1/f_p] \ [1/F]$, avec $F = f_{p+1} \cdots f_{p+q}$. Comme nous avons aussi l'égalité $|f_{p+1}|^{\varepsilon} \dots |f_{p+q}|^{\varepsilon} = |F|^{\varepsilon}$, nous pouvons nous borner au cas $q = 1$.

Première étape – Considérons d'abord la situation $X = D^n$, le polydisque unité ,

$$f = (z_1^{\alpha_1}, \dots, z_p^{\alpha_p}, z^{\alpha''}) \quad , \quad \alpha = (\alpha_1, \dots, \alpha_p, \alpha'') \in \mathbb{N}^p \times \mathbb{N}^{n-p} .$$

En faisant agir les limites (5) et (6) sur une forme $\psi \in \mathcal{D}_{(n,n-p)}(D^n)$, nous sommes amenés à l'étude des intégrales du type

$$I_{\varepsilon}(f,\psi) = \int_{D^n} T_{\varepsilon}(f) \wedge z^{-\alpha} \psi , \tag{7}$$

où $T_{\varepsilon}(f)$ désigne l'une des deux formes

$$d\,\chi_1 \wedge \dots \wedge d\,\chi_p\,\chi_{p+1} \quad \text{et} \quad d|f_1|^{\varepsilon} \wedge \dots \wedge d|f_p|^{\varepsilon}\,|f_{p+1}|^{\varepsilon} \quad .$$

Admettons (comme nous le pouvons bien) que ψ ne consiste que du terme

$$(-1)^{n(n-1)/2} \quad \psi(z)\, d\bar{z}_{p+1} \wedge \dots \wedge d\bar{z}_n \wedge dz_1 \wedge \dots \wedge dz_n \tag{8}$$

et introduisons les coordonnées polaires $z_j = r_j\, e^{i\theta_j}$, $j = 1,\dots,n$, dans (7) de manière à en obtenir l'intégrale

$$\int_{[0,1]^n} T_{\varepsilon}(f) \wedge \Psi(r)\, dr'' \tag{9}$$

où l'on a posé $dr'' = dr_{p+1} \wedge \dots \wedge dr_n$ et

$$\Psi(r) = 2^{\,n-p}\, i^n\, r^{1-\alpha} \int_{[0,2\pi]^n} \psi e^{i(\theta_1 + \dots + \theta_p - \alpha\theta)}\, d\theta , \tag{10}$$

avec $1 - \alpha = (1 - \alpha_1, \dots, 1 - \alpha_n)$, $\alpha\theta = \Sigma\, \alpha_j\, \theta_j$ et $d\theta = d\theta_1 \wedge \dots \wedge d\theta_n$.

LEMME 1 – La fonction Ψ est continue sur $[0,1]^n$.

Démonstration du lemme 1 – Toute fonction $\psi \in C^{\infty}(\mathbb{C}^n)$ admet, pour chaque $\gamma \in \mathbb{N}^n$, la décomposition suivante (cf. [3] , p. 65) :

$$\psi(z) = \psi'_{\gamma}(z) + \psi''_{\gamma}(z) \quad , \tag{11}$$

où $\psi'_{\gamma}(z) = \sum_{j=1}^{n} \sum_{k+\ell<\gamma_j} \psi^j_{k\ell}(z)\, z_j^k\, \bar{z}_j^{\ell}$, les $\psi^j_{k\ell}$ étant indépendantes de z_j ,

et $\psi''_{\gamma}(z) = \sum_{I+J=\gamma} \Psi_{IJ}(z)\; z^I\, \bar{z}^J$, les fonctions lisses Ψ_{IJ} dépendant continûment de ψ .

Prenons $\gamma = \alpha - 1_p$ avec $1_p = (\underbrace{1,\dots,1}_{p}\, ,\, \underbrace{0,\dots,0}_{n-p})$

et vérifions que $\psi'_{\alpha-1_p}$ n'apporte aucune contribution à l'expression (10) de sorte que Ψ s'écrit comme

$$\Psi(r) = i^p(2ir_{p+1})\ldots(2ir_n) \sum_{I+J=\alpha-1_p} \int_{[0,2\pi]^n} \Psi_{IJ}\, e^{i(\theta_1+\ldots+\theta_p+(I-J-\alpha)\theta)} d\theta. \quad (12)$$

(On note que si $\alpha_j = 0$ pour $1 \leq j \leq p$, alors $I_\varepsilon(f)$ s'annule. Par conséquent on peut supposer que $\alpha - 1_p \in \mathbb{N}^n$.)

En effet, en remplaçant ψ par $\psi'_{\alpha-1_p}$ dans (10) nous obtenons des intégrales du genre

$$\int_{[0,2\pi]^n} \psi^j_{k\ell}\; e^{i((k-\ell)\theta_j+\theta_1+\ldots+\theta_p-\alpha\theta)} d\theta .$$

Si $1 \leq j \leq p$ le théorème de Fubini ramène à l'intégrale simple

$$\int_0^{2\pi} e^{i(k-\ell+1-\alpha_j)\theta_j} d\theta_j$$

qui vaut zéro puisque $k-\ell \leq k+\ell < \alpha_j - 1$. De même, pour $p+1 \leq j \leq n$ on trouve que $\int_0^{2\pi} e^{i(k-\ell-\alpha_j)\theta_j} d\theta_j$ s'annule grâce aux inégalités $k-\ell \leq k+\ell < \alpha_j$.

Maintenant, une fois la représentation (12) établie, la continuité de Ψ est évidente.

<u>LEMME 2</u> - <u>Au sens de mesures on a</u> (<u>sur</u> $[0,1]^n$) :

$$\lim_{\varepsilon\to 0} T_\varepsilon(f) \wedge dr'' = [r_1 = \ldots = r_p = 0] \wedge dr'' , \text{ où } [r_1 = \ldots = r_p = 0]$$

<u>signifie le courant d'intégration sur</u> $\{r_1 = \ldots = r_p = 0\}$.

<u>Demonstration du Lemme 2</u> - Il suffit de montrer que pour tout $r'' \in [0,1]^{n-p}$ fixé et pour chaque $\delta \in]0,1]$ nous avons

$$\int_{[0,\delta]^p} T_\varepsilon(f,r'') \nearrow 1 \quad , \text{ quand } \varepsilon \to 0 . \quad (13)$$

(Ici nous avons noté $T_\varepsilon(f,r'')$ la mesure positive sur $[0,1]^p$ obtenue de $T_\varepsilon(f)$ en fixant r''.) Soit d'abord $T_\varepsilon(f) = d\chi_1 \wedge \ldots \wedge d\chi_p\, \chi_{p+1}$. Il vient

$$\int_{[0,\delta]^p} T_\varepsilon(f,r'') = \chi(\delta^{\alpha_1}/\varepsilon^{s_1}) \ldots \chi(\delta^{\alpha_p}/\varepsilon^{s_p})\;\; \chi(r^{\alpha''}/\varepsilon^{s_{p+1}}) ,$$

et (13) s'ensuit quelque soit $s \in \Sigma_{p+1}$. De la même façon

$T_\varepsilon(f) = d|f_1|^\varepsilon \wedge \ldots \wedge d|f_p|^\varepsilon\; |f_{p+1}|^\varepsilon$ entraîne

$$\int_{[o,\delta]^p} T_\varepsilon(f,r'') = \delta^{(\alpha_1+\ldots+\alpha_p)\varepsilon} r^{\alpha''\varepsilon} ,$$

expression qui croît bien vers 1 lorsque ε tend vers zéro. Le lemme est démontré.

Revenons à l'intégrale (9) qui s'écrit sous la forme

$$\int_{[o,1]^{n-p}} \{ \int_{[o,1]^p} T_\varepsilon(f,r'') \; \Psi(r',r'')\} \, dr'' .$$

Les lemmes ci-dessus montrent que la limite de l'intégrale intérieure est

$\Psi(o,r'')$, et le théorème de Lebesgue (dont (13) justifie l'emploi) nous permet d'en déduire

$$\lim_{\varepsilon\to o} I_\varepsilon(f,\psi) = \int_{[o,1]^{n-p}} \Psi(0,r'') \, dr'' .$$

Comme ce résultat est indépendant du paramètre s , le processus de moyennes dans Définition A devient trivial et le théorème est donc prouvé dans ce cas particulier.

Remarquons que si $\alpha'' = 0$ alors

$$\psi''_{\alpha-1_p}(0,z'') = \sum_{I+J=\alpha-1_p} \frac{1}{I!J!} (\partial/\partial z)^I (\partial/\partial \bar z)^J \psi(0,z'') \, z^I \bar z^J$$

d'où, vu (12), on trouve que

$$\Psi(0,r'') = \frac{(2\pi i)^p}{(\alpha-1_p)!} (2\,i\,r_{p+1}) \ldots (2\,i\,r_n) \int_{[o,2\pi]^{n-p}} (\partial/\partial z)^{\alpha-1_p} \psi(o,r''e^{i\theta''}) d\theta'',$$

et par conséquent

$$< R^p[1/z^\alpha] , \psi > = \lim_{\varepsilon\to o} I_\varepsilon(f,\psi) =$$

$$= \frac{(2\pi i)^p}{(\alpha-1_p)!} \int_{D^{n-p}} (\partial/\partial z)^{\alpha-1_p} \psi(0,z'') \, (d\bar z \wedge dz)'' , \qquad (14)$$

où $R^p[1/z^\alpha]$ signifie le courant $R^p[1/f]$ avec $f = (z_1^{\alpha_1}, \ldots, z_p^{\alpha_p})$

<u>Deuxième étape</u> - Soit maintenant $X = D^n$ et $f = (z^{a_1}, \ldots, z^{a_{p+1}})$, avec $a_j = (a_{j1}, \ldots a_{jn}) \in \mathbb{N}^n$. Nous nous contenterons toujours (sans perte de généralité) de considérer la forme test (8), et nous désignerons par A_p la matrice carrée dont les vecteurs lignes sont $(a_{11}, \ldots, a_{1p}), \ldots, (a_{p1}, \ldots, a_{pp})$. De plus nous écrirons $\alpha = a_1 + \ldots + a_{p+1} \in \mathbb{N}^n$.

On sait (cf. [8] , [9]) que les courants obtenus à partir de la Définition A obéissent à la règle de Leibniz, c'est à dire

$$\bar\partial[1/f_1 f_2] = \bar\partial[1/f_1] \; [1/f_2] + [1/f_1] \, \bar\partial[1/f_2] \quad \text{etc...}$$

Un calcul direct donne alors la relation

$$< R^P P[1/z^a] \ , \psi > = \frac{\det A_p}{\alpha_1 \ldots \alpha_p} < R^P P[1/z^\alpha], \psi >, \tag{15}$$

où nous avons noté $R^P P[1/z^a]$ et $R^P P[1/z^\alpha]$ les courants $R^P P[1/f]$ correspondant à $f = (z^{a_1}, \ldots z^{a_{p+1}})$ et $f = (z_1^{\alpha_1}, \ldots z_p^{\alpha_p}, z^{\alpha''})$ respectivement.

Or, il est évident que le même calcul (cette fois appliqué à des formes différentielles élémentaires) amène aussi à l'égalité

$$d|z|^{a_1\varepsilon} \wedge \ldots \wedge d|z|^{a_p\varepsilon} \, |z|^{a_{p+1}\varepsilon} \wedge \psi =$$
$$= \frac{\det A_p}{\alpha_1 \ldots \alpha_p} \, d|z_1|^{\alpha_1\varepsilon} \wedge \ldots \wedge d|z_p|^{\alpha_p\varepsilon} \, |z|^{\alpha''\varepsilon} \wedge \psi \ .$$

Ainsi, on arrive toujours à (15), même si on prend pour point de départ la Définition B , et l'on s'est donc ramené au cas déja traité.

Avant de finir la preuve du Théorème considérons un simple exemple qui illustrera la nécessité de la prise de moyenne dans la première définition.

__Exemple__ $X = \mathbb{C}^2$, $f = (z_1^a z_2 , z_1 z_2^b)$, $a \geqslant 1$, $b \geqslant 1$. Prenons $\psi \in \mathcal{D}_{(2,0)}(\mathbb{C}^2)$ et considérons, pour $s \in]0,1[$, l'intégrale

$$I_{\varepsilon,s} = \int_{T_{\varepsilon,s}} z_1^{-(a+1)} \, z_2^{-(b+1)} \, \psi \ , \quad T_{\varepsilon,s} = \{|z_1^a z_2| = \varepsilon^s, |z_1 z_2^b| = \varepsilon^{1-s}\}.$$

Le tube $T_{\varepsilon,s}$ peut aussi bien être déterminé par les équations $|z_1|^{ab-1} = \varepsilon^{(b+1)s-1}$ et $|z_2|^{ab-1} = \varepsilon^{a-(a+1)s}$.

Il s'ensuit que, pour $s < \frac{1}{b+1}$ ou $s > 1 - \frac{1}{a+1}$, $T_{\varepsilon,s}$ ne coupe plus le support de ψ quand ε devient petit. Par conséquent, $\lim_{\varepsilon \to 0} I_{\varepsilon,s} = 0$ pour ces valeurs de s . D'autre part il est clair que si $s \in]\frac{1}{b+1}, 1 - \frac{1}{a+1}[$, alors

$$\lim_{\varepsilon \to 0} I_{\varepsilon,s} = < \bar\partial[1/z_1^{a+1}] \wedge \bar\partial[1/z_2^{b+1}] \ , \psi > .$$

On obtient donc la moyenne $\int_0^1 \lim I_{\varepsilon,s} \, ds =$

$$= (1 - \frac{1}{a+1} - \frac{1}{b+1}) < \bar\partial[1/z_1^{a+1}] \wedge \bar\partial[1/z_2^{b+1}] \ , \psi > .$$

Mais $1 - \frac{1}{a+1} - \frac{1}{b+1} = \frac{ab-1}{(a+1)(b+1)} = \frac{\det A_2}{\alpha_1 \alpha_2}$, et l'on retrouve la relation (15).

Troisième étape - Nous prenons toujours $X = D^n$ mais l'application f sera d'une forme plus générale, à savoir

$f = (u_1 z^{a_1}, \ldots, u_{p+1} z^{a_{p+1}})$, où les u_j sont des fonctions holomorphes inversibles.

D'après [9, Proposition 1] on sait que, dans le cadre de la Définition A, on a

$$< R^p P[1/f] , \psi > = < R^p P[1/z^a] , \psi/u > , \qquad (16)$$

où $z^a = (z^{a_1}, \ldots, z^{a_{p+1}})$ et $u = u_1 \ldots u_{p+1}$. Expliquons comment on vérifie que cette égalité reste valable aussi pour les courants de la Définition B .

D'abord il est évident que l'on peut écrire

$$d|u_1 z^{a_1}|^\varepsilon \wedge \ldots \wedge d|u_p z^{a_p}| \; |u_{p+1} z^{a_{p+1}}|^\varepsilon \wedge \psi =$$

$$= d|z|^{a_1 \varepsilon} \wedge \ldots \wedge d|z|^{a_p \varepsilon} \; |z|^{a_{p+1}\varepsilon} \wedge |u|^\varepsilon \psi + \sum_\sigma Q_\sigma$$

avec des formes convenables Q_σ . Comme $\lim_{\varepsilon \to 0} |u|^\varepsilon \psi = \psi$ dans la topologie de $\mathcal{D}_{(n,n-p)}(D^n)$ on conclut que $(|u|^\varepsilon \psi)''_\gamma \to \psi''_\gamma$, où $(|u|^\varepsilon \psi)''_\gamma$ provient de la décomposition correspondant à (11) , et dès lors on voit facilement que

$$\lim_{\varepsilon \to 0} \int_{D^n} d|z|^{a_1 \varepsilon} \wedge \ldots \wedge d|z|^{a_p \varepsilon} \; |z|^{a_{p+1}\varepsilon} \wedge u^{-1} z^{-\alpha} \; |u|^\varepsilon \psi =$$

$$= < R^p P[1/z^a] , \psi/u > .$$

Restent à considérer les formes Q_σ . Elles contiennent toutes des facteurs du type $d|u_{\sigma(1)}|^\varepsilon \wedge \ldots \wedge d|u_{\sigma(k)}|^\varepsilon \wedge |u_{\sigma(k+1)} \ldots u_{\sigma(p+1)}|^\varepsilon \psi$,

(ici σ est une permutation de $\{1, \ldots, p+1\}$) forme qui tend vers zéro avec ε dans la topologie de $\mathcal{D}_{(n,n-p+k)}(D^n)$. L'identité (16) est donc vraie pour les deux définitions et nous sommes ramenés à la situation dont nous venons d'achever l'étude.

Etape finale - Considérons enfin les données du Théorème (toujours avec $q = 1$). Evidemment il suffit de traiter une situation locale. Soit alors U_x un voisinage d'un point $x \in X$, assez petit pour qu'il y ait une résolution $\pi : \tilde{U}_x \to U_x$ des singularités de l'hypersurface $\{f_1 \ldots f_{p+1} = 0\}$. Cela est toujours possible (cf. [7]) et revient à dire que localement sur $\tilde{U}_x$ les fonctions composées sont de la forme

$f_j(\pi(z)) = u_j(z) \, z^{a_j}$, où $a_j \in \mathbb{N}^n$ et u_j est une fonction inversible.

Autrement dit, le morphisme d'Hironaka nous ramène à la troisième étape et la démonstration est complète.

3 - DÉFINITION DE COURANTS MÉROMORPHES.

Soit X une variété analytique complexe connexe de dimension n . Par une forme méromorphe sur X nous entendons une forme différentielle $\tilde{\omega}$, telle que localement

$$\tilde{\omega} = \omega/f \quad , \tag{17}$$

où ω est une forme holomorphe et f une fonction holomorphe. Par analogie avec les fonctions méromorphes (qui s'identifient bien entendu avec les formes de degré zéro) nous appellons (17) représentation locale réduite de $\tilde{\omega}$ si ω et f sont sans commun diviseur. Plus précisément, si g est une fonction holomorphe divisant f , telle que ω/g est une forme holomorphe, alors g doit être inversible.

Nous pouvons donc généraliser les produits de courants résiduels définis plus haut de la façon suivante.

DÉFINITION C - Soit $\tilde{\omega} = (\tilde{\omega}_1,\ldots,\tilde{\omega}_{p+q})$ un p+q -uplet de formes méromorphes sur X . Le courant $\bar{\partial}[\tilde{\omega}_1]\wedge\ldots\wedge\bar{\partial}[\tilde{\omega}_p]\wedge[\tilde{\omega}_{p+1}]\wedge\ldots\wedge[\tilde{\omega}_{p+q}]$ (également noté $R^pP^q[\tilde{\omega}]$) est localement donné par

$$\bar{\partial}[1/f_1]\wedge\omega_1\wedge\ldots\wedge\bar{\partial}[1/f_p]\wedge\omega_p\wedge[1/f_{p+1}]\,\omega_{p+1}\wedge\ldots\wedge[1/f_{p+q}]\,\omega_{p+q}\ ,$$

où ω_j/f_j est une représentation réduite de $\tilde{\omega}_j$, et $\bar{\partial}[1/f_1]\wedge\ldots\wedge\bar{\partial}[1/f_p]\,[1/f_{p+1}]\ldots[1/f_{p+q}]$ est le courant résiduel $R^pP^q[1/f]$.

Remarques - Le fait que la définition est indépendante de la représentation réduite choisie se démontre facilement à l'aide du morphisme d'HIRONAKA et l'égalité (16).

Comme le montre l'exemple

$$\bar{\partial}[1/z]\,[1/z]\,z = \frac{1}{2}\ \bar{\partial}[1/z^2]\,z = \frac{1}{2}\ \bar{\partial}[1/z]$$

il est important que les représentations soient réduites.

Finalement on note que comme on dispose de deux définitions différentes du courant $R^pP^q[1/f]$, il en est de même pour $R^pP^q[\tilde{\omega}]$.

BIBLIOGRAPHIE

[1] ATIYAH M.F. - Resolution of singularities and division of distributions. Communications on pure and applied mathematics 23 (1970), 145-150.

[2] BERNSTEIN I.N., GELFAND S.I. - Meromorfnost' funkcii P^{λ}. Funkc. Analiz i ego Prilož. 3 (1969), 84-85. (Traduction anglaise : Meromorphic property of the functions P^{λ}. Funct. Analysis and its Appl. 3 (1969), 68-69.)

[3] COLEFF N.R., HERRERA M.E. - Les courants résiduels associés à une forme méromorphe. Lecture Notes in Math. 633, Springer, Berlin, 1978.

[4] DOLBEAULT P. - Résidus et courants. Dans : Questions on algebraic varieties (Centro Internazionale Matematico Estivo III Ciclo, Varenna, 1969). Edizioni Cremonese, Rome, 1970.

[5] EL KHADIRI A., ZOUAKIA F. - Courant valeur principale associé à une forme semi-méromorphe. Dans : Image directe des distributions par un morphisme analytique. Thèse(d'EL KHADIRI), Poitiers, 1979.

[6] HERRERA M.E., LIEBERMAN D.I. - Residues and principal values on complex spaces. Math. Annalen 194 (1971), 259-294.

[7] HIRONAKA H. - The resolution of singularities of an algebraic variety over a field of characteristic zero. Ann. Math. 79 (1964), 109-326.

[8] PASSARE M. - Produits des courants résiduels et règle de Leibniz. C.R. Acad. Sci. Paris 301 (1985), 727-730.

[9] PASSARE M. - A calculus for meromorphic currents. Manuscrit, Paris, 1986. (A paraître.)

[10] YGER A. - Formules de division et prolongement méromorphe. Prépublication, Bordeaux, 1986.

Paramétrix, cohomologie et formes méromorphes.

par Gilles RABY (*)

INTRODUCTION

Le travail présenté ici est consacré d'une part à l'étude, sur une variété, de formules d'homotopie entre le complexe des courants et celui des formes différentielles. Et d'autre part à la description de la cohomologie du complémentaire d'un sous-ensemble analytique complexe, à l'aide de formes différentielles à singularités.

Dans le chapitre I, nous donnons un procédé de construction d'un opérateur A, défini sur l'espace $D'_{\cdot}(\mathbb{R}^n)$ des courants de $\mathbb{R}^n$, qui fournit une formule d'homotopie (appelée PARAMETRIX) entre le complexe $D'_{\cdot}(\mathbb{R}^n)$ et celui des formes différentielles, en ce sens que l'opérateur R défini par $RT = T - bAT - AbT$ est un opérateur régularisant.

L'existence d'un tel opérateur a d'abord été montrée par G. DE RHAM puis par d'autres auteurs dont J. B. POLY et J. KING. Nous montrons que ces trois opérateurs relèvent d'un même procédé de construction, à savoir d'un produit de convolution avec un noyau associé à la mesure de Dirac à l'origine, ce qui confère à A des propriétés de régularité. Par exemple : AT est C^∞ sur tout ouvert sur lequel T est C^∞, AT est localement intégrable dès que T est un courant à coefficients mesures. Ces dernières propriétés permettent, par recollement, de montrer rapidement l'existence sur une variété C^∞ d'un opérateur A ayant les mêmes propriétés que celui construit sur $\mathbb{R}^n$.

(*) *Ce texte est la rédaction de plusieurs exposés faits dans le cadre du Séminaire d'Analyse Complexe de Paris VI, il constitue une partie de la Thèse de Doctorat d'Etat de l'auteur, soutenue le 17 Décembre 1986 à l'Université de Poitiers.*

Le chapitre II a pour but de décrire les classes de cohomologie du complémentaire d'un sous-ensemble analytique complexe Y fermé dans C^n, ou plus généralement dans une variété analytique complexe X, par des formes différentielles C^∞ sur $X \setminus Y$ ayant des singularités "simples" le long de Y.

Cette description est bien connue quand Y est une hypersurface lisse, en effet, par un théorème de J. LERAY, on sait qu'il suffit de considérer les formes semi-méromorphes fermées sur $X \setminus Y$ et à pôles simples le long de Y. Nous généralisons ce résultat au cas où Y possède d'éventuelles singularités. Une étude plus complète est faite lorsque X est de dimension complexe deux.

SOMMAIRE

CHAPITRE I : PARAMETRIX ET NOYAUX

Soit X une variété C^∞ réunion dénombrable de compacts. Si $D'_\cdot(X)$ désigne le complexe des courants sur X alors il existe des opérateurs A et R sur $D'_\cdot(X)$ tels que :

i) $T = bAT + AbT + RT$ pour tout courant T

ii) RT est une forme C^∞ ; si T est une forme C^∞, AT est C^∞ ainsi les opérateurs A et R définissent une formule d'homotopie qu'on appelle paramétrix pour le b.
Une telle paramétrix a d'abord été construite par De Rham [27].

Dans le cadre de la théorie des résidus d'autres formules d'homotopie sont apparues montrant l'existence d'un opérateur A pseudo-local, c'est-à-dire tel que AT est C^∞ sur l'ouvert où T est C^∞, cet opérateur A vérifie de plus la propriété suivante : AT est une forme localement intégrable dès que T est un courant dont les coefficients sont des mesures (cf par exemple J. King [17] et J.B. Poly [24]). Ainsi dans le cas où X est une variété analytique complexe, si Y est un sous-ensemble analytique complexe de X on peut construire une forme K localement intégrable sur X, lisse sur $X \setminus Y$, telle que $[Y] - bK$ soit lisse sur X ($[Y]$ désigne le courant d'intégration sur Y et bK est calculé dans $D'_\cdot(X)$). C'est cette forme K qu'on appelle noyau associé à Y.

L'objet de ce chapitre est de démontrer que l'opérateur A de la paramétrix de De Rham dans $\mathbb{R}^n$ est pseudo-local et obtenu par convolution. Ce résultat permettra d'une part de construire de façon élémentaire une paramétrix "pseudo-locale" sur une variété et d'autre part d'obtenir des noyaux associés à un sous-ensemble analytique complexe. Ensuite on rappellera la construction de la paramétrix de J. King qui sera utilisée dans le chapitre suivant, cette paramétrix ayant l'avantage de donner des noyaux dont on connaît quelques propriétés quant à leurs singularités.

On démontrera de plus que dans $\mathbb{R}^n$ ou $\mathbb{C}^n$ les opérateurs A des paramétrix de De Rham, de Poly et de King sont obtenus par convolution avec un noyau associé à la mesure de Dirac à l'origine. Plus généralement on montrera que dans une variété orientée X , les paramétrix "pseudo-locales" sont en correspondance avec certains types de noyaux associés à la diagonale de $X \times X$.

1 . COURANTS SUR UNE VARIETE ([6] , [27])

Si M est une variété C^∞ de dimension m réunion dénombrable de compacts, $A^p_K(M)$ désigne l'espace de Fréchet des p-formes différentielles C^∞ sur M à support dans le compact K.

L'espace $A^p_c(M)$ des p-formes C^∞ à support compact , est muni de la topologie limite inductive stricte des espaces $A^p_K(M)$, son dual

$\mathcal{D}'_p(M)$ est l'espace des courants de dimension p , si $T \in \mathcal{D}'_p(M)$, m-p est appelé le degré du courant T , on dit alors que $T \in \mathcal{D}'^{m-p}(M)$.
$A^r(M)$ est l'espace des formes C^∞ de degré r.

1.1. Si M est une variété orientée, toute forme θ définit un courant noté [θ] tel que : $<[\theta],\alpha> = \int_M \theta \wedge \alpha$.

$f : M \to N$ étant un morphisme C^∞ de variétés, si $T \in \mathcal{D}'_p(M)$ on note $f_\# T$ le courant de dimension p de M tel que

$$<f_\# T, \eta> = <T, f^* \eta> \quad \text{pour} \quad \eta \in A^p_c(N)$$

$f_\#(T)$ n'étant défini que pour les courants T tels que f est propre sur le support de T. $f_\#(T)$ est l'image directe du courant T et on a $bf_\#(T) = f_\#(bT)$.
Si $T \in \mathcal{D}'_p(M)$, le support singulier de T , noté supp sing T , est le complémentaire de l'ensemble des points x de M tels que T soit défini au voisinage de x par une forme C^∞. On dira que T est de classe C^∞ lorsque supp sing $T = \emptyset$.

Si $f : M \to N$ est une submersion entre variétés orientées alors on a un morphisme $f^{\#} : \mathcal{D}'^{q}(N) \to \mathcal{D}'^{q}(M)$ défini par

$$\langle f^{\#}S, \theta \rangle = \langle S, f_*\theta \rangle \quad \text{pour} \quad \theta \in A_c^{n-q}(M)$$

$f_*(\theta)$ étant la forme sur N obtenue en intégrant θ sur les fibres de f et caractérisée par la relation : $[f_*(\theta)] = f_{\#}[\theta]$

et on a : $\text{supp sing } f^{\#}S \subset f^{-1}(\text{supp sing } S)$

$$b(f^{\#}S) = (-1)^{m-n} f^{\#}(bS) \quad \text{où} \quad n = \dim N .$$

1.2. Courants 0-continus

Un courant 0-continu T est une forme différentielle à "coefficients mesures", c'est-à-dire que $T \llcorner \alpha$ est une mesure pour tout $\alpha \in A^p(M)$.

exemple : [18] Si M est une variété analytique complexe et si Y est un sous-ensemble analytique complexe de dimension pure p, alors Y définit un courant 0-continu fermé de dimension $2p$, noté $[Y]$, tel que :

$$\langle [Y], \alpha \rangle = \int_{\text{Reg } Y} i^*\alpha$$

où $i : \text{Reg } Y \to M$ désigne l'injection de la partie régulière de Y dans M.

1.3. Produit de convolution de deux courants dans $\mathbb{R}^n$

Lorsque M et N sont deux variétés C^∞, si $S \in \mathcal{D}'_p(M)$ et $T \in \mathcal{D}'_q(N)$ on définit le produit cartésien de S et T de la façon suivante (cf [6]) : c'est l'unique courant de dimension $p+q$ sur $M \times N$ noté $S \times T$, tel que :

$$\langle S \times T, p_1^*\alpha \wedge p_2^*\beta \rangle = \delta_k^p \langle S, \alpha \rangle . \langle T, \beta \rangle$$

où $p_1 : M \times N \to M$ et $p_2 : M \times N \to N$ désignent les projections canoniques, où $\alpha \in A_c^k(M)$, $\beta \in A_c^{p+q-k}(N)$ et $\delta_k^p = 0$ si $p \neq k$ et $\delta_p^p = 1$.

On vérifie immédiatement que :

$$b(S \times T) = bS \times T + (-1)^p S \times bT$$

$$\text{Supp}(S \times T) = \text{Supp } S \times \text{Supp } T$$

Soit $s : \mathbb{R}^n \times \mathbb{R}^n \to \mathbb{R}^n$ définie par $s(x,y) = x+y$. Lorsque $S \in \mathcal{D}'_p(\mathbb{R}^n)$, $T \in \mathcal{D}'_q(\mathbb{R}^n)$ et lorsque $s|\text{supp } S \times \text{supp } T$ est propre, on pose :

$$S * T = s_{\#}(S \times T)$$

Ainsi $S * T$ est de dimension $p+q$, et ce produit de convolution peut être défini dès qu'un des courants est à support compact. De cette définition résultent les propriétés suivantes :

$$b(S * T) = bS * T + (-1)^p S * bT$$

$$S * T = (-1)^{pq} T * S$$

$S * \delta_0 = \delta_0 * S = S$ si δ_0 désigne la mesure de Dirac en 0.

Si K est un multi-indice strictement croissant de longueur $|K| = p+q = r$, on a pour toute fonction f C^∞ à support compact dans $\mathbb{R}^n$:

$$\begin{aligned} \langle (S * T) \llcorner dx_K, f \rangle &= \langle S * T, f dx_K \rangle \\ &= \langle S \times T, f(x+y) dx_{k_1} + dy_{k_1} \wedge \ldots \wedge dx_{k_r} + dy_{k_r} \rangle \\ &= \sum_{\substack{|I|=p \\ |J|=q}}' \delta_K^{IJ} \langle (S \llcorner dx_I) \times (T \llcorner dy_J) , f(x+y) \rangle \end{aligned}$$

d'où : $(S * T) \llcorner dx_K = \sum_{\substack{|I|=p \\ |J|=q}}' \delta_K^{IJ} (S \llcorner dx_I) * (T \llcorner dx_J)$

En particulier : $S * T$ est de classe C^∞ dès que S est de classe C^∞, de plus si S est localement intégrable (ie à "coefficients" localement Lebesgue intégrables) et si T est 0-continu alors $S * T$ est localement intégrable.

Par définition de $S * T$ on a bien sûr : $\mathrm{supp}(S * T) \subset \mathrm{supp}\, S + \mathrm{supp}\, T$, d'autre part si $\mathrm{supp\ sing}\, S = \{0\}$ alors on a :

$$\mathrm{supp\ sing}\, (S * T) \subset \mathrm{supp\ sing}\, T$$

en effet on peut écrire $S = S_1 + S_2$ avec S_2 de classe C^∞ et $\mathrm{supp}\, S_1$ contenu dans la boule $B(0,r)$ centrée à l'origine et de rayon r, de même si $a \notin \mathrm{supp\ sing}\, T$ alors $T = T_1 + T_2$ avec T_2 de classe C^∞ et $a \notin \mathrm{supp}\, T_1$, ainsi $S * T$ est la somme de $S_1 * T_1$ et de trois courants de classe C^∞, or pour r assez petit $S_1 * T_1$ est nul au voisinage de a puisque $\mathrm{supp}\, s_{\#}(S_1 \times T_1) \subset B(0,r) + \mathrm{supp}\, T_1$.

2 . NOYAUX ET PARAMETRIX DANS $\mathbb{R}^n$

2.1. Soit T un courant de la variété M, on appellera **noyau associé** à T un courant K de M tel que :

K est localement intégrable

supp sing $K \subset$ supp sing T

$T - bK$ est de classe C^∞.

Une **paramétrix** sur M est la donnée d'opérateurs continus A et R sur $D'_{\cdot}(X)$ satisfaisant à :

$T = bAT + AbT + RT$ pour tout courant T.

RT est de classe C^∞.

AT est de classe C^∞ dès que T est C^∞.

AT est à support compact quand T est à support compact.

Si l'opérateur A est pseudo-local (ie : supp sing $AT \subset$ supp sing T), et si AT est localement intégrable lorsque T est 0-continu, alors pour tout courant T 0-continu et fermé AT est un noyau associé à T, pour cette raison je dirai que A définit une **paramétrix à noyaux**.

2.2. PROPOSITION : *Soit* $S \in D'_1(\mathbb{R}^n)$ *à support compact tel que* $bS - \delta_0$ *est de classe* C^∞, δ_0 *étant la mesure de Dirac à l'origine, si on pose :*

$$AT = S * T \quad \text{et} \quad RT = (\delta_0 - bS) * T$$

alors les opérateurs A *et* R *définissent une paramétrix sur* $\mathbb{R}^n$.

Cette paramétrix est à noyaux si et seulement si S *est un noyau associé à* δ_0.

En effet ceci résulte de 1.3 et du fait que :

$$bAT = bs_{\#}(S \times T) = s_{\#}(bS \times T - S \times bT)$$

$$A\delta_0 = S$$

2.3. Exemples de Paramétrix

EXEMPLE 1 (De Rham) : Les définitions introduites en 1.3 permettent une construction rapide de la paramétrix de De Rham sur $\mathbb{R}^n$ de la façon suivante :

Soit θ une n-forme différentielle sur $\mathbb{R}^n$ à support compact d'intégrale 1, on pose alors pour $T \in \mathcal{D}'_\cdot(\mathbb{R}^n)$: $RT = [\theta] * T$ et $AT = -h_{\#}(I \times [\theta] \times T)$ où I est le courant de $\mathbb{R}$ défini par l'intégration sur l'intervalle $[0,1]$, et où $h : \mathbb{R} \times \mathbb{R}^n \times \mathbb{R}^n \to \mathbb{R}^n$ est l'application $h(t,x,y) = tx+y$.

La formule $T = bAT + AbT + RT$ résulte du calcul suivant :

$$bAT = -h_{\#}b(I \times [\theta] \times T) = -h_{\#}(bI \times [\theta] \times T) + h_{\#}(I \times [\theta] \times bT)$$

d'où :

$$bAT = -h_{\#}((\delta_1 - \delta_0) \times [\theta] \times T) - AbT$$

or :

$$h_{\#}(\delta_1 \times [\theta] \times T) = s_{\#}([\theta] \times T) = RT$$

et $h_{\#}(\delta_0 \times [\theta] \times T) = T$ puisque si $q : \mathbb{R}^n \times \mathbb{R}^n \to \mathbb{R}^n$ désigne la seconde projection on a :

$$h_{\#}(\delta_0 \times [\theta] \times T) = q_{\#}([\theta] \times T) = \langle [\theta], 1 \rangle . T = T \quad .$$

Ainsi A et R sont les opérateurs d'une paramétrix.

On montrera en 2.4 que $\alpha = A\delta_0$ est un noyau associé à δ_0 et que $AT = \alpha * T$ pour tout courant T.

EXEMPLE 2 (Martinelli)

Rappelons que l'éclaté de $\mathbb{C}^n$ en 0 est le sous-ensemble de $\mathbb{C}^n \times \mathbb{P}_{n-1}$ défini par : $\mathbb{C}^n\{0\} = \{(x,d) \mid x \in d\}$

On désigne par $\sigma : \mathbb{C}^n\{0\} \to \mathbb{C}^n$ la première projection (σ est alors propre et induit un isomorphisme en dehors de $\sigma^{-1}\{0\} = \mathbb{P}_{n-1}$), la seconde projection $\mu : \mathbb{C}^n\{0\} \to \mathbb{P}_{n-1}$ définit un fibré vectoriel holomorphe de rang 1.

L'éclaté de $\mathbb{C}^n$ suivant $\mathbb{C}^m \times \{0\}$ est $\mathbb{C}^m \times \mathbb{C}^{n-m}\{0\}$ muni de la projection $id_{\mathbb{C}^m} \times \sigma$ (toujours notée σ).

Le procédé se généralise permettant de définir l'éclaté d'une variété X le long d'une sous-variété Y de codimension k :

$$\sigma : X\{Y\} \to X$$

σ étant propre, induisant un isomorphisme en dehors de l'hypersurface $\tilde{Y} = \sigma^{-1}(Y)$. De plus σ induit en restriction à $\tilde{Y}$ un $\mathbb{P}_{k-1}$-fibré holomorphe sur Y (en fait $\tilde{Y}$ est le fibré en espaces projectifs $\mathbb{P}(N_Y)$ associé au fibré normal N_Y de Y).

Dans la suite, on notera $[\eta]$ le courant associé à une forme localement intégrable η

Y désignant ici la sous-variété de $\mathbb{C}^n$ d'équations $z_1 = z_2 = \ldots = z_k = 0$ on pose :

$$\alpha = \frac{1}{2i\pi} d' \operatorname{Log}(|z_1|^2 + \ldots + |z_k|^2) \qquad \beta = d\alpha = d''\alpha$$

$$K = \alpha \wedge \beta^{k-1} \quad \text{(Noyau de Martinelli)}$$

PROPOSITION : *On a* $[Y] = d[K] = d''[K]$, K *est donc un noyau associé à* $[Y]$.

En effet supposons $k = n$ (la même démonstration convient pour $k < n$) , soient $j : P_{n-1} \to \mathbb{C}^n\{0\}$ l'injection canonique, et ω_0 la forme de Fubini sur P_{n-1} ($\omega_0 = \frac{1}{2i\pi} d' d'' \operatorname{Log} \sum_1^n z_j \bar{z}_j$ en coordonnées homogènes, $\int_{P_{n-1}} \omega_0^{n-1} = 1$)

Avec les notations introduites précédemment montrons le lemme suivant qui démontrera que $d[K] = \delta_0$ et qui nous sera utile pour la construction de la paramétrix de J. King :

lemme : ([17] et [9]

Pour tout entier $q \geq 0$, *il existe une forme localement intégrable* η *sur* $\mathbb{C}^n\{0\}$ *vérifiant :*

i) $\sigma_{\#}[\eta] = \alpha \wedge \beta^q$

ii) $d''[\eta] = j_{\#}[\omega_0^q] + [\mu^* \omega_0^{q+1}]$

iii) si U *est une carte de* $\mathbb{C}^n\{0\}$ *telle que* $U \cap P_{n-1} = \{t=0\}$ *alors il existe* φ *et* ψ *lisses sur* U *telles que :*

$$\eta = \frac{dt}{t} \wedge \varphi + \psi \quad \textit{sur } U \ .$$

En effet soit $U_k = \{[z_1, \ldots, z_n] \in P^{n-1} \ ; \ z_k \neq 0\}$, alors, si on pose $\zeta_{kj} = \frac{z_j}{z_k}$ $(j = 1, \ldots, n)$, les $\zeta_{k,1}, \ldots, \zeta_{k,k-1}, \zeta_{k,k+1}, \ldots, \zeta_{k,n}$ définissent des coordonnées sur U_k et $\sigma : U_k \times \mathbb{C} \to \mathbb{C}^n$ est donnée par :

$$\sigma(\zeta_{k,1}, \ldots, \zeta_{k,n}, t) = (t\frac{z_1}{z_k}, \ldots, t\frac{z_{k-1}}{z_k}, t, t\frac{z_{k+1}}{z_k}, \ldots, t\frac{z_n}{z_k})$$

On a donc :

$$\alpha = \frac{1}{2i\pi} \sigma_{\#}[\frac{dt}{t} + d' \operatorname{Log}(1 + \sum_{\substack{j=1 \\ j \neq k}}^{n} |\zeta_{k,j}|^2)]$$

$$\beta = \sigma_{\#}[\mu^* \omega_0]$$

il suffit donc de considérer

$$\eta = \frac{1}{2i\pi}\left(\frac{dt}{t} \wedge \mu^*\omega_o^q\right) + \frac{1}{2i\pi}\left(d'\mathrm{Log}(1+\sum_{j\neq k}|\zeta_{k,j}|^2)\right)\wedge \mu^*\omega_o^q$$

et par suite, de $\frac{1}{2i\pi}\, d''[\frac{dt}{t}] = [P_{n-1}]$, on déduit :

$$d''[\eta] = [P_{n-1}] \llcorner \mu^*\omega_o^q + [\mu^*\omega_o^{q+1}] = j_{\#}[\omega_o^q] + [\mu^*\omega_o^{q+1}]$$

ce qui achève la démonstration du lemme.

La proposition provient du lemme en remarquant que pour $q = n-1$ on a :

$$d''[\alpha\wedge\beta^{n-1}] = \sigma_{\#}[d''\eta] = \sigma_{\#}j_{\#}[\omega_o^{n-1}] \quad (\text{car } \omega_o^n = 0)$$

$$= i_{\#}(\sigma|\, P_{n-1})_{\#}\, [\omega_o^{n-1}] \quad (\text{où } i : \{0\}\to \mathbb{C}^n)$$

or $(\sigma|P_{n-1})_{\#}\, [\omega_o^{n-1}]$ est la mesure de Dirac en $\{0\}$ (car $\int_{P_{n-1}}\omega_o^{n-1} = 1$).

EXEMPLE 3 (Poly [24])

Soit E la solution élémentaire du laplacien dans $\mathbb{R}^m$:

$E = \frac{1}{(2-m)s_m r^{m-2}}$ si $m \geq 3$, $E = \frac{1}{2\pi}\,\mathrm{Log}\, r$ si $m = 2$, $E = \frac{r}{2}$ si $m = 1$.

où $r = \|x\|$ et où s_m est l'aire de la sphère de rayon 1 dans $\mathbb{R}^m$.

Posons $\tilde{\alpha} = (-1)^m \sum_{i=1}^{m} \frac{\partial E}{\partial x_i}(-1)^{i+1} dx_1\wedge\ldots\wedge\widehat{dx_i}\wedge\ldots\wedge dx_m$

alors l'écriture $\tilde{\alpha} = (-1)^m \sum_{i=1}^{m} \frac{(-1)^{i+1}x_i}{s_m . r^m}\, dx_1\wedge\ldots\wedge\widehat{dx_i}\wedge\ldots\wedge dx_m$

montre que $\tilde{\alpha}$ est localement intégrable sur $\mathbb{R}^m$ et de classe C^∞ sur $\mathbb{R}^m\setminus\{0\}$.

De plus, si $f\in A_c^o(\mathbb{R}^m)$ on a :

$$\langle b\tilde{\alpha}, f\rangle = \langle\tilde{\alpha}, df\rangle = \int\tilde{\alpha}\wedge df = -\int\sum_{i=1}^{m}\frac{\partial E}{\partial x_i}\cdot\frac{\partial f}{\partial x_i}\, dx_1\ldots dx_m = \int E.\Delta f.dx_1\ldots dx_m$$

soit par définition de E : $\langle b\tilde{\alpha}, f\rangle = f(0)$

Ainsi $\tilde{\alpha}$ est un noyau associé à δ_o vérifiant $b\tilde{\alpha} = \delta_o$.

C'est avec ce noyau que J.B. Poly construit sa paramétrix à noyaux, puisque $\eta.\tilde{\alpha}$ est un noyau à support compact associé à δ_o pour toute fonction C^∞ η à support compact, telle que $\eta = 1$ au voisinage de 0.

2.4. PROPOSITION : *La paramétrix de De Rham sur* $\mathbb{R}^n$ *est une paramétrix à noyaux.*

démonstration : Avec les notations de l'EXEMPLE 1 de 2.3 il suffit de montrer d'après 2.2 que $\alpha = A\delta_0$ est un noyau associé à δ_0 et que $AT = \alpha * T$.

Or on a $h = s\,(f \times id)$ où $f : \mathbb{R} \times \mathbb{R}^n \to \mathbb{R}^n$ est $f(t,x) = tx$,

ainsi : $-AT = s_{\#}(f_{\#}(I \times [\theta]) \times T) = f_{\#}(I \times [\theta]) * T$, de plus

$-\alpha = f_{\#}(I \times [\theta])$ puisque $\alpha = A\delta_0 = -f_{\#}(I \times [\theta]) * \delta_0$.

D'autre part $b\alpha = bA\delta_0 = \delta_0 - R\delta_0$. Il reste donc à vérifier que α est localement intégrable à support singulier $\{0\}$, pour cela calculons α.

On a $\theta = a\, dx_1 \ldots dx_n$ avec a fonction C^∞ à support compact dans $\mathbb{R}^n$,

donc si $\varphi : \varphi_1 dx_1 + \ldots + \varphi_n dx_n$ est une 1-forme à support compact on a :

$$
\begin{aligned}
-\langle \alpha, \varphi \rangle &= \langle I \times [\theta]\ ,\ f^*\varphi \rangle \\
&= \langle I \times [\theta]\ ,\ \varphi_1(tx)(t dx_1 + x_1 dt) + \ldots + \varphi_n(tx) t dx_n + x_n dt) \rangle \\
&= \langle [\theta]\ ,\ \int_0^1 (\sum_{i=1}^{n} x_i \varphi_i(tx)) dt \rangle \\
&= \int_{\mathbb{R}^n} \int_0^1 a(x).(\sum_{i+1}^{n} x_i \varphi_i(tx)) dt\, dx_1 \ldots dx_n
\end{aligned}
$$

soit, en posant $s = 1/t$ et $y = tx$:

$$
\begin{aligned}
-\langle \alpha, \varphi \rangle &= \int_{\mathbb{R}^n} \int_1^\infty a(sy).(\sum_{i=1}^{n} s y_i \varphi_i(y)). s^{n-2} ds\, dy_1 \ldots dy_n \\
&= \int_{\mathbb{R}^n} [(-1)^{n-1} \int_1^\infty s^{n-1} a(sy) ds. \sum_{i=1}^{n} (-1)^{i+1} y_i dy_1 \ldots \widehat{dy_i} \ldots dy_n] \wedge \varphi
\end{aligned}
$$

ainsi on a montré que

$$\alpha = (-1)^n (\int_1^\infty t^{n-1} a(tx) dt). \sum_{i=1}^{n} (-1)^{i+1} x_i dx_1 \ldots \widehat{dx_i} \ldots dx_n$$

α est donc localement intégrable, de classe C^∞ sur $\mathbb{R}^n \setminus \{0\}$ et à support compact.

2.5. **REMARQUE** : Si on prend pour a une fonction C^∞ définie par $a(x) = \lambda(\|x\|)$, où $\lambda : \mathbb{R} \to \mathbb{R}$ est à support compact nulle au voisinage de 0, on aura alors :

$$\alpha = \eta(x). \frac{(-1)^n}{s_n . r^n} \sum_{i=1}^{n} (-1)^{i+1} x_i\, dx_1 \ldots \widehat{dx_i} \ldots dx_n$$

où $\eta(x) = s_n . r^n \int_1^\infty t^{n-1} a(tx)dt = s_n \int_r^\infty u^{n-1}\lambda(u)du$ est une fonction C^∞ à support compact, η est constante au voisinage de 0 puisque λ est nulle au voisinage de 0, de plus on a : $\alpha = \eta.\tilde{\alpha}$ où $\tilde{\alpha}$ est le noyau associé à δ_0 de l'EXEMPLE 3 de 2.3, or par définition de η on a :

$$1 = \int_{\mathbb{R}^n} \theta = \int \lambda(\|x\|)dx_1 \ldots dx_n = \int_{r=0}^{+\infty} \lambda(r) r^{n-1} s_n dr = \eta(0)$$

η est donc une fonction C^∞ à support compact, égale à 1 au voisinage de 0.

Dans $\mathbb{R}^n$ la paramétrix à noyaux de l'EXEMPLE 3 coïncide donc avec la paramétrix de De Rham.

Remarquons enfin que si K est le noyau de Martinelli associé à δ_0 dans $\mathbb{C}^n$ (cf 2.3 EXEMPLE 2) alors :

$$K = \frac{(n-1)!}{(2i\pi)^n} \sum_{i=1}^{n} (-1)^{i+1} \frac{\bar{z}_i dz_1 \ldots dz_n d\bar{z}_1 \ldots \widehat{d\bar{z}_i} \ldots d\bar{z}_n}{(|z_1|^2 + \ldots + |z_n|^2)^n}$$

et par suite on obtient $\tilde{\alpha} = \frac{1}{2}(K+\bar{K})$ sur $\mathbb{C}^n = \mathbb{R}^{2n}$.

3 . PARAMETRIX DANS UNE VARIETE.

3.1. Dans [27], De Rham démontre l'existence d'une paramétrix dans une variété M en modifiant les opérateurs A et R de l'exemple 1 de 2.3 de façon à pouvoir les transférer en des opérateurs sur $\mathcal{D}'_\cdot(M)$. Pour cela il construit un opérateur $\mathbb{A}$ sur $\mathcal{D}'_\cdot(\mathbb{R}^n)$ vérifiant :

- le support de $\mathbb{A}T$ est contenu dans la boule unité fermée B_n
- $\mathbb{R}T = T - b\mathbb{A}T - \mathbb{A}bT$ est C^∞ à l'intérieur de B_n.
- $\mathbb{R}$ est un opérateur pseudo-local.

Cette construction est techniquement délicate, par contre lorsque l'on connaît une **paramétrix à noyaux** dans $\mathbb{R}^n$ (ce qui est le cas pour la paramétrix de De Rham d'après la proposition 2.4) on en déduit rapidement une paramétrix à noyaux dans la variété M. Il suffit en effet de reprendre le procédé de recollement proposé par J.B. Poly dans [24] :

Soit $V_i \subset \overline{V}_i \subset W_i \subset M$ des recouvrements dénombrables et localement finis de M par des ouverts de coordonnées, η_i des fonctions C^∞ à support compact dans W_i valant 1 au voisinage de $\overline{V}_i$. On désigne par a_i et r_i les opérateurs d'une paramétrix à noyaux définis par transfert sur $\mathcal{D}'_\cdot(W_i)$ grâce à la carte $W_i \simeq \mathbb{R}^n$

On pose pour $T \in \mathcal{D}'_\cdot(M)$:

$A_i T = a_i(\eta_i . T)$

$R_i T = T - bA_i T - A_i bT$

$A_i T$ est un courant de M puisqu'il a un support compact dans W_i ,
$R_i T = T - T.\eta_i + r_i(T.\eta i) - a_i(T \llcorner d\eta_i)$ est de classe C^∞ sur V_i puisque a_i est pseudo-local.

A_i et R_i sont pseudo-locaux.

Le recouvrement W_i étant localement fini, la suite $R^k T = R_k R_{k-1} \dots R_1 T$ devient stationnaire sur tout ouvert W relativement compact et la suite $A^k T = A_k R_{k-1} \dots R_1 T$ s'annule sur W pour k assez grand.

On pose alors $RT = \lim\limits_k R^k T$ et $AT = \sum\limits_k A^k T$, de l'expression :

$$R^{k-1}T - R^k T = (1 - R_k) R^{k-1} T = (bA_k + A_k b) R^{k-1} T = bA^k T + A^k bT$$

on déduit par sommation : $T - RT = bAT + AbT$.

A est pseudo-local car A^k l'est.

RT est C^∞ car $R^k T$ est C^∞ sur V_i pour $k \geq i$ puisque $R_i T$ est C^∞ sur V_i et les R_j sont pseudo-locaux.

Si T est O-continu, $A^k T$ est localement intégrable puisque $R^{k-1}T$ est O-continu et $A^k T = A_k(R^{k-1}T)$

La paramétrix ainsi construite est donc une paramétrix à noyaux.

3.2. Si M est une variété analytique complexe, la proposition 2.2 et la construction donnée en 3.1 permettent de donner une paramétrix à noyaux pour le d'' en prenant $S \in \mathcal{D}'^{n,n-1}(\mathbb{C}^n)$ un noyau à support compact associé à δ_0 pour le d'' , c'est-à-dire tel que $d''S - \delta_0$ est de classe C^∞ (voir l'EXEMPLE 2 de 2.3 pour l'existence d'un tel noyau).

4 . LA PARAMETRIX DE J. KING [17]

On rappelle ici la construction de cette paramétrix qui sera utilisée dans le chapitre suivant pour l'étude des formes semi-méromorphes. Les notations seront celles utilisées dans l'exemple 2 de 2.3.

Dans tout ce paragraphe X désignera une variété analytique complexe et W une sous-variété lisse de X de codimension k , $i : W \to X$ sera l'injection canonique.

4.1. Formes et courants du type "noyau".

cas $k = 1$

$A^p(X,*W)$ désigne l'espace des formes η localement intégrables, de degré p, lisses sur $X \setminus W$, telles que $\eta = \frac{dt}{t} \wedge \varphi + \psi$ sur $U \setminus W$ (où U est une carte de X telle que $U \cap W = \{t=0\}$, φ et ψ étant des formes lisses sur U), de telles formes sont dites de type "noyau".

cas $k \geq 1$. On pose

$A^p(X,*W) = \{\sigma_{\#}[\eta] \; ; \; \eta \in A^p(X[W],*\tilde{W})\}$

$\mathcal{D}'^r(X,*W) = \{[\eta_0] + d[\eta_1] \; ; \; \eta_i \in A^{r-i}(X,*W)\}$ (courants du type noyau)

où $\sigma : X[W] \to X$ est l'éclaté de X le long de W et $\tilde{W}$ est l'hypersurface $\sigma^{-1}(W)$.

PROPRIETES :

a) Soient $\psi \in A^s(X)$, $\eta \in A^r(X,*W)$, $T \in \mathcal{D}'^r(X,*W)$

alors $\psi \wedge \eta \in A^{r+s}(X,*W)$ *et* $T \llcorner \psi \in \mathcal{D}'^{r+s}(X,*W)$

b) Si $X = \mathbb{C}^n$ *et* $W = \{z_1 = 0 = \ldots = z_k = 0\}$

alors α , β^q *et* $\alpha \wedge \beta^q$ *sont du type noyau* (α *et* β *étant définies dans l'exemple 2 de 2.3.)*

c) Si $\varphi \in A^p(W)$ *alors* $i_{\#}[\varphi] \in \mathcal{D}'^{p+2k}(X,*W)$

(en particulier $[W] \in \mathcal{D}'^{2k}(X,*W)$*).*

En effet a) est immédiat et de a) on déduit que b) et c) sont des propriétés locales et par suite des conséquences directes du lemme de l'exemple 2 de 2.3.

4.2. Noyau associé à une sous-variété

PROPOSITION :

Pour toute sous-variété W *de codimension* k *dans* X *, il existe* $\eta \in A^{2k-1}(X,{}_*W)$ *et* $\lambda \in A^{2k}(X)$ *telles que :*

$$[W] = b[\eta] + [\lambda]$$

Démonstration : Si $\eta \in A^p(X,{}_*W)$ on pose $\operatorname{Res} \eta = b[\eta] - [b\eta]$ (par exemple si $\operatorname{codim} W = 1$ et si $\eta = \frac{1}{2i\pi}\frac{dt}{t} \wedge \varphi + \psi$ avec $W = \{t=0\}$ alors $\operatorname{Res} \eta = [W] \llcorner \varphi)$ $\sigma|\tilde{W} : \tilde{W} \to W$ étant un fibré en espaces projectifs on déduit de l'exemple précédent qu'il existe $\varphi \in A^{\cdot}(W)$ telle que ($i : W \to X$ étant l'injection canonique) :

$$\operatorname{Res} \eta = i_{\#}[\varphi]$$

on pose alors $\operatorname{res} \eta = (-1)^{p+1}\varphi$, de sorte que : $i_{\#}[\operatorname{res} \eta] = d[\eta] - [d\eta]$.

On vérifie immédiatement que les morphismes

i : $A^{p-2k}(W) \to \mathcal{D}'^p(X,{}_*W)$ $\quad (i(\varphi) = i_{\#}[\varphi]$ cf 4.1. c))

r : $\mathcal{D}'^p(X,{}_*W) \to A^p(X,{}_*W)$ $\quad (r([\eta_0] + d[\eta_1]) = \eta_0 + d\eta_1)$

res : $A^p(X,{}_*W) \to A^{p+1-2k}(W)$

induisent la suite exacte longue dans le diagramme commutatif

$$\begin{array}{ccccccccc}
\dots \to H^{p-2k}(A^{\cdot}(W)) & \xrightarrow{i} & H^p(\mathcal{D}'^{\cdot}(X,{}_*W)) & \xrightarrow{r} & H^p(A^{\cdot}(X,{}_*W)) & \xrightarrow{\operatorname{res}} & H^{p+1-2k}(A^{\cdot}(W) & \dots \\
\downarrow & & \downarrow & & \downarrow & & \downarrow & \\
\dots \to H^{p-2k}(W,\mathbb{C}) & \longrightarrow & H^p(X,\mathbb{C}) & \longrightarrow & H^p(X \setminus W,\mathbb{C}) & \longrightarrow & H^{p+1-2k}(W,\mathbb{C}) & \dots
\end{array}$$

où la suite exacte du bas est déduite de la suite exacte de cohomologie locale :

$$\dots \to H^p_W(X,\mathbb{C}) \to H^p(X,\mathbb{C}) \to H^p(X \setminus W,\mathbb{C}) \to H^{p+1}_W(X,\mathbb{C}) \quad \dots$$

et de l'isomorphisme de Thom :

$$H^p_W(X,\mathbb{C}) = H^{p-2k}(W,\mathbb{C})$$

Dans le diagramme précédent les flèches extrêmes sont des isomorphismes ainsi que : $H^p(A^{\cdot}(X,{}_*W) \to H^p(X \setminus W,\mathbb{C})$ ([20] Théorème de Leray), donc l'injection $A^p(X) \to \mathcal{D}'^p(X,{}_*W)$ induit un isomorphisme en cohomologie ce qui (à l'aide de 4.1 c) montre la proposition.

4.3. La Paramétrix

Soient $p_i : X \times X \to X$ $(i = 1,2)$ les projections canoniques, Φ l'ensemble des fermés F de $X \times X$ tels que les restrictions des p_i à F soient propres, et Δ la diagonale de $X \times X$.

On désigne par : $D'^{\cdot}_{\Phi}(X \times X)$ l'espace des courants de $X \times X$ dont le support est dans Φ et par :

$$T : D'^{\cdot}_{\Phi}(X \times X) \to \mathrm{Hom}_{\mathbb{C}}(A^{\cdot}(X), D'^{\cdot}(X))$$
$$\rho \qquad\qquad\qquad T_\rho$$

le morphisme défini par $T_\rho(\varphi) = p_{1\#}[\rho \wedge p_2^*\varphi]$ (ie. $\langle T_\rho\varphi, \psi\rangle = \langle \rho, p_2^*\varphi \wedge p_1^*\psi\rangle$)

On vérifie immédiatement que l'on a :

i) $T_{[\Delta]}(\varphi) = \varphi \quad \forall \varphi \in A^{\cdot}(X)$

ii) $T_{b\rho} = b \circ T_\rho + T_\rho \circ b$

THEOREME [19] :

Si $\rho \in A^{\cdot}_{\Phi}(X \times X, {*}\Delta)$ *alors* $T_{[\rho]}$ *s'étend en un opérateur linéaire et continu sur* $D'^{\cdot}(X)$ *vérifiant :*

a) $T_{[\rho]}$ *est pseudo-local*

b) Si u *est 0-continu, alors* $T_{[\rho]}u$ *est une forme localement intégrable*

c) Si ρ *est une forme lisse alors* $T_{[\rho]}$ *est régularisant (ie.* $T_{[\rho]}u$ *est une forme* C^∞*)*

d) Si $u = i_{\#}[\varphi]$ *alors* $T_{[\rho]}u \in A^{\cdot}(X, {*}W)$, *où* $i : W \to X$ *est l'injection d'une sous-variété analytique de* X *et où* φ *est une forme différentielle sur* W.

De ce théorème et de 4.2 on déduit la paramétrix :

Si $[\Delta] = b[\rho] + [\lambda]$, $\rho \in A^{2n-1}_{\Phi}(X \times X, {*}\Delta)$, $\lambda \in A^{2n}_{\Phi}(X \times X)$ $(n = \dim X)$

Alors : $u = bT_{[\rho]}u + T_{[\rho]}bu + T_{[\lambda]}u$ *pour tout courant* u.

En posant $A\,u = T_{[\rho]}u$ et $R\,u = T_{[\lambda]}u$, on a alors une **paramétrix à noyaux** vérifiant de plus :

$A[W] \in A^{\cdot}(X, {*}W)$ pour toute sous-variété analytique de X.

4.4. REMARQUE :

Soit K le noyau de Martinelli sur $\mathbb{C}^n$ associé à δ_0 et η une fonction C^∞ à support compact égale à 1 au voisinage de l'origine.

Si $\alpha = \frac{1}{2i\pi} d'\mathrm{Log}(|z_1 - t_1|^2+\ldots+|z_n - t_n|^2)$, $\beta = d\alpha$ sur $\mathbb{C}^n \times \mathbb{C}^n$, alors $\alpha \wedge \beta^{n-1}$ est le Noyau de Martinelli associé à $[\Delta]$ sur $\mathbb{C}^n \times \mathbb{C}^n$.

Donc avec les notations de 4.3, $\rho = \eta(z-t).\alpha \wedge \beta^{n-1}$ est un noyau associé à $[\Delta]$ et $\rho \in A_\Phi^{2n-1}(\mathbb{C}^n \times \mathbb{C}^n, *\Delta)$.

Calculons l'opérateur $T_{[\rho]}$.

On a pour Φ et ψ formes C^∞ sur $\mathbb{C}^n$:

$$\langle T_\rho(\Phi),\psi\rangle = \langle \rho, p_2^*\Phi \wedge p_1^*\psi\rangle$$

$$= \int_{\mathbb{C}^n \times \mathbb{C}^n} \eta(z-t)\alpha \wedge \beta^{n-1} \wedge \sum \Phi_I(t)dt_I \wedge \sum \psi_J(z)dz_J$$

où on a posé $\Phi = \sum \Phi_I dt_I$ et $\psi = \sum \psi_J dz_J$

d'où :

$$\langle T_\rho(\Phi),\psi\rangle = \int_{\mathbb{C}^n \times \mathbb{C}^n} \eta(u)K \wedge \sum \Phi_I(t)dt_I \wedge \sum \psi_J(u+t)d(u_J+t_J)$$

$$= \langle \eta K \times \Phi, s^*\psi\rangle = \langle s_{\#}(\eta K \times \Phi),\psi\rangle$$

Ainsi on a $T_{[\rho]}u = (\eta K) * u$.

Dans $\mathbb{C}^n$ la paramétrix de J. KING est donc obtenue, comme toutes les paramétrix de ce chapitre, par convolution avec un noyau associé à δ_0.

5 . CARACTERISATION DES PARAMETRIX

Même dans $\mathbb{R}^n$, toutes les paramétrix ne sont pas obtenues par convolution avec un noyau associé à δ_0. Nous allons montrer ici que, si M est une variété C^∞ orientée, alors les paramétrix sur M sont en correspondance avec des Noyaux associés à $[\Delta]$ courant d'intégration sur la diagonale.

Soient donc M une variété C^∞ orientée de dimension m et $p_i : M \times M \to M$ $(i=1,2)$ les projections canoniques.

Je dirai qu'un courant $K \in \mathcal{D}'_k(M \times M)$ est ρ_2-régulier lorsque

i. ρ_i/supp T est propre $(i=1,2)$

ii. Pour toute forme $\theta \in A^{\cdot}_c(M \times M)$ le courant $\rho_{2\#}(K \llcorner \theta)$ est lisse

iii. L'application $\theta \to \rho_{2\#}(K \llcorner \theta)$ est continue de $A^{\cdot}_c(M \times M)$ dans $A^{\cdot}_c(M)$

la condition i donne l'équivalence entre iii et iii'.

iii'. L'application $\varphi \to \rho_{2\#}(K \wedge \rho_1^* \varphi)$ est continue de $A^{\cdot}_c(M)$ dans $A^{\cdot}_c(M)$.

Ainsi à tout courant $K \in \mathcal{D}'_k(M \times M)$ ρ_2-régulier on peut associer l'opérateur A^K continu de $\mathcal{D}'_p(M)$ dans $\mathcal{D}'_{p+k-m}(M)$ défini par

$$\langle A^K T, \varphi \rangle = \langle T | \rho_{2\#}(K \wedge \rho_1^* \varphi) \rangle$$

(Selon la terminologie de [29], K admet donc une désintégration $(K_x)_{x \in M}$ par rapport à ρ_2 et on a $K_x = A^K(\delta_x)$ où δ_x est la mesure de Dirac au point x).

Avec ces notations on a alors le critère suivant :

Critère : *Pour que* A *soit l'opérateur d'une paramétrix à noyaux sur* M *il faut et il suffit qu'il existe un noyau* K, ρ_2-*régulier, associé au courant d'intégration sur la diagonale tel que* $A = A^K$.

Pour montrer ce critère remarquons d'abord que si Δ est la diagonale de $M \times M$ alors $[\Delta]$ est ρ_2-régulier et :

$A^{[\Delta]}T = T$ pour tout courant T.

De plus si $K \in \mathcal{D}'_k(M \times M)$ est ρ_2-régulier alors il en est de même de bK et on a pour tout courant T :

$A^{bK}T = bA^K T + A^K bT$,

enfin si K est C^∞ l'opérateur A^K est régularisant puisque l'écriture $\langle A^K T | \varphi \rangle = (-1)^{p+1} \langle T \times [\varphi] | K \rangle$ montre que si $T \in \mathcal{D}'_p(M)$ alors $A^K T$ se prolonge en une forme linéaire continue sur $\mathcal{D}'^{\,p+k-m}_c(M)$.

Ces remarques permettent de montrer, par un raisonnement analogue à [17], que si K est un noyau ρ_2-régulier associé à la diagonale alors A^K est l'opérateur d'une paramétrix à noyaux.

Réciproquement, étant donné A un opérateur d'une paramétrix, on déduit par dualité un opérateur A^* :

$$A^* : A_c^p(M) \to A_c^{p-1}(M) \quad \text{tel que} \quad \langle AT|\varphi\rangle = \langle T, A^*\varphi\rangle$$

pour tout $T \in \mathcal{D}'_{p-1}(M)$. Il existe alors un $K \in \mathcal{D}'_{m+1}(M \times M)$ caractérisé par :

$$\langle K, \rho_1^*\varphi \wedge \rho_2\psi\rangle = \langle [A^*\varphi], \psi\rangle \quad \text{pour} \quad \varphi \in A_c^{\cdot}(M) \quad \text{et} \quad \psi \in A_c^{m+1-\cdot}(M).$$

Le courant K est ρ_2-régulier et on a $A = A^K$, On vérifie alors que K est un noyau associé à $[\Delta]$ (par exemple K est C^∞ sur l'ouvert $U = M \times M \setminus \Delta$ puisque, A étant pseudo-local, $K|U$ se prolonge en une forme linéaire continue sur $\mathcal{D}'^{m+1}_c(U)$.)

CHAPITRE II : FORMES MEROMORPHES ET COHOMOLOGIE

Si X est une variété analytique complexe et Y un sous-ensemble analytique complexe de codimension pure 1, alors toute forme fermée C^∞ sur $X \setminus Y$ est cohomologue dans $X \setminus Y$ à une forme ω semi-méromorphe sur X à pôles le long de Y (A.Grothendieck [11]). Lorsque Y est lisse, d'après un théorème de Leray [20] on peut choisir ω à pôles simples sur Y (ie : localement ω s'écrit $\frac{dZ}{Z} \wedge \Phi + \psi$, où $Z = 0$ est une équation de Y, Φ et ψ étant des formes lisses). Plus généralement, si Y est une sous-variété analytique de codimension pure $k \geq 1$, J.B.Poly [24] montre que toute classe de $H^p(X \setminus Y, \mathbb{C})$ contient une forme fermée et lisse ω sur $X \setminus Y$ telle que $\omega = K \wedge \Phi + \psi$ sur $X \setminus Y$, où Φ et ψ sont des formes lisses sur X et K est un noyau associé à Y. Dans le cas où Y n'est pas lisse on ne peut espérer un tel résultat, en effet (cf. remarque 4.3) il faut alors permettre à Φ et à ψ d'avoir des singularités sur le lieu singulier de Y.

En utilisant la paramétrix de J. King, on montre ici (théorème 3.3) que lorsque Y est de lieu singulier S et de codimension quelconque, toute classe de $H^p(X\setminus Y,C)$ contient la restriction à $X\setminus Y$ d'une forme ω localement intégrable sur X qui se relève en une forme semi-méromorphe à pôles simples dans l'éclaté de $X\setminus S$ le long de $Y\setminus S$.

Une étude plus précise est faite lorsque $\mathrm{co}\dim Y = 1$ (cf.§4 et § 5). En particulier on démontre (§ 5) que si X est de Stein et de dimension 2 on peut choisir ω **méromorphe à pôles simples** le long de Y, ce qui réalise une surjection de la cohomologie du complexe des formes méromorphe à pôles simples le long de Y sur $H^{\cdot}(X\setminus Y,C)$. Contrairement au cas où Y est à croisements normaux cette surjection n'est généralement pas bijective, son noyau est calculé explicitement en 5.7.

Ces résultats annoncés dans [25] et [26] répondent aux questions posées par P. Dolbeault et J.B. Poly dans [5] et par P. Dolbeault dans [4]. Ils permettent aussi de donner une interprétation dans le cadre de la théorie des résidus du morphisme de connexion $\partial : H_p(X\setminus Y,C)\to H_{p-1}(Y,C)$ intervenant dans la suite exacte longue d'homologie de Borel-Moore.

1 . HOMOLOGIE DES COURANTS LOCALEMENT NORMAUX

Dans toute cette partie X désigne une variété analytique réelle réunion dénombrable de compacts.

1.1. Définitions.

Rappelons qu'un courant $T\in \mathcal{D}'_p(X)$ est O-continu si pour toute forme $\Phi\in A^p(X)$ la distribution $T\llcorner\Phi$ est une mesure sur X (cf. I.1.). On désigne alors par $N^{loc}_{\cdot}(X)$ l'espace des courants localement normaux, c'est-à-dire l'espace des courants T de X tels que T et bT soient O-continus.

Si Y est un fermé de X on note :

$N_{\cdot}^{loc}(Y^{\infty})$ l'espace des courants localement normaux à support dans Y,

$N_{\cdot}^{loc}(X,{}_{*}Y)$ l'espace des courants $T \in N_{\cdot}^{loc}(X)$ à support singulier dans Y.

Si $T \in N_{\cdot}^{loc}(X)$ *et si* f *et* g *sont deux applications* C^{∞} *de* X *dans une variété* X' *telles que* $f|\mathrm{supp}\,T = g|\mathrm{supp}\,T$ *soit propre alors on a :*

$$f_{\#}(T) = g_{\#}(T) \qquad \text{(cf. [6])}$$

1.2. PROPOSITION

a) Si Y *est une sous-variété de* X *alors l'injection* $i : Y \to X$ *induit un isomorphisme* $i_{\#} : N_{\cdot}^{loc}(Y) \to N_{\cdot}^{loc}(Y^{\infty})$.

b) Si Y *est un fermé de* X *alors les injections :*

$$N_{\cdot}^{loc}(X,{}_{*}Y) \to N_{\cdot}^{loc}(X) \to \mathcal{D}'_{\cdot}(X)$$

induisent des isomorphismes en homologie.

En effet a) est local et résulte alors de l'existence d'une rétraction $\pi : U \to Y$ définie sur U voisinage de Y car si $T \in N_{\cdot}^{loc}(Y^{\infty})$ on a $i \circ \pi|\mathrm{supp}\,T = \mathrm{id}|\mathrm{supp}\,T$ d'où : $T = i_{\#}(\pi_{\#}T)$.

L'existence d'une paramétrix à noyaux (cf. chapitre I) permet de montrer b)

1.3. On désigne par $H_p(\ ,\mathbb{C})$ le p-ième groupe d'homologie de Borel-Moore [1].

Soit $\Delta_{\cdot}^{!}(X)$ le complexe des pré-courants défini par $\Delta_{\cdot}^{!}(X) = \mathrm{Hom}(A_c^{\cdot}(X),\mathbb{C})$. Le faisceau différentiel $\underline{A}^{\cdot}$ des germes de formes C^{∞} étant une résolution c-molle du faisceau constant $\underline{\mathbb{C}}$, il résulte de la définition de l'homologie de Borel-Moore que $H_p(\Delta_{\cdot}^{!}(Y^{\infty})) = H_p(Y,\mathbb{C})$ pour tout fermé Y de X (voir [2]). Dans la suite exacte longue :

$$\ldots \to H_p(Y,\mathbb{C}) \to H_p(X,\mathbb{C}) \to H_p(X \setminus Y,\mathbb{C}) \xrightarrow{\partial_{B.M.}} H_{p-1}(Y,\mathbb{C}) \to \ldots$$

nous affecterons ici du signe $(-1)^{p+1}$ le morphisme de connexion $\partial_{B.M.}$ défini dans [1], de sorte que ce nouveau morphisme $\partial : H_p(X\setminus Y,C) \to H_{p-1}(Y,C)$ s'interprète de la façon suivante :

Soit $\theta \in H_p(X\setminus Y,C)$, il existe $T \in \Delta'_p(X\setminus Y)$ tel que $T \in \theta$ et $bT = 0$. En désignant par $\tilde{T}$ un élément de $\Delta'_p(X)$ tel que $\tilde{T}|X\setminus Y = T$, le pré-courant $b\tilde{T}$ est fermé et à support dans Y (ie: $b\tilde{T} \in \Delta'_.(Y^\infty)$). Ce pré-courant $b\tilde{T}$ représente $\partial\theta$.

$N_p^{loc}(X|Y^\infty)$ désigne le quotient de $N_p^{loc}(X)$ par $N_p^{loc}(Y^\infty)$. Avec ces notations on a :

PROPOSITION

Soit Y *un sous-ensemble analytique de* X *, alors la suite exacte :*

$$0 \to N_.^{loc}(Y^\infty) \to N_.^{loc}(X) \to N_.^{loc}(X|Y^\infty) \to 0$$

induit le diagramme commutatif à lignes exactes :

$$\begin{array}{ccccccc}
\cdots \longrightarrow & H_p N_.^{loc}(Y^\infty)) & \longrightarrow & H_p(N_.^{loc}(X)) & \longrightarrow & H_p(N_.^{loc}(X|Y^\infty)) & \longrightarrow \cdots \\
& \downarrow \alpha_1 & & \downarrow \alpha_2 & & \downarrow \alpha_3 & \\
\cdots \longrightarrow & H_p(Y,C) & \longrightarrow & H_p(X,C) & \longrightarrow & H_p(X\setminus Y,C) & \longrightarrow \cdots
\end{array}$$

les α_i *étant des surjections admettant des sections canoniques compatibles aux morphismes propres.*

De plus, si Y *est localement à croisements normaux alors les* α_i *sont des isomorphismes.*

(Remarque : On montre en fait ce théorème dans le cas où Y est un sous-ensemble sous-analytique fermé.)

Démonstration : Montrons d'abord que les α_i sont des isomorphismes quand Y est localement à croisements normaux. D'après le lemme des cinq, il suffit de montrer que α_1 est un isomorphisme (car α_2 est un isomorphisme d'après 1.2.b).

Il nous faut donc démontrer que l'injection :

$$\underline{N}_{\cdot}^{loc}(Y^{\infty}) \to \underline{\Delta}'_{\cdot}(Y^{\infty})$$

induit un isomorphisme en homologie. Les faisceaux $\underline{N_{\cdot}^{loc}(Y^{\infty})}$ et $\underline{\Delta_{\cdot}(Y^{\infty})}$ des germes de courants localement normaux et des pré-courants à supports dans Y sont acycliques, donc il nous suffit de démontrer que les flèches $H^p(\underline{N_{\cdot}^{loc}(Y^{\infty})}) \to H^p(\underline{\Delta'_{\cdot}(Y^{\infty})})$ sont des isomorphismes. Le problème est donc local et par suite on peut supposer que $X = R^n$ et que $Y = \{x \in X \mid x_1 \ldots x_k = 0\}$.

En fait nous allons montrer que l'application :

$H_p(N_{\cdot}^{loc}(Y^{\infty})) \to H_p(Y,C)$ est un isomorphisme lorsque $Y = \bigcup_{i=1}^{k} Z_i$ où Z_i est une intersection finie d'hyperplans de coordonnées de R^n.

Si $k = 1$, alors l'isomorphisme résulte de 1.2.a) car Y est lisse.

Si $k > 1$, posons :

$$Y_1 = \bigcup_{i=1}^{k-1} Z_i \quad \text{et} \quad Y_2 = Z_k \quad (\text{on peut supposer } Z_i \not\subset Z_j \text{ pour } i \neq j),$$

si l'on montre que la suite :

$$0 \to N_{\cdot}^{loc}(Y_1 \cap Y_2^{\infty}) \to N_{\cdot}^{loc}(Y_1^{\infty}) \oplus N_{\cdot}^{loc}(Y_2^{\infty}) \to N_{\cdot}^{loc}(Y^{\infty}) \to 0$$

est exacte, alors l'isomorphisme se déduira par récurrence du lemme des cinq et de la suite exacte de Mayer-Vietoris :

$$\ldots \to H_p(Y_1 \cap Y_2, C) \to H_p(Y_1, C) \oplus H_p(Y_2, C) \to H_p(Y, C) \to \ldots$$

Il nous faut donc montrer que tout courant T de $N_p^{loc}(Y^{\infty})$ peut s'écrire $T_1 + T_2$ avec $T_i \in N_p^{loc}(Y_i^{\infty})$.

On a : $Y_2 = \{x \in R^n \mid x_1 = x_2 = \ldots = x_h = 0\} = \{0\} \times R^{n-h}$

posons : $U_\varepsilon =]-\varepsilon, +\varepsilon[^h \times R^{n-h}$.

Soit η une application C^{∞} telle que : $\eta | U_\varepsilon \equiv 1 \quad \eta | X \setminus U_{2\varepsilon} \equiv 0$. On a :

$$T = \eta T + (1-\eta) T$$

$(1-\eta)T$ est à support contenu dans Y et est nul sur U_ε donc $\mathrm{supp}(1-\eta)T \subset Y_1$.

Soit $\pi : R^n \to Y_2 = \{0\} \times R^{n-h}$ la projection canonique, alors $\pi | \mathrm{supp}(\eta T)$ est propre et $\pi_{\#}(\eta T) \in N_p^{loc}(Y_2^{\infty})$, or π coïncide à l'identité sur $Y_2 \setminus Y_1$ et $\pi^{-1}(Y_1 \cap Y_2) \subset Y_1$ donc (1.1.) $\pi_{\#}(\eta T) = \eta T$ sur $X \setminus Y_1$ (ie $\eta T - \pi_{\#}(\eta T) \in N_p^{loc}(Y_1^{\infty})$) il suffit donc de poser :

$$T_1 = (1-\eta)T + [\eta T - \pi_{\#}(\eta T)] = T - \pi_{\#}(\eta T)$$

$$T_2 = \pi_{\#}(\eta T).$$

(Remarque : En utilisant les travaux de Federer [6. §4.4], on pourrait montrer que la dernière assertion du théorème est valide pour tout fermé Y qui est localement un retract lipschitz de voisinage.)

Il nous reste à démontrer la première partie de la proposition 1.3. Soit $\mathcal{S}.(Y^\infty)$ le complexe des chaînes sous-analytiques à support dans Y [24]. Utilisant le fait que les sous-analytiques constituent la plus petite classe contenant les semi-analytiques et stable par image d'un morphisme analytique réel propre, Poly [24] construit un morphisme d'intégration :

$$I : \mathcal{S}_p(Y^\infty) \to N_p^{loc}(Y^\infty).$$

Ce morphisme de complexes est compatible aux morphismes propres d'où le diagramme commutatif compatible aux morphismes propres :

$$\begin{array}{ccccccc}
\ldots \to H_p(\mathcal{S}.(Y^\infty)) & \longrightarrow & H_p(\mathcal{S}.(X)) & \longrightarrow & H_p(\mathcal{S}.(X|Y^\infty)) \to & \ldots \\
\downarrow & & \downarrow & & \downarrow & \\
\ldots \to H_p(N.^{loc}(Y^\infty)) & \longrightarrow & H_p(N.^{loc}(X)) & \longrightarrow & H_p(N.^{loc}(X|Y^\infty)) \to & \ldots \\
\downarrow & & \downarrow & & \downarrow & \\
\ldots \to H_p(\Delta'.(Y^\infty)) & \longrightarrow & H_p(\Delta'.(X)) & \longrightarrow & H_p(\Delta'.(X|Y^\infty)) \to & \ldots
\end{array}$$

L'existence d'une triangulation pour les sous-analytiques [15] donne :

$$H_p(\mathcal{S}.(Y^\infty)) \tilde{\to} H_p(Y,C)$$

et il résulte des travaux de Herrera et Lieberman [12 th. 4.3] que la composée des flèches verticales est un isomorphisme, ce qui achève la démonstration.

1.4. Soient $S \subset Y$ deux sous-ensembles analytiques de X tels que $Y \setminus S$ soit lisse et $\dim S < \dim Y$. Soit $N.^{loc}(Y^\infty, *S)$ le complexe des courants de $N.^{loc}(Y^\infty)$ dont la restriction à $X \setminus S$ est l'image directe, par l'inclusion de $Y \setminus S$ dans $X \setminus S$, d'un courant lisse de $Y \setminus S$.

COROLLAIRE. *Avec les notations ci-dessus, le morphisme :*

$$H_p(N.^{loc}(Y^\infty, *S)) \to H_p(Y,C)$$

est un épimorphisme.

Démonstration : il existe [13], $\hat{Y}$ une variété analytique réelle et $\pi : \hat{Y} \to Y$ un morphisme propre et surjectif tel que $\hat{S} = \pi^{-1}(S)$ soit localement à croisements normaux, π induisant un isomorphisme σ de $\hat{Y} \setminus \hat{S}$ sur $Y \setminus S$. Soit $A.(Y \setminus S)^{\infty}$ [resp. : $A.(\hat{Y} \setminus \hat{S})^{\infty}$] le conoyau de l'injection de $N_{.}^{loc}(S^{\infty})$ dans $N_{.}^{loc}(Y^{\infty},*S)$ [resp. : de $N_{.}^{loc}(\hat{S}^{\infty})$ dans $N_{.}^{loc}(\hat{Y},*\hat{S})$] , on a alors le cube commutatif à lignes exactes :

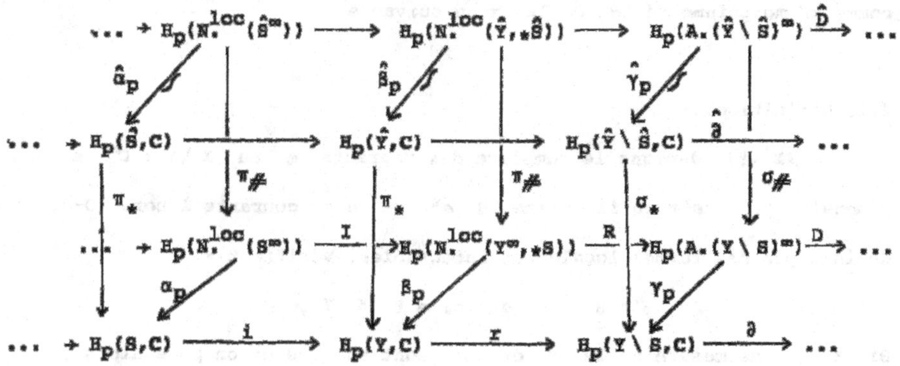

où $\hat{\alpha}_p$ est un isomorphisme (d'après 1.3) ainsi que $\hat{\beta}_p$ (d'après 1.2.b)) donc $\hat{\gamma}_p$ est un isomorphisme, de plus σ_* est un isomorphisme et si

$$s_p : H_p(S,C) \to H_p(N_{.}^{loc}(S^{\infty}))$$

est la section canonique de α_p , on a d'après la proposition 1.3 :

$$\pi_{\#} \circ (\hat{\alpha}_p)^{-1} = s_p \circ \pi_*$$

Soit $\zeta \in H_p(Y,C)$, posons $\eta = \sigma_{\#}\hat{\gamma}_p^{-1}\sigma_*^{-1}\, r(\zeta)$, alors $\gamma_p(\eta) = r(\zeta)$ et on a :

$$D\eta = \pi_{\#}\hat{\alpha}_{p-1}^{-1}\hat{\partial}\ \sigma_*^{-1}\ r\ \zeta = s_{p-1}\ \pi_*\ \hat{\partial}\ \sigma_*^{-1}\ r\ \zeta = s_{p-1}\ \partial\ r\ \zeta = 0$$

donc il existe $u \in H_p(N^{loc}(Y^{\infty},*S))$ tel que $\eta = R\,u$ et par suite :

$$r(\beta_p u - \zeta) = 0$$

donc il existe $\theta \in H_p(S,C)$ tel que $i(\theta) = \beta_p(u) - \zeta$, α_p étant surjective on a $\theta = \alpha_p(u')$ avec $u' \in H_p(N^{loc}(S^{\infty}))$ et donc :

$$\zeta = \beta_p(u - Iu')$$

ce qui démontre 1.4.

2 . INTERPRETATION DE LA SUITE EXACTE DE BOREL-MOORE

X désignant toujours une variété analytique réelle, considérons la suite exacte longue (où Y est un fermé de X) :

$$\ldots \to H_p(Y,C) \to H_p(X,C) \to H_p(X\setminus Y,C) \xrightarrow{\partial} H_{p-1}(Y,C) \to \ldots$$

la proposition 1.3 nous permet d'interpréter le morphisme de connexion ∂ comme un morphisme résidu de la façon suivante :

2.1. Définitions :

$\mathcal{B}_p(X,*Y)$ désigne le complexe des courants ω de $X\setminus Y$, C^∞ et de dimension p, tels qu'il existe θ et θ' deux courants à bord O-continu définis par des formes localement intégrables, vérifiant :

$$\omega = \theta | X\setminus Y \quad \text{et} \quad b\omega = \theta' | X\setminus Y$$

Si Y est de mesure nulle θ et θ' sont uniques et on pose alors

$$\mathrm{Res}(\omega) = b\theta - \theta'$$

On obtient ainsi un morphisme :

$$\mathrm{Res} : \mathcal{B}_p(X,*Y) \to N_{p-1}^{loc}(Y^\infty)$$

vérifiant : $\mathrm{Res}(b\omega) = -\,b\,\mathrm{Res}(\omega)$.

2.2. PROPOSITION :

Soit Y *un sous-ensemble analytique de* X, *dans le diagramme commutatif suivant :*

$$\begin{array}{ccc} H_p(\mathcal{B}_\cdot(X,*Y)) & \xrightarrow{\mathrm{Res}} & H_{p-1}(N_\cdot^{loc}(Y^\infty)) \\ \downarrow & & \downarrow \\ H_p(X\setminus Y,C) & \xrightarrow{\partial} & H_{p-1}(Y,C) \end{array}$$

les flèches verticales sont surjectives

Démonstration : le morphisme Res est surjectif puisque si A est l'opérateur d'une paramétrix à noyaux on a $\mathrm{Res}(Au|X\setminus Y) = u$ pour tout $u \in N_{p-1}^{loc}(Y^\infty)$. Soit $\mathcal{L}_p(X,*Y)$ le complexe des courants localement intégrables à bord localement intégrable et à support singulier contenu dans Y.

On a la suite exacte :

$$0 \longrightarrow \mathcal{L}_p(X,*Y) \longrightarrow \mathcal{B}_p(X,*Y) \xrightarrow{\text{Res}} N^{loc}_{p-1}(Y^\infty) \longrightarrow 0$$

L'existence d'une paramétrix à noyaux montre que l'injection $\mathcal{L}_p(X,*Y) \to \mathcal{D}'_p(X)$ induit un isomorphisme en homologie, d'où le diagramme commutatif :

$$\begin{array}{ccccccc}
\dots \to H_p(\mathcal{L}_\cdot(X,*Y)) & \longrightarrow & H_p(\mathcal{B}_\cdot(X,*Y)) & \xrightarrow{\text{Res}} & H_{p-1}(N^{loc}(Y^\infty)) & \to \dots \\
\downarrow \alpha_p & & \downarrow \beta_p & & \downarrow \gamma_p & \\
\dots \to H_p(X,\mathbb{C}) & \longrightarrow & H_p(X \setminus Y,\mathbb{C}) & \xrightarrow{\partial} & H_{p-1}(Y,\mathbb{C}) & \longrightarrow \dots
\end{array}$$

α_p est un isomorphisme, γ_p est surjective d'après 1.3 donc β_p est surjective.

3 . COHOMOLOGIE DU COMPLEMENTAIRE D'UN SOUS-ENSEMBLE ANALYTIQUE COMPLEXE.

Dans cette partie X désigne une variété analytique complexe de dimension complexe n, Y un sous-ensemble analytique complexe de codimension $k \geq 1$ et de lieu singulier S. On utilise ici les notations introduites dans le chapitre I § 4 : "La paramétrix de J. KING".

3.1. Définition :

Soit $\eta \in A^{2n-1}_\phi(X \times X,*\Delta)$ un noyau associé à $[\Delta]$

on pose :

$$\mathcal{S}_{\eta,p}(X,*Y) = \left\{ \omega \in A^{2n-p}(X \setminus Y) \text{ tq } \omega = T_\eta u + \psi|_{X\setminus Y} \text{ où } \begin{array}{l} u \in N^{loc}_{p-1}(Y^\infty,*S) \\ \psi \in A^{2n-p}(X) \end{array} \right\}$$

c'est un sous complexe de $\mathcal{B}_p(X,*Y)$ (cf : 2.1) et on a :

$$\text{Res } \omega = u$$

d'où le morphisme :

$$\text{Res} : \mathcal{S}_{\eta,p}(X,*Y) \to N^{loc}_{p-1}(Y^\infty,*S)$$

3.2. Avec les notations de 3.1. on a :

PROPOSITION :

Dans le diagramme commutatif suivant :

$$\begin{array}{ccc} H_q(\mathcal{S}_{\eta,\cdot}(X,*Y)) & \xrightarrow{\text{Res}} & H_{q-1}(N^{loc}_{\cdot}(Y^{\infty},*S)) \\ \big\downarrow & & \big\downarrow \\ H_q(X\setminus Y,C) & \xrightarrow{\partial} & H_{q-1}(Y,C) \end{array}$$

les flèches verticales sont des surjections.

Démonstration : Soit $\alpha \in H_q(X \setminus Y,C)$. La dernière flèche verticale est surjective d'après 1.4, donc $\partial\alpha$ est la classe d'un courant fermé $u \in N^{loc}_{q-1}(Y^{\infty},*S)$.

Or on a

$$u = bT_\eta u + \psi' \quad \text{avec} \quad \psi' \in A^{p+1}(X) \quad (\text{où } p+q=2n)$$

Si $i : Y \to X$ désigne l'injection canonique induisant

$$i_* : H_{q-1}(Y,C) \to H_{q-1}(X,C)$$

on a $i_*\partial\alpha = 0$, donc il existe un courant $v \in \mathcal{D}'_q(X)$ tel que $u = bv$. Par suite ψ' borde un courant, donc il existe $\psi \in A^p(X)$ telle que $\psi' = d\psi$.

Considérons alors la forme $\omega_0 \in A^p(X \setminus Y)$ définie par $\omega_0 = T_\eta u + \psi$, ω_0 est alors une forme fermée de $\mathcal{S}_{\eta,q}(X,*Y)$ telle que $\text{Res}\,\omega_0 \in \partial\alpha$. Soit α_0 la classe de ω_0 dans $H_q(X \setminus Y,C)$, on a $\partial(\alpha-\alpha_0) = 0$ donc $\alpha-\alpha_0$ est la classe de la restriction d'une forme fermée $\varphi \in A^p(X)$, et par suite :

$$\omega = \omega_0 + \varphi \in \alpha \quad \text{et} \quad \text{Res}(\omega) \in \partial\alpha$$

3.3 THEOREME :

Toute classe de $H^p(X \setminus Y,C)$ *contient une forme* $\omega \in A^p(X \setminus Y,C)$ *fermée vérifiant :*

i) ω *est la restriction d'une forme localement intégrable* Φ *à bord 0-continu*

ii) si $\sigma : X' \to X \setminus S$ *est l'éclatement de* $X \setminus S$ *le long de* $Y \setminus S$, *alors* $\sigma^*\omega$ *est une forme semi-méromorphe à pôles simples le long de* $\sigma^{-1}(Y \setminus S)$

(*ie.:* $\omega \in A^p(X \setminus S,*Y \setminus S)$ *avec les notations de* I.4.1)

3.3.1. **Démonstration** : D'après 3.2 il suffit de montrer que si $\eta \in A^{\cdot}(X \times X, *\Delta)$ et si $u \in N^{loc}_{\cdot}(Y^{\infty}, *S)$ alors $T_\eta u|_{X \setminus Y} \in A^{\cdot}(X \setminus S, *Y \setminus S)$. Le problème est donc local sur $X \setminus S$, soit donc $x \notin S$ et λ une fonction C^∞ à support compact telle que $\lambda \equiv 1$ au voisinage de x et

$$\text{supp}\, \lambda \subset U \quad (U \text{ carte de } X \text{ telle que } U \cap S = \emptyset).$$

On a : $$T_\eta u = \lambda\, T_\eta\, \lambda^2\, u + \lambda\, T_\eta(1-\lambda^2)u + (1-\lambda)T_\eta u$$

au voisinage de x le dernier terme est nul et le second est C^∞ car T_η est pseudo-local.

D'après la définition de T_η on a :

$$\lambda\, T_\eta\, \lambda^2\, u = T_{\lambda_1 \lambda_2 \eta} \lambda u \quad \text{où} \quad \lambda_i = \lambda \circ p_i \ (p_i : X \times X \to X)$$

or $U \cap Y$ est une sous-variété de U

$\text{Supp}\,(\lambda_1 \lambda_2 \eta) \subset U \times U$

λu est une forme C^∞ sur $Y \cap U$.

On est donc ramené au cas où Y est lisse et où u est défini par une forme lisse de Y, 3.3 résulte alors de la propriété de la paramétrix de J. King (cf. le d) du théorème du chapitre I § 4.3).

3.3.2. **Remarques** : Soit $A^{\cdot}(X, *Y)$ le complexe des formes ω lisses sur $X \setminus Y$ telles que :

a) ω et $d\omega$ soient les restrictions à $X \setminus Y$ de formes localement intégrables de X à bord 0-continu

b) $\sigma^* \omega$ et $d\sigma^* \omega$ soient les restrictions à $X' \setminus \sigma^{-1}(Y \setminus S)$ de formes semi-méromorphes de X' à pôles simples le long de $\sigma^{-1}(Y \setminus S)$.

Le théorème 3.3 montre que toute classe de $H^p(X \setminus Y, \mathbb{C})$ contient une forme fermée de $A^p(X, *Y)$.

D'après I.4.3. il existe une forme K localement intégrable sur X, lisse sur $X \setminus Y$ telle que $[Y] - dK$ soit lisse et telle que $K|X \setminus Y \in A^{\cdot}(X, *Y)$, ainsi $A^{\cdot}(X, *Y)$ contient le complexe $\mathcal{S}^{\cdot}_K(X, *Y)$ des formes K-simples construit par Poly [23] où $\mathcal{S}^p_K(X, *Y)$ est l'espace des formes $\omega \in A^p(X \setminus Y)$ telles que $\omega = K \wedge \varphi + \psi$ sur $X \setminus Y$, φ et ψ étant lisses sur X (voir aussi [22] lorsque $Y = \{z \in \mathbb{C}^n \mid z_1 = \ldots = z_k = 0\}$ et lorsque K est le noyau de l'exemple 2 de I § 2.3.).

4 . CAS HYPERSURFACE

Dans cette situation, on peut préciser le résultat de 3.3 de la façon suivante :

THEOREME :

Si Y *est un sous-ensemble analytique de codimension pure* $k = 1$, *de lieu singulier* S, *alors toute classe de* $H^p(X\setminus Y, \mathbb{C})$ *contient une forme fermée* $\omega \in A^p(X\setminus Y)$ *vérifiant :*

i) ω *est la restriction d'une forme localement intégrable à bord 0-continu*

ii) Si f *est une équation locale de* Y *dans un ouvert* U *de* X *alors*

$$\omega = \frac{df}{f} \wedge \varphi + \psi \quad \text{sur} \quad U\setminus Y$$

φ *et* ψ *étant des formes localement intégrables sur* U *à support singulier dans* $U \cap S$.

La démonstration repose essentiellement sur le lemme suivant :

4.1. LEMME :

Soient $z_1,\dots,z_n$ *les coordonnées de* $\mathbb{C}^n$, k *un entier* $(1 \leq k \leq n)$ *et* $n_1,\dots,n_k$ k *entiers non nuls. Alors on a pour* $1 \leq p \leq k$:

$$\frac{dz_1}{z_1} \wedge \frac{dz_2}{z_2} \wedge \dots \wedge \frac{dz_p}{z_p} = \left(\sum_{i=1}^{k} n_i \frac{dz_i}{z_i}\right) \wedge \varphi + \psi$$

où φ *et* ψ *sont des formes localement intégrables sur* $\mathbb{C}^n$, *lisses en dehors de* $S_p = \bigcup_{j=1}^{p} \{z_j = z_1 \dots \hat{z}_j \dots z_k = 0\}$ (*où* $z_1 \dots \hat{z}_j \dots z_k = \prod_{\substack{i=1,\dots k \\ i\neq j}} z_i$).

démonstration du lemme :

a) cas où $p = 1$.

On a alors $\dfrac{dz_1}{z_1} = \left(\sum_{i=1}^{k} n_i \dfrac{dz_i}{z_i}\right) \wedge \varphi_1 + \psi_1$ avec :

$$\varphi_1 = \frac{1}{n_1} \frac{|z_2 \dots z_k|^2}{|z_1|^2 + |z_2 \dots z_k|^2}$$

$$\psi_1 = \frac{\bar z_1 \; dz_1}{|z_1|^2+|z_2\ldots z_k|^2} - \sum_{i=2}^{k} \frac{n_i}{n_1} \frac{\bar z_1|z_2\ldots\hat z_i\ldots z_k|^2}{|z_1|^2+|z_2\ldots z_k|^2} \, dz_i \, .$$

En effet :

$$\Big(\sum_{i=1}^{k} n_1 \frac{dz_i}{z_i}\Big).\varphi_1 = \frac{dz_1}{z_1} . \frac{|z_2\ldots z_k|^2}{|z_1|^2+|z_2\ldots z_k|^2} + \sum_{i=2}^{k} \frac{n_i}{n_1} . \frac{|z_2\ldots z_k|^2}{z_i} . \frac{dz_i}{|z_1|^2+|z_2\ldots z_k|^2}$$

$$= \frac{dz_1}{z_1} - \frac{dz_1}{z_1} . \frac{|z_1|^2}{|z_1|^2+|z_2\ldots z_k|^2} + \sum_{i=2}^{k} \frac{n_i}{n_1} \frac{\bar z_i|z_2\ldots\hat z_i\ldots z_k|^2}{|z_1|^2+|z_2\ldots z_k|^2} dz_i$$

$$= \frac{dz_1}{z_1} - \psi_1$$

φ_1 et ψ_1 sont localement intégrables sur $\mathbb{C}^n$ car :

$$|\varphi_1| \le \frac{1}{n_1} \; , \; \psi_1 = \sum_{i=1}^{k} \psi_1^i \, dz_i \quad \text{avec} \quad |\psi_1^1| \le \frac{1}{|z_1|} \quad \text{et} \quad |\psi_1^i| \le \frac{n_i}{n_1} . \frac{1}{|z_i|}$$

de plus leurs supports singuliers sont contenus dans $\{z_1 = z_2\ldots z_k = 0\}$.

b) cas où $p > 1$.

D'après le cas $p = 1$ on a : $\frac{dz_j}{z_j} = \Big(\sum_{i=1}^{k} n_i \frac{dz_i}{z_i}\Big) \wedge \varphi_j + \psi_j$, donc

$$\frac{dz_1}{z_1} \wedge \frac{dz_2}{z_2} \wedge \ldots \wedge \frac{dz_p}{z_p} = \Big(\sum_{i=1}^{k} n_i \frac{dz_i}{z_i}\Big) \wedge \Big(\sum_{j=1}^{p} (-1)^{j+1} \varphi_j \psi_1 \wedge \ldots \wedge \hat\psi_j \wedge \ldots \wedge \psi_p\Big) + \psi_1 \wedge \psi_2 \wedge \ldots \wedge \psi_p .$$

Posons alors :

$$\varphi = \sum_{j=1}^{p} (-1)^{j+1} \varphi_j \, \psi_1 \wedge \ldots \wedge \hat\psi_j \wedge \ldots \wedge \psi_p \; ; \; \psi = \psi_1 \wedge \psi_2 \wedge \ldots \wedge \psi_p \, ,$$

φ et ψ sont lisses en dehors de $\bigcup_{j=1}^{p} \{z_j = 0 \, , \, z_1\ldots\hat z_j\ldots z_k = 0\}$,

et sont localement intégrables puisque :

$$|\varphi_j| \le \frac{1}{n_j} \quad \forall j \in \{1,\ldots,p\} \quad ; \quad \psi_j = \sum_{i=1}^{k} \psi_j^i \, dz_1 \quad \text{avec} \quad |\psi_j^i| \le \frac{n_i}{n_j} \frac{1}{|z_i|} .$$

4.2. Démonstration du théorème.

Considérons un morphisme propre et surjectif

$\sigma : X' \to X$ vérifiant :

i) X' est une variété analytique complexe, $\sigma^{-1}(Y) = Y'$ est localement à croisements normaux.

ii) σ induit un isomorphisme de $X' \setminus \sigma^{-1}(S)$ sur $X \setminus S$.

Soit $\eta^{p}_{Y'}(X')$ le complexe des formes $\omega' \in A^{p}(X' \setminus Y')$ telles que

$$\omega' = \sum_{1 \leq i_1 < \ldots < i_q \leq k} \frac{dz_{i_1} \wedge \ldots \wedge dz_{i_q}}{z_{i_1} \ldots z_{i_q}} \wedge \varphi_{i_1,\ldots,i_q} + \psi \quad \text{sur} \quad V \setminus Y'$$

où V est un ouvert tel que $V \cap Y' = \{z_1 \ldots z_k = 0\}$, $\varphi_{i_1,\ldots,i_q}$ et ψ étant des formes C^∞ sur V.

On a les isomorphismes :

$$H^p(X' \setminus Y', C) \tilde{\rightarrow} H^p(\eta^{*}_{Y'}(X')) \quad \text{et} \quad H^p(X \setminus Y, C) \xrightarrow[\sim]{\sigma^*} H^p(X' \setminus Y', C) ,$$

donc toute classe de $H^p(X \setminus Y, C)$ contient une forme fermée $\omega \in A^p(X \setminus Y)$ telle que $\sigma^*\omega \in \eta^{p}_{Y'}(X')$.

$\sigma^*\omega$ définit une forme localement intégrable $\Phi' = [\sigma^*\omega]$. σ étant un isomorphisme au-dessus de $X \setminus Y$, $\sigma_{\#}(\Phi')$ est une forme localement intégrable telle que $\omega = \sigma_{\#}(\Phi')|X \setminus Y$ (ce qui montre i) du Théorème).

Soit U un ouvert de X tel que $Y \cap U = \{f = 0\}$ où f est une fonction holomorphe sur U. Considérons alors un recouvrement localement fini de $\sigma^{-1}(U)$ par des ouverts de coordonnées V_i tels que $V_i \cap Y = \{z_1^{V_i} \ldots z_{k_i}^{V_i} = 0\}$, et une partition de l'unité de $\sigma^{-1}(U)$ constituée de fonctions C^∞, η_i à support compact dans V_i.

Comme σ^*f est une fonction holomorphe sur $\sigma^{-1}(U)$ nulle sur Y', on a sur chaque V_i :

$$\sigma^*f = z_1^{n_1} \ldots z_{k_i}^{n_{k_i}} . \varepsilon, \text{ avec } \varepsilon \text{ inversible.}$$

Donc d'après le lemme 4.1, comme $\sigma^*\omega \in \eta^{p}_{Y'}(X')$, on a sur V_i :

$$\sigma^*\omega = \frac{d\sigma^*f}{\sigma^*f} \wedge \varphi_{V_i} + \psi_{V_i} ,$$

φ_{V_i} et ψ_{V_i} étant localement intégrables sur V_i et lisses en dehors de Sing Y'

D'où :

$$\eta_i . \sigma^*\omega = \frac{d\sigma^*f}{\sigma^*f} \wedge \eta_i \varphi_{V_i} + \eta_i \psi_{V_i} ,$$

et par suite :

$$\sigma^*\omega = \frac{d\sigma^*f}{\sigma^*f} \wedge \varphi' + \psi'$$

avec $\varphi' = \sum_i \eta_i \varphi_{V_i}$ et $\psi' = \sum_i \eta_i \psi_{V_i}$ localement intégrables sur $\sigma^{-1}(U)$ et lisses en dehors de Sing Y'.

Sachant que Sing $Y' \subset \sigma^{-1}(S)$ et que σ induit un isomorphisme de $X' \setminus \sigma^{-1}(S)$ sur $X \setminus S$, on en déduit que : $\varphi = \sigma_{\#}[\varphi']$ et $\psi = \sigma_{\#}[\psi']$ sont des formes localement intégrables et lisses en dehors de S telles que :

$$\omega = \frac{df}{f} \wedge \varphi + \psi \quad \text{sur} \quad U,$$

ce qui achève la démonstration du théorème 4.

4.3 Remarque

On va montrer dans le paragraphe suivant que, sous les hypothèses du théorème 4 et dans le cas $\dim X = 2$ toute classe de $H^p(X \setminus Y, \mathbb{C})$ contient une forme ω fermée dans $X \setminus Y$, semi-méromorphe à pôles simples le long de Y (ie : si $(f=0)$ est une équation locale de Y dans U alors $f.\omega$ est C^∞ sur U).

Je ne sais pas si ce résultat se généralise au cas $\dim X > 2$. Par contre même dans le cas où $\dim X = 2$ on ne peut pas en général choisir ω semi-méromorphe à pôles simples le long de Y s'écrivant

$$\omega = \frac{df}{f} \wedge \varphi + \psi \quad \text{avec} \quad \varphi \ C^\infty \ \text{sur} \ X \setminus S \ \text{et} \ \psi \ C^\infty \ \text{sur} \ X$$

Exemple : $X = \mathbb{C}^2$, $Y = \{z_1.z_2 = 0\}$, $\alpha = \text{classe } (\frac{dz_1}{z_1})$ dans $H^1(\mathbb{C}^2 \setminus Y, \mathbb{C})$.
Supposons que α contienne une forme $\omega = \frac{d(z_1 z_2)}{z_1 z_2}.\varphi + \psi$ avec $z_1 z_2 \omega$ C^∞ sur X, φ C^∞ sur $X \setminus \{0,0\}$, ψ C^∞ sur X.
On aurait alors, avec les notations de 4.2 :

$\omega \in \eta^1_Y(X)$, $\frac{dz_1}{z_1} \in \eta^1_Y(X)$ et $\text{classe } (\frac{dz_1}{z1} - \omega) = 0$ dans $H^1(\mathbb{C}^2 \setminus Y, \mathbb{C}) = H^1(\eta^{\bullet}_Y(X))$.

Or $\eta^{\circ}_Y(X)$ est l'algèbre des fonctions C^∞ sur X, par suite :

$$\frac{dz_1}{z_1} = \omega + d\,\beta = (\frac{dz_1}{z_1} + \frac{dz_2}{z_2}).\varphi + \psi + d\,\beta \quad \text{avec} \quad \beta \in A^{\circ}(X)$$

En écrivant $\psi + d\,\beta = \lambda_1 dz_1 + \lambda_2 dz_2 + \mu_1 d\bar{z}_1 + \mu_2 d\bar{z}_2$ où λ_i et μ_i sont C^∞ sur X, on aurait successivement :

$z_2 dz_1 = \varphi z_2 dz_1 + \varphi z_1 dz_2 + \lambda_1 z_1 z_2 dz_1 + \lambda_2 z_1 z_2 dz_2$, $\mu_1 = \mu_2 = 0$.

D'où $z_2 = \varphi z_2 + \lambda_1 z_1 z_2$ et $\varphi z_1 + \lambda_2 z_1 z_2 = 0$,

soit $1 = \varphi + \lambda_1 z_1$ et $\varphi + \lambda_2 z_2 = 0$ sur $\mathbb{C}^2 \setminus \{0\}$,

par suite $\lambda_1 z_1 - \lambda_2 z_2 = 1$ sur $\mathbb{C}^2 \setminus \{0\}$ donc sur $\mathbb{C}^2$!!

5 . FORMES MEROMORPHES ET SEMI-MEROMORPHES SUR UNE SURFACE ANALYTIQUE COMPLEXE

5.1. RESULTATS PRINCIPAUX

5.1.1. Notations

Soient X une surface analytique complexe, Y un sous-ensemble analytique de codimension pure 1 et f une fonction holomorphe sur X, on désigne par :

$\Omega^p_{\langle X,Y\rangle}$ le faisceau des germes des p-formes méromorphes ω sur X telles que ω et $d\omega$ soient à pôles simples le long de Y (c'est-à-dire que si $(h = 0)$ est une équation locale minimale de Y dans un ouvert U alors $h\omega$ et $hd\omega$ sont holomorphes sur U).

$\tilde{\Omega}^p_{\langle X,Y\rangle}$ le sous-faisceau de $\Omega^p_{\langle X,Y\rangle}$ constitué des germes des p-formes ω telles que, si $h = h_1 \ldots h_k$ est la décomposition en germes irréductibles de l'équation locale minimale $(h = 0)$ de Y, alors :

$$\omega = \sum_{1\leq i_1<\ldots<i_r\leq k} \frac{dh_{i_1}\wedge\ldots\wedge dh_{i_r}}{h_{i_1}\ldots h_{i_r}} \wedge \varphi_{i_1\ldots i_r} + \psi \quad \text{où}$$

$\varphi_{i_1\ldots i_r}$ et ψ sont des formes holomorphes.

$\Omega^p_{\langle X,f\rangle}$ le faisceau des germes des p-formes méromorphes ω sur X, à pôles le long de $f^{-1}(0) = Z(f)$, telles que $f\omega$ et $f\,d\omega$ soient holomorphes sur X.

Ω^p_Y sera ici la restriction à Y du quotient du faisceau Ω^p_X des germes des p-formes holomorphes sur X par celui des germes des formes holomorphes nulles sur la partie régulière de Y (c'est en fait le quotient des formes holomorphes sur Y au sens de A. GROTHENDIECK [10] par son sous-faisceau de torsion).

Enfin, si $\sigma : X' \to X$ est une application continue de X' dans X et si $\mathcal{F}$ est un faisceau de groupes abéliens sur X', on note :

$R^p\sigma_*(\mathcal{F})$ l'image de $\mathcal{F}$ par le $p^{\text{ième}}$ foncteur dérivé du foncteur image directe σ_*.

5.1.2. **Formes méromorphes à pôles simples.**

THEOREME

i) <u>*Si*</u> X <u>*est une surface analytique complexe lisse et si*</u> Y <u>*est une courbe complexe de*</u> X, <u>*alors les homomorphismes canoniques :*</u>

$$\mathbb{H}^p(\tilde{\Omega}^{\cdot}_{<X,Y>}) \xrightarrow{\tilde{\varphi}^p} R^p i_*(\mathbb{C}_{X\setminus Y})$$

<u>*sont des isomomorphismes pour*</u> $p \neq 2$, $\tilde{\varphi}^2$ <u>*étant un épimorphisme.*</u>

(où i désigne l'injection de $X\setminus Y$ dans X, et $\mathbb{C}_{X\setminus Y}$ désigne le faisceau constant sur $X\setminus Y$ de fibre $\mathbb{C}$)

ii) <u>*Si*</u> f <u>*est une fonction holomorphe sur*</u> X, <u>*alors les homomorphismes canoniques :*</u>

$$\mathbb{H}^p(\Omega^{\cdot}_{<X,f>}) \xrightarrow{\varphi^p} R^p i_*(\mathbb{C}_{X\setminus Z(f)})$$

<u>*sont des isomorphismes pour*</u> $p \neq 2$, φ^2 <u>*étant un épimorphisme de noyau isomorphe à*</u> $\mathbb{H}^1(\Omega^{\cdot}_{Z(f)})$.

(L'isomorphisme entre $\operatorname{Ker}\varphi^2$ et $\mathbb{H}^1(\Omega^{\cdot}_{Z(f)})$ est explicité au § 5.7.)

Remarques :

Le théorème 5.1.2.ii étant local, il reste valable si on remplace $\Omega^{\cdot}_{<X,f>}$ par $\Omega^{\cdot}<X,Y>$, et $\mathbb{H}^1(\Omega^{\cdot}_{Z(f)})$ par $\mathbb{H}^1(\Omega^{\cdot}_Y)$.

Lorsque Y est une courbe on a $\mathbb{H}^1(\Omega^{\cdot}_Y) = \Omega^1_Y/d\mathcal{O}_Y$, où $\mathcal{O}_Y$ est le faisceau des germes de fonctions holomorphes sur Y.

Si Y est localement à croisements normaux, alors $\tilde{\Omega}^{\cdot}_{<X,Y>} = \Omega^{\cdot}_{<X,Y>}$.

Par contre si Y est défini au voisinage de 0 dans $\mathbb{C}^2$ par une équation $\{f=0\}$ avec f irréductible ayant 0 pour point critique alors $\Omega^p<X,Y> \neq \tilde{\Omega}^p<X,Y>$ pour $p=1$ ou 2.

En effet, d'une part la forme $\dfrac{dx\wedge dy}{f}$ est dans $\Omega^2<X,Y> \setminus \tilde{\Omega}^2<X,Y>$, et d'autre part soit $k \geq 1$ le plus petit entier tel que f^k est dans l'idéal jacobien de f on a $f^k = a_2.\frac{\partial f}{\partial x} - a_1\frac{\partial f}{\partial y}$ avec $a_i \in \mathcal{O}_X$, la 1-forme $\omega = \frac{1}{f}(a_1 dx + a_2 dy)$ est alors dans $\Omega^1\langle X,Y\rangle \setminus \tilde{\Omega}^1\langle X,Y\rangle$. (Par exemple pour $f(x,y) = x^2 - y^3$ on a $\omega = \frac{1}{x^2-y^3}\,(\frac{y}{3}dx + \frac{x}{2}dy)$).

5.1.3. Formes semi-méromorphes à pôles simples

Si l'on considère maintenant les faisceaux fins :

$$A^p\langle X,f\rangle = \sum_{r+s=p} \Omega^r\langle X,f\rangle \wedge A^s_X$$

$$A^p\langle X,Y\rangle = \sum_{r+s=p} \Omega^r\langle X,Y\rangle \wedge A^s_X$$

$$\tilde{A}^p\langle X,Y\rangle = \sum_{r+s=p} \tilde{\Omega}^r\langle X,Y\rangle \wedge A^s_X$$

où A^s_X est le faisceau des germes des s-formes C^∞ sur X, on a :

THEOREME

i) Sous les hypothèses du théorème 5.1.2, les homomorphismes canoniques :

$$\mathbb{H}^p(\tilde{A}^\cdot\langle X,Y\rangle) \xrightarrow{\tilde{\psi}^p} R^p\, i_*(\mathbb{C}_{X\setminus Y})$$

sont des isomorphismes pour $p \neq 2$, $\tilde{\psi}^2$ *étant un épimorphisme.*

ii) De même, les homomorphismes canoniques :

$$\mathbb{H}^p(A^\cdot\langle X,f\rangle) \xrightarrow{\psi^p} R^p\, i_*(\mathbb{C}_{X\setminus Z(f)})$$

sont des isomorphismes pour $p \neq 2$, ψ^2 *étant un épimorphisme de noyau* $\mathcal{H}^1(\Omega^\cdot_{Z(f)})$.

Remarques :

Le théorème 5.1.3. ii étant local, il reste valable si on remplace $A^\cdot\langle X,f\rangle$ par $A^\cdot\langle X,Y\rangle$, et $\mathcal{H}^1(\Omega^\cdot_{Z(f)})$ par $\mathcal{H}^1(\Omega^\cdot_Y)$.

Si Y est localement à croisements normaux, alors on a $\tilde{A}^\cdot\langle X,Y\rangle = A^\cdot\langle X,Y\rangle$ et ce faisceau coïncide avec le faisceau des germes des formes semi-méromorphes ω, à pôles le long de Y, telles que ω et $d\omega$ soient à pôles simples.

5.1.4. Globalisation.

COROLLAIRE

Si X *est une variété de Stein de dimension* 2 *et si* Y *est une courbe complexe de* X, *alors les homomorphismes :*

$$H^p(\Gamma(X, \tilde{\Omega}^{\cdot}_{<X,Y>})) \xrightarrow{\tilde{\varphi}^p} H^p(X\setminus Y, C)$$

et $$H^p(\Gamma(X, \Omega^{\cdot}_{<X,Y>})) \xrightarrow{\varphi^p} H^p(X\setminus Y, C)$$

sont des isomorphismes pour $p \neq 2$, *et des épimorphismes pour* $p = 2$, *le noyau de* φ^2 *étant* $\Gamma(X, H^1(\Omega^{\cdot}_Y))$.

Si X *est une variété analytique complexe de dimension* 2 *et si* Y *est une courbe complexe de* X, *alors les homomorphismes :*

$$H^p(\Gamma(X, \tilde{A}^{\cdot}_{<X,Y>})) \xrightarrow{\tilde{\psi}^p} H^p(X\setminus Y, C)$$

et $$H^p(\Gamma(X, A^{\cdot}_{<X,Y>})) \xrightarrow{\psi^p} H^p(X\setminus Y, C)$$

sont des isomorphismes pour $p \neq 2$, *et des épimorphismes pour* $p = 2$, *le noyau de* ψ^2 *étant* $\Gamma(X, H^1(\Omega^{\cdot}_Y))$.

5.2. DEMONSTRATION DU THEOREME 5.1.2.i)

Ce théorème étant de nature locale on peut supposer que X est un polydisque de C^2 centré en 0, et que $Y = (f_1 \ldots f_k = 0)$ où $Y_j = (f_j = 0)$ est irréductible en 0. 0 étant le seul point singulier de Y, $Y \setminus \{0\}$ est alors la réunion disjointe des $Y_j \setminus \{0\}$.

5.2.1. Calcul de $\dim_0 R^p\, i_*\,(C_{X\setminus Y})$.

Montrons qu'en fait on a $\dim_0 R^1\, i_*\,(C_{X\setminus Y}) = k$ et $\dim_0 R^2\, i_*\,(C_{X\setminus Y}) = k - 1$ (on a $R^0\, i_*\,(C_{X\setminus Y}) = C_X$ et $R^p\, i_*(C_{X\setminus Y}) = 0$ pour $p \geq 3$). Pour $p \geq 1$, on a un isomorphisme :

$\lambda : R^p\, i_*\,(C_{X\setminus Y}) \to H_{3-p}\,(Y,C)$ obtenu par

$\lambda : R^p\, i_*\,(C_{X\setminus Y}) \xrightarrow{\partial} H^{p+1}_Y\,(X,C) \xrightarrow{P} H_{3-p}\,(Y,C)$, où ∂ est le morphisme de connexion dans la suite exacte longue de cohomologie locale et P est la dualité de Poincaré sur X.

– Pour $p = 1$ on a donc :

$$R^1 i_* (C_{X\setminus Y}) \overset{\partial}{\underset{\sim}{\to}} H_2 (Y,C) = H_2 (Y\setminus 0,C) = \bigoplus_{j=1}^{k} H_2(Y_j\setminus 0,C) = \bigoplus_{j=1}^{k} H_2(Y_j,C)$$

(car $H_2(0,C) = H_1(0,C) = 0$)

Or Y_j est topologiquement lisse (car isomorphe à sa normalisée) donc $H_2(Y_j,C) = C_{Y_j}$, ce qui montre que

$\dim_0 R^1 i_* (C_{X\setminus Y}) = k$ et $R^1 i_* (C_{X\setminus Y}) = \bigoplus_{j=1}^{k} R^1 i_* (C_{X\setminus Y_j})$

- Pour $p = 2$ on a $R^2 i_* (C_{X\setminus Y}) \overset{\lambda}{\underset{\sim}{\to}} H_1 (Y,C)$.

Y_j est topologiquement lisse donc $H_1 (Y_j,C) = 0 = H_0(Y_j,C)$ par conséquent la suite exacte longue d'homologie de Borel-Moore :

$$\to H_q (Y^k,C) \oplus H_q(Y_k,C) \to H_q (Y^k \cup Y_k,C) \overset{\Delta}{\to} H_{q-1} (Y^k \cap Y_k,C) \to \ldots$$

où $Y^k = Y_1 \cup \ldots \cup Y_{k-1}$ donne par récurrence sur k : $H_0(Y^k) = 0$,

d'où la suite exacte :

$$0 \to H_1 (Y^k,C) \to H_1 (Y^{k+1},C) \overset{\Delta}{\to} H_0 (Y^k \cap Y_k,C) \to 0$$

Comme $Y^k \cap Y_k = \{0\}$, une récurrence sur k montre donc que

$$\dim_0 R^2 i_*(C_{X\setminus Y}) = k - 1.$$

5.2.2. Cas $p = 1$

Comme $R^1 i_* (C_{X\setminus Y}) = \bigoplus_{j=1}^{k} R^1 i_* (C_{X\setminus Y_j})$, pour montrer que $\tilde{\varphi}^1$ est surjective il suffit de montrer que la classe de $\dfrac{df_j}{f_j}$ engendre $R^1 i_* (C_{X\setminus Y_j})$. Or l'isomorphisme $\lambda : R^p i_* (C_{X\setminus Y}) \to H_{3-p} (Y,C)$ s'obtient de la manière suivante :

Si $C \in R^p i_* (C_{X\setminus Y})$ est la classe d'un courant fermé T de $X\setminus Y$ tel que T se prolonge en un courant $\tilde{T}$ de X , alors $\lambda(C)$ représente la classe du courant $d\tilde{T}$. Ici $\tilde{T} = \dfrac{df_j}{f_j}$, alors $\tilde{T}$ est une forme localement intégrable sur X et $d\tilde{T} = d[\dfrac{df_j}{f_j}] = 2i\pi[Y_j]$ où $[Y_j]$ est le courant d'intégration sur Y_j dont la classe est un générateur de $H_2 (Y_j,C)$.

Donc $\tilde{\varphi}^1$ est surjective.

Soit $\omega = \sum_{j=1}^{k} \dfrac{df_j}{f_j} h_j + \psi \in \tilde{\Omega}^1_{<X,Y>}$ fermée sur $X\setminus Y$, alors h_j est constante sur Y_j.

Si $\tilde{\varphi}^1(\omega) = 0$, alors $\lambda\tilde{\varphi}^1(\omega) = 0$, donc $\sum_{j=1}^{k}[Y_j].\ h_j = 0$, et par suite h_j est nulle sur Y_j. Ainsi ω est une forme holomorphe sur X et fermée, ce qui montre que $\omega = d\,h$ avec $h \in \mathcal{O}_X$. $\tilde{\varphi}^1$ est donc bijective.

5.2.3. Cas $p = 2$. Nous allons montrer ici que les classes des formes :

$$\frac{df_1}{f_1}\wedge\frac{df_2}{f_2}\ ,\ \frac{df_2}{f_2}\wedge\frac{df_3}{f_3}\ ,\ldots,\ \frac{df_{k-1}}{f_{k-1}}\wedge\frac{df_k}{f_k}$$

constituent une base de $R^2 i_*(\mathbb{C}_{X\setminus Y})$, ce qui montrera bien que $\tilde{\varphi}^2$ est surjective. Cette propriété est trivialement vraie pour $k = 1$ car alors $R^2 i_*(\mathbb{C}_{X\setminus Y}) = 0$. Si $k > 1$, comme dans 5.2.1. posons $Y^k = Y_1 \cup \ldots \cup Y_k$, on a alors le diagramme commutatif à lignes exactes déduit de 5.2.1. :

$$\begin{array}{ccccc}
0 \to R^2 i_*(\mathbb{C}_{X\setminus Y^k}) & \longrightarrow & R^2 i_*(\mathbb{C}_{X\setminus Y}) & & \\
\wr\downarrow \lambda_k & & \wr\downarrow \lambda & & \\
0 \to \mathcal{H}_1(Y^k,\mathbb{C}) & \longrightarrow & \mathcal{H}_1(Y,\mathbb{C}) & \xrightarrow{\Delta} & \mathcal{H}_0(Y^k \cap Y_k,\mathbb{C}) \to 0
\end{array}$$

Par l'hypothèse de récurrence $\frac{df_1}{f_1}\wedge\frac{df_2}{f_2}\ ,\ldots,\ \frac{df_{k-2}}{f_{k-2}}\wedge\frac{df_{k-1}}{f_{k-1}}$ forme une base de $R^2 i_*(\mathbb{C}_{X\setminus Y^k})$, donc il nous faut montrer que $\Delta.\lambda\left(\frac{df_{k-1}}{f_{k-1}}\wedge\frac{df_k}{f_k}\right)$ est non nul dans $\mathcal{H}_0(Y^k \cap Y_k,\mathbb{C}) = \mathcal{H}_0(\{0\},\mathbb{C}) = \mathbb{C}.\delta_0$ où δ_0 est la mesure de Dirac en 0.

Le morphisme $\Delta.\lambda$ s'obtient de la manière suivante : si $C \in R^2 i_*(\mathbb{C}_{X\setminus Y})$ est la classe d'un courant fermé T de $X\setminus Y$ tel que T se prolonge en un courant $\tilde{T}$ de X, alors $d\tilde{T}$ s'écrit $T_1 - T_2$ avec T_1 (resp. T_2) à support dans Y^k (resp : Y_k), $\Delta.\lambda(C)$ est alors la classe de dT_2.

Or il existe ([13]) un morphisme propre et surjectif $\sigma : X^\sigma \to X$ d'une variété analytique complexe X^σ sur X, obtenu par une suite finie d'éclatements à centres ponctuels, tel que σ induise un isomorphisme de $X^\sigma\setminus\sigma^{-1}(0)$ sur $X\setminus\{0\}$ et tel que $\sigma^{-1}(Y)$ soit localement à croisements normaux. Soit $\tilde{Y}$ l'adhérence de $\sigma^{-1}(Y)\setminus\sigma^{-1}(0)$, $\sigma : \tilde{Y}\to Y$ est une normalisation de Y, $\tilde{Y}$ est alors la réunion disjointe des normalisées $\tilde{Y}_j$ des Y_j.

$\sigma^{-1}(Y)$ est localement à croisements normaux, donc la forme $\sigma^*(\frac{df_{k-1}}{f_{k-1}} \wedge \frac{df_k}{f_k})$ est localement intégrable sur X^σ ; $\lambda(\frac{df_{k-1}}{f_{k-1}} \wedge \frac{df_k}{f_k})$ est donc la classe de $d\sigma_{\#}[\sigma^*(\frac{df_{k-1}}{f_{k-1}} \wedge \frac{df_k}{f_k})]$. Et on a :

$d[\sigma^*(\frac{df_{k-1}}{f_{k-1}} \wedge \frac{df_k}{f_k})] = 2i\pi([\tilde{Y}^k] \wedge \sigma^*(\frac{df_k}{f_k}) - \sigma^*(\frac{df_{k-1}}{f_{k-1}}) \wedge [\tilde{Y}_k])$ sur $X^\sigma \setminus \sigma^{-1}(0)$ où $[\tilde{Y}^k]$ (resp $[\tilde{Y}_k]$) est le courant d'intégration sur $\tilde{Y}^k = \bigcup_{j=1}^{k-1} \tilde{Y}_j$ (resp : $\tilde{Y}_k$). Cette égalité est une égalité en courants plats de dimension 1 donc on a ([6]) :

$$\frac{1}{2i\pi} d\sigma_{\#}[\sigma^*(\frac{df_{k-1}}{f_{k-1}} \wedge \frac{df_k}{f_k})] = \sigma_{\#}([\tilde{Y}^k] \wedge \sigma^*(\frac{df_k}{f_k})) - \sigma_{\#}(\sigma^*(\frac{df_{k-1}}{f_{k-1}}) \wedge [\tilde{Y}_k])$$

sur X.

Par suite $\frac{1}{2i\pi}\Delta.\lambda(\frac{df_{k-1}}{f_{k-1}} \wedge \frac{df_k}{f_k})$ est la classe de $d\sigma_{\#}(\sigma^*(\frac{df_{k-1}}{f_{k-1}}) \wedge [\tilde{Y}_k])$, or $d(\sigma^*(\frac{df_{k-1}}{f_{k-1}}) \wedge [\tilde{Y}_k]) = 2i\pi\eta\, \delta_{y_k}$ où : $\{y_k\} = \tilde{Y}_k \cap \sigma^{-1}(0)$, δ_{y_k} est la mesure de dirac en y_k et η est la multiplicité de $\sigma^*(f_{k-1})$ en y_k.

Par conséquent $\Delta\lambda(\frac{df_{k-1}}{f_{k-1}} \wedge \frac{df_k}{f_k})$ est la classe de :

$$-4\pi^2\, \eta\, \sigma_{\#}(\delta_{y_k}) = -4\pi^2\, \eta\delta_o$$

ce qui achève la démonstration du théorème.

5.3. DEMONSTRATION DU THEOREME 5.1.2.ii)

5.3.1. Cas où $Z(f)$ est à croisements normaux.

PROPOSITION :

Si X est une surface complexe lisse et si f est une fonction holomorphe sur X telle que $Z(f)$ soit localement à croisements normaux, alors les homomorphismes :

$$H^p(\Omega^{\cdot}_{\langle X,f\rangle}) \to R^p i_*(\mathbb{C}_{X \setminus Z(f)})$$

sont des isomorphismes.

Remarques :

- Cette proposition est bien la transcription de 5.1.2.ii, car dans ce cas on a $\Omega^1_{Z(f)} = d\mathcal{O}_{Z(f)}$ (se donner un germe de 1-forme holomorphe sur $Z(f)$ revenant à se donner un germe de 1-forme sur chaque composante irréductible de $Z(f)$).

- La proposition étant locale, on peut supposer que

$$Z(f) = \{(z_1,z_2) \in \Delta\times\Delta \text{ tq } z_1.z_k = 0\} \quad 1\leq k\leq 2 ,$$

Δ étant un disque de $\mathbf{C}$ centré en 0.

$$f(z) = z_1^{n_1} . z_k^{n_k} \text{ , } n_1 \text{ et } n_k \text{ étant des entiers non nuls.}$$

- La proposition est valable même si $\dim X > 2$, la démonstration se faisant par récurrence sur le nombre de composantes de $Z(f)$. La proposition résulte du lemme suivant :

LEMME :

Les homomorphismes canoniques :

a) $\mathbb{H}^p(\Omega^\cdot_{<X,Z(f)>}) \to R^p\, i_*\, (\mathbf{C}_{X\setminus Z(f)})$

b) $\mathbb{H}^p(\Omega^\cdot_{<X,Z(f)>}) \to \mathbb{H}^p(\Omega^\cdot_{<X,f>})$

sont des isomorphismes.

Démonstration : Les isomorphismes a) s'obtiennent par un calcul direct, $\Omega^\cdot_{<X,Z(f)>}$ étant alors le complexe gradué de $\mathcal{O}_X$-algèbres engendré par $\frac{dz_1}{z_1}$ et $\frac{dz_2}{z_2}$ (cf. par exemple [28]). Les homomorphismes intervenant dans a) étant des isomorphismes, ceux intervenant dans b) sont des injections, donc il nous faut montrer :

$$(P) \left| \begin{array}{l} \text{Si } \omega\in\Omega^p_{<X,f>} \text{ et si } d\omega = 0 \text{ alors} \\ \omega = \omega_1 + d\omega_2 \text{ avec } \omega_1\in\Omega^p_{<X,Z(f)>} \text{ et } \omega_2\in\Omega^{p-1}_{<X,f>} \end{array}\right.$$

Cas : $k = 1$ (ie: $Z(f) = (z_1 = 0)$ et $f(z) = z_1^n$).

Les éléments de $\Omega^\cdot_{<X,f>}$ s'écrivent alors $\omega = \frac{dz_1}{z_1^n}\wedge\alpha + \frac{\beta}{z_1^{n-1}}$

où α et β sont dans $\Omega^\cdot_X$. Nous allons montrer (P) par récurrence sur n ((P) étant triviale pour $n = 1$).

Dans l'écriture de ω on peut supposer que α et β ne contiennent aucun terme en dz_1, posons alors :

$$\alpha = z_1\,\alpha_1 + \alpha' \,,\ \beta = z_1\,\beta_1 + \beta' \,,\ \omega_1 = \frac{dz_1}{z_1^{n-1}} \wedge \alpha_1 + \frac{\beta_1}{z_1^{n-2}} \,,\ \omega_2 = \frac{-\alpha'}{(n-1)\ z_1^{n-1}}$$

où α' et β' sont indépendantes de z_1.

Montrons alors que si $d\omega = 0$ alors $\omega = \omega_1 + d\omega_2$, ce qui achèvera de montrer (P) pour $k = 1$ d'après l'hypothèse de récurrence.

On a :

$$\omega_1 + d\omega_2 = \frac{dz_1}{z_1^n}\wedge\alpha + \frac{\beta_1}{z_1^{n-2}} - \frac{1}{(n-1)z_1^{n-1}}\,d\alpha' = \omega - \frac{1}{(n-1)z_1^{n-1}}\,(d\alpha' + (n-1)\beta')$$

or :

$$0 = z_1^n\ d\omega = -dz_1\wedge d\alpha' + z_1 d\beta' - (n-1)dz_1\wedge\beta' - z_1 dz_1\wedge d\alpha_1 + z_1^2 d\beta_1 - (n-2)z_1 dz_1\wedge\beta_1 \,,$$

par suite :

$dz_1\wedge d\alpha' + (n-1)dz_1\wedge\beta' = z_1\theta$ où $\theta \in \Omega_X^{p+1}$.

α' et β' étant indépendantes de z_1 et sans facteur en dz_1 on en déduit que :

$dz_1\wedge d\alpha' + (n-1)\ dz_1\wedge\beta' = 0$ et donc $d\alpha' + (n-1)\beta' = 0$.

Cas : $k = 2$ (ie: $f(z) = z_1^n\ z_2^m$)

$\Omega^{\cdot}_{\langle X,f\rangle}$ est alors le complexe gradué de $\mathcal{O}_X$-modules engendré par les formes :

$$\frac{1}{z_1^{n-1}\ z_2^{m-1}} \,,\ \frac{dz_1}{z_1^n\ z_2^{m-1}} \,,\ \frac{dz_2}{z_1^{n-1}\ z_2^m} \,,\ \frac{dz_1\wedge dz_2}{z_1^n\ \ z_2^m}$$

, c'est-à-dire que

si $\omega \in \Omega^{\cdot}_{\langle X,f\rangle}$, alors :

$$\omega = \frac{dz_2}{z_2^m}\wedge\alpha + \frac{\beta}{z_2^{m-1}}$$

où α et β sont dans $\Omega^{\cdot}_{\langle X,z_1^n\rangle}$, on peut supposer que α et β sont sans facteur en dz_2. On pose :

$\alpha = z_2\,\alpha_1 + \alpha'$, $\beta = z_2\,\beta_1 + \beta'$ où α_1, α', β_1 et β' sont dans $\Omega^{\cdot}_{\langle X,z_1^n\rangle}$, les formes α' et β' étant indépendantes de z_2.

Supposons que $d\omega = 0$ alors :

$$z_2^m\ d\omega = -\ dz_2\wedge d\alpha' + z_2 d\beta' = (m-1)dz_2\wedge\beta' - z_2 dz_2\wedge d\alpha_1 + z_2^2 d\beta_1 - (m-2)z_2 dz_2\wedge\beta_1 = 0 \,,$$

d'où : $dz_2\wedge d\alpha' + (m-1)dz_2\wedge\beta' = 0$ et par suite $d\alpha' + (m-1)\beta' = 0$.

Si $m = 1$, alors $d\alpha' = 0$, donc d'après le cas $k = 1$ on a :

$$\alpha' = \alpha_1' + d\alpha_2' \quad \text{avec} \quad \alpha_1' \in \Omega^{\bullet}_{\langle X,\{z_1=0\}\rangle} \quad \text{et} \quad \alpha_2' \in \Omega^{\bullet}_{\langle X, z_1^n\rangle} .$$

Or

$$\omega = \frac{dz_2}{z_2} \wedge \alpha' + \omega' \quad \text{avec} \quad \omega' = \beta + dz_2 \wedge \alpha_1 \in \Omega^{\bullet}_{\langle X, z_1^n\rangle}$$

$d\omega = d\alpha' = 0$ donc $d\omega' = 0$ et par suite

$$\omega' = \omega_1' + d\omega_2' \quad \text{avec} \quad \omega_1' \in \Omega^{\bullet}_{\langle X,\{z_1=0\}\rangle} \quad \text{et} \quad \omega_2' \in \Omega^{\bullet}_{\langle X, z_1^n\rangle}$$

d'où $\omega = (\frac{dz_2}{z_2} \wedge \alpha_1' + \omega_1') + d(\omega_2' - \frac{dz_2}{z_2} \wedge \alpha_2')$

ce qui montre (P) pour $m = 1$.

Si $m > 1$, alors $\beta' = d\,(\frac{-\alpha'}{m-1})$, donc

$$\omega = (\frac{dz_2}{z_2^{m-1}} \wedge \alpha_1 + \frac{\beta_1}{z_2^{m-2}}) + d(\frac{-\alpha'}{(m-1)z_2^{m-1}}) ,$$

ce qui montre (P) par récurrence sur m et ce qui achève donc la démonstration du lemme.

5.3.2. Désingularisation [13]

Soit X une surface complexe lisse et f une fonction holomorphe sur X. Alors il existe un morphisme propre et surjectif :

$$\sigma : X^{\sigma} \to X$$

d'une variété analytique complexe X^{σ} sur X, obtenu par une suite finie d'éclatements à centres ponctuels, tel que σ induise un isomorphisme de $X^{\sigma} \setminus \sigma^{-1}(Z(f))$ sur $X \setminus Z(f)$ et tel que $\sigma^{-1}(Z(f))$ soit localement à croisements normaux.

Le théorème 5.1.2.ii) étant local sur X, on supposera dans toute la suite que X est un polydisque de $\mathbb{C}^2$ centré en 0 et que 0 est le seul point singulier de $Z(f)$.

La fonction holomorphe $f \circ \sigma$ sera notée f^{σ}

5.3.3. Suite spectrale d'un foncteur dérivé

Si $\sigma : X^{\sigma} \to X$ est l'application continue 5.3.2. on note :

$\mathbb{R}^n\sigma_*$ le $n^{\text{ième}}$ foncteur hyperdérivé du foncteur image directe σ_*,

$R^n\sigma_*$ le $n^{\text{ième}}$ foncteur dérivé de σ_*.

Si $\mathcal{F}^{\bullet}$ est un complexe de faisceaux de groupes abéliens sur X^{σ}, il existe deux suites spectrales d'aboutissement $\mathbb{R}^n\sigma_*(\mathcal{F}^{\bullet})$ données par :

$$'E_2^{p,q} = \mathbb{H}^p\,(R^q\sigma_*\,(\mathcal{F}^\cdot))$$

$$''E_2^{p,q} = R^p\sigma_*\,(\mathcal{H}^q\,(\mathcal{F}^\cdot)).$$

Par suite, si $\mathcal{F}^\cdot \to \mathcal{G}^\cdot$ est un morphisme de complexes tel que :

i) $R^q\sigma_*\,(\mathcal{G}^r) = 0$ pour $r \geq 0$ et $q \geq 1$

ii) $\mathcal{H}^q\,(\mathcal{F}^\cdot) \to \mathcal{H}^q\,(\mathcal{G}^\cdot)$ soit un isomorphisme pour $q \geq 0$,

alors il existe une suite spectrale d'aboutissement $\mathbb{H}^n\,(\sigma_*(\mathcal{G}^\cdot))$ donnée par

$$'E_2^{p,q} = \mathbb{H}^p(R^q\sigma_*(\mathcal{F}^\cdot)).$$

En particulier prenons avec les notations de 5.3.2. $\mathcal{F}^\cdot = \Omega^\cdot_{<X^\sigma, f^\sigma>}$ et $\mathcal{G}^\cdot = i_*(A^\cdot|X^\sigma \setminus Z(f^\sigma))$ où $A^\cdot$ désigne le complexe des germes de formes C^∞ , alors (i) est vérifié puisque $\mathcal{G}^\cdot$ est un faisceau fin , (ii) n'est autre que la proposition 5.3.1, de plus $\sigma_*\mathcal{G}^\cdot = i_*(A^\cdot|X \setminus Z(f))$.

Par suite :

il existe une suite spectrale d'aboutissement $R^n\,i_*\,(\mathbb{C}_{X \setminus Z(f)})$ donnée par

$$E_2^{p,q} = \mathbb{H}^p(R^q\,\sigma_*\,(\Omega^\cdot_{<X^\sigma, f^\sigma>})).$$

5.3.4. LEMME

Avec les notations ci-dessus on a :

$$E_2^{p,0} = \mathbb{H}^p\,(\Omega^\cdot_{<X,f>})\ ,\ R^1\sigma_*(\Omega^2_{<X^\sigma, f^\sigma>}) = 0 \quad \textit{et}$$

$$R^q\sigma_*(\Omega^\cdot_{<X^\sigma, f^\sigma>}) = 0 \quad \textit{pour} \quad q \geq 2.$$

(donc : $E_2^{0,2} = E_2^{p,q} = 0$ *pour* $p + q \geq 3$*)*

En effet on a $\sigma_*\,(\Omega^\cdot_{<X^\sigma, f^\sigma>}) = \Omega^\cdot_{<X,f>}$, donc $E_2^{p,0} = \mathbb{H}^p\,(\Omega^\cdot_{<X,f>})$.

De plus X^σ est une surface complexe donc $E_2^{p,q} = 0$ pour $p \geq 3$.

Les faisceaux $\Omega^\cdot_{<X^\sigma, f^\sigma>}$ sont cohérents puisqu'on a la suite exacte :

$$0 \to \Omega^p_{<X^\sigma, f^\sigma>} \xrightarrow{u} \Omega^p_{X^\sigma} \oplus \Omega^{p+1}_{X^\sigma} \xrightarrow{v} df^\sigma \wedge \Omega^p_{X^\sigma} + f^\sigma\,\Omega^{p+1}_{X^\sigma} \to 0$$

où $u(\omega) = (f^\sigma\,\omega\ ,\ df^\sigma \wedge \omega)$ et $v(\alpha,\beta) = df^\sigma \wedge \alpha - f^\sigma\beta$,

donc si U est un ouvert de X , $\sigma^{-1}(U)$ étant une surface complexe non compacte on a $H^q(\sigma^{-1}(U)\ ,\ \Omega^\cdot_{<X^\sigma, f^\sigma>}) = 0$ pour $q \geq 2$, ce qui montre que $R^q\sigma_*(\Omega^\cdot_{<X^\sigma, f^\sigma>}) = 0$ pour $q \geq 2$.

Il reste à vérifier que $R^1\sigma_*(\Omega^2_{\langle X^\sigma, f^\sigma\rangle}) = 0$. Or la multiplication par f^σ induit un isomorphisme de $\Omega^2_{\langle X^\sigma, f^\sigma\rangle}$ sur $\Omega^2_{X^\sigma}$, donc $R^1\sigma_*(\Omega^2_{\langle X^\sigma, f^\sigma\rangle}) = R^1\sigma_*(\Omega^2_{X^\sigma})$. Montrons alors que $R^1\sigma_*(\Omega^2_{X^\sigma}) = 0$.

On a $\sigma = \sigma_1 \circ \ldots \circ \sigma_r$ où σ_i est un éclatement à centre ponctuel. Si $r = 1$ alors [17]: $R^1\sigma_*(\Omega^2_{X^\sigma}) = 0$. Supposons que $R^1\sigma_*(\Omega^2_X) = 0$ pour $r-1$, alors il existe une suite spectrale d'aboutissement : $R^n\sigma_*(\Omega^2_{X^\sigma})$ dont le $E_2^{p,q}$ est $R^p\sigma_1 \circ \ldots \circ \sigma_{r-1*}(R^q\sigma_{r*}(\Omega^2_{X^\sigma}))$.

σ_r est un isomorphisme en dehors d'une hypersurface, donc $\sigma_{r*}(\Omega^2) = \Omega^2$. Ce qui montre d'après l'hypothèse de récurrence que $R^1\sigma_*(\Omega^2_{X^\sigma}) = 0$.

5.3.5. LEMME

Soit $\Omega^p_{X,Y}$ *le faisceau des germes des p-formes holomorphes nulles sur* $Y = Z(f)$. *Posons* $Y^\sigma = Z(f^\sigma)$.

Alors $\omega \in \Omega^p_{\langle X,f\rangle}$ *si et seulement si* $f.\omega \in \Omega^p_{X,Y}$.

De plus on a les suites exactes :

$$0 \to \Omega^p_Y \to \sigma_*\Omega^p_{Y^\sigma} \to R^1\sigma_*\Omega^p_{X^\sigma,Y^\sigma} \to 0$$

Démonstration :

Montrons d'abord que $\omega \in \Omega^p_{\langle X,f\rangle}$ si et seulement si $f\omega$ est une p-forme holomorphe nulle sur $Z(f)$. Or on a :

$$\omega \in \Omega^p_{\langle X,f\rangle} \iff \alpha = f\omega \in \Omega^p_X \text{ et } df \wedge \alpha \in f\Omega^{p+1}_X,$$

donc il faut montrer que si $\alpha \in \Omega^p_X$, alors $\alpha|Z(f) = 0$ revient à dire que $df \wedge \alpha \in f\Omega^{p+1}_X$. Cette question est locale sur Y, soit donc y un point de Y et Y_k les représentants irréductibles du germe en y de $Z(f) = Y$ et $[Y_k]$ le courant d'intégration sur Y_k, alors au sens des courants on a (Voir [19]) :

$$\frac{1}{2i\pi} d''\left[\frac{df}{f}\right] = \Sigma\, n_k\, [Y_k] \quad \text{avec} \quad n_k > 0.$$

Donc si $\alpha|Z(f) = 0$ alors $\alpha|Y_k = 0 \ \forall k$, donc au sens des courants :

$$\frac{1}{2i\pi} d''\left[\frac{df}{f} \wedge \alpha\right] = \Sigma\, n_k\, [Y_k] \wedge \alpha = 0 \quad \text{d'où} \quad df \wedge \alpha \in f\,\Omega^{p+1}_X.$$

Réciproquement si $df \wedge \alpha \in f\, \Omega_X^{p+1}$, alors $0 = d''\,[\frac{df}{f} \wedge \alpha] = \Sigma\, n_k\, [Y_k] \wedge \alpha$ et par suite $\alpha | Z(f) = 0$.

Il ne reste plus qu'à vérifier l'exactitude des suites de 5.3.5.

Pour $p = 0$, on a la suite exacte :

$$0 \to \mathcal{O}_{X^\sigma, Y^\sigma} \to \mathcal{O}_{X^\sigma} \to \mathcal{O}_{Y^\sigma} \to 0$$

d'où $$0 \to \sigma_*(\mathcal{O}_{X^\sigma,Y^\sigma}) \to \sigma_*\mathcal{O}_{X^\sigma} \to \sigma_*\mathcal{O}_{Y^\sigma} \to R^1\sigma_*\mathcal{O}_{X^\sigma,Y^\sigma} \to R^1\sigma_*\mathcal{O}_{X^\sigma}.$$

Or $$\sigma_*(\mathcal{O}_{X^\sigma,Y^\sigma}) = \mathcal{O}_{X,Y} \quad \text{et} \quad \sigma_*\mathcal{O}_{X^\sigma} = \mathcal{O}_X$$

d'où la suite exacte

$$0 \to \mathcal{O}_Y \to \sigma_*\mathcal{O}_{Y^\sigma} \to R^1\sigma_*\mathcal{O}_{X^\sigma,Y^\sigma} \to R^1\sigma_*\mathcal{O}_{X^\sigma}.$$

Si σ est un éclatement alors $R^1\sigma_*\mathcal{O}_{X^\sigma} = 0$ [17] , donc par récurrence sur le nombre d'éclatements et en utilisant la suite spectrale de foncteurs composés on a la suite exacte :

$$0 \to \mathcal{O}_Y \to \sigma_*\mathcal{O}_{Y^\sigma} \to R^1\sigma_*\mathcal{O}_{X^\sigma,Y^\sigma} \to 0$$

Pour les formes de degré un on a la suite exacte :

$$0 \to \Omega^1_{X^\sigma,Y^\sigma} \to \Omega^1_{X^\sigma} \to \Omega^1_{Y^\sigma} \to 0$$

d'où la suite exacte longue :

$$0 \to \Omega^1_Y \to \sigma_*\Omega^1_{Y^\sigma} \to R^1\sigma_*\Omega^1_{X^\sigma,Y^\sigma} \to R^1\sigma_*\Omega^1_{X^\sigma} \to R^1\sigma_*\Omega^1_{Y^\sigma} \to 0.$$

Si σ est un éclatement alors $E = \sigma^{-1}(0) = P^1(C)$ et on a $R^1\sigma_*\Omega^1_{X^\sigma} \tilde{\to} R^1\sigma_*\Omega^1_E$ (cf [17]).

Si $\sigma = \underbrace{\sigma_1 \circ \ldots \circ \sigma_{r-1}}_{\sigma'} \circ \sigma_r$ est une succession de r éclatements on a

$$R^n\sigma_*\,(\Omega^1_{X^\sigma}) \Longleftarrow E_2^{p,q} = R^p\sigma'_*\,(R^q\sigma_{r*}\,\Omega^1_{X^\sigma}) ,$$

$$R^n\sigma_*\,(\Omega^1_E) \Longleftarrow E_2^{p,q} = R^p\sigma'_*\,(R^q\sigma_{r*}\,\Omega^1_E) ,$$

les termes $E_2^{p,q}$ sont nuls pour $q \geq 2$. Par récurrence sur r , pour $p \geq 1$, les termes $E_2^{p,0}$ sont isomorphes, car E et $E' = \sigma'^{-1}(o)$ sont à croisement normaux, donc $\sigma_{r*}\,(\Omega^1_E) = \Omega^1_{E'}$ et $\sigma_{r*}\,(\Omega^1_{X^\sigma}) = \Omega^1_{X^{\sigma'}}$. Pour $q = 1$ on a : $R^1\sigma_{r*}\Omega^1_{X^\sigma} \simeq R^1\sigma_{r*}\Omega^1_{\sigma_r^{-1}(0)}$, donc $R^1\sigma_{r*}\Omega^1_{X^\sigma} \simeq R^1\sigma_{r*}\Omega^1_E$ car $\sigma_r^{-1}(0) \subset E$ et $R^2\sigma_{r*}\Omega^1_{X^\sigma,E} = 0$. Ce qui montre que $R^1\sigma_*(\Omega^1_{X^\sigma}) \tilde{\to} R^1\sigma_*(\Omega^1_E)$, par suite le diagramme commutatif :

$$\begin{array}{ccc} & & R^1\sigma_*(\Omega^1_{Y^\sigma}) \\ & \nearrow & \downarrow \\ R^1\sigma_*\,(\Omega^1_{X^\sigma}) & \searrow & R^1\sigma_*\,(\Omega^1_E) \end{array}$$

nous donne la suite exacte :

$$0 \to \Omega^1_Y \to \sigma_*\Omega^1_{Y^\sigma} \to R^1\sigma_*\,(\Omega^1_{X^\sigma,Y^\sigma}) \to 0$$

5.3.6. Où l'on achève la démonstration du théorème 5.1.2.ii

Le lemme 5.3.4. nous donne la suite exacte longue (où $Y = Z(f)$) :

$$0 \to \mathcal{H}^1(\Omega^\cdot_{<X,f>}) \overset{\varphi^1}{\to} R^1i_*(C_{X\setminus Y}) \to E_2^{0,1} \to \mathcal{H}^2(\Omega^\cdot_{<X,f>}) \overset{\varphi^2}{\to} R^2i_*(C_{X\setminus Y}) \to E_2^{1,1} \to 0$$

or d'après le théorème 5.1.2.i $\tilde{\varphi}^p$ est surjective, donc φ^p est surjective, par suite on a φ^1 bijective, φ^2 surjective, $\mathrm{Ker}\,\varphi^2 = E_2^{0,1}$ et $E_2^{1,1} = 0$. La nullité de $E_2^{1,1}$ et le lemme 5.3.4 donne la suite exacte :

$$0 \to E_2^{0,1} \to R^1\sigma_*\,(\mathcal{O}_{<X^\sigma,f^\sigma>}) \to R^1\sigma_*\,(\Omega^1_{<X^\sigma,f^\sigma>}) \to 0.$$

Les faisceaux $R^1\sigma_*(\Omega^p_{<X^\sigma,f^\sigma>})$ sont à support $\{0\}$ et sont cohérents, donc ce sont des $\mathbb{C}$ espaces vectoriels de dimensions finies, et on a

$$\dim_0 E_2^{0,1} = \dim_0 R^1\sigma_*\,(\mathcal{O}_{<X^\sigma,f^\sigma>}) - \dim_0 R^1\sigma_*\,(\Omega^1_{<X^\sigma,f^\sigma>}).$$

Donc d'après 5.3.5. :

$$\dim_0 E_2^{0,1} = \dim_0 R^1\sigma_*\,(\mathcal{O}_{X^\sigma,Y^\sigma}) - \dim_0 R^1\sigma_*\,(\Omega^1_{X^\sigma,Y^\sigma})$$

Pour achever la démonstration de 5.1.2.ii il suffit de montrer que l'on a la suite exacte :

$$0 \to \mathcal{H}^1(\Omega^\cdot_Y) \to R^1\sigma_*\,(\mathcal{O}_{X^\sigma,Y^\sigma}) \to R^1\sigma_*\,(\Omega^1_{X^\sigma,Y^\sigma}) \to 0$$

Y^σ étant localement à croisements normaux on a la suite exacte :

$$0 \to C_{Y^\sigma} \to \mathcal{O}_{Y^\sigma} \overset{d}{\to} \Omega^1_{Y^\sigma} \to 0\ ,$$

le lemme 5.3.5. nous fournit alors le diagramme commutatif à lignes et colonnes exactes :

$$\begin{array}{ccccccccc} & & 0 & & 0 & & & & \\ & & \downarrow & & \downarrow & & & & \\ & & C_Y & \to & \sigma_*\,(C_{Y^\sigma}) & & & & \\ & & \downarrow & & \downarrow & & & & \\ 0 & \to & \mathcal{O}_Y & \to & \sigma_*\,(\mathcal{O}_{Y^\sigma}) & \to & R^1\sigma_*\,(\mathcal{O}_{X^\sigma,Y^\sigma}) & \to & 0 \\ & & \downarrow d & & \downarrow d & & \downarrow d & & \\ 0 & \to & \Omega^1_Y & \to & \sigma_*\,(\Omega^1_{Y^\sigma}) & \to & R^1\sigma_*\,(\Omega^1_{X^\sigma,Y^\sigma}) & \to & 0 \\ & & \downarrow & & \downarrow & & & & \\ & & \mathcal{H}^1(\Omega^\cdot_Y) & & R^1\sigma_*\,(C_{Y^\sigma}) & & & & \\ & & \downarrow & & & & & & \\ & & 0 & & & & & & \end{array}$$

Or Y^σ est connexe donc $\sigma_*(C_{Y^\sigma}) = C_Y$. Soit $\tilde{\tilde{Y}}$ l'adhérence de $Y^\sigma \setminus E$ où $E = \sigma^{-1}(0)$, alors si U est un voisinage ouvert de 0 dans X on a : $\Gamma(\sigma^{-1}(U), \Omega^1_{Y^\sigma}) = \Gamma(\sigma^{-1}(U), \Omega^1_{\tilde{\tilde{Y}}})$ car Y^σ est localement à croisements normaux et E est compact (chaque composante de E est biholomorphiquement équivalente à $P_1(C)$).

On a $E \cap \tilde{\tilde{Y}} = \{y_1, \dots, y_k\}$ et, dans un voisinage de E, $\tilde{\tilde{Y}}$ est une réunion de k-courbes lisses disjointes $\tilde{\tilde{Y}}_i$ avec $y_i \in \tilde{\tilde{Y}}_i$. ($\tilde{\tilde{Y}}$ s'obtient en enlevant à Y^σ les composantes compactes).

Si $\omega \in \Gamma(\sigma^{-1}(U), \Omega^1_{Y^\sigma})$ alors $\omega \in \Gamma(\sigma^{-1}(U), \Omega^1_{\tilde{\tilde{Y}}}) = \bigoplus_{i=1}^{k} \Gamma(\sigma^{-1}(U), \Omega^1_{\tilde{\tilde{Y}}_i})$

pour U assez petit, il existe $h_i \in \Gamma(\sigma^{-1}(U), \mathcal{O}_{\tilde{\tilde{Y}}_i})$ telles que $\omega = dh_i$ sur $\sigma^{-1}(U) \cap \tilde{\tilde{Y}}_i$, et on peut supposer que $h_i(y_i) = 0$, par suite les h_i définissent $h \in \Gamma(\sigma^{-1}(U), \mathcal{O}_{Y^\sigma})$ telle que $\omega = dh$; donc $\sigma_*(\mathcal{O}_{Y^\sigma}) \xrightarrow{d} \sigma_*(\Omega^1_{Y^\sigma})$ est surjective.

Le diagramme commutatif à lignes et colonnes exactes :

$$\begin{array}{ccccccccc}
 & & 0 & & 0 & & & & \\
 & & \downarrow & & \downarrow & & & & \\
 & & C_Y & \tilde{\to} & C_Y & & & & \\
 & & \downarrow & & \downarrow & & & & \\
0 & \to & \mathcal{O}_Y & \to & \sigma_*(\mathcal{O}_{Y^\sigma}) & \to & R^1\sigma_*(\mathcal{O}_{X^\sigma, Y^\sigma}) & \to & 0 \\
 & & \downarrow & & \downarrow & & \downarrow d & & \\
0 & \to & \Omega^1_Y & \to & \sigma_*(\Omega^1_{Y^\sigma}) & \to & R^1\sigma_*(\Omega^1_{X^\sigma, Y^\sigma}) & \to & 0 \\
 & & \downarrow & & \downarrow & & & & \\
 & & H^1(\Omega^\cdot_Y) & & 0 & & & & \\
 & & \downarrow & & & & & & \\
 & & 0 & & & & & &
\end{array}$$

donne par le lemme du serpent la suite exacte :

$$0 \to H^1(\Omega^\cdot_Y) \to R^1\sigma_*(\mathcal{O}_{X^\sigma, Y^\sigma}) \to R^1\sigma_*(\Omega^1_{X^\sigma, Y^\sigma}) \to 0$$

ce qui achève la démonstration.

5.4. DEMONSTRATION DU THEOREME 5.1.3.i)

On a le diagramme commutatif

$$\begin{array}{ccc} H^p(\tilde{\Omega}^\bullet_{<X,Y>}) & \xrightarrow{\tilde{\Phi}^p} & R^p i_*(C_{X\setminus Y}) \\ & \searrow \qquad \nearrow \tilde{\psi}^p & \\ & H^p(\tilde{A}^\bullet_{<X,Y>}) & \end{array}$$

par suite le théorème 5.1.3.i se déduit du théorème 5.1.2.i et du lemme :

LEMME : *On a* $H^4(\tilde{A}^\bullet_{<X,Y>}) = H^3(\tilde{A}^\bullet_{<X,Y>}) = 0$ *et* $H^1(\tilde{\Omega}^\bullet_{<X,Y>}) = H^1(\tilde{A}^\bullet_{<X,Y>})$

Preuve :

i) Si $\omega \in \tilde{A}^4_{<X,Y>}$ **alors** $\omega = \sum_{j=1}^{k} \frac{df_j}{f_j} \wedge \varphi_j + \sum_{i,j} \frac{df_i}{f_i} \wedge \frac{df_j}{f_j} \wedge h_{ij} + \theta$

où $\varphi_j = d'' \varphi_j^{1,1} \in A_X^{1,2}$, $h_{ij} = d'' h_{ij}^{0,1} \in A_X^{0,2}$, $\theta = d'' \theta^{2,1} \in A_X^{2,2}$.

Donc $\omega = d'' \eta^{2,1} = d\eta^{2,1}$

où $\eta^{2,1} = - \sum_{j=1}^{k} \frac{df_j}{f_j} \wedge \varphi_j^{1,1} + \sum_{i,j} \frac{df_i}{f_i} \wedge \frac{df_j}{f_j} \wedge h_{ij}^{0,1} + \theta^{2,1}$,

ce qui montre que $H^4(\tilde{A}^\bullet_{<X,Y>}) = 0$

ii) Soit $\omega \in \tilde{A}^3_{<X,Y>}$ **telle que** $d\omega = 0$ **, alors :**

$\omega = \omega^{2,1} + \omega^{1,2}$ **et** $d''\omega^{2,1} + d'\omega^{1,2} = 0$ **où** $\omega^{p,q} \in \tilde{A}^{p,q}_{<X,Y>}$

$\omega^{1,2} = \sum_{j=1}^{k} \frac{df_j}{f_j} \wedge \varphi_j^{0,2} + \theta^{1,2}$ **avec** $\varphi_j^{0,2} = d'' \varphi_j^{0,1} \in A_X^{0,2}$

et $\theta^{1,2} = d'' \theta^{1,1} \in A_X^{1,2}$,

d'où $0 = d''\omega^{2,1} + d'\omega^{1,2} = d''(\omega^{2,1} + d'(\sum_{j=i}^{k} \frac{df_j}{f_j} \wedge \varphi_j^{0,1} - \theta^{1,1}))$.

Or en posant :

$\eta^{2,1} = \omega^{2,1} + d'(\sum_{j=1}^{k} \frac{df_j}{f_j} \wedge \varphi_j^{0,1} - \theta^{1,1})$, $\eta^{2,1}$ **est dans**

$\tilde{\Omega}^2_{<X,Y>} \wedge A_X^{0,1} + \tilde{\Omega}^1_{<X,Y>} \wedge A_X^{1,1}$ **et donc dans** $\tilde{\Omega}^2_{<X,Y>} \wedge A_X^{0,1}$ **puisque**
$\tilde{\Omega}^1_{<X,Y>} \wedge A_X^{1,1} \subset \tilde{\Omega}^2_{<X,Y>} \wedge A_X^{0,1}$

A_X **est un** $\mathcal{O}_X$ **module plat (voir [21]),d'où la suite exacte :**

$0 \to \tilde{\Omega}^2_{<X,Y>} \to \tilde{\Omega}^2_{<X,Y>} \otimes_{\mathcal{O}_X} A_X \to \tilde{\Omega}^2_{<X,Y>} \otimes_{\mathcal{O}_X} A_X^{0,1} \to \tilde{\Omega}^2_{<X,Y>} \otimes_{\mathcal{O}_X} A_X^{0,2} \to 0$,

De plus, en utilisant la cohérence du faisceau $\tilde{\Omega}^2_{<X,Y>}$ **, on a :**

$$\tilde{\Omega}^2_{<X,Y>} \wedge A_X^{0,\bullet} = \tilde{\Omega}^2_{<X,Y>} \otimes_{\mathcal{O}_X} A_X^{0,\bullet}$$

donc $\eta^{2,1} = d''\eta^{2,0}$ **avec** $\eta^{2,0} \in \tilde{\Omega}^2_{<X,Y>} \otimes_{\mathcal{O}_X} A_X = \tilde{A}^{2,o}_{<X,Y>}$, d'où $\omega = d''\eta^{2,0} - d(\sum_{j=1}^{k} \frac{df_j}{f_j}\wedge\varphi_j^{1,1} - \theta^{1,1}) = d(\eta^{2,0} - \sum_{j=1}^{k} \frac{df_j}{f_j}\wedge\varphi_j^{0,1} + \theta^{1,1})$.

Ce qui montre que $\mathcal{H}^3(\tilde{A}_{<X,Y>}) = 0$.

iii) D'après le théorème 5.1.2.i $\tilde{\varphi}^1$ est un isomorphisme, donc l'application $\mathcal{H}^1(\tilde{\Omega}^{\cdot}_{<X,Y>}) \to \mathcal{H}^1(\tilde{A}^{\cdot}_{<X,Y>})$ est injective. Si $\omega \in \tilde{A}^1_{<X,Y>}$ est telle que $d\omega = 0$, alors $\omega = \omega^{1,0} + \omega^{0,1}$ avec $\omega^{1,0} \in \tilde{\Omega}^1_{<X,Y>} \wedge A_X$, $\omega^{0,1} \in A_X^{0,1}$ et $d'\omega^{1,0} = d''\omega^{1,0} + d'\omega^{0,1} = d''\omega^{0,1} = 0$, donc $\omega^{0,1} = d''h$ où $h \in A_X$, d'où $d''(\omega^{1,0} - d'h) = 0$, et on a $\omega = (\omega^{1,0} - d'h) + dh$ avec $\omega^{1,0} - d'h \in \tilde{\Omega}^1_{<X,Y>}$. Ce qui achève de montrer que $\mathcal{H}^1(\tilde{\Omega}^{\cdot}_{<X,Y>}) = \mathcal{H}^1(\tilde{A}^{\cdot}_{<X,Y>})$.

REMARQUE : On montrerait de la même façon que $\mathcal{H}^2(\tilde{\Omega}^{\cdot}_{<X,Y>}) = \mathcal{H}^2(\tilde{A}_{<X,Y>})$. Ainsi le noyau de $\tilde{\psi}^2$ est le même que celui de $\tilde{\varphi}^2$ qui contient les classes des formes $\sum_{j=1}^{k} \frac{df_j}{f_j}\wedge\varphi_j + \theta$ où $\varphi_j \in \Omega^1_X$ et $\theta \in \Omega^2_X$ (cf : § 5.7). En particulier le noyau de φ^2 contient $\mathcal{H}^2(\Omega^{\cdot}_{<X,Z(f_j)>})$ qui est isomorphe à $\mathcal{H}^1(\Omega^{\cdot}_{Z(f_j)})$.

5.5. DEMONSTRATION DU THEOREME 5.1.3.ii)

On a le diagramme commutatif

$$\begin{array}{ccc} \mathcal{H}^p(\Omega^{\cdot}_{<X,f>}) & \overset{\varphi^p}{\longrightarrow} & R^p i_*(\mathbb{C}_{X\setminus Z(f)}) \\ & \searrow \quad \nearrow \psi^p & \\ & \mathcal{H}^p(A^{\cdot}_{<X,f>}) & \end{array}$$

par suite le théorème se déduit du théorème 5.1.2.ii et du lemme :

LEMME : *On a* $\mathcal{H}^4(A^{\cdot}_{<X,f>}) = \mathcal{H}^3(A^{\cdot}_{<X,f>}) = 0$

et $\mathcal{H}^p(A^{\cdot}_{<X,f>}) = \mathcal{H}^p(\Omega^{\cdot}_{<X,f>})$ *pour* $1 \leq p \leq 2$

Preuve :

i) $A^4_{<X,f>} = \{\frac{\alpha}{f} \mid \alpha \in A^4_X\}$

car si $\alpha \in A^4_X$, localement : $\alpha = \varphi\, dz_1\wedge dz_2\wedge d\bar{z}_1\wedge d\bar{z}_2$ avec $\varphi \in A^o_X$ donc $\frac{\alpha}{f} = (\frac{dz_1\wedge dz_2}{f})\wedge \varphi d\bar{z}_1\wedge d\bar{z}_2 \in \Omega^2_{<X,f>}\wedge A^2_X$.

Or $\alpha \in A_X^{2,2}$, donc $\alpha = d''\beta$ avec $\beta \in A_X^{2,1}$, d'où

$\frac{\alpha}{f} = \frac{d''\beta}{f} = d''(\frac{\beta}{f}) = d(\frac{\beta}{f})$ car $\frac{\beta}{f}$ est de bidegré (2,1) donc $d'(\frac{\beta}{f}) = 0$.

β s'écrit $\beta = \varphi_1\, dz_1 \wedge dz_2 \wedge d\bar{z}_1 + \varphi_2\, dz_1 \wedge dz_2 \wedge d\bar{z}_2$, donc :

$\frac{\beta}{f} = \frac{dz_1 \wedge dz_2}{f} \wedge (\varphi_1\, d\bar{z}_1 + \varphi_2\, d\bar{z}_2) \in \Omega^2_{<X,f>} \wedge A^1_X \subset A^3_{<X,f>}$,

et par suite $H^4(A^{\cdot}_{<X,f>}) = o$.

ii) $A^3_{<X,f>} = \Omega^2_{<X,f>} \wedge A^1_X + \Omega^1_{<X,f>} \wedge A^2_X + \Omega^{\circ}_{<X,f>} \wedge A^3_X$ donc :

$$A^{1,2}_{<X,f>} = \Omega^1_{<X,f>} \wedge A^{o,2}_X + \Omega^{\circ}_{<X,f>} \wedge A^{1,2}_X = \Omega^1_{<X,f>} \wedge A^{o,2}_X$$

$$A^{2,1}_{<X,f>} = \Omega^2_{<X,f>} \wedge A^{o,1}_X + \Omega^1_{<X,f>} \wedge A^{1,1}_X + \Omega^{\circ}_{<X,f>} \wedge A^{2,1}_X = \Omega^2_{<X,f>} \wedge A^{o,1}_X$$

Soit $\omega \in A^3_{<X,f>}$ telle que $d\omega = o$, $\omega = \omega^{1,2} + \omega^{2,1}$

Donc $d'(\omega^{1,2}) + d''(\omega^{2,1}) = d\,\omega = 0$.

Or $\omega^{1,2} = \sum_i \omega_i \wedge \varphi_i^{o,2}$ où $\omega_i \in \Omega^1_{<X,f>}$ et $\varphi_i^{o,2} \in A^{o,2}_X$,

d'où $\omega^{1,2} = \sum_i \omega_i \wedge d''\, \varphi_i^{o,1}$ avec $\varphi_i^{o,1} \in A^{o,1}_X$

et on a :

$$\omega^{1,2} = -d''(\sum_i \omega_i \wedge \varphi_i^{o,1}) \quad \text{avec} \quad \sum_i \omega_i \wedge \varphi_i^{o,1} \in \Omega^1_{<X,f>} \wedge A^{o,1}_X \subset A^2_{<X,f>}$$

$$0 = d''\,\omega^{2,1} + d'\omega^{1,2} = d''\,[\omega^{2,1} + d'(\sum_i \omega_i \wedge \varphi_i^{o,1})] \quad \text{où}$$

$$d'(\sum_i \omega_i \wedge \varphi_i^{o,1}) \in A^3_{<X,f>}.$$

D'où :

$$f\,[\omega^{2,1} + d'(\sum_i \omega_i \wedge \varphi_i^{o,1})] = d''\,\varphi^{2,o} \qquad \varphi^{2,o} \in A^{2,o}_X ,$$

$$\omega^{2,1} + d'(\sum_i \omega_i \wedge \varphi_i^{o,1}) = d''(\frac{\varphi^{2,o}}{f}) \quad \text{avec} \quad \frac{\varphi^{2,o}}{f} \in \Omega^2_{<X,f>} \wedge A^{\circ}_X \subset A^2_{<X,f>} ,$$

donc

$$\omega = d\,(\frac{\varphi^{2,o}}{f} - \sum_i \omega_i \wedge \varphi_i^{o,1}) \quad \text{avec} \quad \frac{\varphi^{2,o}}{f} - \sum_i \omega_i \wedge \varphi_i^{o,1} \in A^2_{<X,f>}$$

et par suite $H^3(A^{\cdot}_{<X,f>}) = o$.

iii) D'après le théorème 5.1.2.ii) φ^1 est un isomorphisme, donc l'application

$H^1(\Omega^{\cdot}_{<X,f>}) \to H^1(A^{\cdot}_{<X,f>})$ est injective.

Si $\omega \in A^1_{<X,f>}$ est telle que $d\omega = o$ on a :

$\omega = \omega^{1,o} + \omega^{o,1}$ avec $\omega^{1,o} \in \Omega^1_{<X,f>} \wedge A^{\circ}_X$ et $\omega^{o,1} \in \Omega^{\circ}_{<X,f>} \wedge A^{o,1}_X$

ainsi

$o = d\omega = d'\omega^{1,o} + (d''\omega^{1,o} + d'\omega^{o,1}) + d''\omega^{o,1}$

donc : $d'\omega^{1,0} = d''\omega^{1,0} + d'\omega^{0,1} = d''\omega^{0,1} = o$

$\omega^{0,1} = \sum_i \omega_i \wedge \varphi_i^{0,1}$ avec $\omega_i \in \Omega^{\bullet}_{<X,f>}$ et $\varphi_i^{0,1} \in A_X^{o,1}$.

Or si $(g = o)$ est une équation locale minimale de $Z(f)$, alors $f = g\theta$,

donc $\omega_i = \frac{h_i}{\theta}$ où h_i est une fonction holomorphe,

donc $d''(\theta\, \omega^{0,1}) = o$ donne $\theta\, \omega^{0,1} = d''\beta$ $\beta \in A_X^{\bullet}$.

Ainsi $\omega^{0,1} = d''(\frac{\beta}{\theta}) = d''\alpha$ avec $\alpha = \frac{\beta}{\theta} \in \Omega^{\bullet}_{<X,f>} \wedge A_X^{\bullet} = A^{\bullet}_{<X,f>}$ $(\alpha = \frac{g\beta}{f})$

de plus on a :

$o = d''\omega^{1,0} + d'\omega^{0,1} = d''(\omega^{1,0} - d'\alpha)$, donc $\omega^{1,0} - d'\alpha \in \Omega^1_{<X,f>}$

et par suite :

$\omega = \omega^{1,0} + \omega^{0,1} = (\omega^{1,0} - d'\alpha) + d\alpha$.

Ce qui achève de montrer que $H^1(\Omega^{\bullet}_{<X,f>}) = H^1(A^{\bullet}_{<X,f>})$.

iv) Montrons maintenant que $H^2(\Omega^{\bullet}_{<X,f>}) = H^2(A^{\bullet}_{<X,f>})$.

- Soit $\omega \in \Omega^2_{<X,f>}$ telle que $\omega = d\eta$ avec $\eta \in A^1_{<X,f>}$

alors

$\omega = d'\eta^{1,0}$, $d''\eta^{1,o} + d'\eta^{o,1} = o$, $d''\eta^{o,1} = o$

où $\eta = \eta^{1,0} + \eta^{0,1}$ avec $\eta^{1,0} \in \Omega^1_{<X,f>} A_X$, $\eta^{0,1} \in \Omega^{\circ}_{<X,f>} A_X^{0,1}$.

Or $\Omega^p_{<X,f>} \wedge A_X^{o,q} = \Omega^p_{<X,f>} \otimes_{\mathcal{O}_X} A_X^{o,q}$ et A_X étant un $\mathcal{O}_X$ module plat on

a la suite exacte :

$$o \to \Omega^o_{<X,f>} \to \Omega^o_{<X,f>} \otimes_{\mathcal{O}_X} A_X^o \overset{d''}{\to} \Omega^o_{<X,f>} \otimes_{\mathcal{O}_X} A_X^{o,1} \to \Omega^o_{<X,f>} \otimes_{\mathcal{O}_X} A_X^{o,2} \to o\,,$$

donc $\eta^{0,1} = d''\eta^{0,0}$ avec $\eta^{o,o} \in \Omega^o_{<X,f>} \otimes_{\mathcal{O}_X} A_X^o = \Omega^o_{<X,f>} A_X^o = A^o_{<X,f>}$.

D'où $d''(\eta^{1,0} - d'\eta^{0,0}) = o$, et par suite $\eta^{1,0} - d'\eta^{0,0} \in \Omega^1_{<X,f>}$

et $\omega = d'\eta^{1,0} = d'(\eta^{1,0} - d'\eta^{0,0}) = d(\eta^{1,0} - d'\eta^{0,0})$.

Ce qui montre que l'application $H^2(\Omega^{\bullet}_{<X,f>}) \to H^2(A^{\bullet}_{<X,f>})$ est injective.

- Soit $\omega \in A^2_{<X,f>}$ telle que $d\omega = 0$, $\omega = \omega^{2,0} + \omega^{1,1} + \omega^{0,2}$ où :

$\omega^{2,0} \in \Omega^2_{<X,f>} \cdot A_X$, $\omega^{1,1} \in \Omega^1_{<X,f>} \wedge A_X^{0,1}$ et $\omega^{0,2} \in \Omega^{\bullet}_{<X,f>} \wedge A_X^{0,2}$.

Donc : $d''\omega^{2,0} + d'\omega^{1,1} = 0$ et $d''\omega^{1,1} + d'\omega^{0,2} = 0$.

Or $\omega^{0,2} = d''\omega^{0,1}$ avec $\omega^{0,1} \in \Omega^{\bullet}_{<X,f>} \wedge A_X^{0,1}$, donc $d''(\omega^{1,1} - d'\omega^{0,1}) = 0$.

A_X est $\mathcal{O}_X$ plat donc $\Omega^1_{\langle X,f\rangle}\otimes_{\mathcal{O}_X} A_X^{o,\cdot} = \Omega^1_{\langle X,f\rangle}\wedge A_X^{o,\cdot}$ est une résolution de $\Omega^1_{\langle X,f\rangle}$ pour le d'' , donc :

$$\omega^{1,1} - d'\omega^{0,1} = d''\omega^{1,0} \quad \text{avec} \quad \omega^{1,0}\in\Omega^1_{\langle X,f\rangle}\cdot A_X .$$

De plus :

$$0 = d''\omega^{2,0} + d'\omega^{1,1} = d''(\omega^{2,0} - d'\omega^{1,0}) \Longrightarrow \omega^{2,0} - d'\omega^{1,0}\in\Omega^2_{\langle X,f\rangle} ,$$

ce qui achève la démonstration du lemme et donc du théorème 5.1.3.

5.6. DEMONSTRATION DE 5.1.4.

Si $\mathbb{H}^n(X,\mathcal{F}^\cdot)$ désigne le $n^{\text{ième}}$ groupe d'hypercohomologie du complexe $\mathcal{F}^\cdot$, alors $\mathbb{H}^n(X,\mathcal{F}^\cdot)$ est l'aboutissement de deux suites spectrales données par :

$$'E_2^{p,q} = H^p(H^q(X,\mathcal{F}^\cdot))$$

$$''E_2^{p,q} = H^p(X,\mathcal{H}^q(\mathcal{F}^\cdot))$$

Si $\mathcal{F}^\cdot = \Omega^\cdot_{\langle X,Y\rangle}$ alors $\mathcal{F}^\cdot$ est cohérent car on a la suite exacte

$$0 \to \Omega^p_{\langle X,Y\rangle} \to \Omega^p_X \oplus \Omega^{p+1}_X \to df\wedge\Omega^p + f\Omega^{p+1} \to 0$$

$$\alpha \mapsto (f\alpha , df\wedge\alpha)$$

$$(\omega_1 , \omega_2) \mapsto df\wedge\omega_1 - f\omega_2$$

où $(f=0)$ est une équation locale minimale définissant Y , la suite spectrale dégénère au cran $'E_2^{p,q}$ quand X est Stein. Il en est de même pour $\mathcal{F}^\cdot = \tilde{\Omega}^\cdot_{\langle X,Y\rangle}$. Ainsi on a :

$$\mathbb{H}^n(X,\Omega^\cdot_{\langle X,Y\rangle}) = H^n(\Gamma(X,\Omega^\cdot_{\langle X,Y\rangle})) \quad \text{et} \quad \mathbb{H}^n(X,\tilde{\Omega}^\cdot_{\langle X,Y\rangle}) = H^n(\Gamma(X,\tilde{\Omega}^\cdot_{\langle X,Y\rangle})).$$

Si $\mathcal{F}^\cdot = A^\cdot_{\langle X,Y\rangle}$ alors $\mathcal{F}^\cdot$ est un faisceau fin , la suite spectrale dégénère donc au cran $'E_2^{p,q}$ et on a

$$\mathbb{H}^n(X,A^\cdot_{\langle X,Y\rangle}) = H^n(\Gamma(X,A^\cdot_{\langle X,Y\rangle})) ,$$

il en est de même si $\mathcal{F}^\cdot = i_*(A^\cdot_{\langle X\setminus Y\rangle})$ ce qui donne

$$\mathbb{H}^n(X,i_*A^\cdot_{X\setminus Y}) = H^n(X\setminus Y,\mathbb{C}) .$$

Si l'on considère maintenant la deuxième suite spectrale ; les morphismes :

$$H^p(X,\mathcal{H}^q(\tilde{\Omega}^\cdot_{\langle X,Y\rangle})) \to H^p(X,R^qi_*(\mathbb{C}_{X\setminus Y}))$$

$$H^p(X,\mathcal{H}^q(\Omega^\cdot_{\langle X,Y\rangle})) \to H^p(X,\mathcal{H}^q(i_*A^\cdot_{X\setminus Y})) = H^p(X,R^qi_*(\mathbb{C}_{X\setminus Y}))$$

$$H^p(X,\mathcal{H}^q(A^\cdot_{\langle X,Y\rangle})) \to H^p(X,R^qi_*(\mathbb{C}_{X\setminus Y}))$$

sont des isomorphismes pour $(p,q) \neq (0,2)$ et sont des épimorphismes pour $(p,q) = (0,2)$ (car le support de Ker $\tilde{\varphi}^2$ et de Ker φ^2 est un fermé discret). Donc 5.1.4. provient de la proposition suivante :

PROPOSITION

Si $f_r^{p,q} : {}^1E_r^{p,q} \to {}^2E_r^{p,q}$ *est un morphisme de suites spectrales* $(p \geq 0\ ,\ q \geq 0)$ *d'aboutissements respectifs les gradués filtrés* ${}^1H^{\cdot}$ *et* ${}^2H^{\cdot}$

Si $f_2^{p,q}$ *est un isomorphisme pour* $(p,q) \neq (o,2)$ *et si* $f_2^{o,2}$ *est un épimorphisme de noyau* K.

Alors $f_r^{p,q}$ *induit des isomorphismes de* $gr^p({}^1H^{p+q})$ *sur* $gr^p({}^2H^{p+q})$ *pour* $(p,q) \neq (o,2)$ *, et un épimorphisme de* $gr^{\circ}({}^1H^2)$ *sur* $gr^{\circ}({}^2H^2)$ *de noyau* K.

(ce qui donne en particulier un isomorphisme de ${}^1H^p$ sur ${}^2H^p$ pour $p \neq 2$ et un épimorphisme de ${}^1H^2$ sur ${}^2H^2$ de noyau K)

Démonstration : Il suffit de vérifier que $f_r^{p,q}$ est un isomorphisme pour $(p,q) \neq (o,2)$ et que $f_r^{o,2}$ est un épimorphisme de noyau K pour tout entier r.

Pour $r = 3$, $E_3^{p,q} = \{\alpha \in E_2^{p,q} \ ; \ d_2\alpha = o$ dans $E_2^{p+2,q-1}\} / d_2E_2^{p-2,q+1}$

Donc $f_3^{p,q}$ est un isomorphisme pour $(p,q) \neq (o,2)$ et $(p,q) \neq (2,1)$

$$f_3^{2,1} : {}^1Z_2^{2,1} \Big/ d_2\, {}^1E_2^{o,2} \to {}^2Z_2^{2,1} \Big/ d_2\, {}^2E_2^{o,2}$$

d'où le diagramme commutatif à colonnes exactes et lignes exactes :

$$\begin{array}{ccccccccc}
0 & \to & K & \to & {}^1E_2^{o,2} & \to & {}^2E_2^{o,2} & \to & 0 \\
 & & & & \downarrow d & & \downarrow & & \\
 & & 0 & \to & {}^1Z_2^{2,1} & \to & {}^2Z_2^{2,1} & \to & 0 \\
 & & & & \downarrow & f_3^{2,1} & \downarrow & & \\
 & & & & {}^1E_3^{2,1} & \to & {}^2E_3^{2,1} & & \\
 & & & & \downarrow & & \downarrow & & \\
 & & & & 0 & & 0 & &
\end{array}$$

ce qui montre que $f_3^{2,1}$ est un isomorphisme.

Le morphisme $f_3^{o,2}$ intervient dans le diagramme commutatif à colonnes et lignes exactes suivant :

$$\begin{array}{ccccccccc} & & & 0 & & 0 & & & \\ & & & \downarrow f_3^{o,2} & & \downarrow & & & \\ & & & {}^1E_3^{o,2} & \to & {}^2E_3^{o,2} & & & \\ & & & \downarrow & & \downarrow & & & \\ 0 & \to & K & \to {}^1E_2^{o,2} & \to & {}^2E_2^{o,2} & \to & 0 & \\ & & & \downarrow d & & \downarrow d & & & \\ & & 0 & \to {}^1E_2^{2,1} & \to & {}^2E_2^{2,1} & \to & 0 & \end{array}$$

et par suite $f_3^{o,2}$ est surjectif de noyau K.

Le passage de r à $r+1$ étant identique au passage de 2 à 3 ceci termine la démonstration de la proposition.

5.7. ETUDE DU NOYAU DE φ^2-RESIDUS-

5.7.1. Formes simples et Résidus :

Soit f holomorphe sur la surface complexe X. On désigne par $\mathcal{S}^{\cdot}_{<X,f>}$ le complexe des germes des formes simples, c'est-à-dire des formes ω s'écrivant $\omega = \frac{df}{f} \wedge \alpha + \beta$ avec $\alpha \in \Omega^{\cdot}_X$ et $\beta \in \Omega^{\cdot}_X$.

Si $\omega \in \mathcal{S}^p_{<X,f>}$ on pose $r(\omega) = 2i\pi.\alpha|Z(f)$, où : $\omega = \frac{df}{f} \wedge \alpha + \beta$.
Cette application est parfaitement définie puisque (cf : 5.3.5) : $\alpha|Z(f) = 0$ équivaut à $df \wedge \alpha \in f\,\Omega^{\cdot}_X$. Cette dernière propriété montre d'ailleurs que $r(\omega) = 0$ équivaut à $\omega \in \Omega^{\cdot}_X$. D'où la suite exacte :

$$o \to \Omega^p_X \to \mathcal{S}^p_{<X,f>} \xrightarrow{r} \Omega^{p-1}_{Z(f)} \to o$$

On a de plus : $dr(\omega) = -r(d\omega)$ lorsque $\omega \in \mathcal{S}^{\cdot}_{<X,f>}$, l'application r induit donc un isomorphisme, toujours noté r :

$$H^2(\mathcal{S}^{\cdot}_{<X,f>}) \xrightarrow[\sim]{r} H^1(\Omega^{\cdot}_{Z(f)})$$

5.7.2. Noyau de φ^2

Sous les hypothèses de 5.7.1, $\mathcal{S}^{\cdot}_{<X,f>}$ est un sous-faisceau de $\Omega^{\cdot}_{<X,f>}$. Montrons que :

la suite :

$$o \to \mathcal{H}^2(\mathcal{S}^{\cdot}_{<X,f>}) \to \mathcal{H}^2(\Omega^{\cdot}_{<X,f>}) \xrightarrow{\varphi^2} R^2 i_*(\mathbb{C}_{X\setminus Y}) \to o$$

est exacte

(5.7.1. et 5.7.2. précisent donc les énoncés des théorèmes 5.1.2.ii) et 5.1.3.ii)).

Le problème de l'exactitude de la suite est local. On se place donc en un point de X (appelé o), et on peut supposer que o est un point singulier pour $Y = Z(f)$.

$\mathcal{H}^1(\Omega^{\cdot}_{Z(f)})$ est un faisceau à support dans le lieu singulier de Y et $\dim_{\mathbb{C}} \mathcal{H}^1(\Omega^{\cdot}_{Z(f)})_o$ est finie, donc $\mathcal{H}^2(\mathcal{S}^{\cdot}_{<X,f>})_o$ est un $\mathbb{C}$ espace vectoriel de dimension finie. D'après 5.7.1. et le théorème 5.1.2.ii) ces dernières dimensions coïncident avec la dimension de la fibre en o du noyau de φ^2. Il suffit donc de vérifier que l'image de $\mathcal{H}^2(\mathcal{S}^{\cdot}_{<X,f>})$ dans $\mathcal{H}^2(\Omega^{\cdot}_{<X,f>})$ est contenue dans le noyau de φ^2.

On peut supposer que $Y = \cup Y_k$ où les Y_k représentent les composantes irréductibles du germe en o de Y.

Soit $\omega = \frac{df}{f} \wedge \alpha + \beta$ une 2-forme de $\mathcal{S}^2_{<X,f>}$, alors $\omega \in \Omega^2_{<X,f>}$ et d'après 5.2.3. l'image par φ^2 de la classe de ω s'interprète de la façon suivante dans l'isomorphisme $R^2 i_*(\mathbb{C}_{X\setminus Y}) \overset{\lambda}{\underset{\sim}{\to}} H_1(Y,\mathbb{C})$: on a $d[\omega] = 2i\pi \sum_k [Y_k] \cdot r_k \wedge \alpha$ où $r_k > o$, et l'image par $\lambda \cdot \varphi^2$ de la classe de ω est la classe dans $H_1(Y,\mathbb{C})$ de $2i\pi \sum_k r_k [Y_k] \wedge \alpha$. Ainsi cette classe est dans l'image de $\oplus H_1(Y_k,\mathbb{C}) \to H_1(Y,\mathbb{C})$, elle est donc nulle puisque Y_k est topologiquement lisse (Y_k est isomorphe à sa normalisée, donc $H_1(Y_k,\mathbb{C}) = 0$). Ce qui achève la démonstration.

5.8. REMARQUES

5.8.1. Si $(f=0)$ est une équation locale minimale de Y au voisinage du point y, alors $\mathcal{H}^1(\Omega^{\cdot}_Y)_y = 0$ dès qu'une des conditions équivalentes suivantes est réalisée : ([7],[30])

i) $f \in J(f)$ (où $J(f)$ est l'idéal jacobien de f)

ii) Par un changement holomorphe éventuel de coordonnées f est un polynôme quasi-homogène.

iii) Y est localement un retracte holomorphe en y.

iv) Le complexe holomorphe au sens de Grothendieck est exact.

Si de plus Y est irréductible en y alors chacune des conditions précédentes est équivalente à $H^1(\Omega^{\cdot}_Y)_y = 0$ ([16]).

Ainsi $H^1(\Omega^{\cdot}_Y) \neq 0$ lorsque $Y = \{(x,y) \in \mathbb{C}^2 \; ; \; x^4 + y^5 + y^3 x^2 = 0\}$.

5.8.2. Remarquons que $\Omega^1_{\langle X,Y\rangle} \wedge \Omega^1_{\langle X,Y\rangle}$ est contenu dans $\Omega^2_{\langle X,Y\rangle}$.

(en effet si $(f=0)$ est une équation locale minimale pour Y et si $\omega_i \in \Omega^1_{\langle X,Y\rangle}$ alors $f\omega_1 \wedge \omega_2$ est holomorphe en dehors du lieu singulier de Y, donc $f\omega_1 \wedge \omega_2$ est holomorphe sur X).

On a donc $A^p_{\langle X,Y\rangle} \wedge A^q_{\langle X,Y\rangle} \subset A^{p+q}_{\langle X,Y\rangle}$, ce qui montre que $H^*(\Gamma(X,A^{\cdot}_{\langle X,Y\rangle}))$ est une algèbre graduée.

5.8.3. Si X est Stein alors on a la suite exacte :

$$0 \to H^1(Y,\mathbb{C}) \to H^1(\Gamma(Y,\Omega^{\cdot}_Y)) \to \Gamma(Y,\mathcal{H}^1(\Omega^{\cdot}_Y)) \to 0 ,$$

ainsi la suite exacte du corollaire 5.1.4. induit la suite exacte :

$$0 \to H^1(Y,\mathbb{C}) \to H^1(\Gamma(Y,\Omega^{\cdot}_Y)) \to H^2(\Gamma(X,\Omega^{\cdot}_{\langle X,Y\rangle})) \to H^2(X\setminus Y,\mathbb{C}) \to 0.$$

5.8.4. Résidus

Si $\varphi \in \Gamma(X,\tilde{A}^p_{\langle X,Y\rangle})$ alors φ définit une forme localement intégrable $[\varphi]$ et $\text{rés}\, \varphi = d[\varphi] - [d\varphi]$ est un courant de Y.

On a : $d \text{ res}\, \varphi = - \text{res}\, d\varphi$.

Le morphisme res (résidu) décrit le morphisme de connexion $H^p(X\setminus Y,\mathbb{C}) \xrightarrow{\partial} H^{p+1}_Y(X,\mathbb{C})$.

* *

*

BIBLIOGRAPHIE

1 . BOREL A. and MOORE J.C. : *Homology theory for locally compact spaces.* Mich. Math. J. 7, 1960, 137-159.

2 . BREDON G. : *Sheaf theory.* Mc Graw-Hill, New-York, 1967.

3 . COLEFF N. et HERRERA M. : *Les courants résiduels associés à une forme méromorphe (chapitre IV).* Lecture Notes in Mathematics n° 633, 1978.

4 . DOLBEAULT P. : *Courants résidus des formes semi-méromorphes.* Séminaire P. Lelong. Lecture Notes in Mathematics n° 205,1970, 56-70.

5 . DOLBEAULT P. and POLY J. B. : *Differential forms with subanalytic singularities, integral cohomology, residues.* A.M.S. Summer inst. on Several Complex Variables, 1975.

6 . FEDERER H. : *Geometric measure theory.* Springer-Verlag, New-York, 1969.

7 . FERRARI A. : *Cohomology and holomorphic differential forms on complex analytic spaces.* Ann. Scuola. Norm. Sup. Pisa Serie III, Vol. XXIV, Fasc. 1, 1970, 66-77.

8 . GODEMENT R. : *Topologie algébrique et théorie des faisceaux.* Hermann Paris, 1958.

9 . GRIFFITHS PH. and HARRIS J. : *Principles of algebraic geometry.* Wiley-Interscience, New-York, 1978.

10 . GROTHENDIECK A. : *Exposés 7 - 17.* Séminaire Cartan, Paris, 1960-61.

11 . GROTHENDIECK A. : *On the De Rham cohomology of algebraic varieties.* Publ. Math. IHES 29, 1966, 95-103.

12 . HERRERA M. and LIEBERMAN D. : *Residues and Principal values on complex spaces.* Math. Annalen 194, 1971, 259-294.

13 . HIRONAKA H. : *The resolution of singularities of an algebraic variety over a field of characteristic zero.* Ann. Math. 79, 1964, 109-306.

14 . HIRONAKA H. : *Bimeromorphic smoothing of a complex analytic space.* Math. Inst. Warwick-Univ. England Summer, 1971.

15 . HIRONAKA H. : *Triangulations of algebraic sets.* 165-185, Algebraic geometry, Arcata, 1974, Proc. Sympos. in Pure Math.

16 . KANTOR J. M. : *Torsion du complexe de De Rham d'un espace analytique complexe.* C.R. Acad. Sci. Paris 280, 1975, 893-895.

17 . KING J. R. : *Global residues and intersections.* Trans. A.M.S. 192, 1974, 163-199.

18 . LELONG P. : *Intégration sur un ensemble analytique complexe*. Bull. Soc. Math. France 85, 1957, 239-262.

19 . LELONG P. : *Fonctionnelles analytiques et Fonctions entières*. Université de Montréal, 1967.

20 . LERAY J. : *Le calcul différentiel et intégral sur une variété analytique complexe*. Bull. Soc. Math. France 87,1959, 81-180 (th. 1, p. 88).

21 . MALGRANGE B. : *Ideals of differentiable Functions*. Tata Institute, Bombay 3, Oxford Univ. Press, 1966.

22 . NORGUET F. : *Sur la cohomologie des variétés analytiques complexes et sur le calcul des résidus*. C.R. Acad. Sci. Paris 258, 1964, 403-405.

23 . POLY J. B. : *Sur un théorème de J. LERAY en théorie des résidus*. C.R. Acad. Sci. Paris 274, 1972, 171-174.

24 . POLY J. B. : *Thèse*. Poitiers, 1974.

25 . RABY G. : *Un théorème de J. LERAY sur la cohomologie du complémentaire d'un sous-ensemble analytique complexe*. C.R. Acad. Sci. Paris 282, 1976, 1233-1236.

26 . RABY G. : *Formes méromorphes et semi-méromorphes sur une surface analytique complexe*. C.R. Acad. Sci. Paris 287, 1978, 125-128.

27 . DE RHAM G. : *Variétés différentiables*. Hermann, Paris, 1955.

28 . ROBIN G. : *Formes semi-méromorphes et cohomologie du complémentaire d'une hypersurface d'une variété analytique complexe*. C.R. Acad. Sci. Paris 272, 1971, 33-35.

29 . ROOS G. : *Fonctions de plusieurs variables complexes et formules de représentation intégrale*. Lecture Notes in Mathematics n° 1188, 1986.

30 . SAITO K. : *Quasihomogene isolierte singularitäten von Hyperflächen*. Inv. Math. 14 Fasc. 2, 1971, 123-142.

Gilles RABY
Département de Mathématiques
Université de Poitiers
40, avenue du Recteur Pineau
86022 - POITIERS - FRANCE.

FORMULES DE DIVISION ET PROLONGEMENT MEROMORPHE

par Alain YGER

- o -

§1 - Introduction

Etant donnée une fonction holomorphe f non identiquement nulle sur une variété complexe lisse X de dimension n (par exemple un ouvert de $\mathbb{C}^n$) il existe des distributions T sur X solutions de l'équation $fT=1$; l'une d'elles, que nous noterons $VP[\frac{1}{f}]$ ou, comme dans [23], $[\frac{1}{f}]$ est définie par :

$$\forall\psi\in\mathcal{D}_{(n,n)}(X),\langle[\frac{1}{f}],\psi\rangle=\lim_{\varepsilon\to 0}\int_{|f|>\varepsilon}\frac{\psi}{f}.$$

C'est la "valeur principale" telle qu'elle a été introduite par Herrera-Lieberman dans [16].

Nous pouvons regarder cette distribution sous un autre angle : la variété lisse X, de dimension n, que nous supposerons connexe peut être considérée comme une variété réelle analytique connexe de dimension $2n$; la fonction $F=f\overline{f}$ est une fonction réelle analytique positive, non identiquement nulle, sur X. Or un célèbre théorème d'Atiyah [1] nous assure que la fonction

$$\lambda \xrightarrow{\Phi} F^{\lambda}$$

considérée comme fonction de $\{\lambda\in\mathbb{C},\mathrm{Re}\lambda>0\}$ dans $L^{1,loc}(X)$ se prolonge en une fonction méromorphe sur $\mathbb{C}$, à valeurs dans l'espace des distributions sur X ; nous préciserons au §2 ce que nous entendons par méromorphe ; de plus notre variété X qui sera appelée à être un ouvert de $\mathbb{R}^{2n}$ sera supposée orientée. Contentons nous d'interpréter le résultat d'Atiyah en disant que Φ admet, comme fonction de λ, un développement de Laurent au voisinage de -1 :

(1.1) $$\Phi(\lambda)=\sum_{k=-2n}^{+\infty}\mu_k(\lambda+1)^k$$

avec $\mu_k\in\mathcal{D}'(X)$

Nous voyons immédiatement que la distribution $S=\overline{f}\mu_0$ est aussi une solution de l'équation $fT=1$ sur X.

De fait, on peut montrer, comme l'ont fait El Khadiri et F. Zouakia dans [28] que ces deux manières de prolonger $\frac{1}{f}$ en une distribution sur X coïncident ; en effet le théorème d'Hironaka sur lequel nous reviendrons dans la section 2 permet de supposer l'hypersurface $\{f=0\}$ à croisements normaux dans un ouvert de $\mathbb{C}^n$, donc essentiellement de se ramener au cas où f est un monôme en $z_1,\dots,z_n$; de plus les calculs effectués dans [14] pour calculer le prolongement méromorphe de :

$$\lambda \longrightarrow (\sum_1^n |z_j|^2)^\lambda$$

permettent de démontrer l'identité des deux prolongements.

Considérons maintenant $[\frac{1}{f}]$ comme un courant sur X ; en faisant agir l'opérateur $\bar\partial$, nous obtenons le courant résiduel $\bar\partial[\frac{1}{f}]$; il s'agit d'un courant de bidegré $(0,1)$ porté par $f^{-1}(0)$ grâce à la formule de Stokes, on a :

$$(1.2) \qquad \langle\bar\partial[\frac{1}{f}],\psi\rangle = \lim_{\varepsilon\to 0}\left[\int_{|f|=\varepsilon}\frac{\Psi}{f}\right],$$

l'intégration dans la membre de droite n'étant élémentaire que lorsque ε n'est pas valeur critique de $|f|$. Nous pouvons exprimer différemment ce courant résiduel $\bar\partial\,[\frac{1}{f}]$, tenant compte de l'identité entre $[\frac{1}{f}]$ et $\bar f\mu_0$ signalée dans le précédent paragraphe.

Nous avons, grâce à la formule de Stokes, lorsque $\mathrm{Re}\lambda>1$,

$$(1.3) \qquad \forall\Psi\in\mathcal{D}_{(n,n-1)}(X),\ \int\bar f|f|^{2\lambda}\bar\partial\Psi = -(\lambda+1)\int|f|^{2\lambda}\bar\partial\bar f\wedge\Psi$$

En utilisant l'identité des prolongements méromorphes des deux membres de (1.3), nous avons :

$$\langle\bar f\mu_0,\bar\partial\Psi\rangle = -\langle\mu_{-1},\ \bar\partial\bar f\wedge\Psi\rangle,$$

ou encore :

$$(1.4) \qquad \bar\partial[\frac{1}{f}](\Psi) = \bar\partial(\bar f\mu_0)(\Psi) = \langle\mu_{-1},\bar\partial\bar f\wedge\Psi\rangle$$

ce qui constitue bien une autre manière d'exprimer le courant résiduel.

Le qualificatif de "résiduel" attaché à ce courant se trouve justifié par la possibilité que l'on a, lorsque X désigne un ouvert de $\mathbb{C}^n$ et D un ouvert strictement pseudo-convexe d'adhérence incluse dans X, de représenter dans D toute fonction h de $A^\infty(D)$ sous la forme :

$$(1.5) \qquad h(Z)=g(Z)f(Z)+\langle h\bar\partial[\frac{1}{f}],\Psi(.,Z)\rangle,Z\in D,$$

où g désigne une fonction holomorphe dans D et $\Psi(.,Z)$, à Z fixé, une forme test de bidegré $(n,n-1)$ à support compact dans X.

Dès lors, lorsque X est un ouvert de Stein, l'appartenance d'une fonction h holomorphe dans X à l'idéal engendré dans $H(X)$ par f est équivalente au fait que $h\bar\partial[\frac{1}{f}]=0$.

Ce point a été souligné par M. Passare dans sa thèse [22] ; de fait, on peut, utilisant les courants de Coleff-Herrera [12] construire un courant résiduel attaché à un système de p fonctions holomorphes $f_1,\dots,f_p$ dans un ouvert X de $\mathbb{C}^n$, pourvu que celles-ci y définissent une intersection complète, c'est-à-dire :

$$(1.6) \qquad \dim\{Z\in X, f_1(Z)=\dots=f_p(Z)=0\}=n-p$$

Le courant résiduel introduit par Coleff-Herrera [12] et utilisé par Passare [22] est alors le $(0,p)$ courant défini et noté par :

$$(1.7) \qquad \langle\bar\partial[\frac{1}{f_1}]\wedge\dots\wedge\bar\partial[\frac{1}{f_p}],\Psi\rangle=\lim_{\delta\to 0}\Big(\int_{\substack{|f_1|=\varepsilon_1(\delta)\\ |f_p|=\varepsilon_p(\delta)}}\frac{\Psi}{f_1\dots f_p}\Big)$$

où $\vec\varepsilon$ désigne une application de $]0,1]$ dans $(\mathbb{R}^{+*})^p$ telle que :

$$\text{(i)} \qquad \lim_{\delta\to 0}\|\vec\varepsilon(\delta)\|=0$$

$$\text{(ii)} \qquad \lim_{\delta\to 0}\frac{\varepsilon_j(\delta)}{(\varepsilon_{j+1}(\delta))^q}=0 \quad 1\le j\le p-1,\ q\in\mathbb{N}$$

Sous les hypothèses faites sur $\vec\varepsilon$, la limite figurant dans (1.7) existe bien, est indépendante de $\vec\varepsilon$, mais dépend de manière alternée de l'ordre des termes $\bar\partial[\frac{1}{f_1}],\dots,\bar\partial[\frac{1}{f_p}]$, ce qui justifie la notation :

$$\bar\partial[\frac{1}{f_1}]\wedge\dots\wedge\bar\partial[\frac{1}{f_p}]$$

On parle pour $\vec{s}$ de "chemin admissible" ; l'admissibilité pour un chemin est évidemment conditionnée par l'ordre dans lequel on prend les fonctions $f_1,\ldots,f_p$.

L'un des résultats de M. Passare peut alors s'énoncer ainsi :

Théorème A [22] : *Soit* X *un ouvert de Stein de* $\mathbb{C}^n$ *et* $f_1,\ldots,f_p$ p *éléments de* $H(X)$ *définissant une intersection complète dans* X *; l'appartenance d'une fonction* h *holomorphe dans* X *à l'idéal engendré dans* $H(X)$ *par* $f_1,\ldots,f_p$ *est équivalente au fait que*

$$h(\bar\partial[\frac{1}{f_1}]\wedge\ldots\wedge\bar\partial[\frac{1}{f_p}])=0$$

L'objet essentiel de la section 3 de cet article est d'énoncer un théorème analogue à celui de Passare en faisant cette fois intervenir non plus les courants de Coleff-Herrera, mais le prolongement méromorphe d'Atiyah. D'après nos remarques précédentes, il n'y a rien à faire dans le cas $p=1$, puisqu'alors $\bar\partial[\frac{1}{f}]$ se lit grâce à (1.4) en termes du prolongement méromorphe de $|f|^{2\lambda}$. Le théorème majeur de la section 3 est le théorème suivant, X et $f_1,\ldots,f_p$ étant définies comme précédemment :

Théorème B : *Soit* $(t_1,\ldots,t_p)$ *un p-uplet de nombres réels strictement positifs ; l'application qui à tout complexe* λ *de* $\{\mathrm{Re}\lambda > \frac{1}{\underset{1\le j\le p}{\mathrm{Min}}(t_j)}\}$ *associe le* $(0,p)$ *courant* $S_\lambda^{(t)}$ *défini par :*

$$\langle S_\lambda^{(t)},\Psi\rangle=t_1\ldots t_p\int|f_1|^{2(t_1\lambda-1)}\ldots|f_p|^{2(t_p\lambda-1)}\,\overline{\partial f_1}\wedge\ldots\wedge\overline{\partial f_p}\wedge\Psi \tag{1.8}$$

$$\forall\Psi\in\mathcal{D}_{(n,n-p)}(X)$$

se prolonge en une application méromorphe dans $\mathbb{C}$ *tout entier, à valeurs dans* $(\mathcal{D}_{(n,n-p)}(X))'$. *De plus, la limite au sens des courants, lorsque* $\lambda\to 0$, *de* $\lambda^p S_\lambda^{(t)}$ *existe, est indépendante de* t, *et définit un courant* $S(f_1,\ldots f_p)$ *sur* X *; enfin l'appartenance d'une fonction* h *holomorphe dans* X *à l'idéal engendré dans* $H(X)$ *par* $f_1,\ldots,f_p$ *est équivalente au fait que* $hS(f_1,\ldots,f_p)=0$.

La démonstration de ce théorème, que nous donnerons dans la section 3 est en tout point calquée sur la démonstration du théorème de M. Passare. Le courant résiduel que nous pouvons associer à $f_1,\ldots,f_p$ est alors le $(0,p)$ courant défini par :

$$(1.8) \qquad \langle S(f_1,\ldots,f_p),\Psi\rangle = \langle \mu_{-p}, \overline{\partial f_1}\wedge\ldots\wedge\overline{\partial f_p}\wedge\Psi\rangle$$

où les distributions $\mu_k, k=-2n,\ldots,$ sont données cette fois comme coefficients du développement de Laurent en $\lambda=-1$ du prolongement méromorphe de l'application $\lambda \to |f_1\ldots f_p|^{2\lambda}$ considérée comme fonction de $\{\lambda\in\mathbb{C}, \operatorname{Re}\lambda>0\}$ dans $L^{1,loc}(X)$. Il s'agit là de la généralisation naturelle du courant résiduel attaché à une fonction f par (1.4). Nous ne savons toutefois pas comment ce courant $S(f_1,\ldots,f_p)$ se trouve relié au courant $\bar\partial[\frac{1}{f_1}]\wedge\ldots\wedge\bar\partial[\frac{1}{f_p}]$, courant résiduel au sens de Coleff Herrera et de Passare ; dans le cas p=1, comme nous l'avons déjà remarqué, ces deux courants coïncident. Les "chemins admissibles" de Coleff Herrera intervenant dans l'expression du courant $\bar\partial[\frac{1}{f_1}]\wedge\ldots\wedge\bar\partial[\frac{1}{f_p}]$ (voir (1.7)) se trouvent remplacés pour ce qui est de la construction de $S(f_1,\ldots,f_p)$ par les "demi droites d'accès à l'origine", c'est à dire le choix des paramètres $(t_1,\ldots,t_p)$. Il existe un parallèle évident entre les énoncés des deux théorèmes A et B.

La clef de la dernière assertion du théorème B réside, comme celle de l'énoncé du théorème A, dans la possibilité de représenter la fonction h dans tout ouvert strictement pseudoconvexe d'adhérence incluse dans X sous la forme :

$$(1.9) \qquad h(Z) = \sum_{j=1}^{p} g_j(Z)f_j(Z) + \langle hS(f_1,\ldots,f_p),\Psi(.,Z)\rangle, Z\in D$$

où $g_1,\ldots,g_p$ désignent p fonctions holomorphes dans D et $\Psi(.,Z)$, à Z fixé, une forme test de bidegré $(n,n-p)$ à support compact dans X. L'insertion d'un paramètre complexe λ dans les formules de division de Berndtsson-Andersson ([7],[8]) et le principe du prolongement méromorphe permettront dans cette section 3 d'établir des formules de division du type (1.9).

Dans la section 4 de cet article, nous envisagerons les mêmes formules de division mais cette fois dans le cadre non plus semi-local mais global qui sera celui des problèmes de division "avec reste" dans les algèbres de fonctions entières $A_\varphi(\mathbb{C}^n)$, φ désignant un poids plurisousharmonique et

$$A_\varphi(\mathbb{C}^n) = \{h\in H(\mathbb{C}^n), \exists A>0, \exists B>0, \forall Z\in\mathbb{C}^n, |h(Z)|\leq Ae^{B\varphi(Z)}\}$$

Parmi les poids qui retiendrons notre attention figureront $\varphi_0(Z)=\operatorname{Log}(1+\|Z\|^2)$ et nous évoquerons alors les problèmes de division dans l'algèbre $\mathbb{C}[z_1,\ldots,z_n]$, et $\varphi_1(Z)=\|\operatorname{Im}Z\|+\operatorname{Log}(1+\|Z\|^2)$ et cela nous amènera, via le classique théorème de Paley-Wiener, au problème de la représentation des solutions de systèmes d'équations de convolution ou tout au moins au problème de la synthèse spectrale. Là se trouve une des motivations qui nous ont conduit à reprendre le travail de M. Passare avec le prolongement méromorphe : la possibilité d'écrire une formule de division avec reste en respectant une certaine croissance nécessite une information sur la masse et l'ordre de courants du type courants résiduels ; ces courants sont du type Coleff-Herrera dans le cas de Passare, ce sont des coefficients de développements de Laurent de prolongements méromorphes dans notre cas. Il existe, comme l'ont montré Bernstein [9] dans le cas algébrique, Björk dans le cas réel analytique, un moyen de construire le prolongement méromorphe de $\lambda \mapsto F^{\lambda}$ sans avoir recours au théorème de désingularisation d'Hironaka. Bernstein par exemple a démontré que si K est un corps de caractéristique nulle, P un élément de $K[X_1,\dots X_n]$, il existe une relation algébrique formelle du type :

(1.10) $\mathscr{D}(P)^{\lambda+1}=b(\lambda)P^{\lambda}$ où $b\in K[\lambda]$ et où

$\mathscr{D}$ appartient à $K[\lambda]\langle X_1,\dots,X_n, \frac{\partial}{\partial x_1},\dots,\frac{\partial}{\partial x_n}\rangle$, c'est-à-dire à l'algèbre de Weyl (non commutative) des opérateurs différentiels à coefficients polynomiaux éléménts de $K[\lambda][X_1,\dots,X_n]$. Cette relation nous permet, nous le verrons, d'expliciter le prolongement méromorphe de $|f|^{2\lambda}$ lorsque f est un polynôme ; par conséquent lorsque nous sommes confrontés à un problème de division où interviennent p polynômes $f_1,\dots,f_p$ définissant une intersection complète dans $\mathbb{C}^n$, nous avons une information sur la masse des courants résiduels intervenant dans une formule du type (1.9) et donc sur la manière d'écrire des formules de division dans $A_\varphi(\mathbb{C}^n)$ dès que nous connaissons des formules de Bernstein du type (1.10) attachées (avec $K=\mathbb{C}$) aux polynômes

$f_1^{m_1}\dots f_p^{m_p}$, $\sum_{j=1}^{p} m_j<p$; c'est, en autres choses, ce que nous mettons en lumière dans cette section 4 et cela résultera des formules de division écrites dans la section 3.

Dans cette section 4, nous nous poserons le problème de la reproduction des fonctions entières en des éléments de $A_\varphi(\mathbb{C}^n)$ sur des ensembles analytiques définis par l'annulation d'un certain nombre d'éléments de $A_\varphi(\mathbb{C}^n)$; en général φ sera toujours de la forme $\tilde{\varphi}+\mathrm{Log}(1+\|.\|^2)$ où $\tilde{\varphi}$ sera une fonction convexe dans $\mathbb{C}^n$; nous oublierons ici l'hypothèse de complète intersection ; notre formule d'interpolation ne sera pas dans ce cas une bonne formule en ce sens qu'elle ne donnera pas la fonction nulle lorsque l'on essaiera d'interpoler une fonction entière appartenant déjà à l'idéal engendré par les fonctions définissant l'ensemble analytique ; nous pouvons cependant prouver dans cette section des résultats d'interpolation que nous illustrerons ici par un résultat de nature algébrique. Etant donné p polynômes $f_1,\dots,f_p$ des n variables complexes $z_1,\dots,z_n$, nous pouvons considérer

$F=\sum_1^p |f_j|^2$ comme un élément de $\mathbb{R}[x_1,y_1,\ldots,x_n,y_n]$ et attacher à ce polynôme Q un entier k défini comme le minimum des ordres des opérateurs différentiels $\mathcal{Q}\in\mathbb{R}[\lambda]\langle x_1,y_1,\ldots,x_n,y_n,\frac{\partial}{\partial x_1},\frac{\partial}{\partial y_1},\ldots,\frac{\partial}{\partial x_n},\frac{\partial}{\partial y_n}\rangle$

(par ordre, nous entendons ordre total en les $2n$ opérateurs $\frac{\partial}{\partial x_1}, \frac{\partial}{\partial y_1}, \ldots \frac{\partial}{\partial x_n}, \frac{\partial}{\partial y_n}$) entrant en jeu dans une relation du type (1.10) - le corps de référence étant $\mathbb{R}$.

Nous pouvons énoncer le :

Théorème C : *Soient* $f_1,\ldots,f_p$ *comme précédemment et* $k'=\min(p,n+1)k$.
Soit h *une fonction entière telle que :*

$$A>0,\exists B>0,\forall Z\in\{f_1=\ldots=f_p=0\},\forall\alpha\in\mathbb{N}^n,\sum_1^n|\alpha_j|\leq k'\Rightarrow\left|\frac{\partial^{\alpha_1+\ldots+\alpha_n}}{\partial z_1^{\alpha_1}\ldots\partial z_n^{\alpha_n}}h(Z)\right|\leq Ae^{B\varphi(Z)}.$$

Il existe alors un élément $\tilde{h}$ *de* $A_\varphi(\mathbb{C}^n)$ *tel que*

$h-\tilde{h}\in f_1A(\mathbb{C}^n)+\ldots+f_pA(\mathbb{C}^n)$.

Il s'agit, pour prouver un tel théorème, de faire intervenir le prolongement méromorphe de $\lambda\to F^\lambda$ dans des formules de représentation adaptées au problème de la division par $f_1,\ldots,f_p$.

La section 5 de cet article sera consacrée à l'étude d'un problème de division dans le cas à nouveau d'une intersection complète, mais non plus cette fois dans le cadre algébrique ; les fonctions entières $f_1,\ldots,f_p$ seront cette fois des polynômes en $z_1,\ldots,z_n,e^{-iz_n}$, c'est-à-dire des transformées de Fourier d'opérateurs différentiels avec retards, les retards étant tous dans la même direction (concrètement, celle du temps, les autres variables correspondant aux variables d'espace) et commensurables. Nous verrons alors comment diviser "avec reste" un élément de $A_{\varphi_1}(\mathbb{C}^n)$ par $(f_1,\ldots,f_p)$ en respectant la croissance (c'est-à-dire, dans l'identité formelle (1.10), en prenant comme corps K le corps $\mathbb{C}(z_n,e^{-iz_n})$. Nous nous intéresserons dans cette section au problème de la synthèse spectrale et à celui de la représentation des solutions du système d'équations différence-differentielles $\check{\mu}_1 * f=\ldots=\check{\mu}_p * f=0$, $\mu_1,\ldots,\mu_p$ désignant les distributions dont les transformées de Fourier sont $f_1,\ldots,f_p$.

Cet article correspond à la partie originale d'un cours de $3^{\text{ème}}$ cycle dispensé à l'université de Bordeaux en 1985-1986 ; je voudrais remercier avant tout R. GAY ; les discussions que nous avons eu ensemble m'ont fait éprouver le besoin de reprendre les idées de M. Passare sous l'angle du prolongement méromorphe ; sa contribution à la preuve du théorème B a été déterminante. Je voudrais aussi remercier A. HENAUT et P. CASSOU-NOGUES pour tous les échanges d'idées que nous avons eus à propos du polynôme de Bernstein-Sato. Enfin, les riches discussions que nous avons eues avec C.A Berenstein devraient, je l'espère, permettre à cet article de n'être que le point de départ d'un travail commun dans la ligne de celui que nous avons entrepris lors de l'étude des idéaux engendrés par les exponentielle-polynômes [6].

Section 2 : le prolongement méromorphe

Nous rappelons dans cette section les résultats essentiels que nous utiliserons concernant le prolongement méromorphe de $\lambda \to F^\lambda$ et le polynôme de Bernstein.

2.a : Le théorème d'Atiyah

Plutôt que d'énoncer le résultat d'Atiyah dans le cadre des variétés réelles analytiques, nous nous contenterons de l'énoncer dans le cadre où nous l'utiliserons, celui des ouverts de $\mathbb{R}^m$.

Théorème (Atiyah [1])

> ***Soit*** F ***une fonction réelle-analytique positive dans un ouvert*** X ***de*** $\mathbb{R}^m$ ***; l'application de*** $\{\lambda \in \mathbb{C}, \mathrm{Re}\lambda > 0\}$ ***dans*** $\mathcal{D}'(X)$ ***qui à*** λ ***associe*** F^λ ***se prolonge en une fonction méromorphe de*** $\mathbb{C}$ ***dans*** $\mathcal{D}'(X)$.

Cet énoncé demande à être précisé : si D est un ouvert relativement compact de $\mathbb{R}^m$ d'adhérence incluse dans X, il existe un entier $N(D)$ tel que l'application $\lambda \to F^\lambda$, considérée de $\{\lambda \in \mathbb{C}, \mathrm{Re}\lambda > 0\}$ dans $\mathcal{D}'(D)$ se prolonge en une fonction méromorphe au sens usuel de $\mathbb{C}$ dans $\mathcal{D}'(D)$ à pôles éventuels aux points $-\frac{1}{N}, -\frac{2}{N}, \ldots,$ les ordres de ces pôles n'excédant pas la dimension de X, en l'occurence ici m. Nous pouvons donc écrire, au voisinage de tout $\lambda_0 \in \mathbb{C}$, dans $\mathcal{D}'(D)$:

$$F^{\lambda+\lambda_0} = \sum_{j=-m}^{+\infty} \mu_{\lambda_0, j, D} \lambda^j \text{ avec } \mu_{\lambda_0, j, D} \in \mathcal{D}'(D).$$

Si nous utilisons une suite exhaustive de relativement compacts recouvrant X, $(D_k)_{k \in \mathbb{N}}$, nous pouvons écrire dans $\mathcal{D}'(D_k)$, au voisinage du même point λ_0 (ce voisinage dépendant de k) :

$$F^{\lambda+\lambda_0} = \sum_{j=-m}^{+\infty} \mu_{\lambda_0,j,D_k} \lambda^j$$

Les distributions μ_{λ_0,j,D_k} se recollent globalement et l'on donne ainsi un sens au développement de Laurent de F^λ au voisinage de λ_0 :

(2.1)
$$F^{\lambda+\lambda_0} = \sum_{j=-m}^{+\infty} \mu_{\lambda_0,j} \lambda^j ,$$

étant entendu que l'identité (2.1), si l'on se restreint à la tester sur les éléments de $\mathcal{D}(D_k)$, n'a lieu que dans un voisinage $W_{\lambda_0,k}$ de λ_0.

Nous utiliserons constamment le lemme suivant, conséquence immédiate du principe du prolongement analytique :

Lemme 2.1 : *Soit* X *et* F *comme précédemment ; si* $\lambda_0 \in \mathbb{C}$, *les distributions* $\mu_{\lambda_0,j}$ *définies par* (2.1) *avec* $j<0$ *sont supportées par l'ensemble* $\{F=0\}$.

Preuve : si Ψ est un élément de $\mathcal{D}(X)$ tel que $\mathrm{Supp}\,\Psi \subset \{F\neq 0\}$, la fonction :

$$\lambda \to \int_X F^\lambda \Psi(x)dx$$

est une fonction entière ; sa restriction à $\{\lambda, \mathrm{Re}\lambda>0\}$ admettant un unique prolongement méromorphe à $\mathbb{C}$ tout entier, nous avons bien :

$$\forall \lambda_0 \in \mathbb{C}, \forall j<0, \langle \mu_{\lambda_0,j}, \Psi \rangle = 0 \quad \square$$

La preuve du résultat d'Atiyah, tout au moins sa preuve originale, repose sur la version réelle analytique du théorème de désingularisation d'Hironaka ; comme nous utiliserons - tout comme M. Passare - ce théorème lors de la preuve du théorème B, nous le rappelons au paragraphe suivant.

2.b : Le théorème de désingularisation d'Hironaka

Nous nous contenterons d'énoncer ici la version analytique complexe du théorème d'Hironaka que nous utiliserons par la suite ; la version réelle analytique utilisée par exemple pour la preuve du théorème d'Atiyah n'est qu'une transcription de la précédente.

Théorème [17] : *Soient* $f_1,\dots,f_p$ p *fonctions holomorphes dans un voisinage* V *de l'origine dans* $\mathbb{C}^n$. *Il existe un ouvert* X *de* $\mathbb{C}^n$, *contenant l'origine, une variété analytique complexe* $\tilde{X}$ *de dimension* n *et une application holomorphe propre* $\pi : \tilde{X} \to X$ *telles que :*

(2.2) *π induit un isomorphisme entre* $X \setminus \pi^{-1}(\bigcup_{j=1}^{p} \{f_j=0\})$ *et*

$X\setminus \bigcup_{j=1}^{p} \{f_j=0\}$;

(2.3) *pour tout point* $\tilde{x}$ *de* $\tilde{X}$, *il existe un voisinage* $B(\tilde{x})$ *de* $\tilde{x}$ *dans* $\tilde{X}$, *cartographié par un système de coordonnées locales* $w_1,\ldots,w_n$ *centré en* $\tilde{x}$ *et tel que :*

$$\forall j\in\{1,\ldots,n\},\ (f_j\circ\pi)(W)=u_j(W)w_1^{\alpha_{j,1}}\ldots w_n^{\alpha_{j,n}},W\in B(\tilde{x}),$$

où $(\alpha_{j,1},\ldots,\alpha_{j,n})$ *désigne un n-uplet de nombres entiers positifs et* u_j *une fonction holomorphe dans* $B(\tilde{x})$ *et ne s'annulant pas dans ce voisinage de* $\tilde{x}$.

Remarque 1 :

De fait, le théorème d'Hironaka est en général énoncé dans le cadre d'une seule fonction holomorphe f ; mais il est aisé de faire jouer au produit $f_1\ldots f_p$ le rôle de f et de déduire alors le résultat que nous avons énoncé du théorème d'Hironaka tel qu'il est couramment formulé ([11], chap. 7).

Remarque 2 :

Dans le cas où $f_1,\ldots,f_p$ sont des polynômes, c'est-à-dire le cadre algébrique , le théorème de désingularisation est formulé dans le contexte d'un corps de caractéristique nulle K, $f_1\ldots,f_p$ étant alors des éléments de $K[x_1,\ldots,x_n]$([17]) ; cette remarque aura son intérêt lorsque nous évoquerons (dans le paragraphe 2.c) le polynôme de Bernstein-Sato global dans le cadre algébrique.

2 c : Le polynôme de Bernstein global

Lorsque K désigne un corps de caractéristique nulle, introduisons l'algèbre de Weyl $A_n(K)$, anneau d'opérateurs K-linéaires sur $K[x_1,\ldots,x_n]$ engendré par les dérivations formelles $\partial_1=\frac{\partial}{\partial x_1},\ldots,\partial_n=\frac{\partial}{\partial x_n}$ et les opérateurs de multiplication par $x_1,\ldots,x_n$. Nous noterons fréquemment $A_n(K)=K\langle x_1,\ldots,x_n,\partial_1,\ldots,\partial_n\rangle$ pour indiquer que les divers générateurs de cet anneau ne commutent pas entre eux. Le résultat algébrique de Bernstein [8] (voir aussi [11], chapitre 1) se formule de la manière suivante :

Théorème [8] : *Soit* P *un élément de* $K[x_1,\ldots,x_n]$ *et* λ *une nouvelle variable : il existe un polynôme non nul* $b(\lambda)$ *de* $K[\lambda]$, *un sous ensemble fini* $Q_0,\ldots,Q_n$ *d'éléments de* $A_n(K)$ *tels que l'on ait l'identité formelle :*

(2.4) $$b(\lambda)P^{\lambda} = \sum_{l=0} \lambda^l Q_l(P^{\lambda+1}).$$

Le générateur normalisé de l'idéal de $K[\lambda]$ constitué des polynômes intervenant dans une identité formelle du type (2.4) est appelé ***polynôme de Bernstein-Sato*** de P.

Nous utiliserons essentiellement le théorème de Bernstein pour exprimer le prolongement méromorphe de $|P|^{2\lambda}$ lorsque P désigne un élément de $\mathbb{C}[z_1,\ldots,z_n]$: nous avons dans ce cas, tout d'abord formellement :

(2.5) $$\sum_{l=0}^{L} \lambda^l Q_l\left(z_1,\ldots,z_n, \frac{\partial}{\partial z_1},\ldots,\frac{\partial}{\partial z_n}\right)P^{\lambda+1} = b(\lambda)P^{\lambda}$$

puis au sens cette fois des distributions, et ce pour tout nombre complexe λ du demi-plan $\{\mathrm{Re}\lambda>0\}$:

(2.6) $$\left[\sum_{l=0}^{L} \lambda^l \overline{Q}_l\left(\overline{Z}, \frac{\partial}{\partial \overline{Z}}\right)\right]\left[\sum_{l=0}^{L} \lambda^l Q_l\left(Z, \frac{\partial}{\partial Z}\right)\right]|P|^{2(\lambda+1)} = b(\lambda)\overline{b}(\lambda)|P|^{2\lambda}$$

où $\overline{Q}_l$ et $\overline{b}$ s'obtiennent en conjuguant les coefficients respectifs de Q et b. Ce procédé est couramment utilisé par D. Barlet (par exemple [2]). Dès lors la formule (2.6) permet le prolongement explicite de $|P|^{2\lambda}$ en une application méromorphe de $\mathbb{C}$ dans $\mathcal{D}'(\mathbb{C}^n)$ (voir [11], chap 7) ; les pôles de ce prolongement sont inclus dans l'ensemble $\bigcup_{\{\alpha\in\mathbb{C},b(\alpha)=0\}} \{\alpha-\mathbb{N}\}$, étant entendu qu'un élément de cet ensemble ne correspond pas nécessairement à un pôle de $\lambda\to\langle|P|^{2\lambda},\Psi\rangle$ pour une certaine forme test Ψ([3]). Remarquons toutefois qu'en donnant à λ la valeur -1 dans (2.5) et en nous plaçant au voisinage d'un zéro de P, nous voyons que le polynôme de Bernstein-Sato est divisible par $\lambda+1$.

L'information essentielle concernant le polynôme de Bernstein global nous est donnée, d'ailleurs dans le contexte d'un corps K de caractéristique nulle, par le théorème de Kashiwara ([18],[19], voir aussi [11], chapitre 6).

Théorème : *Lorsque P est un élément de $K[x_1,\ldots,x_n]$, son polynôme de Bernstein-Sato est de la forme :*

$$b(\lambda)=(\lambda-q_1)\ldots(\lambda-q_t)$$

où $q_1,\ldots,q_t$ sont des nombres rationnels strictement négatifs (i.e des éléments de K de la forme $-\frac{r.1}{s.1}$, où 1 désigne l'élément unité de K, r et s deux éléments de $\mathbb{N}^*$).

Donnons deux conséquences de ce théorème.

Application 1 : Nous reprenons ici la construction du prolongement méromorphe de $\lambda \to |P|^{2\lambda}$ faite un peu plus haut. Supposons que le développement en série de Laurent de $|P|^{2\lambda}$ au voisinage de -1 s'écrive :

$$|P|^{2(-1+\lambda)} = \sum_{j=-2n}^{+\infty} \mu_{-1,j}\lambda^j$$

Nous avons alors le lemme suivant, tenant compte de l'identité formelle (2.5) satisfaite par P :

Lemme 2.2 : *Les distributions* $\mu_{-1,j}$ *sont d'ordre au plus* $2 \operatorname{Max}_{0\leq l\leq L} (d(Q_l))$ *où* $d(Q_l)$ *désigne l'ordre total de* Q_l *comme opérateur différentiel en* $\frac{\partial}{\partial z_1},\dots,\frac{\partial}{\partial z_n}$.

Preuve : Puisque le polynôme de Bernstein-Sato a toutes ses racines strictement négatives, pour toute fonction test Ψ dans $\mathcal{D}(\mathbb{C}^n)$, la fonction :

$$\lambda \overset{\Theta_\Psi}{\mapsto} \left\langle \sum_{l=0}^{L} \lambda^l \overline{Q}_l(\overline{Z},\frac{\partial}{\partial \overline{Z}}) \sum_{l=0}^{L} \lambda^l Q_l(Z,\frac{\partial}{\partial Z})|P|^{2\lambda},\Psi\right\rangle$$

est holomorphe au voisinage de 0 ; nous pouvons calculer le $k^{\text{ème}}$ coefficient de son développement en série entière au voisisage de l'origine ; ce coefficient a_k vaut :

$$a_k = \frac{1}{k!}\int (\operatorname{Log}|P|^k)\left[(\sum_{l=0}^{L}\lambda^l\overline{Q}_l(\overline{Z},-\frac{\partial}{\partial \overline{Z}}))(\sum_{l=0}^{L}\lambda^l Q_l(Z,-\frac{\partial}{\partial Z}))\Psi\right]dx$$

(de fait, on calcule d'abord le développement au voisinage de 0 de $|P|^{2(\lambda+\varepsilon)}$, avec $\varepsilon>0$, grâce au théorème de Lebesque, et l'on fait tendre ensuite ε vers 0).

La formule (2.6) permettant d'exprimer $\langle |P|^{2(\lambda-1)},\psi\rangle$ comme $\frac{\Theta_\Psi(\lambda)}{b(\lambda)}$ jointe à l'expression des a_k permet de conclure la preuve du lemme □

Remarque :

Nous avons ici uniquement cherché à estimer l'ordre des distributions $\mu_{-1,j}$; si l'on désire un contrôle de la croissance - et par conséquent éviter la présence de $(\operatorname{Log}|P|)^k$ dans les formules ci-dessus - on itèrera la relation de Bernstein, pour obtenir :

$$\left[\sum_{l=0}^{\tilde L} \lambda^l \tilde{\bar Q}_l\left(\bar Z, \frac{\partial}{\partial \bar Z}\right)\right]\left[\sum_{l=0}^{\tilde L} \lambda^l \tilde Q_l\left(Z, \frac{\partial}{\partial Z}\right)\right] |P|^{2(\lambda+2)} = (b(\lambda)b(\lambda+1))^2 |P|^{2\lambda}$$

et l'on a alors pour toute fonction test $\Psi \in \mathcal{D}_{(n,n)}(\mathbb{C}^n)$ la formule (2.7) :

$$\langle \mu_{-1,j}, \Psi \rangle = \frac{1}{2i\pi} \int_{|\lambda+1|=\epsilon} \int |P|^{2(\lambda+2)} \left[\frac{\tilde{\bar{\mathcal{Q}}}\left(\bar Z, -\frac{\partial}{\partial \bar Z}\right)\tilde{\mathcal{Q}}\left(Z, -\frac{\partial}{\partial Z}\right)}{b(\lambda)b(\lambda+1)}\right](\Psi)\lambda^{-j-1} d\lambda$$

Nous utiliserons ces formules dans les sections 4 et 5 pour estimer la croissance des distributions $\mu_{-1,j}$, ou plus généralement $\mu_{-p,j}$.

Application 2 : Nous utiliserons cette idée dans la section 5 de cet article. Considérons une fonction f de n variables complexes, entière en toutes les variables et polynomiale en $z_1, z_2, \dots, z_{n-1}$. Nous pouvons considérer cette fonction f comme un élément de $A[z_1, \dots, z_{n-1}]$ où A désigne l'anneau des fonctions entières de la variable z_n. Si nous appliquons les théorèmes de Bernstein et de Kashiwara à cet élément f, avec comme corps de référence K le corps des fonctions méromorphes de la variable z_n, nous déterminons une famille $Q_0, \dots, Q_N$ d'éléments de $A\langle z_1, \dots, z_{n-1}, \partial_1, \dots, \partial_{n-1}\rangle$, un élément $h(.)$ de l'anneau A, et un élément b de $\mathbb{C}[\lambda]$ à racines rationnelles strictement négatives tels que l'on ait, au sens des distributions, l'identité suivante :

$$\left[\sum_{l=0}^{L} \lambda^l \bar Q_l\left(\bar Z, \frac{\partial}{\partial \bar Z'}\right) \sum_{l=0}^{L} \lambda^l Q_l\left(Z', \frac{\partial}{\partial Z'}\right)\right] |f|^{2(\lambda+1)} = |h(z_n)|^2 (b(\lambda))^2 |f|^{2\lambda}$$

avec $Z' = (z_1, \dots, z_{n-1})$, $\frac{\partial}{\partial z'} = \left(\frac{\partial}{\partial z_1}, \dots, \frac{\partial}{\partial z_{n-1}}\right)$, $\frac{\partial}{\partial \bar z'} = \left(\frac{\partial}{\partial \bar z_1}, \dots, \frac{\partial}{\partial \bar z_{n-1}}\right)$.

Signalons ici en guise de remarque que dès que z_n est fixé et tel que $h(z_n) \neq 0$, le polynôme de Bernstein-Sato de $(z_1, \dots, z_{n-1}) \to f(z_1, \dots, z_{n-1}, z_n)$ divise le polynôme b ; pour z_n générique, les pôles du prolongement méromorphe de $|f(z_1, \dots, z_{n-1}, z_n)|^{2\lambda}$ (comme élément de $\mathcal{D}'(\mathbb{C}^{n-1}_{z_1, \dots, z_{n-1}})$) sont inclus dans $\bigcup_{\{\alpha \in \mathbb{C}, b(\alpha)=0\}} (\alpha - \mathbb{N})$.

Disons enfin pour conclure ce paragraphe que la construction explicite du polynôme de Bernstein et des opérateurs Q_l intervenant dans la formule (2.4) est en général un problème difficile. Un cas particulier important est celui des polynômes P tels que :

(i) il existe n rationnels $a_1,\ldots,a_n$ tels que :

$$\left(\sum_{j=1}^{n} a_j X_j \frac{\partial}{\partial X_j}\right)P=P\ ;$$

(ii) il existe un entier μ tel que pour tout multi-indice α tel que $|\alpha|=\mu$, il existe des éléments $Q_{l,\alpha}, l=0,\ldots,N_\alpha$ de $K\langle x_1,\ldots,x_n,\partial_1,\ldots,\partial_n\rangle$ et un élément b_α de $K[\lambda]$ avec :

$$\sum_{l=0}^{N_\alpha} \lambda^l Q_{l,\alpha}(X,\partial_X)P^{\lambda+l}=a_\alpha(\lambda)X^\alpha P^\lambda,\ \deg a_\alpha=\underset{0\leq l\leq N_\alpha}{\mathrm{Max}}\ d(Q_{l,\alpha})$$

Dans ce cas, étudié par Bernstein [10], Saito [24], et surtout Yano ([26], pp 156-157), nous pouvons déterminer $Q_0,\ldots,Q_N$ et b de manière à ce que (2.4) soit remplie, avec de plus $\deg(b)=\underset{0\leq l\leq N}{\mathrm{Max}}\ d(Q_l)$.

Ces deux conditions sont par exemple remplies dès que P est quasihomogène et qu'il existe un entier μ tel que, m désignant l'idéal maximal $(X_1,\ldots,X_n)$,

$$m^\mu\subset K[X_1,\ldots,X_n]\frac{\partial P}{\partial X_1}+\ldots+K[X_1,\ldots,X_n]\frac{\partial P}{\partial X_n}.$$

Nous renvoyons ici à l'énoncé de la proposition 3.6 de [26] pour une majoration tant à la fois du degré de b que de $\underset{0\leq l\leq N_\alpha}{\mathrm{Max}}\ (d(Q_l))$ dans ce cas.

Ce type de remarque nous parait aussi intéressant pour l'étude du prolongement méromorphe de $\lambda\to(\sum_{j=1}^{p}|f_j|^2)^\lambda, f_1,\ldots,f_p$ désignant par exemple des polynômes homogènes de même degré à coefficients complexes. Rappelons que $Q=\sum_{j=1}^{p}|f_j|^2$ est alors considéré comme un élément de $\mathbb{R}[x_1,y_1,\ldots,x_n,y_n]$; dans le cas où est satisfaite une condition analogue à (ii) avec des éléments $Q_{l,\alpha}$ dans $\mathbb{R}\langle x,y,\partial_x,\partial_y\rangle$, l'argument de la proposition 3.6 de [26] nous permet de préciser le degré du polynôme de Bernstein de Q, les ordres des opérateurs Q_l - le corps de référence étant $\mathbb{R}$ - et par conséquent les ordres des distributions intervenant comme coefficients dans le développement de Laurent de $\lambda\to Q^\lambda$ aux points $-1,-2,\ldots,-p,\ldots$; ces distributions interviendront dans les formules de la section 4.

2.d : le polynôme de Bernstein local

Le théorème de Bernstein s'énonce de manière locale dans le cadre des fonctions holomorphes.

Etant donnée une fonction f de n variables $z_1,\dots,z_n$, holomorphe au voisinage de l'origine, il existe une famille $q_0,\dots,q_N$ d'opérateurs différentiels d'ordre fini à coefficients holomorphes au voisinage de l'origine et un polynôme b de $\mathbb{C}[\lambda]$ tels que l'on ait l'identité formelle :

$$(2.8) \qquad \Big(\sum_{l=0}^{L} \lambda^l q_l(Z,\partial_z)\Big)f^{\lambda+1}=b(\lambda)f^\lambda$$

Le générateur normalisé b_0 de l'idéal des polynômes b entrant en jeu dans une relation du type (2.8) s'appelle le polynôme de Bernstein Sato local de la fonction holomorphe f à l'origine.

La démonstration de ce résultat est due à Björk [11] ou aussi à Kashiwara [18].

Une conséquence immédiate en est l'existence du prolongement méromorphe de $\lambda\to|f|^{2\lambda}$ lorsque f est une fonction holomorphe dans un ouvert X de $\mathbb{C}^n$. Cependant, ce résultat local ne permet évidemment pas de disposer d'une information de nature globale sur les distributions intervenant comme coefficients de Laurent de $\lambda\to|f|^{2\lambda}$ en certains pôles.

Section 3

Nous considérons dans cette section p fonctions holomorphes $f_1,\dots,f_p$ dans un ouvert X de $\mathbb{C}^n$; nous supposons que $f_1,\dots,f_p$ définissent une intersection complète dans X ; le sous-ensemble analytique $V=\bigcap_{j=1}^{p} f_j^{-1}(0)$ est donc supposé de dimension $n-p$. Notre but dans cette section est la démonstration du théorème B mais nous allons raisonner en plusieurs temps.

Nous démontrons tout d'abord le :

Théorème 3.1 : *Soit* $t_1,\dots,t_p$ *un p-uplet de nombres réels strictement positifs ; l'application qui à tout complexe* λ *de* $\{\operatorname{Re}\lambda > \frac{1}{\operatorname{Min}_{1\le j\le p}(t_j)}\}$ *associe le* $(0,p)$ *courant* $S_\lambda^{(t)}$ *défini par :*

$$\langle S_\lambda^{(t)},\Psi\rangle=t_1\dots t_p\int |f_1|^{2(t_1\lambda-1)}\dots|f_p|^{2(t_p\lambda-1)}\,\overline{\partial f_1}\wedge\dots\wedge\overline{\partial f_p}\wedge\Psi,$$

$$\forall\Psi\in\mathcal{D}_{(n,n-p)}(X),$$

se prolonge en une application méromorphe dans $\mathbb{C}$ *tout entier, à valeurs dans* $(\mathcal{D}_{(n,n-p)}(X))'$. *De plus, la limite, lorsque* $\lambda\to 0$, *de* $\lambda^p S_\lambda^{(t)}$ *existe et définit un courant orthogonal à tous les éléments de l'idéal de* $\mathcal{D}_{(n,n-p)}(X)$ *engendré par* $f_1,\ldots,f_p$.

Preuve du théorème 3.1 : L'énoncé de ce théorème a manifestement un caractère local ; nous pouvons donc supposer que X est un voisinage de l'origine dans $\mathbb{C}^n$ au dessus duquel il est possible de construire une désingularisation de V via le théorème d'Hironaka (voir section 2.b).

Nous nous donnons une forme test dans $\mathcal{D}_{(n,n-p)}(X)$ et nous considérons un recouvrement de $\pi^{-1}(\mathrm{Supp}\,\Psi)$, π désignant l'application propre d'Hironaka, par les boules $B(\tilde{x}_1),\ldots,B(\tilde{x}_q)$. De fait, ce recouvrement est indépendant de Ψ dès que $\mathrm{Supp}\,\Psi\subset X'$, où X' désigne un ouvert relativement compact inclus dans X.

Nous avons, si $\mathrm{Re}\lambda$ est suffisamment grand :

$$\langle S_\lambda^{(t)},\Psi\rangle=\lim_{\varepsilon\to 0} t_1\ldots t_p\int_{\substack{|f_1|>\varepsilon\\ \vdots\\ |f_p|>\varepsilon}} |f_1|^{2(t_1\lambda-1)}\ldots|f_p|^{2(t_p\lambda-1)}\overline{\partial f_1}\wedge\ldots\wedge\overline{\partial f_p}\wedge\Psi$$

$$=\lim_{\varepsilon\to 0}\Big(\sum_{l=1}^{q} t_1\ldots t_p\int_{\pi^{-1}(\mathrm{Supp}\Psi)\cap\{|f_1\circ\pi|>\varepsilon,\ldots,|f_p\circ\pi|>\varepsilon\}\cap B(\tilde{x}_l)}|f_1\circ\pi|^{2(t_1\lambda-1)}\ldots|f_p\circ\pi|^{2(t_p\lambda-1)}\eta_l\overline{\partial(f\circ\pi)}\wedge\pi^*\Psi\Big)$$

où $\eta_1,\ldots,\eta_q$ désigne une partition de l'unité subordonnée au recouvrement $B(\tilde{x}_1),\ldots,B(\tilde{x}_q)$ et où $\overline{\partial(f\circ\pi)}=\overline{\partial(f_1\circ\pi)}\wedge\ldots\wedge\overline{\partial(f_p\circ\pi)}$; nous utiliserons fréquemment par la suite ces notations abrégées.

Nous avons donc, grâce au théorème de Lebesgue :

$$(3.1)\qquad \langle S_\lambda^{(t)},\Psi\rangle=\sum_{l=1}^{q} t_1\ldots t_p\int_{\pi^{-1}(\mathrm{Supp}\Psi)\cap B(\tilde{x}_l)}|f\circ\pi|^{2(t\lambda-1)}\eta_l\overline{\partial(f\circ\pi)}\wedge\pi^*\Psi.$$

Nous pouvons donc, pour démontrer l'existence du prolongement méromorphe, isoler l'un des termes figurant au second membre de (3.1). Si nous posons, comme nous y invite le théorème d'Hironaka :

$$f_j\circ\pi(W)=u_j(W)w_1^{\alpha_{j,1}}\ldots w_n^{\alpha_{j,n}}=u_j(W)g_j(W),\ j=1,\ldots,p$$

nous pouvons développer le terme en question sous la forme d'une somme de termes du type :

$$(3.2)\qquad \int_{\tilde{B}(x)} \theta^{t\lambda}\ |g|^{2(t\lambda-1)}\bar{g}_{(1,\dots,p)-I}\overline{\partial g_I}\wedge\xi_I\wedge\pi^*\Psi$$

où $\theta=(\theta_1,\dots,\theta_n)$ désigne un n-uplet de modules de fonctions holomorphes ne s'annulant pas dans $\tilde{B}(x)$, I un sous ensemble de $\{1,\dots,p\}$ de cardinal $s(I)=s$, ξ_I une forme à coefficients C^∞ à support compact dans $\tilde{B}(x)$ ne dépendant que de $u_1,\dots,u_n,\eta$. Nous noterons $\bar{g}_{(1,\dots,p)-I}=\bar{g}_{j_1}\dots\bar{g}_{j_{p-s}}$ si $\{1,\dots,p\}-I=\{j_1,\dots,j_{p-s}\}$ et $\overline{\partial g_I}=\overline{\partial g_{i_1}}\wedge\dots\wedge\overline{\partial g_{i_s}}$ si $I=\{i_1,\dots,i_s\}$.

Enfin, un terme du type (3.2) s'écrit, après développement de $\overline{\partial g_I}$ comme une combinaison linéaire de termes de la forme :

$$(3.3)\qquad \int_{\tilde{B}(x)} \theta^{t\lambda}|g|^{2t\lambda}\frac{1}{g_1\dots g_p}\ \frac{d\overline{W}_J}{\overline{W}_J}\wedge\xi_I\wedge\pi^*\Psi$$

où J est un sous ensemble de $\{1,\dots,n\}$ de cardinal $s(I)$.

Ecrivons cette dernière expression (3.3) sous la forme :

$$(3.4)\qquad \int_{\tilde{B}(x)} \theta^{t\lambda}\ \frac{|W|^{2L}}{W^{\mu}}\ \frac{d\overline{W}_J}{\overline{W}_J}\wedge\xi_I\wedge\pi^*\Psi$$

$$\text{où}\quad \begin{cases} L_i=\sum_{j=1}^{p} \alpha_{j,i}t_j \\ \\ \mu_i=\sum_{j=1}^{p} \alpha_{j,i} \end{cases}\qquad 1\leq i\leq n.$$

Le prolongement méromorphe d'un terme du type (3.4) est bien sûr possible car nous pouvons multiplier (en faisant des produits tensoriels) les distributions $|w_1|^{2\sigma_1},\dots,|w_n|^{2\sigma_n}$, définies lorsque $\sigma_1,\dots,\sigma_n$ sont des nombres complexes par le théorème d'Atiyah (ces distributions portent sur des variables distinctes). La première assertion du théorème 3.1 est donc démontrée ; cependant, comme nous l'a fait remarquer R. GAY, nous pouvons également construire "à la main" le prolongement méromorphe de (3.4) et l'expliciter au voisinage de 0.

Lorsque $\mathrm{Re}\lambda$ est grand, α et β désignant deux n-uplets de nombres entiers, la formule de Stokes nous permet d'affirmer, si $\xi\in\mathcal{D}(\tilde{B}(x))$:

$$\forall k\in\{1,\ldots,n\},(L_k\lambda+\alpha_k+1)\int_{\tilde{B}(x)}\theta^{t\lambda}|W|^{2L\lambda}W^{\alpha}\overline{W}^{\beta}\xi dW\wedge d\overline{W}$$

$$= -\int_{\tilde{B}(x)}|W|^{2L}W^{\alpha}\overline{W}^{\beta}\overline{w}_k\frac{\partial}{\partial\overline{w}_k}(\xi\theta^{t\lambda})dW\wedge d\overline{W}$$

(il suffit en effet de calculer

$$d(\theta^{t\lambda}|W|^{2L\lambda}W^{\alpha}\overline{W}^{\beta}\overline{w}_k\xi dW\wedge d\overline{w}_1\wedge\ldots\wedge\widehat{d\overline{w}_k}\wedge\ldots\wedge d\overline{w}_n)).$$

Nous avons donc, au sens des fonctions méromorphes la formule (3.5) :

$$(\prod_{j\in J}L_j\lambda)\int_{\tilde{B}(x)}\theta^{t\lambda}\frac{|W|^{2L\lambda}}{W^{\mu}}\frac{d\overline{W}_J}{\overline{W}_J}\wedge\xi_I\wedge\pi^*\Psi=(-1)^s\int_{\tilde{B}(x)}\frac{|W|^{2L\lambda}}{W^{\mu}}\frac{\partial^s}{\partial\overline{W}_J}(\theta^{t\lambda}\rho_I)dW\wedge d\overline{W}$$

où ρ_I est un élément de $\mathcal{D}(\tilde{B}(x))$ dépendant continuement de $\pi^*\Psi$. Remarquons ici que si j est un élément de J, on a nécessairement $\mu_j\geq 1$, donc également $L_j>0$.

Le même type d'argument nous permet aussi de "chasser" les w figurant au dénominateur du terme à intégrer figurant au second membre de (3.5) ; nous obtenons alors :

$$(3.6)\qquad \prod_{(i,\mu_i\geq 1)}\prod_{v=1}^{\mu_i-1}(L_i-\mu_i+v)\left(\int_{\tilde{B}(x)}\frac{|W|^{2L\lambda}}{W^{\mu}}\frac{\partial^s}{\partial\overline{W}_J}(\theta^{t\lambda}\rho_I)dW\wedge d\overline{W}\right.$$

$$=\pm\int_{\tilde{B}(x)}\frac{|W|^{2L\lambda}}{W_K}\sigma_I^{(\lambda)}dW\wedge d\overline{W}$$

où $K=\{i,\mu_i\geq 1\}$, $W_K=\prod_{k\in K}w_k$, et où $\sigma_I^{(\lambda)}$ désigne un élément de $\mathcal{D}(\tilde{B}(x))$ s'exprimant à l'aide de $\theta^{t\lambda}$, de ses dérivées partielles, et des dérivées partielles des coefficients de $\pi^*\Psi$.

Nous avons donc, grâce à (3.5) et (3.6) :

$$(3.7) \qquad p(\lambda)\int_{\tilde{B}(x)} e^{t\lambda}\,\frac{|W|^{2L\lambda}}{W^{\mu}}\,\frac{d\overline{W}_J}{\overline{W}_J}\wedge\xi_I\wedge\pi^{*}\Psi=F(\lambda)$$

avec, puisque $\frac{1}{W_K}$ est localement intégrable sur $\mathbb{C}^n$:

$$\left\{\begin{array}{l} F \text{ fonction entière de } \lambda \\ p(\lambda)=\lambda^{s}\Big(\prod_{j\in J} L_j\Big)\Big(\prod_{\{i,\mu_i>1\}}\ \prod_{v=1}^{\mu_i-1}(L_i\lambda-\mu_i+v)\Big) \end{array}\right.$$

Venons en maintenant à la seconde assertion de l'énoncé du théorème 3.1 c'est-à-dire à l'existence de la limite de $\lambda^{p}S_{\lambda}^{(t)}$ lorsque $\lambda\to 0$.

Comme le polynôme p figurant dans (3.7) est de la forme $p(\lambda)=\lambda^{s}(c+\lambda q(\lambda))$ avec $c\neq 0$ et $s\leq p$ nous voyons que la limite, lorsque λ tend vers 0, de $\lambda^{p}\int_{\tilde{B}(x)} e^{t\lambda}\,\frac{|W|^{2L\lambda}}{W^{\mu}}\,\frac{d\overline{W}_J}{\overline{W}_J}\wedge\xi_I\wedge\pi^{*}\Psi$

existe bien ; par combinaison linéaire de termes, la limite lorsque λ tend vers 0 de $\lambda^{p}S_{\lambda}^{(t)}$ existe bien et définit un $(0,p)$ courant ; en effet $\sigma_I^{(o)}$ dans la formule (3.6) dépend continuement d'un nombre fini de dérivées partielles des coefficients de $\pi^{*}\Psi$. La seconde assertion de l'énoncé du théorème 3.1 est donc démontrée.

Il nous reste maintenant à démontrer que le courant ainsi obtenu est bien orthogonal à l'idéal de $\mathcal{D}_{(n,n-p)}(X)$ engendré par $f_1,\dots,f_p$. Démontrons par exemple qu'il est orthogonal à l'idéal de $\mathcal{D}_{(n,n-p)}(X)$ engendré par f_1 ; il s'agit, Ψ désignant une $(n,n-p)$ forme test, d'étudier $\lim_{\lambda\to 0}\lambda^{p}\langle S_{\lambda}^{(t)},f_1\Psi\rangle$. Nous venons de décomposer $\langle S_{\lambda}^{(t)},f_1\Psi\rangle$ comme une combinaison linéaire de termes de la forme (3.4). Remarquons que si $s(I)<p$, la contribution du prolongement méromorphe de (3.4) au coefficient de λ^{-p} dans le développement en série de Laurent au voisinage de l'origine est nulle.

Nous reprenons ici les idées de la démonstration de M. Passare (preuve de la proposition 4.4.2. dans [22]).

Nous pouvons écrire la $(n,n-p+1)$ forme $\bar\partial\Psi$ sous la forme :

(3.8)
$$\bar\partial\Psi = \sum_{\rho} \xi_\rho \wedge \overline{\omega}_\rho$$

où ξ_ρ est une $(n,0)$ forme à coefficients C^∞ à support compact dans X et ω_ρ une $(n-p+1,0)$ forme à coefficients constants.

Nous avons :

$$\pi^*(\bar\partial\Psi) = \sum_{\rho} \pi^*(\xi_\rho \wedge \overline{\omega}_\rho) = \sum_{\rho} \pi^*(\xi_\rho)\wedge\overline{\pi^*(\omega_\rho)}$$

Nous pouvons écrire, dans $B(\tilde{x})$, $\tilde{x}$ désignant un élément de $\tilde{X}$:

(3.9)
$$\pi^*(\bar\partial\Psi) = \sum_{|A|=p-1} \Psi_A(W)dW \wedge d\overline{W}_{\{1,\dots,n\}-A}$$

$$= \sum_{|A|=p-1} \Big[\sum_{\rho} \pi^*(\xi_\rho)\wedge\overline{\Psi}^{\rho}_{A}(W)d\overline{W}_{\{1,\dots,n\}-A}\Big]$$

si
$$\pi^*(\omega_\rho)\Big|_{B(\tilde{x})} = \sum_{|A|=p-1} \Psi_A{}^{\rho}(W)d\overline{W}_{\{1,\dots,n\}-A}$$

Ces notations préliminaires ayant été posées, nous considérons deux nombres complexes λ et λ' de parties réelles pour l'instant grandes et nous considérons l'expression :

$$K(\lambda,\lambda')=\lambda(\lambda')^{p-1}\int |f_1|^{2(\lambda-1)}|f_2|^{2(t_2\lambda'-1)}\dots|f_p|^{2(t_p\lambda'-1)} f_1\overline{\partial f}\wedge\Psi.$$

Grâce au théorème de Stokes, nous pouvons écrire $K(\lambda,\lambda')$ $(\mathrm{Re}\lambda\gg 0, \mathrm{Re}\lambda'\gg 0)$ sous la forme :

$$K(\lambda,\lambda')= -\lambda'^{\,p-1}\int |f_1|^{2\lambda}|f_2|^{2(t_2\lambda'-1)}\dots|f_p|^{2(t_p\lambda'-1)}\overline{\partial f_2}\wedge\dots\wedge\overline{\partial f_p}\wedge\bar\partial\Psi.$$

Comme lors de la preuve de (3.1) nous pouvons développer $K(\lambda,\lambda')$ en faisant intervenir la partition de l'unité $(\eta_l)_{l=1,\dots,q}$ subordonnée au recouvrement de $\pi^{-1}(\mathrm{Supp}\,\Psi)$ par $B(\tilde{x}_1),\dots,B(\tilde{x}_q)$ et nous obtenons (3.10) :

$$K(\lambda,\lambda')=-\lambda'^{\,p-1}\sum_{l=1}^{q}\int_{B(\tilde{x}_l)} \eta_l|f_1\circ\pi|^{2\lambda}|f_2\circ\pi|^{2(t_2\lambda'-1)}\dots|f_p\circ\pi|^{2(t_p\lambda'-1}\overline{\partial(f'\circ\pi)}$$

$$\text{où}\quad \overline{\partial(f'\circ\pi)}=\overline{\partial(f_2\circ\pi)}\wedge\dots\wedge\overline{\partial(f_p\circ\pi)}$$

Nous fixons l et étudions **(3.11)** :

$$-\lambda'^{p-1}\int_{\tilde{B}(x)} \eta|f_1 o\pi|^{2\lambda}|f_2 o\pi|^{2(t_2\lambda'-1)}\dots|f_p o\pi|^{2(t_p\lambda'-1)}\overline{\partial(f_2 o\pi)}\wedge\dots\wedge\overline{\partial(f_p o\pi)}\wedge\pi^*(\bar{\partial}\Psi).$$

Nous injectons dans l'expression précédente le développement de $\pi^*(\bar{\partial}\Psi)$ dans $\tilde{B}(x)$ donné par (3.9). Nous allons nous intéresser à une expression du type (3.12) :

$$-\lambda'^{p-1}\int\eta|f_1 o\pi|^{2\lambda}|f_2 o\pi|^{2(t_2\lambda'-1)}\dots|f_p o\pi|^{2(t_p\lambda'-1)}\overline{\partial(f' o\pi)}\wedge\pi^*(\xi_s)\wedge\bar{\Psi}^s_A(W)d\bar{W}(A)$$

où A désigne une partie de $\{1,\dots,n\}$ de cardinal $p-1$ et nous notons $d\bar{W}(A)=d\bar{W}_{\{1,\dots,n\}-A}$.

L'expression (3.11) est une somme d'expressions du type (3.12) ; nous allons envisager deux types d'expressions du type (3.12) ; si nous désignons par P_A le sous-ensemble de $\tilde{B}(x)$ défini par $w_k=0, k\in A$, nous allons distinguer les expressions du type (3.12) pour lesquelles $P_A\subset\pi^{-1}(V)$ et celles pour lesquelles $P_A\not\subset\pi^{-1}(V)$ (on rappelle que $V=\bigcap_{j=1}^{p} f_j^{-1}(0)$).

a) étude d'une expression du type (3.12) avec $P_A\subset\pi^{-1}(V)$

Nous avons dans ce cas $\pi(P_A)\subset V$; mais V est un ensemble analytique de dimension $n-p$, donc de dimension strictement inférieure à $n-(p-1)$; la forme ω_s qui rappelons le est une $(n-(p-1),0)$ forme à coefficients constants est nulle sur V pour des raisons de dimension ; nous en déduisons $\pi^*(\omega_s)_{|P_A}=0$; comme d'autre part $\pi^*(\omega_s)_{|P_A}=\Psi^s_A dW(A)$, nous pouvons écrire dans $\tilde{B}(x)$:

$$\Psi^s_A=\sum_{k\in A} w_k\Psi^{s,k}_A$$

avec $\Psi^{s,k}_A$ holomorphes dans $\tilde{B}(x)$ pour $k\in A$.

L'expression (3.12) considérée s'écrit comme une somme d'expressions du type **(3.13)** :

$$-\lambda'^{p-1}\int|g_1|^{2\lambda}|g_2|^{2(t_2\lambda'-1)}\dots|g_p|^{2(t_p\lambda'-1)}\bar{g}_{\{2,\dots,p\}\setminus I'}\overline{\partial g_{I'}}\wedge\xi_{I'}\wedge\eta\Theta^{\lambda,\lambda'}\bar{\Psi}^s_A d\bar{W}(A)$$

où I' est une partie de $\{2,\dots,p\}$ de cardinal s', ξ une forme différentielle à coefficients C^∞ à support compact et

$\theta^{\lambda,\lambda'}(W)=|u_1(W)|^{2\lambda}\left(\prod_{2}^{p}|u_j(W)|^{2(t_j\lambda'-1)}\right)$. Nous pouvons écrire cette dernière expression comme une combinaison linéaire d'expressions du type :

$$(3.13)\qquad -\lambda'^{\,p-1}\int \theta^{\lambda,\lambda'}\frac{|W|^{2\kappa_1\lambda+2L'\lambda'}}{W^{\mu'}}\,\eta\overline{\Psi}_A^{\beta}\,\frac{d\overline{W}_{J'}}{\overline{W}_{J'}}\wedge\xi_{I'}\wedge d\overline{W}(A)$$

où J' désigne une partie de cardinal $s'\leq p-1$ de A, L' un n-uplet de réels positifs, μ' un n-uplet de nombres entiers avec :

$$\begin{cases} L'_j > 0 \\ \mu'_j > 0 \end{cases},\ j\in J'$$

Si nous utilisons (3.13), nous pouvons écrire la dernière expression sous la forme d'une somme d'expressions du type :

$$(3.14)\qquad -\lambda'^{\,p-1}\int \theta^{\lambda,\lambda'}\frac{|W|^{2\kappa_1\lambda+2L'\lambda'}}{W^{\mu'}}\,\eta\,\overline{\Psi}_A^{\beta,k}\,\frac{d\overline{W}_{J'}}{\overline{W}_{J'\setminus\{k\}}}\wedge\xi_{I'}\wedge d\overline{W}(A).$$

La méthode décrite lors de la preuve de (3.7) nous permet d'écrire le prolongement méromorphe d'une expression du type (3.14), comme fonction de λ et de λ', au voisinage de $(0,0)$ sous la forme :

$$(3.15)\qquad \lambda'^{\,p-1}\frac{h(\lambda,\lambda')}{\prod_{j\in J''}(\kappa_{1,j}\lambda+L'_j\lambda')}$$

avec h holomorphe comme fonction des deux variables (λ,λ') au voisinage de $(0,0)$ et J'' partie de $\{1,\dots,p\}$ de cardinal strictement inférieur à $p-1$ (toujours avec la convention $\prod_{j\in\emptyset}\varphi_j=1$).

b) Etude d'une expression du type (3.12) avec $P_A\in\pi^{-1}(V)$

L'expression (3.12) considérée s'écrit toujours comme une somme d'expressions du type (3.13) ; nous pouvions envisager sous l'étude précédente le cas où card $I'<p-1$; nous aboutissons dans ce cas encore à une expression du type (3.15). Ceci nous permet ici de nous limiter au cas d'un terme du type (3.13) tel que $I'=\{2,\dots,p\}$. Puisque $\pi(P_A)\in\pi^{-1}(V)$ et que $g_2,\dots,g_p$ contiennent toutes (pour que le terme du type (3.13) envisagé soit non nul) un $w_k, k\in A$ dans leur expression monomiale, il est clair que g_1 ne peut, elle, contenir dans son expression monomiale de w_k, avec $k\in A$. Le terme du type (3.13) envisagé s'écrit :

$$- \lambda'^{p-1} \int \xi \theta^{\lambda,\lambda'} |g_1|^{2\lambda} \frac{|g_2|^{2t_2\lambda'} \cdots |g_p|^{2t_p\lambda'}}{\tilde{g}_2 \cdots g_p} \frac{dW \wedge d\overline{W}}{\overline{W}_A}$$

où ξ est un élément de $\mathcal{D}(B(x))$ dépendant continuement de $\pi^{*}\Psi$.

Nous pouvons alors, utilisant toujours la méthode décrite lors de la preuve de (3.7) écrire le prolongement méromorphe de l'expression du type (3.13) considérée (comme fonction de λ,λ') au voisinage de (0,0) sous la forme :

$$\text{(3.16)} \qquad \frac{\lambda'^{p-1}}{\gamma\lambda'^{p-1}}\, k(\lambda,\lambda') = \frac{k(\lambda,\lambda')}{\gamma}$$

avec $\gamma>0$ et k holomorphe au voisinage de (0,0).

c) conclusion

Résumons nous : nous venons pour l'expression $K(\lambda,\lambda')$ de construire un prolongement méromorphe (comme fonction de λ et λ') dont l'expression au voisinage de (0,0) n'est autre que :

$$\text{(3.17)} \qquad \sum_{\alpha} \lambda'^{p-1} \frac{h_\alpha(\lambda,\lambda')}{\prod_{j\in J''_\alpha} (\alpha_{1,j}\lambda + L_{\alpha,j}\lambda')} + \sum_{\alpha'} \frac{k_{\alpha'}(\lambda,\lambda')}{\gamma_{\alpha'}}$$

(on ajoute les prolongements méromorphes des différents termes, tous du type (3.15) ou (3.16)).

Nous voyons immédiatement que :

$$\lim_{\lambda\to 0} K(t_1\lambda,\lambda) = \sum_{\alpha'} \frac{k_{\alpha'}(0,0)}{\gamma_{\alpha'}}$$

De plus, dès que $\mathrm{Re}\lambda'$ est suffisamment grand, $K(0,\lambda')$ est parfaitement défini par :

$$K(0,\lambda') = - \lambda'^{p-1} \int |f_2|^{2(t_2\lambda'-1)} \cdots |f_p|^{2(t_p\lambda'-1)} \overline{\partial f_2} \wedge \cdots \wedge \overline{\partial f_p} \wedge \overline{\partial}\psi .$$

Nous pouvons ici encore utiliser la formule de Stokes (toujours pour $\mathrm{Re}\lambda' \gg 0$) et nous avons alors :

$$K(0,\lambda') = - \frac{1}{t_2 \cdots t_p} \int \overline{\partial}(|f_2|^{2(t_2\lambda'-1)} \overline{f}_2) \wedge \cdots \wedge \overline{\partial}(|f_p|^{2(t_p\lambda'-1)} \overline{f}_p) \wedge \overline{\partial}\Psi$$

$$= 0.$$

D'après le principe du prolongement méromorphe, le prolongement $K(0,\lambda')$ est identiquement nul au voisinage de 0. Or nous pouvons écrire au voisinage de 0 d'après (3.17) :

$$K(0,\lambda')=\lambda' K_1(\lambda')+\sum_{\alpha'} \frac{k_{\alpha'}(0,\lambda')}{N_{\alpha'}}$$

où K_1 est holomorphe au voisinage de 0 ; nous avons donc bien :

$$K(0,\lambda')=0+\sum_{\alpha'} \frac{k_{\alpha'}(0,0)}{N_{\alpha'}}$$

et par conséquent :

$$\lim_{\lambda\to 0} K(t_1\lambda,\lambda) = \frac{1}{t_1\dots t_p} \lim \lambda^p\langle S_\lambda^{(t)},f_1\Psi\rangle= 0,$$ ce qui est la règle d'orthogonalité cherchée. Le théorème 3.1 est démontré □

Nous aurons besoin également de la proposition suivante :

Proposition 3.2 : *Avec les notations utilisées dans l'énoncé du théorème* 3.1, *le courant* $\lim_{\lambda\to 0} \lambda^p S_\lambda^{(t)}$ *est un courant indépendant du choix du p-uplet* $(t_1,\dots,t_p)$.

Preuve de la proposition 3.2 : La preuve de cette proposition est très similaire à celle de la dernière assertion de l'énoncé du théorème 3.1.

Nous considérons deux p-uplets $(t_1,t_2,\dots,t_p)$ et $(t_1',t_2,\dots,t_p)$ avec $t_1\neq t_1'$ et nous allons étudier au voisinage de (0,0) les prolongements méromorphes des fonctions des deux variables (λ,λ') définies par :

$$F(\lambda,\lambda')=(t_1\lambda)(t_2\dots t_p)\lambda'^{\,p-1}\int |f_1|^{2(t_1\lambda-1)}\dots|f_2|^{2(t_2\lambda'-1)}\dots|f_p|^{2(t_p\lambda'-1)}\overline{\partial f}\wedge\Psi$$

$$G(\lambda,\lambda')=(t_1'\lambda)(t_2\dots t_p)\lambda'^{\,p-1}\int |f_1|^{2(t_1'\lambda-1)}\dots|f_2|^{2(t_2\lambda'-1)}\dots|f_p|^{2(t_p\lambda'-1)}\overline{\partial f}\wedge\Psi$$

où Ψ désigne un élément test de $\mathcal{D}_{(n,n-p)}(X)$.

Grâce à la formule de Stokes nous pouvons par exemple écrire $F(\lambda,\lambda')$ lorsque $\mathrm{Re}\lambda\gg 0$, $\mathrm{Re}\lambda'\gg 0$ sous la forme :

$$F(\lambda,\lambda')=-\,t_2\dots t_p\lambda'^{\,p-1}\int \frac{|f_1|^{2t_1\lambda}}{f_1}|f_2|^{2(t_2\lambda'-1)}\dots|f_p|^{2(t_p\lambda'-1)}\overline{\partial f_2}\wedge\dots\wedge\overline{\partial f_p}\wedge\overline{\partial}\Psi.$$

Nous avons une expression analogue pour G.

Nous reprenons alors l'expression (3.8) pour $\overline{\partial}\Psi$ et l'expression (3.9) pour $\pi^*(\overline{\partial}\Psi)$. Nous développons $F(\lambda,\lambda')$ sous la forme d'une somme d'expressions du type :

$$(3.18) \qquad -t_2\ldots t_p\lambda'^{\,p-1}\int_{\tilde{B}(x)} \eta \,\frac{|f_1\circ\pi|^{2t_1\lambda}}{f_1\circ\pi}\,|f_2\circ\pi|^{2(t_2\lambda'-1)}\ldots|f_p\circ\pi|^{2(t_p\lambda'-1)}\wedge\omega$$

$$\text{avec } \omega = \overline{\partial(f_2\circ\pi)}\wedge\ldots\wedge\overline{\partial(f_p\circ\pi)}\wedge\pi^*(\xi_s)\wedge\overline{\Psi}^{s}_{A}d\overline{W}(A),$$

où A désigne toujours une partie de $\{1,\ldots,n\}$ de cardinal $p-1$.

Nous pouvons comme précédemment envisager le prolongement méromorphe au voisinage de $(0,0)$ des expressions du type (3.18) en distinguant les cas où $P_A\subset\pi^{-1}(V)$ et $P_A\not\subset\pi^{-1}(V)$. La présence de $f_1\circ\pi$ au dénominateur n'affecte pas, comme on le voit si l'on examine le procédé conduisant à la formule (3.6), la forme du prolongement méromorphe en $(0,0)$; tout au plus doit-on diviser l'expression que l'on aurait obtenue sans la présence de $f_1\circ\pi$ par un produit de polynômes affines en λ,λ' ne s'annulant pas en $(0,0)$. Nous pouvons donc écrire le prolongement méromorphe de F au voisinage de $(0,0)$ sous la forme :

$$F(\lambda,\lambda')=t_2\ldots t_p\left(\sum_{\kappa}\lambda'^{\,p-1}\frac{h_\kappa(t_1\lambda,t_2\lambda',\ldots,t_p\lambda')}{\prod\limits_{j\in J''_\kappa}(\alpha_{1,j}t_1\lambda+L'_{\kappa,j}(t_2,\ldots,t_p)\lambda')}+\ldots\right.$$

$$\left.\ldots+\sum_{\kappa'}\frac{k_{\kappa'}(t_1\lambda,t_2\lambda',\ldots,t_p\lambda')}{\gamma_{\kappa'}(t_2,\ldots,t_p)}\right)$$

où les fonctions $h_\kappa,k_{\kappa'}$ sont holomorphes au voisinage de $(0,0)$, où J''_κ désigne une partie de $\{1,\ldots,n\}$ de cardinal strictement inférieur à $p-1$, et les nombres $L'_{\kappa,j}(t_2,\ldots,t_p),\gamma_{\kappa'}(t_2,\ldots,t_p)$, avec $j\in J''_\kappa$, des réels strictement positifs.

L'expression du prolongement méromorphe (au voisinage de $(0,0)$ de G est, quant à elle :

$$G(\lambda,\lambda')= t_2\ldots t_p\sum_{\kappa}\lambda'^{\,p-1}\frac{h_\kappa(t'_1\lambda,t_2\lambda',\ldots,t_p\lambda')}{\prod\limits_{j\in J''_\kappa}(\alpha_{1,j}t_1\lambda+L'_{\kappa,j}(t_2,\ldots,t_p)\lambda')}+H(\lambda,\lambda')$$

$$\text{où} \quad H(\lambda,\lambda') = \sum_{\kappa'} \frac{k_{\kappa'}(t_1'\lambda, t_2\lambda', \ldots t_p\lambda')}{\gamma_{\kappa'}(t_2,\ldots,t_p)} .$$

Nous voyons donc que :

$$\lim_{\lambda\to 0} F(\lambda,\lambda) = \lim_{\lambda\to 0} G(\lambda,\lambda) = t_2\ldots t_p \sum_{\kappa'} \frac{k_{\kappa'}(0,\ldots 0)}{\gamma_{\kappa'}(t_2,\ldots,t_p)} .$$

Or, nous avons précisement, pour λ voisin de 0 :

$$F(\lambda,\lambda)=\lambda^p\langle S_\lambda^{(t)},\Psi\rangle,\ G(\lambda,\lambda)=\lambda^p\langle S_\lambda^{(t')},\Psi\rangle \ \square$$

Nous en venons à la définition suivante :

Définition 3.4 : *Soient* $f_1,\ldots,f_p$ *fonctions holomorphes dans un ouvert* X *de* $\mathbb{C}^n$ *; on appelle courant résiduel au sens du prolongement méromorphe attaché à* $f_1,\ldots,f_p$ *le courant* $S(f_1,\ldots,f_p)$ *défini par*

$$S(f_1,\ldots,f_p) = \lim_{\lambda\to 0} \lambda^p S_\lambda^{(t)}$$

où t *désigne un* n*-uplet de nombres réels strictement positifs.*

Nous allons avoir besoin pour la preuve du théorème B et plus généralement pour relier le courant résiduel que nous venons de définir au mécanisme de division de rappeler la manière dont sont construites les formules de division de Berndtsson-Andersson.

Nous considérons, étant donné un ouvert D de $\mathbb{C}^n$ à frontière de classe C^2, $M+1$ couples $(Q_1,G_1),\ldots,(Q_{M+1},G_{M+1})$, où M est un entier naturel supérieur ou égal à 1, les Q_j des fonctions des $2n$ variables $(z_1,\ldots,z_n,\xi_1,\ldots,\xi_n)$ de classe C^1 dans $\overline{D}\times\overline{D}$, à valeurs dans $\mathbb{C}^n$, et où G_j $(1\leq j\leq M+1)$ est une fonction d'une variable complexe holomorphe au voisinage de l'image de $\overline{D}\times\overline{D}$ par l'application Φ_j définie par :

$$\Phi_j(Z,\xi) = \langle Q_j, Z-\xi\rangle + 1 = \sum_{i=1}^{n} Q_{j,i}(Z,\xi)(z_i-\xi_i)$$

$$(\text{où } Q_j(Z,\xi)=(Q_{j,1}(Z,\xi),\ldots,Q_{j,n}(Z,\xi))$$

et satisfaisant de plus $G_j(1)=1$.

Nous désignerons également par $Q_j(Z,\xi)$ la $(1,0)$ forme différentielle :

$$Q_j(Z,\xi) = \sum_{i=1}^{n} q_{j,i}(Z,\xi)d\xi_i .$$

Nous conviendrons également de poser :

$$G_j^{(\alpha)} = \frac{d^\alpha}{dt^\alpha} G_j \Big|_{t=\Phi_j(Z,\xi)}$$

Enfin s désignera une application de classe C^1 de $\overline{D}\times\overline{D}$ dans $\mathbb{C}^n$, telle que pour tout compact K relativement compact inclus dans D, il existe des constantes C_1^K et C_2^K satisfaisant :

$$\text{(i)} \quad |s(Z,\xi)| \leq C_1^K |Z-\xi|$$

$$\text{(ii)} \quad \langle s, Z-\xi\rangle \geq C_2^K |Z-\xi|^2$$

pour tout $Z\in\overline{D}$ et tout $\xi\in K$.

Nous supposerons de plus que lorsque Z est fixé dans $\overline{D}$, les applications $\xi\to Q_j(Z,\xi), j\in\{1,\ldots,n\}$ sont holomorphes dans D.

Nous pouvons alors énoncer le résultat suivant, du à B. Berndtsson et à M. Andersson :

Théorème 3.5 [8] : ***Il existe des constantes*** a_n ***et*** b_n ***ne dépendant que de la dimension de l'espace telles que toute fonction de classe*** C^1 ***de*** $\overline{D}$ ***dans*** $\mathbb{C}$ ***se représente sous la forme :***

$$\text{(3.19)} \quad h(Z) = a_n\Big(\int_{\partial D} h(\xi)K(Z,\xi) + \int_D \overline{\partial}h(\xi)\wedge K(Z,\xi)\Big) + b_n\int_D h(\xi)P(Z,\xi)$$

où

$$K = \sum_{k=0}^{n-1} G_{M+1}^{(k)} A_k \wedge (\overline{\partial}Q_{M+1})^k$$

$$P = \sum_{k=0}^{n} G_{M+1}^{(k)} B_k \wedge (\overline{\partial}Q_{M+1})^k$$

<u>avec</u> :

(3.20)

$$A_k(Z,\xi) = \sum_{\alpha_0+\alpha_1+\ldots+\alpha_M=n-1-k} \frac{G_1^{(\alpha_1)}\ldots G_M^{(\alpha_M)}}{\alpha_1!\ldots\alpha_M!} \frac{s\wedge(\overline{\partial}s)^{\alpha_0}\wedge(\overline{\partial}Q_1)^{\alpha_1}\wedge\ldots\wedge(\overline{\partial}Q_M)^{\alpha_M}}{\langle s, Z-\xi\rangle^{2(\alpha_0+1)}}$$

pour $k=0,\dots,n-1$ et

(3.21)

$$B_k(Z,\zeta)=\sum_{\alpha_1+\dots+\alpha_M=n-k}\frac{G_1^{(\alpha_1)}\dots G_M^{(\alpha_M)}}{\alpha_1!\dots\alpha_M!}(\bar\partial Q_1)^{\alpha_1}\wedge\dots\wedge(\bar\partial Q_M)^{\alpha_M}$$

$k=0,\dots,n.$

En vertu de ce qui a été déjà démontré, le théorème B annoncé dans l'introduction résultera du théorème 3.1, de la proposition 3.2 et du théorème 3.6 suivant :

Théorème 3.6 : *Soit* X *un ouvert de Stein et* $f_1,\dots,f_p$ p *éléments de* H(X) *définissant une intersection complète dans* X *; les deux propositions suivantes sont équivalentes pour un élément* h *de* H(X) :

(1) $h\in H(X)f_1+\dots+H(X)f_p$

(2) $h.S(f_1,\dots,f_p)=0$ dans $(D_{(n,n-p)}(X))'$.

Preuve du théorème 3.6 :

(1) ⇒ (2)

Cette implication a déjà été démontrée ; c'est la dernière assertion de l'énoncé du théorème 3.1.

(2) ⇒ (1)

La preuve de cette implication s'inspire de celle de M. Passare dans la section 6.3 de [22] ; mais le courant résiduel avec lequel travaille Passare est le courant

$\bar\partial\left(\frac{1}{f_1}\right)\wedge\dots\wedge\bar\partial\left(\frac{1}{f_p}\right)$ défini comme courant du type Coleff Herrera. Nous donnons cependant ici le détail de cette preuve car le recours au prolongement méromorphe nous parait un instrument plus simple à manier que l'intégration sur les ensembles $\{|f_{i_1}|=\varepsilon_1,\dots,|f_{i_n}|=\varepsilon_n\}$ dans [22].

Nous nous donnons pour l'instant un paramètre complexe λ de partie réelle strictement supérieure à 2. Nous définissons (voir [15], p. ex) dans l'ouvert X des fonctions $g_{i,j}$ holomorphes dans X x X et telles que :

$$f_j(Z)-f_j(\zeta)=\sum_{i=1}^{n}g_{i,j}(Z,\zeta)(z_i-\zeta_i)$$

$$j\in\{1,\dots,p\},Z\in X,\zeta\in X.$$

Nous introduisons une fonction $Q^{(\lambda)}=X\times X\to \mathbb{C}^n$ appelée à jouer le rôle de Q_{M+1} en posant :

$$Q_i^{(\lambda)}(Z,\xi)=\frac{1}{p}\sum_{j=1}^{p}|f_j(\xi)|^{2(\lambda-1)}\overline{f}_j(\xi)g_{i,j}(Z,\xi).$$

Nous pouvons lui associer la fonction

$$\Phi^{(\lambda)}(Z,\xi) = \langle Q^{(\lambda)},Z-\xi\rangle+1 = \Phi_1^{(\lambda)}(Z,\xi)+\Phi_2^{(\lambda)}(\xi)$$

où

$$\Phi_1^{(\lambda)}(Z,\xi)=\frac{1}{p}\sum_{i=1}^{p}|f_j|^{2(\lambda-1)}\overline{f}_jf_j(Z)$$

$$\Phi_2^{(\lambda)}=\frac{1}{p}\sum_{j+1}^{p}(1-|f_j|^{2\lambda})$$

(dans ces formules, comme souvent par la suite, nous omettrons d'écrire les variable ξ ; par exemple f_j signifiera $f_j(\xi)$).

Sous les hypothèses faites sur λ, $Q^{(\lambda)}$ est de classe C^1 dans X dans X et un calcul immédiat nous donne :

(3.22) $$\overline{\partial}Q^{(\lambda)}(Z,\xi)=\lambda\sum_{j=1}^{p}|f_j|^{2(\lambda-1)}\overline{\partial f}_j\wedge g_j(Z,\xi)$$

(3.23) $$(\overline{\partial}Q^{(\lambda)}(Z,\xi))^p=\pm\lambda^p|f_1\ldots f_p|^{2(\lambda-1)}\overline{\partial f}\wedge g(Z,\xi),$$

où $\overline{\partial f}=\overline{\partial f}_1\wedge\ldots\wedge\overline{\partial f}_p$, $g=g_1\wedge\ldots\wedge g_p$.

Nous pouvons maintenant en venir à la preuve de (2)⇒(1). Nous considérons un point Z_0 de X que par commodité nous supposerons être l'origine ; D désignera une boule de centre $Z_0=(0,\ldots,0)$ et de rayon r d'adhérence incluse dans X. Nous allons, sous l'hypothèse (2) montrer l'existence de fonctions $u_1,\ldots,u_p$ holomorphes dans D telles que $h=u_1f_1+\ldots+u_pf_p$ dans D. Cette construction s'avérant possible à partir de tout point Z_0 de X, (1) résultera alors du fait que X est un ouvert de Stein via le théorème B de Cartan [15].

Considérons l'ensemble E des fonctions $F_{k_1,\ldots,k_p}$ de la variable λ (avec $k_j\in\mathbb{N}$ et $k_1+\ldots+k_p\leq p$) définies pour $\mathrm{Re}\lambda>0$ par :

$$F_{k_1,\ldots,k_p}(\lambda)=\left(|f_1|^{2k_1}|f_2|^{2k_2}\ldots|f_p|^{2k_p}\right)^{\lambda}.$$

Nous pouvons par compacité recouvrir $\overline{D}$ par un nombre fini d'ouverts ω_t dans chacun desquels existent, au sens des distributions et pour tous les éléments F de E des formules de Bernstein Sato locales du type :

$$\Big(\sum_{l=0}^{N_{t,F}} \lambda^l \overline{q}_{l,F}^{t}(\overline{Z},\overline{\partial}_z)\Big)\Big(\sum_{l=0}^{N_{t,F}} \lambda^l q_{l,F}^{t}(Z,\partial_z)\Big)F^{\lambda+1} = b_F^t(\lambda)\overline{b}_F^t(\lambda)F^{\lambda}$$

déduites des identités formelles (2.8).

Nous introduisons l'entier N_D défini par :

$$N_D = 2 \operatorname*{Max}_{l,F,t} d(q_{l,F}^t)$$

L'essentiel est pour nous que tous les coefficients de Laurent des prolongements méromorphes des divers éléments de E en leurs pôles inclus dans l'intervalle $[-1,0[$ soient des distributions d'ordre inférieur ou égal à N_D dans un voisinage de D. Cela résulte d'un argument analogue à celui utilisé dans la preuve du lemme 2.2. Bien sûr N_D dépend du recouvrement choisi et pour une définition plus correcte, il conviendrait de prendre l'inf. sur tous les recouvrements possibles de D ayant la propriété voulue.

Nous allons utiliser le théorème de Berndtsson-Andersson rappelé ci-dessus en posant $M=1$ et en introduisant Q_1 et Q_2 définies par :

$$Q_1(Z,\xi) = Q_1^{(\varepsilon)}(Z,\xi) = \frac{\partial\rho(\xi)}{\rho(\xi)-\varepsilon} \tag{3.22}$$

$$\text{où} \quad \rho(\xi) = \sum_{i=1}^{n} |\xi_i|^2 - r^2, \varepsilon>0.$$

$$Q_2(Z,\xi) = Q_2^{(\lambda)}(Z,\xi) = \frac{1}{p}\sum_{j=1}^{p} |f_j|^{2(\lambda-1)}\overline{f}_j g_j(Z,\xi) \tag{3.23}$$

où pour l'instant $\operatorname{Re}\lambda>2$.

Nous avons déjà exprimé $\Phi_2=\Phi^{(\lambda)}$ sous la forme $\Phi^{(\lambda)}=\Phi_1^{(\lambda)}+\Phi_2^{(\lambda)}$.

L'expression de Φ_1 est quant à elle :

$$\Phi_1(Z,\xi) = \frac{\langle\partial\rho, Z-\xi\rangle+\rho-\varepsilon}{\rho-\varepsilon}$$

Nous choisirons enfin :

$$G_1(t) = t^{-N} \qquad \text{où } N=N_D+2$$

$$G_2(t) = \frac{1}{p!}\prod_{j=0}^{p-1}(pt-j)$$

Avec ce choix $(Q_1^{(s)},G_1)$, $(Q_2^{(\lambda)},G_2)$, nous représentons dans D la fonction h grâce à la formule (3.19) (nous supposons toujours ici $s>0$ et $\mathrm{Re}\lambda>2$) ; dans un deuxième temps, Z étant fixé dans D dans la formule (3.19), nous faisons tendre s vers 0 ; nous renvoyons aux techniques de [8], [22] pour ce procédé classique. Dès lors nous avons la formule de représentation suivante :

$$h(Z) = b_n \int_D h(\xi)P^{(\lambda)}(Z,\xi) \tag{3.24}$$

où

$$P^{(\lambda)}(Z,\xi)=\sum_{k=0}^{p}(-N)..(-N-n+k+1)\frac{\rho^{N+n-k}G_2^{(k)}}{(\langle\partial\rho,z-\xi\rangle+\rho)^{N+n-k}}(\partial\bar\partial\mathrm{Log}(-\frac{1}{\rho}))^{n-k}\wedge(\bar\partial Q^{(\lambda)})^k$$

$$= \sum_{k=0}^{p} G_2^{(k)}B_k\wedge(\bar\partial Q^{(\lambda)})^k.$$

De plus, pour k compris entre 0 et n, la $(n-k,n-k)$ forme définie sur $\mathbb{C}^n\times D$ par :

$$\begin{cases} B_k(Z,\xi)=(-N)\dots(-N-n+k+1)\dfrac{\rho^{N+n-k}}{(\langle\partial\rho,z-\xi\rangle+\rho)^{N+n-k}}(\partial\bar\partial\mathrm{Log}(-\dfrac{1}{\rho}))^{n-k} \\ \qquad \text{si } \xi\in\bar D \\ B_k(Z,\xi) = 0 \quad \text{si } \xi\notin\bar D \end{cases}$$

a ses coefficients de classe C^{N-2} sur $\mathbb{C}^n\times D$ (voir [22],§5).

Du fait que $N=N_D+2$, on voit que la définition de N_D nous permet de prolonger au sens des applications méromorphes de $\mathbb{C}$ dans $\mathbb{C}$ l'expression $\int h(\xi)P^{(\lambda)}(Z,\xi)$ (comme fonction de λ, Z étant fixé). Nous pouvons alors écrire, grâce au principe du prolongement méromorphe, que $h(Z)$ est égal au coefficient de λ^0 dans le développement de $\lambda\mapsto\int h(\xi)P^{(\lambda)}(Z,\xi)$ comme fonction de λ au voisinage de l'origine. La formule que nous en déduirons alors sera la formule de division que nous cherchons.

Nous allons démontrer le lemme suivant :

Lemme 3.4 : *Soit* Ψ *une* $(n-k,n-k)$ *forme test à support* $\bar D$, *de classe* C^{N_D}. *Le coefficient de* λ^0 *dans le développement en série de Taylor au voisinage de* 0 *du prolongement méromorphe de*

(3.25) $$\lambda \mapsto \int G^{(k)}(\Phi_2^{(\lambda)})\bar\partial Q^{(\lambda)} \wedge \Psi$$

est nul lorsque $k<n$.

Preuve du lemme 3.4 :

On rappelle que $\Phi_2^{(\lambda)}(Z,\xi)$ est définie par :

$$\Phi_2^{(\lambda)}(\xi)=\frac{1}{p}\sum_{j=1}^{p}(1-|f_j|^{2\lambda}).$$

Commençons par envisager dans le développement de $\int G^{(k)}(\Phi_2^{(\lambda)})\bar\partial Q^{(\lambda)}\wedge\Psi$ les termes de la forme :

(3.26) $$\int(1-|f_1|^{2\lambda})(\prod_{j\in J}(1-|f_j|^{2\lambda}))(\bigwedge_{i\in I}\lambda\,|f_i|^{2(\lambda-1)}\bar\partial f_i)\wedge\Psi$$

où I et J sont deux sous-ensembles de $\{1,\dots,p\}$, avec $1\notin I$ et card $I=k$.

Pour montrer que la contribution d'un terme du type (3.26) au coefficient de λ° en 0 dans le prolongement de (3.25) est nulle, nous étudions comme précédemment la fonction de deux variables complexes :

(3.27) $$L(\lambda,\lambda')=\lambda'^{k}\int(1-|f_1|^{2\lambda})(\prod_{j\in J}(1-|f_j|^{2\lambda'}))(\bigwedge_{i\in I}|f_i|^{2(\lambda'-1)}\bar\partial f_i)\wedge\Psi.$$

Nous reprenons, après utilisation du théorème d'Hironaka, la distinction entre les deux sortes de termes envisagés en (a) et (b) lors de la preuve du théorème 3.1. L'expression $L(0,\lambda')$ est définie par (3.27) et d'ailleurs identiquement nulle, ce qui nous permet d'assurer la nullité de la contribution d'un terme du type (3.26).

Il nous reste à étudier le prolongement méromorphe au voisinage de 0 d'expressions de la forme :

(3.28) $$\lambda^k\int(1-|f_1|^{2\lambda})^k|f_1|^{2(\lambda-1)}|f_{j_2}|^{2(\lambda-1)}\dots|f_{j_k}|^{2(\lambda-1)}\bar\partial f_1\wedge\bar\partial f_{j_2}\wedge\dots\wedge\bar\partial f_{j_k}$$

Compte tenu de la proposition 3.2 utilisée avec $f_1,f_{j_2},\dots,f_{j_k}$ satisfaisant $\dim\{f_1=f_{j_2}=\dots=f_{j_k}=0\}<n-k+1$, nous voyons que le coefficient de λ° dans le développement au voisinage de 0 de (3.28) est égal à c_k fois le coefficient de λ° dans le développement au voisinage de 0 de l'expression

(3.29) $$\lambda^k\int|f_1|^{2(\lambda-1)}|f_{j_2}|^{2(\lambda-1)}|f_{j_k}|^{2(\lambda-1)}\bar\partial f_1\wedge\bar\partial f_{j_2}\wedge\dots\wedge\bar\partial f_{j_k}\wedge\Psi$$

où c_k vaut :

$$c_k=1-\binom{k}{1}\frac{1}{2}+\binom{k}{2}\frac{1}{3}+\ldots+(-1)^k\binom{k}{k}\frac{1}{k+1}$$

$$=\int_0^1(1-u)^k du=\frac{1}{k+1}.$$

En ajoutant toutes les expressions du type (3.28), nous voyons que le coefficient de λ° dans le développement au voisinage de 0 de $\int G^{(k)}(\Phi_2^{(\lambda)})\,\bar\partial Q^{(\lambda)}\wedge\Psi$ vaut C_k fois celui de λ° dans le développement de (3.29), où C_k vaut :

$$C_k=\int_{[0,1]^k}G^{(k)}\left(\frac{1}{p}(u_1+\ldots+u_k)\right)du_1\ldots du_k$$

$$=p^k\int_{[0,1]^k}\frac{\partial^k}{\partial u_1\ldots\partial u_k}G\left(\frac{1}{p}(u_1+\ldots+u_k)\right)du_1\ldots du_k$$

$$=p^k\sum_{j=0}^{k}(-1)^{k-j}\binom{k}{j}G\left(\frac{j}{p}\right)=0$$

d'après le choix de G.

Ceci achève la preuve du lemme 3.4 □

Fin de la preuve de (2) ⇒ (1) :

Nous pouvons, d'après le lemme 3.4, représenter h sous la forme :

(3.30) $h(Z)$ = coefficient de λ° dans le développement en 0 du prolongement méromorphe de $\lambda\to R^{(\lambda)}(Z)$

où :

$$R^{(\lambda)}(Z)=b_n\sum_{k=0}^{p-1}\int h[G^{(k)}(\Phi^{(\lambda)}(Z,\xi))-G^{(k)}(\Phi_2^{(\lambda)})](\bar\partial Q^{(\lambda)})^k\wedge B_k$$

$$+\,b_n\int h(\bar\partial Q^{(\lambda)})^p\wedge B_p.$$

Or le coefficient de λ° dans le développement en 0 du prolongement méromorphe de $\int h(\bar\partial Q^{(\lambda)})^p\wedge B_p$ vaut précisément, d'après la formule **(3.23)** :

$$\langle h\,S(f_1,\ldots,f_p),g_1(Z,.)\wedge\ldots\wedge g_p(Z,.)\wedge B_p(Z,\xi)\rangle.$$

Cette expression est nulle d'après l'hypothèse (2) et il suffit de regarder l'expression de $\Phi^{(\lambda)}(Z,\xi)$ pour voir que le coefficient de λ^{*} dans le développement en 0 de $\lambda \to R^{(\lambda)}(Z)$ s'écrit $u_1(Z)f_1(Z)+\ldots+u_p(Z)f_p(Z)$, avec $u_1,\ldots,u_p$ dans $H(D)$. L'implication (2)⇒(1) est donc démontrée, et par conséquent le théorème 3.2 □

Section 4

Nous allons reprendre dans cette section les formules de division utilisées de la preuve du théorème 3.2 (essentiellement de l'implication (2)⇒(1)) dans le cadre non plus cette semi local mais global.

4a - Un problème d'extension avec contrôle de croissance :

Nous avons choisi dans cette section de nous placer d'abord hors du cadre algébrique sur lequel nous reviendrons ultérieurement. Nous considérons dans ce paragraphe une fonction convexe φ, radiale, définie de $\mathbb{C}^n$ dans $\mathbb{R}^+$, de classe C^∞, et telle que :

(i) $\mathrm{Log}\,(1+\|.\|^2)=o(\varphi)$

(ii) $\varphi(2t) \leqslant C\varphi(t)$

(iii) les dérivées de tous ordres de φ sont à croissance au plus polynomiale dans $\mathbb{C}^n$.

L'exemple auquel nous pouvons nous référer est celui de $\varphi_\kappa(\cdot)=\|.\|^\kappa$ lorsque $\kappa \geqslant 1$; de fait, il ne s'agit pas ici d'une fonction de classe C^∞ mais on a clairement l'égalité

$$A_{\varphi_\kappa}(\mathbb{C}^n) = A_{\tilde{\varphi}_\kappa}(\mathbb{C}^n)$$

où $\tilde{\varphi}_\kappa$ est obtenue à partir de φ par régularisation, i.e :

$$\tilde{\varphi}_\kappa(Z) = \varphi_\kappa * \rho(Z)$$

où ρ désigne une fonction positive C^∞ d'intégrale 1 supportée par la boule unité de $\mathbb{C}^n \simeq \mathbb{R}^{2n}$.

Nous considérons p éléments de $A_\varphi(\mathbb{C}^n), f_1,\ldots,f_p$; nous ne faisons pas ici l'hypothèse de complète intersection sur $V=\bigcap_1^p f_j^{-1}(0)$.

Nous nous proposons ici de lier une connaissance quantitative de la distribution $\mu_{-p,-1}$, résidu en $-p$ du prolongement méromorphe de $\lambda \to (\sum_{j=1}^p |f_j|^2)^\lambda = F^\lambda$ (F est une fonction réelle analytique positive dans $\mathbb{R}^{2n}$) à la possibilité de reproduire les fonctions entières satisfaisant, ainsi que certaines de leurs dérivées, des conditions de croissance sur la variété V, en des éléments de $A_\varphi(\mathbb{C}^n)$, et ce modulo l'idéal $\sum_{j=1}^{p} H(\mathbb{C}^n)f_j$.

La distribution $\mu_{-p,-1}$ est, on l'a vu dans la section 2, de support inclus dans l'ensemble V ; nous supposerons remplie l'hypothèse (H) suivante :

(H) $\exists q\in\mathbb{N}$, $\exists A>0$, $\exists B>0$ telles que : $\forall\Psi\in\mathcal{D}(\mathbb{C}^n)$, $\forall l\in\mathbb{N}$,

$$\operatorname{Supp}\Psi\subset\{Z,|Z|\leq 2^l\}\Rightarrow|\langle\mu_{-p,-1},\Psi\rangle|\leq Ae^{B\varphi(2^l)}\sum_{\substack{\alpha=(\alpha_1,\ldots,\alpha_{2n})\\|\alpha|\leq q}}\|D^\alpha\Psi\|_V .$$

Proposition 4.1 : *Soit* h *une fonction entière de* n *variables telle qu'il existe deux constantes* C_1 *et* C_2 *avec :*

$$(4.1)\qquad \sum_{\substack{(\beta_1,\ldots,\beta_n)\\|\beta|\leq q}}\left|\frac{\partial^{\beta_1}\ldots\partial^{\beta_n}}{\partial z_1^{\beta_1}\ldots\partial z_n^{\beta_n}}h(Z)\right|\leq C_1e^{C_2\varphi(Z)},Z\in V.$$

Il existe un élément $\tilde h$ *de* $A_\varphi(\mathbb{C}^n)$ *tel que :*

$$(4.2)\qquad h-\tilde h\in H(\mathbb{C}^n)f_1+\ldots+H(\mathbb{C}^n)f_p.$$

Preuve de la proposition 4.1 : Nous fixons $R>0$; nous allons, comme Berndtsson et Andersson [8], représenter h dans la boule de centre 0 et de rayon R en utilisant les formules de Koppelman (3.19) appliquées, D désignant la boule $B(0,2R)$, non pas à h mais à $h\xi_R$ où $\xi_R(.)=\xi\left(\frac{|.|}{R}\right)$, ξ désignant une fonction C^∞ d'une variable, égale à 1 au voisinage de $[-1,+1]$, à support dans $]-2,+2[$.

Nous avons :

$$(4.3)\qquad |Z|<R\Rightarrow h(Z)=a_n\int_D h\bar\partial\xi_R\wedge K(Z,\zeta)+b_n\int_D h\xi_R P(Z,\zeta).$$

Ici K et P seront construits à partir de deux paires $(Q_1,G_1),(Q_2,G_2)$; le rôle de (Q_1,G_1) sera assigné à tuer la croissance pour faire converger les intégrales ; Q_1 et G_1 seront explicités ultérieurement ; disons simplement ici Q_1 se doit d'être C^∞ de $\mathbb{C}^n\times\mathbb{C}^n$ dans $\mathbb{C}^n$ et holomorphe en les n premières variables.

Pour décrire Q_2 nous utilisons tout d'abord un paramètre complexe λ, pour l'instant tel que $\operatorname{Re}\lambda>2$.

Nous posons :

$$Q_2(Z,\xi) = Q_2^{(\lambda)}(Z,\xi)=F^{\lambda-1}\sum_1^p \overline{f}_j g_j(Z,\xi),$$

les formes $g_1,\ldots,g_p$ étant définies globalement dans $\mathbb{C}^n$ par les formules d'Hefer ; il est classique, en utilisant par exemple les formules de Taylor avec reste intégral et la convexité de ϕ que l'on peut construire $g_1,\ldots,g_p$ de manière à ce que :

$$\sum_{j=1}^p |g_j(Z,\xi)| \leq Ce^{C(\phi(Z)+\phi(\xi))}$$

Nous avons :

$$\bar\partial Q_2^{(\lambda)}=F^{\lambda-1}\Theta(Z,\xi)+(\lambda-1)F^{\lambda-2}\overline{\partial F}\wedge(\sum_{j=1}^p \overline{f}_j g_j(Z,\xi))$$

avec

$$\Theta(Z,\xi)= \sum_{j=1}^p \overline{\partial f}_j\wedge g_j(Z,\xi).$$

Nous avons donc :

$$(\bar\partial Q_2^{(\lambda)})^k(Z,\xi) = F^{k(\lambda-1)}\Theta^k+k(\lambda-1)F^{k(\lambda-1)-1}\overline{\partial F}\wedge\sum_{j=1}^p \overline{f}_j g_j(Z,\xi)\wedge\Theta^{k-1}$$

En particulier :

$$(\bar\partial Q_2^{(\lambda)})^p(Z,\xi)=c_p\lambda F^{p(\lambda-1)}\overline{\partial f}_1\wedge\ldots\wedge\overline{\partial f}_p\wedge g_1(Z,\xi)\wedge\ldots\wedge g_p(Z,\xi).$$
$$=c_p\lambda F^{p(\lambda-1)}\overline{\partial f}\wedge g(Z,\xi).$$

Le calcul enfin de $\Phi^{(\lambda)}(Z,\xi)=\langle Q_2^{(\lambda)},Z-\xi\rangle+1$ donne :

$$\Phi^{(\lambda)}(Z,\xi) = F^{\lambda-1}\sum_{j=1}^p \overline{f}_j f_j(Z) + 1-F^{\lambda}.$$

Nous prenons comme fonction G_2 le polynôme t^p et nous écrivons la formule de représentation (4.3) avec $K=K^{(\lambda)},P=P^{(\lambda)}$, construits à partir des paires $(Q_1,G_1),(Q^{(\lambda)},G_2)$, λ désignant pour l'instant un nombre complexe de partie réelle strictement supérieure à 2. Nous pouvons prolonger au sens des applications méromorphes les deux membres de l'identité (4.3), considérés comme fonctions de λ. En effet, nous prenons pour s la fonction $s(Z,\xi)=(\bar z_1-\bar\xi_1,\ldots,\bar z_n-\bar\xi_n)$ et nous voyons alors, comme $|Z-\xi|$ ne peut s'annuler dans le support de $\bar\partial\xi_R$ dès que $Z\in D(0,R)$, que

$$\int_D h\bar\partial\xi_R\wedge K^{(\lambda)}(Z,\xi)$$

s'écrit comme une combinaison de termes du type $\int F^{\lambda-1}\Psi$, avec Ψ dans $\mathcal{D}_{n,n}(\mathbb{C}^n)$. Nous pouvons, utilisant le principe du prolongement méromorphe, écrire l'identité des coefficients de λ^o dans le développement des prolongements méromorphes des deux membres au voisinage de $\lambda=-1$.

Nous obtenons alors la formule (4.4) suivante :

$$h(Z)=\langle\mu_{-p,-1},a_n h\bar\partial\xi_R\wedge(\sum_{k=1}^{p-1}\alpha_{p,k}F^{p-k-1}\bar\partial F\wedge\sum_1^p\bar f_j g_j\wedge\Theta^{k-1}\wedge A_k+k_p(p-1)!\,\overline{\partial f}\wedge g\wedge A_p)\rangle$$

$$+\ \langle\mu_{-p,-1},b_n h\xi_R\wedge(\sum_{k=1}^{p-1}\alpha_{p,k}F^{p-k-1}\bar\partial F\wedge\sum_1^p\bar f_j g_j\wedge\Theta^{k-1}\wedge B_k+k_p(p-1)!\,\overline{\partial f}\wedge g\wedge B_p)\rangle$$

modulo $f_1\mathcal{E}^\infty(D)+\ldots+f_p\mathcal{E}^\infty(D)$, où A_k et B_k sont définis par les formules (3.20) et (3.21) dans l'énoncé du théorème de Berndtsson-Andersson (avec $M=1$), et où :

$$\alpha_{p,k}=k\,\frac{p!}{(p-k)!}\sum_{l=0}^{p-k}\binom{p-k}{l}\frac{(-1)^l}{l+k}.$$

Nous poserons :

$$S=\sum_{k=1}^{p-1}\alpha_{p-k}F^{p-k-1}\bar\partial F\wedge\sum_1^p\bar f_j g_j\wedge\Theta^{k-1}\wedge B_k+k_p(p-1)!\,\overline{\partial f}\wedge g\wedge B_p$$

Nous prendrons $R=2^l$ ($l\in\mathbb{N}$) et nous poserons :

$$H_l(Z)=\langle\mu_{-p,-1},b_n h\xi_{2^l}S(Z,.)\rangle$$

Les fonctions H_l sont des fonctions entières ; nous allons démontrer que, sous l'hypothèse (H), il est possible d'adapter les choix de Q_l et de G_l de manière à ce que la famille $\{H_l,l\in\mathbb{N}\}$ soit une famille bornée dans $A_\varphi(\mathbb{C}^n)$. Supposons un instant ce résultat acquis : grâce au théorème de Montel, il est possible d'extraire de la suite $(H_l)_{l\in\mathbb{N}}$ une sous-suite convergente dans $A_\varphi(\mathbb{C}^n)$ vers un élément de $A_\varphi(\mathbb{C}^n)$ que nous noterons $\tilde h$. Nous verrons que cet élément $\tilde h$ satisfait précisément (4.2).

Utilisons l'hypothèse (H) en introduisant une décomposition dyadique de la fonction 1 dans $\mathbb{R}^{2n}$ sous la forme :

$$1=\tau_0(|\xi|)+\sum_{l=0}^{+\infty}\tau(2^{-l}|\xi|),\ \xi\in\mathbb{C}^n$$

où τ_0 et τ sont des éléments de $\mathcal{D}(\mathbb{R})$, avec :

$$\operatorname{Supp}\tau\subset\{\tfrac{1}{3}\le t\le 1\}.$$

Tenant compte de (H), des estimations des f_j, et de leurs dérivées, de celles des $|g_j(Z,\xi)|$, des conditions (i) à (iii) et enfin des inégalités (4.1), nous voyons qu'il existe une constante positive $\tilde{B}$ et trois constantes strictement positives ε, c_1, c_2 telles qu'en prenant $Q_1(Z,\xi)=\tilde{B}\partial\varphi, G_1(t)=\exp t$, on ait :

$$|H_l(Z)|=\left|\langle\mu_{-p,-1}, h\xi_{2^l}\left(\sum_{k=0}^{l+2} \tau(2^{-l}\|.\|)+\Psi_0(\|.\|)\right)S(Z,.)\rangle\right|$$

$$\leqslant c_1\left[1+\sum_{k=0}^{\infty} e^{-\varepsilon\varphi\left(\frac{2^k}{3}\right)}\right]e^{c_2\varphi(Z)}.$$

Ces estimations sont fastidieuses ; nous les laissons au lecteur en signalant tout de même l'importance du rôle joué par la convexité de φ à travers l'inégalité :

$$2\,\mathrm{Re}\langle\partial\varphi, Z-\xi\rangle \leqslant \varphi(Z)-\varphi(\xi).$$

Posons enfin :

$$K_l(Z) = \langle\mu_{-p,-1}, a_n h\bar{\partial}\xi_R\wedge T\rangle$$

où

$$T = \sum_{k=1}^{p-1} \alpha_{p,k}F^{p-k-1}\bar{\partial}F\wedge \sum_{1}^{p} \bar{f}_j g_j\wedge\theta^{k-1}\wedge B_k+k_p(p-1)!\,\overline{\partial f}\wedge g\wedge B_p.$$

Tenant compte de (H), des estimations des f_j et de leurs dérivées, de celles des $|g_j(Z,\xi)|$, des conditions (i) à (iii), des conditions (4.1) et du fait que

$$\left|D^{\alpha}(\text{coeff. de } \bar{\partial}\xi_{2^l})\right| < \frac{c}{(2^l)^{|\alpha|+1}}$$

nous voyons qu'il y a, dans l'espace des fonctions de classe C^{∞} dans la boule $D(0,R)$, convergence vers la fonction nulle de la suite $(K_l)_{l\in\mathbb{N}}$. D'après le théorème de Malgrange ([25], corollaire 1.5, p. 119) la différence $h-\tilde{h}$ est dans $\mathcal{E}^{\infty}(\mathbb{C}^n)f_1+\ldots\mathcal{E}^{\infty}(\mathbb{C}^n)f_p$; comme il s'agit d'une fonction entière, cette différence est en fait dans $H(\mathbb{C}^n)f_1+..+H(\mathbb{C}^n)f_p$; ceci achève la preuve de la proposition 4.1 □

Considérons maintenant le cadre algébrique, celui où $f_1,..,f_p$ sont des polynômes de n variables complexes, ou encore de $2n$ variaiables réelles (x_j,y_j), $j=1,\ldots,n$. Nous avons rappelé l'existence d'une relation formelle du type

$$\text{(4.5)} \qquad \mathscr{Q}\left(\sum_{1}^{p} |f_j|^2\right)^{\lambda+1}=b(\lambda)\left(\sum_{1}^{p} |f_j|^2\right)^{\lambda}$$

devenant une relation au sens des distributions dans $\mathbb{R}^{2n}$; ici $\mathscr{Q}$ désigne, rappelons le un élément de

$$E[\lambda]\langle x_1,y_1,\dots,x_n,y_n,\frac{\partial}{\partial x_1},\frac{\partial}{\partial y_1},\dots,\frac{\partial}{\partial x_n}\ \frac{\partial}{\partial y_n}\rangle .$$

Suivant la démonstration du lemme 2.2, et la remarque qui le suit nous montrons, en itérant $p+1$ fois la formule (4.5) que l'hypothèse (H) est dans ce cas satisfaite avec $q=(p+1)k$, où k désigne $\mathrm{Inf}\{\mathrm{ord}(\mathscr{Q})$, $\mathscr{Q}$ satisfait une relation du type (4.5)$\}$. Nous pouvons cependant remarquer que dès que $p>n$, on a $(\bar\partial Q_2^{(\lambda)})^l=0$ pour $l=p+1,\dots,n$. Nous voyons alors, tenant compte des formules qui nous ont conduit à (4.4), que les différents termes composant le second membre de (4.4) peuvent être écrits comme l'action de la distribution $\mu_{-(n+1),-1}$ sur des formes test régulières ; nous avons en effet :

$$(\bar\partial Q_2^{(\lambda)})^k(Z,\zeta)=F^{k(\lambda-1)}\theta^k+k(\lambda-1)F^{k\lambda-(k+1)}\,\bar\partial F\wedge\sum_{j=1}^{p}\bar f_j g_j(Z,\zeta)\wedge\theta^{k-1} \text{ et ce}$$

pour $k=1,\dots,n$.

Le théorème B mentionné dans l'introduction est une relecture de l'énoncé de la prop. 4.1 à la lumière des remarques précédentes.

Remarque 4.2 :

Nous nous sommes contentés d'examiner ici le cas des poids radiaux pour énoncer simplement l'hypothèse (H). Cependant, il est possible de donner des énoncés du type de celui de la prop. 4.1 dans des situations englobant celle des poids :

$$\tilde\varphi(\cdot)+\mathrm{Log}(1+\|\cdot\|^2)$$

où $\tilde\varphi$ désigne une fonction convexe radiale satisfaisant (i) à (iii). L'hypothèse (H) peut être remplacée par exemple dans ce cas par :

(H') $\exists q\in\mathbb{N}$, $\exists A>0$, $\exists B>0$ telles que : $\forall Z_0\in\mathbb{C}^n$, $\forall\Psi\in\mathscr{D}(\mathbb{C}^n)$,

$$\operatorname{Supp}\Psi\subset\{Z,\|Z-Z_0\|\le 1\}\Rightarrow|\langle\mu_{-p,-1},\Psi\rangle|\le Ae^{B\varphi(Z_0)}\sum_{\substack{\alpha=(\alpha_1,\dots,\alpha_{2n})\\|\alpha|\le q}}\sup\|D^\alpha\Psi\| .$$

Nous devons alors utiliser les formules de Berndtsson-Andersson avec non plus deux, mais trois paires (Q_1,G_1), (Q_2,G_2), $(Q_3^{(\lambda)},G_3)$ $(M=2)$, les deux premières ayant pour fonction de gommer la croissance de la fonction entière et de compenser celle de $\mu_{-p,-1}$ telle qu'elle est précisée par l'hypothèse (H'). Nous prendrons $Q_1(Z,\zeta)=B\,\partial\tilde\varphi$, $G_1(t)=\exp(t-1)$, $Q_2(Z,\zeta)=\partial(\mathrm{Log}(1+\|\zeta\|^2))$, $G_3(t)=t^N$ où la constante positive B et l'entier N sont convenablement choisis pour assurer les convergences nécessaires de la proposition 4.1.

4b - Formules de division globales dans le cas d'une intersection complète définie par des polynômes.

Nous considérons dans ce paragraphe $f_1,\dots,f_p$, soit p fonctions entières de n variables appartenant à l'algèbre $A_\varphi(\mathbb{C}^n)$. Dans toute cette sous section, φ désignera un poids de la forme $\tilde{\varphi}(.)+\mathrm{Log}(1+\|.\|^2)$ où $\tilde{\varphi}$ désigne une fonction convexe radiale positive satisfaisant les conditions (i) à (ii) citées plus tôt.

Nous nous intéresserons particulièrement à deux exemples de poids: $\varphi=\varphi_0=\mathrm{Log}(1+\|.\|^2)$ et dans ce cas $A_{\varphi_0}(\mathbb{C}^n)$ devient l'algèbre des polynômes de n variables à coefficients complexes ; et enfin $\varphi_1=\mathrm{Log}(1+\|.\|^2)+H_K(\mathrm{Im}(.))$ où K désigne un convexe compact de $\mathbb{R}^n$ dont H_K définie par $H_K(x)=\sup_{y\in K}\langle x,y\rangle$ désigne la fonction d'appui (dans le paragraphe 4c).

Nous nous donnons une fonction entière h dans $A_\varphi(\mathbb{C}^n)$ que nous nous proposons de "diviser avec reste" par $f_1,\dots,f_p$ lorsque $\dim\{f_1=\dots f_p=0\}=n-p$.

Posons, comme dans la section 3 :

$$Q^{(\lambda)}(Z,\xi) = \frac{1}{p}\sum_{j=1}^{p} |f_j|^{2(\lambda-1)}\bar{f}_j g_j(Z,\xi)$$

$$\Phi^{(\lambda)}(Z,\xi) = \frac{1}{p}\sum_{j=1}^{p} |f_j|^{2(\lambda-1)}\bar{f}_j f_j(Z)+\Phi_2^{(\lambda)}$$

$$\Phi_2^{(\lambda)} = \frac{1}{p}\sum_{j=1}^{p} (1-|f_j|^{2\lambda})$$

$$G(t)= \frac{1}{p!}\prod_{j=0}^{p-1}(pt-j)$$

Comme lors de la preuve de la proposition 4.1 nous fixons $R>0$ et nous tronquons la fonction h pour la représenter dans la boule de centre 0 et de rayon R.

Si nous reprenons la preuve de (3.30) au §3, nous voyons que lorsque $\|Z\|<R$, $h(Z)$ est égal au coefficient de λ^n dans le développement en 0 du prolongement méromorphe de $\lambda\to R_1^{(\lambda)}(Z,R)+R_2^{(\lambda)}(Z,R)$ où :

$$R_1^{(\lambda)}(Z,R)=a_n\sum_{k=0}^{p-1}\int h[G^{(k)}(\Phi^{(\lambda)}(Z,\xi))-G^{(k)}(\Phi_2^{(\lambda)})]\bar{\partial}\xi_R\wedge(\bar{\partial}Q^{(\lambda)})^k\wedge A_k$$
$$+\ a_n\langle hS(f_1,\dots,f_p),\bar{\partial}\xi_R\wedge g(Z,.)\wedge A_p(Z,.)\rangle$$

$$R_2^{(\lambda)}(Z,R)=b_n\sum_{k=0}^{p-1}\int h\xi_R[G^{(k)}(\Phi^{(\lambda)}(Z,\xi))-G^{(k)}(\Phi_2^{(\lambda)})](\bar\partial Q^{(\lambda)})^k\wedge B_k$$
$$+\ b_n\langle h\xi_R S(f_1,\dots,f_p),g(Z,.)\wedge B_p(Z,.)\rangle\ ;$$

ici les A_k et les B_k sont définis par les formules (3.20) et (3.21), avec M=1 ou M=2, $Q_1(Z,.)=\bar\partial\mathrm{Log}(1+\|.\|^2)$, $Q_2=\bar\partial\tilde\varphi$ (ou $\bar\partial(\varphi*\varphi)$ s'il y a besoin de régulariser au préalable $\tilde\varphi$), $G_1(t)=t^N$, $G_2(t)=e^{t-1}$.

Remarque 4.3 :

Nous pouvons envisager d'autres formules de division en introduisant un p-uplet de nombres strictement positifs $(t_1,\dots,t_p)$ et en posant cette fois, pour $\mathrm{Re}\lambda$ suffisamment grand :

$$Q_t^{(\lambda)}(Z,\xi)=\frac{1}{p}\sum_{j=1}^{p}|f_j|^{2(t_j\lambda-1)}\bar f_j g_j(Z,\xi)$$

$$\Phi_t^{(\lambda)}(Z,\xi)=\frac{1}{p}\sum_{j=1}^{p}|f_j|^{2(t_j\lambda-1)}\bar f_j f_j(Z)+\Phi_{2,t}^{(\lambda)}$$

$$\Phi_{2,t}^{(\lambda)}=\frac{1}{p}\sum_{j=1}^{p}(1-|f_j|^{2t_j\lambda})$$

$$G(t)=\frac{1}{p!}\prod_{j=0}^{p-1}(pt-j)$$

La formule (4.6) reste valable si $Q^{(\lambda)}$, $\Phi^{(\lambda)}$, $\Phi_2^{(\lambda)}$ sont remplacés respectivement par $Q_t^{(\lambda)}$, $\Phi_t^{(\lambda)}$, $\Phi_{2,t}^{(\lambda)}$ comme on le voit aisément du fait de la preuve du théorème 3.6 et de la proposition 3.2.

Nous allons tout d'abord envisager ici les problèmes de division dans l'algèbre $\mathbb{C}[z_1,\dots,z_n]$; nous supposons donc ici que $f_1,\dots,f_p$ sont des polynômes de n variables complexes définissant une intersection complète dans $\mathbb{C}^n$. Nous introduisons la collection $\mathcal{F}$ de polynômes :

$$\mathcal{F}=\{f_1^{m_1}\dots f_p^{m_p},\ 0<m_1+\dots+m_p<p,\ m_j\in\mathbb{N}\}$$

Etant donné un élément de $\mathbb{C}[z_1,\dots,z_n]$, P, nous savons lui associer une relation de Bernstein formelle :

$$\text{(4.7)}\qquad \sum_{l=0}^{L}\lambda^l q_l\left(z_1,\dots,z_n,\frac{\partial}{\partial z_1},\dots,\frac{\partial}{\partial z_n}\right)P^{\lambda+1}=b(\lambda)P^\lambda$$

où $q_0,\dots,q_L$ sont des éléments de $\mathbb{C}\langle z_1,\dots,z_n,\frac{\partial}{\partial z_1},\dots,\frac{\partial}{\partial z_n}\rangle$

et b un élément non nul de $\mathbb{C}[\lambda]$.

Tout élément de l'algèbre de Weyl $A_n(\mathbb{C})$ s'écrit bien sous la forme :

$$\sigma(z)=\sum_{\alpha} a_\alpha(Z)D^\alpha$$

et ce de manière unique ; nous pouvons lui attacher le nombre entier : $e(\sigma)=\underset{\alpha}{\mathrm{Max}}\ (d^\circ_z(a_\alpha)-|\alpha|)$; pour des raisons de degré dans la relation (4.7), il est aisé de voir que, si $q_0,\dots,q_L$ satisfont (4.7) on a $\underset{0\leq l\leq L}{\mathrm{Max}}\ (e(q_l))\geq -d^\circ P$. Cela nous amène à la définition :

Définition 4.4 : *Etant donné un élément* P *de* $\mathbb{C}[z_1,\dots,z_n]$ *nous appellerons codegré de* P *(et nous noterons* $\mathrm{cod}^\circ(P)$*) le minimum des quantités*

$$\underset{0\leq l\leq L}{\mathrm{Max}}\ (e(q_l))$$

lorsque $q_O,\dots,q_L$ *interviennent dans une relation du type* (4.7).

Cette définition étant posée, nous avons le théorème suivant :

Théorème 4.4 : *Soient* $f_1,\dots,f_p$ p *polynômes de* n *variables définissant une intersection complète dans* $\mathbb{C}^n$ *et tous de degré total inférieur ou égal à* D_0.
Soit h *un polynôme de* n *variables, de degré* D *appartenant à l'idéal engendré par* $f_1,\dots,f_p$ *dans* $\mathbb{C}[z_1,\dots,z_n]$.
Il existe des polynômes $g_1,\dots,g_p$ *de degré inférieur ou égal à* $D+3D_0p-D_0+2(n+1+2\underset{q\in P}{\mathrm{Max}}\ (\mathrm{cod}^\circ(q)))$ *tels que :*

$$h = f_1g_1+\dots+f_pg_p.$$

Preuve du théorème 4.4 :

Nous utilisons la formule donnant dans $B(0,R)$ $h(Z)$ comme le coefficient de λ° dans le développement en 0 du prolongement méromorphe de $R_1^{(\lambda)}(Z,R)+R_2^{(\lambda)}(Z,R)$, avec cette fois $M=1$ pour la construction des A_k et B_k.

Du fait que h appartient à l'idéal engendré par $f_1,\dots,f_p$ dans $\mathbb{C}[z_1,\dots,z_n]$, nous avons pour $\|Z\|<R$:

$$\langle hS(f_1,\dots,f_p),\bar\partial\xi_R\wedge g(Z,.)\wedge A_p(Z,.)\rangle=0$$

et

$$\langle h\xi_R S(f_1,\ldots,f_p),g(Z,.)\wedge B_p(Z,.)\rangle=0$$

Cela résulte du théorème 3.1.

Rappelons les expressions des A_k et des B_k $(0\leq k\leq p-1)$:

$$A_k(Z,\xi)=\sum_{\alpha_0+\alpha_1=n-1-k}\frac{N!}{(N-\alpha_1)!}\left(\frac{1+\xi.Z}{1+|\xi|^2}\right)^{N-\alpha_1}\frac{s\wedge(\bar\partial s)^{\alpha_0}\wedge(\partial\bar\partial\mathrm{Log}(1+|\xi|^2))^{\alpha_1}}{|Z-\xi|^{2(\alpha_0+1)}}$$

$$B_k(Z,\xi)=\frac{1}{(n-k)!}\,\frac{N!}{(N-k)!}\left(\frac{1+\bar\xi.Z}{1+|\xi|^2}\right)^{N-k}(\partial\bar\partial\mathrm{Log}(1+|\xi|^2))^{n-k}$$

où $s(Z,\xi)=(\bar z_1-\bar\xi_1,\ldots,\bar z_n-\bar\xi_n)$.

La contribution de $R_1^{(\lambda)}(Z,R)$ à l'expression de $h(Z)$ lorsque $|Z|<R$ est constituée d'une combinaison de termes de la forme :

(4.8) $$\langle h\mu_{I,-k}^{(q)},\bar q f_I^{m_I}\bar\partial\xi_R\wedge\overline{\partial f}_J\wedge g_J(Z,\xi)\wedge A_k(Z,\xi)\rangle\tilde q(Z)$$

où $q,\tilde q$ désignent des éléments de $\mathcal{F}$, I un sous-ensemble de $\{1,\ldots,p\}$, m_I un card I-uplet de longueur au plus $p-k$, J un sous ensemble de $\{1,\ldots,p\}$ de cardinal k ; on a noté $\mu_{I,-k}^{(q)}$ le coefficient de λ^{-k} dans le développement au voisinage de 0 du prolongement méromorphe de $\lambda\to|q|^{2(\lambda-1)}$.

Celle de $R_2^{(\lambda)}(Z,R)$ est constituée d'une combinaison de termes de la forme :

(4.9) $$\langle h\xi_R\mu_{I,-k}^{(q)},\ \bar q f_I^{m_I}\ \overline{\partial f}_J\wedge g_J(Z,\xi)\wedge B_k(Z,\xi)\rangle\tilde q(Z)$$

Dans les deux cas, k varie entre 0 et $p-1$.

Les distributions $\mu_{I}^{(q)}{}_{-k}$ s'expriment à l'aide des formules de Bernstein du type (4.7) comme on l'a vu lors de la preuve du lemme 2.2. On itèrera 2 fois ces formules de manière à exprimer $\mu_{I,-k}^{(q)}$ comme une intégrale curviligne sur un petit cercle entourant -1 par les formules de Cauchy.

Nous devons choisir N de manière tout d'abord à ce que les familles $\{Z\to\langle h\xi_R\mu_{I,-k}^{(q)},\bar q f_I^{m_I}\ \overline{\partial f}_J\wedge g_J(Z,\xi)\wedge B(Z,\xi)\rangle,R>0\}$

soient des familles bornées dans l'algèbre des polynômes. Une estimation fastidieuse que nous laissons au lecteur nous montre que tel est le cas lorsque :

(4.10) $$N > 2n+p+2D_0 p+D+4 \max_{q\in\mathcal{F}} (\text{cod}^\circ(q)).$$

Cette estimation est assez grossière et peut vraisemblablement être raffinée, ce que nous n'avons pas cherché à faire ici.

La même estimation nous assure, à Z fixé, que tout terme de la forme (4.8) tend vers 0 lorsque $R\to\infty$ (du fait de l'estimation de $|\bar\partial \phi_R|$ en $\frac{c}{R}$).

Nous en déduisons donc la possibilité d'écrire explicitement h sous la forme $h=f_1 g_1+\ldots+f_p g_p$ avec des polynômes $g_1,\ldots,g_p$ tels que :

$$d^\circ g_i \leq N+(D_0-1)(p-1)$$

ce qui fournit avec (4.10) la conclusion du théorème □

Remarque 4.4 :

Avant de conclure ce paragraphe, revenons un instant sur la remarque 4.3. Si l'on travaille avec $Q_t^{(\lambda)}$ à la place de $Q^{(\lambda)}$, ce qui se passe au niveau des expressions (4.8) et (4.9) intervenant dans la contribution de $R_{1,t}^{(\lambda)}(Z,R)$ ou $R_{2,t}^{(\lambda)}(Z,R)$ à la valeur de $h(Z)$, est que les distributions $\mu_{1,-k}^{(q)}$ (avec $q\in\mathcal{F}$) y intervenant se trouvent remplacées par les distributions :

$\nu_{k,t}^{(m)}$ = coefficient de λ^{-k} dans le développement du prolongement méromorphe de

$$\lambda \to |f_1|^{2m_1(\lambda t_1-1)} \ldots |f_p|^{2m_p(\lambda t_p-1)}$$

au voisinage de 0.

$$(m_j\in\mathbb{N},\ 0<\sum_1^p m_j\leq p,\ 0\leq k\leq p-1).$$

Soit J une sous famille de $\{1,\ldots,p\}$ $(J=\{j_1,\ldots,j_l\})$ de cardinal l ; comme l'a remarqué B. Lichtin au moins dans le cas $l=2$ ([21], section 2, remarque 2.21) il existe l éléments $\mathcal{P}_1^J,\ldots,\mathcal{P}_l^J$ de l'algèbre de Weyl $A_n(\mathbb{C}[\lambda_{j_1},\ldots\lambda_{j_l}])$, un élément non nul b_J de $\mathbb{C}[\lambda_{j_1},\ldots,\lambda_{j_l}]$ tels que, formellement :

$$\mathcal{P}_\rho^J\left(f_{j_1}^{\lambda_{j_1}}\ldots f_{j_\rho}^{\lambda_{j_\rho}+1}\ldots f_{j_l}^{\lambda_{j_l}}\right)=b_J(\lambda_{j_1},\ldots,\lambda_{j_l})f_{j_1}^{\lambda_{j_1}}\ldots f_{j_l}^{\lambda_{j_l}},\ 1\leq\rho\leq l.$$

On peut toujours choisir le p-uplet $t=(t_1,\dots,t_p)$ dans $(\mathbb{R}^{+*})^p$ de manière à ce que, pour toute partie J de cardinal l de $\{1,\dots,p\}$, pour tout l-uplet m_J de $(\mathbb{N}^*)^l$, on ait :

$$b_J[m_{j_1}\lambda t_{j_1}-n_{j_1},\dots,m_{j_p}\lambda t_{j_p}-n_{j_p}]\neq 0 \quad \forall n_J\in\mathbb{Z}^l.$$

Ce choix de t ayant été effectué, on voit que les distributions $\nu_{-k,t}^{(m)}$ peuvent s'expliciter à l'aide des éléments $\mathscr{B}^J, J\subset\{1,\dots,p\}$. Les polynômes $g_1,\dots,g_p$ intervenant dans la conclusion du théorème 4.4 peuvent être choisis de degré au plus égal à $D+3D_0p-D_0+2[n+1+(p+1)c]$ où $c=\underset{J\subset\{1,\dots,p\}}{\mathrm{Max}}\ \underset{1\leq l'\leq \mathrm{card}J}{\mathrm{Max}}\ e(\mathscr{B}^J_{l'}\cdot)$.

4d : Le principe fondamental d'Ehrenpreis ; une nouvelle preuve

Nous esquissons dans ce paragraphe une preuve du principe de représentation des solutions d'un système d'équations aux dérivées partielles dans le cadre des intersections complètes. Cette idée nous a été suggérée par B. Berndtsson.

Nous considérons un ouvert convexe relativement compact Ω de $\mathbb{R}^n$ et nous considérons une fonction f, de classe C^∞, solution dans Ω du système d'équations :

$$(*)\qquad q_1\left(i\frac{\partial}{\partial x}\right)f=\dots=q_p\left(i\frac{\partial}{\partial x}\right)f=0,\ \text{où}\ q_1,\dots,q_p\in\mathbb{C}[x_1,\dots,x_n]$$

$$\text{avec}\qquad \dim\{Z\in\mathbb{C}^n, q_1(Z)=\dots=q_p(Z)=0\}=n-p$$

Nous nous proposons de représenter f dans Ω comme un empilement de "solutions élémentaires" de $(*)$, c'est-à-dire de solutions de $(*)$ de la forme $P(x)e^{-i\langle\lambda,x\rangle}$, $P\in\mathbb{C}[x_1,\dots,x_n],\lambda\in\mathbb{C}^n$.

Considérons un ouvert Ω' convexe compact dans Ω et une fonction $\theta_{\Omega'}$, de classe C^∞, à support dans Ω, valant dans un voisinage de $\overline{\Omega'}$.

Raisonnons par dualité, comme dans [11] (chapitre 8).

$$\forall u\in\mathscr{D}(\Omega'),\ \int_{\mathbb{R}^n} f(x)u(x)dx = \int_{\mathbb{R}^n} f(x)\theta_{\Omega'}(x)u(x)dx$$

$$(4.11)\qquad = (2\pi)^{-n}\int_{\mathbb{R}^n}\widehat{(f\theta_{\Omega'})}(y)\hat{u}(y)dy$$

d'après la formule de Plancherel.

La fonction entière $\hat{u}$ satisfait, d'après le théorème de Paley Wiener, des estimations du type :

$$\forall m \in \mathbb{N},\ \exists c_m > 0,\ \forall Z \in \mathbb{C}^n,\ |\hat{u}(Z)| \leq \frac{c_m}{(1+\|Z\|)^m}\, e^{H_{\bar{\Pi}'}(\operatorname{Im} Z)}\ .$$

D'autre part tous les prolongements méromorphes des fonctions $\lambda \to |q_1^{m_1} \ldots q_p^{m_p}|^{2\lambda}$, où $m_1+\ldots+m_p \leq p$ sont donnés par des formules de Bernstein globales (nous sommes dans le cadre algébrique). Nous pouvons utiliser - nous n'entrerons pas ici dans les détails techniques, le lecteur fera le lien entre les mécanismes de division utilisés dans le cas semi local (formule (3.30) et les résultats globaux de la section 4 - les formules de Berndtsson Andersson et écrire alors :

$$\text{(4.12)}\quad \hat{u}(Z) = q_1 \hat{u}_1(Z) + \ldots q_p \hat{u}_p(Z) + b_n \langle uS(q_1,\ldots,q_p), g(Z,.) \wedge B_N^{\Pi'}(Z,.)\rangle$$

avec :

(1) $\quad u_1,\ldots,u_p$ distributions supportées par $\bar{\Pi}'$;

$$\text{(2)}\quad B_N^{\Pi'}(Z,\xi) = \sum_{\alpha_1+\alpha_2=n-1} \frac{1}{\alpha_1!\,\alpha_2!}\, G_1^{(\alpha_1)} G_2^{(\alpha_1)} (\bar{\partial} Q_1)^{\alpha_1} \wedge (\bar{\partial} Q_2)^{\alpha_2}$$

où $Q_1 = 2\partial(H_{\Pi'}^{(\operatorname{Im})} * \rho)$, $Q_2 = \partial \operatorname{Log}(1+\|.\|^2)$, $G_1(t) = e^{t-1}$, $G_2(t) = t^N$,

ρ désignant une fonction cloche positive de masse 1 régularisante et supportée par la boule unité de $\mathbb{C}^n$, et N un entier positif convenable pour l'instant adapté à la convergence des intégrales figurant dans la formule de division. Nous rappelons que $g_1,\ldots,g_p$ sont associées à $q_1,\ldots,q_p$ par les formules de Hefer.

Nous reportons (4.12) dans (4.11) ; nous avons pour $j \in \{1,\ldots,p\}$:

$$\int (f\theta_{\Pi'})^{\wedge}(y)\, q_j(y)\, \hat{u}_j(y)\, dy$$

$$= \int (f\theta_{\Pi'})^{\wedge}(y) \left(q_j \left(-i \frac{\partial}{\partial x}\right) u_j \right)^{\wedge}(y)\, dy$$

$$= (2\pi)^n \left\langle q_j\left(-i \frac{\partial}{\partial x}\right) u_j,\ f\theta_{\Pi'} \right\rangle$$

$$= (2\pi)^n \langle q_j(-i \frac{\partial}{\partial x})u_j, f\rangle \text{ puisque } \operatorname{Supp} u_j \subset \overline{\Omega'}.$$

$$= (2\pi)^n \langle u_j, q_j(i \frac{\partial}{\partial x})f\rangle = 0 \text{ par hypothèses sur } f.$$

Nous avons donc :

$$\int f(x)u(x)dx = \int_{\mathbb{R}^n} \langle \hat{u}S(q_1,\ldots,q_p), g(y,.)\wedge B_N^{\Omega'}(y,.)\rangle (f\theta_{\Omega'})^\wedge(y)dy.$$

Rappelons que $\langle S(q_1,\ldots,q_p),\Psi\rangle$ peut s'écrire à l'aide de la formule de Bernstein de $q_1\ldots q_p$; nous pouvons appliquer à la fois le théorème de Fubini et le théorème de dérivation sous le signe somme de Lebesgue pour obtenir :

$$\int_{\mathbb{R}^n} f(x)u(x)dx = \frac{b_n}{(2\pi)^n} \langle S(q_1,\ldots,q_p)(.),\hat{u}(.)\int_{\mathbb{R}^n} (f\theta_{\Omega'})^\wedge(y)g(y,.)\wedge B_N^{\Omega'}(y,.)dy\rangle$$

Grâce à une nouvelle application à la fois du théorème de Fubini et du théorème de dérivation sous le signe somme de Lebesgue valable ici lorsque N est suffisamment grand :

$$\int_{\mathbb{R}^n} f(x)u(x)dx = \frac{b_n}{(2\pi)^n}\int_{\mathbb{R}^n} u(t)\langle S(q)(X), e^{-iX.t}\int (f\theta_{\Omega'})^\wedge(y)\wedge \wedge g(y,X)\wedge B_N^{\Omega'}(y,X)dy\rangle dt.$$

Nous avons donc, dans Ω', la formule de représentation suivante pour f :

$$f(t) = \frac{b_n}{(2\pi)^n} \langle S(q_1,\ldots,q_p)(X), e^{-iX.t}\int_{\mathbb{R}^n} (f\theta_{\Omega'})^\wedge(y)g(y,X)\wedge B_N^{\Omega'}(y,X)dy\rangle.$$

Nous pouvons considérer une suite croissante de tels ouverts convexes relativement compacts $(\Omega'_k)_{k\in\mathbb{N}}$; on a donc $\Omega = \bigcup_{k\in\mathbb{N}} \Omega'_k$; nous pouvons écrire, la convergence de la série ayant lieu dans $\mathcal{E}(\Omega)$:

$$f(t) = \frac{b_n}{(2\pi)^n} \sum_{k=0}^{\infty} \langle S(q_1,\ldots,q_p)(X), e^{-iX.t}\Big(\int_{\mathbb{R}^n} g(y,x)\wedge(f\theta_{\Omega'_k})^\wedge(y)B_N^{\Omega'_k}(y,X)dy -$$
$$-\int_{\mathbb{R}^n} g(y,X)\wedge(f\theta_{\Omega'_{k+1}})^\wedge(y)B_N^{\Omega'_{k+1}}(y,X)dy\Big)\rangle +$$

$$+ \frac{b_n}{(2\pi)^n} \langle S(q_1,\ldots,q_p)(X), e^{iXt}\int g(y,X)\wedge(f\theta_{\Omega_0})^\wedge(y)B_N^{\Omega_0}(y,X)dy\rangle.$$

D'autre part, si Ψ est une $(n,n-p)$ forme à support compact, la fonction :

$$t \to \langle \hat{S}(q_1,\dots,q_p)(x), e^{-iX.t} \Psi \rangle_{R_\Psi}$$

est une solution du système (*) ; si nous dérivons en effet sous le signe somme nous obtenons :

$$q_j(i\frac{\partial}{\partial t})R_\Psi = \langle q_j(x)S(q_1,\dots,q_p)(x), e^{-iX.t}\Psi\rangle = 0$$

Nous pouvons bien considérer le second membre de (4.13) comme un empilement de solutions élémentaires et le mécanisme de tronquature utilisé pour l'obtention des formules de division globales comme un processus sommatoire analogue à celui décrit par Schwartz dans l'étude du problème de la représentation des fonctions moyennes périodiques d'une variable. Pour l'énoncé général du principe fondamental, on se référera à [13] ou [11],(chapitre 8).

SECTION 5

Nous allons, pour illustrer dans un cadre non algébrique les formules de division avec reste globales que nous venons de donner dans la précédente section, nous intéresser au problème de la représentation des solutions d'un système d'équations aux dérivés partielles où se mêlent des retards, ces retards étant tous dans une même direction (concrètement celle du temps) et de plus commensurables.

Plus précisément nous considérons le sous-espace de $\mathcal{E}(\mathbb{R}^n\times\mathbb{R})$ constitué des solutions du système :

$$(**) \qquad \sum_{k=0}^{N_j} q_{k,j}\left(\frac{\partial}{\partial x_1},\dots,\frac{\partial}{\partial x_n},\frac{\partial}{\partial t}\right)f(x,t-\alpha_{k,j})=0$$

$$j=1,\dots,p$$

où les $(q_{k,j})_{\substack{j=1,\dots,p\\ k=0,\dots,N_j}}$ désignent des polynômes en n+1 variables

et les $(\alpha_{k,j})_{\substack{j=1,\dots,p\\ k=0,\dots,N_j}}$ des nombres rationnels.

Nous supposerons ici $p<n$ et nous ferons deux hypothèses portant sur les transformées de Fourier $\hat{\mu}_1,\dots,\hat{\mu}_p$ des opérateurs de convolution intervenant dans (**).

(H1) $\hat{\mu}_1,\dots,\hat{\mu}_p$ définissent une intersection complète dans $\mathbb{C}^{n+1}$;

(H2) $\forall z\in\mathbb{C},\ \dim_{\mathbb{C}^n}\{(z_1,\ldots,z_n)\in\mathbb{C}^n, \hat{\mu}_j(z_1,\ldots,z_n,z)=0,\ 1\leq j\leq p\}=n-p-1.$

Nous supposerons - ce qui est possible modulo un changement d'échelle dans le temps - que :

$$\hat{\mu}_j(z_1,\ldots,z_{n+1})=P_j(z_1,\ldots,z_{n+1},e^{-iz_{n+1}}),\ 1\leq j\leq p, \tag{5.1}$$

où P_j est un élément de $\mathbb{C}[z_1,\ldots,z_{n+1}]$.

Le problème que nous étudions étant un problème d'analyse harmonique, nous allons nous intéresser au problème de division dans l'algèbre $\hat{A}_{\varphi_1}(\mathbb{C}^{n+1})=\mathcal{E}'(\mathbb{R}^{n+1})$ (via Paley-Wiener) où :

$$\varphi_1(Z)=\|\mathrm{Im}Z\|+\mathrm{Log}(1+\|Z\|).$$

Nous pouvons démontrer la proposition suivante :

Proposition 5.1

Etant données p distributions $\mu_1,\ldots,\mu_p$ ***dans*** $\mathbb{R}^{n+1}$ ***dont les transformées de Fourier sont du type*** (5.1) ***et satisfont l'hypothèse*** (H1), ***il existe un réel positif*** R, ***un entier naturel*** N, ***un polynôme*** Δ ***de*** $\mathbb{C}[x_1,x_2]$ ***tels qu'à tout élément*** u ***de*** $\mathcal{E}'(\mathbb{R}^{n+1})$ ***satisfaisant*** $\sum_\alpha \frac{|D^\alpha\hat{u}(Z)|}{\alpha!}\leq C(1+\|Z\|)^1 e^{A\|\mathrm{Im}Z\|}$, ***on puisse associer*** p+1 ***distributions*** $u_1,\ldots,u_{p+1}$ ***satisfaisant :***

(a) $\quad\Delta(z_{n+1},e^{-iz_{n+1}})\hat{u}(Z)=\sum_{j=1}^{p}\hat{\mu}_j(Z)\hat{u}_j(Z)+\hat{u}_{p+1}(Z)$

(b) $\quad\exists C'>0,\ \sum_1^{p+1}|\hat{u}_j(Z)|\leq C'(1+\|Z\|)^{1+N}e^{A\|\mathrm{Im}Z\|+R|\mathrm{Im}z_{n+1}|}$

(c) $\quad\hat{u}_{p+1}(Z)=b_{n+1}\langle\Delta(\xi_{n+1},e^{-i\xi_{n+1}})S(\hat{\mu}_1,\ldots,\hat{\mu}_p),g(Z,\xi)\wedge B(Z,\xi)\rangle$

les $g_j(Z,\xi)$ ***correspondant aux formules de Hefer pour*** $\hat{\mu}_1,\ldots,\hat{\mu}_p$

et où $B(Z,\xi)=\sum_{\alpha_1+\alpha_2=n+1}\frac{1}{\alpha_1!\alpha_2!}G_1^{(\alpha_1)}G_2^{(\alpha_2)}(\bar{\partial}Q_1)^{\alpha_1}\wedge(\bar{\partial}Q_2)^{\alpha_2}$

$$Q_1(\xi)=\partial[(A\|\mathrm{Im}\xi\|+R|\mathrm{Im}\xi_{n+1}|)*\rho],\quad Q_2=\partial\mathrm{Log}(1+\|.\|^2)$$

$$G_1=e^{t-1},G_2=t^N$$

(ρ désignant une fonction cloche positive, de masse 1, supportée par B(0,1) et régularisante).

Preuve de la proposition 5.1

L'énoncé de cette proposition traduit la possibilité de "diviser avec reste" $\hat{u}$ par $(\hat{\mu}_1,\dots,\hat{\mu}_p)$ à condition d'avoir au préalable multiplié $\hat{u}$ par la transformée de Fourier d'une certaine distribution portée par $x_1=\dots x_n=0$ et ne dépendant donc que de la variable de temps.

La preuve de cette proposition est analogue à celles qui ont été développées dans la section 4. Si nous voulons diviser $\hat{h}$ par $\hat{\mu}_1,\dots,\hat{\mu}_p$ nous faisons apparaître des distributions coefficients de Laurent en certains points du prolongement méromorphe de fonctions du type $\lambda \to |q(z_1,\dots,z_n,e^{-iz_{n+1}})|^{2\lambda}$ où q est un élément de $\mathbb{C}[z_1,\dots,z_{n+1}]$. Afin de respecter la croissance, il nous faut disposer d'une information sur de telles distributions.

Considérons une telle fonction $\lambda \to |q(z_1,\dots,z_{n+1},e^{-iz_{n+1}})|^{2\lambda}$; d'après l'application 2 dans (2c) nous pouvons associer à une telle fonction un polynôme f de $\mathbb{C}[X_1,X_2]$, un polynôme b de $\mathbb{C}[\lambda]$, et des éléments $q_0,\dots,q_L$ de l'algèbre de Weyl

$$\mathbb{C}[z_{n+1},e^{-iz_{n+1}}]\langle z_1,\dots,z_n,\frac{\partial}{\partial z_1},\dots,\frac{\partial}{\partial z_n}\rangle$$ tels que l'on ait au sens des distributions, l'identité suivante :

$$(5.2)\qquad \left[\sum_{l=0}^{L}\lambda^l\bar{q}_l(\bar{z},\frac{\partial}{\partial\bar{z}_1},\dots,\frac{\partial}{\partial\bar{z}_n})\sum_{l=0}^{L}\lambda^l q_l(z,\frac{\partial}{\partial z_1},\dots,\frac{\partial}{\partial z_n})\right]|q|^{2(\lambda+1)}=$$

$$=|f(z_{n+1},e^{-iz_{n+1}})|^2(b(\lambda))^2|q|^{2\lambda}.$$

Remarque

Le recours au théorème de Kashiwara invoqué dans l'application 2 dans (2c) est en fait ici superflu. On peut en effet se contenter d'utiliser le théorème de Bernstein global avec $K=\mathbb{C}(z_1,z_2)$ et d'obtenir alors l'identité au sens des distributions :

$$(5.2)'\left(\sum_{l=0}^{L}\lambda^l\bar{q}_l\left[\bar{z},\frac{\partial}{\partial z_1},\dots,\frac{\partial}{\partial z_n}\right]\sum_{l=0}^{L}\lambda^l q_l\left[z,\frac{\partial}{\partial z_1},\dots,\frac{\partial}{\partial z_n}\right]|q|^{2(\lambda+1)}\right)$$

$$=b(z_{n+1},e^{-iz_{n+1}},\lambda)\bar{b}(\bar{z}_{n+1},e^{+i\bar{z}_{n+1}},\lambda)|q|^{2\lambda}$$

où b est un élément de $\mathbb{C}[X_1,X_2][\lambda]$.

La preuve de la proposition 5.1 s'en trouve compliquée mais reste basée sur le même principe, à savoir la possibilité d'obtenir des estimations du type (5.4). Nous utiliserons pour simplifier les choses la formule (5.2).

Si z_{n+1} n'est pas une racine de $\$(.,e^{-i.})=0$, la formule (5.2) nous permet d'écrire explicitement le prolongement méromorphe de $\lambda\to|q(Z',z_{n+1})|^{2\lambda}$. Considérons maintenant une fonction test ψ dans $\mathcal{D}(\mathbb{C}^{n+1})$ et un nombre complexe λ de partie réelle strictement positive ; nous avons :

$$(5.3)\quad \int |q(Z',z_{n+1})|^{2\lambda}\psi(Z',z_{n+1})\$^4(z_{n+1},e^{-iz_{n+1}})dZ'\wedge d\bar{Z}'\wedge dz_{n+1}\wedge d\bar{z}_{n+1}$$

$$= \int\Big[\int|q(Z',z_{n+1})|^{2\lambda}\psi(Z',z_{n+1})\$^4(z_{n+1},e^{-iz_{n+1}})dZ'\wedge d\bar{Z}'\Big]dz_{n+1}\wedge d\bar{z}_{n+1}$$

d'après le théorème de Fubini.

Nous pouvons écrire l'intégrale (5.3) comme une limite de sommes de Darboux $(S_t(\psi;\lambda))_{t\in\mathbb{N}}$, la variable par rapport à laquelle sont prises les sommes de Darboux étant z_{n+1} et les valeurs de z_{n+1} choisies en dehors des zéros de $\$(.,e^{-i.})$.

Si nous utilisons les formules (2.7) nous voyons que les coefficients de $\lambda^k(0\leq k\leq p)$ dans le développement au voisinage de 0 du prolongement méromorphe de $\lambda\to S_t(\psi;\lambda+1)$ sont bornés indépendamment de ψ. Ces différents prolongements $S_t(\psi;\lambda+1)$ n'ayant indépendamment de t aucun autre pôle que 0 dans un disque $D(0,\eta)$ et n'ayant 0 que comme pôle d'ordre au plus $2n$, nous pouvons écrire que le développement en série de Laurent du prolongement méromorphe de (5.3) au voisinage de 0 est la limite de celui des prolongements méromorphes au voisinage de 0 des $S_t(\psi;\lambda+1)$ lorsque $t\to\infty$.

Nous déduisons de cette remarque le résultat suivant :

si f est une fonction de la forme $f(z_1,\ldots,z_{n+1})=q(z_1,\ldots,z_n,e^{-iz_{n+1}})$, il existe un polynôme $\$$ de $\mathbb{C}[x_1,x_2]$, deux entiers σ et τ strictement positifs, deux réels r et c positifs tels que :

$$(5.4)\qquad \forall k\in\{0,\ldots,p\},\ \forall\psi\in\mathcal{D}(\mathbb{C}^{n+1}),\ \forall Z_0\in\mathbb{C}^{n+1},\ \text{Supp}\,\Psi\subset B(Z_0,1)\Rightarrow$$

$$|\langle\mu^{(f)}_{-1,-k}(.),\$^4(\zeta_{n+1},e^{-i\zeta_{n+1}})\psi(.)\rangle|\leq C(1+\|\zeta_0\|)^{\sigma}e^{r|\text{Im}\,\zeta_{0,n+1}|}$$

$$\times\sum_{\substack{\alpha=(\alpha_1,\ldots,\alpha_{2n})\\|\alpha|\leq\tau}}\Big\|\frac{\partial^{|\alpha|}\psi}{\partial x_1^{\alpha_1}\partial y_1^{\alpha_2}\cdots\partial x_n^{\alpha_{2n-1}}\partial y_n^{\alpha_{2n}}}\Big\|_\infty$$

Nous considérons la famille E de toutes les fonctions de la forme $\hat{\mu}_1^{m_1} \hat{\mu}_p^{m_p}$ avec $0<\sum_1^p m_j<p$. A chaque élément q de cette famille, nous associons par la remarque précédente un polynôme $\delta(q)$; nous prenons $\Delta = \prod_{q\in E} (\delta(q))^4$.

La proposition 5.1 résulte des méthodes explicitées dans la précédente section et des estimations (5.4) □

Essayons maintenant de diviser un élément $\hat{u}$ de $\hat{\mathscr{E}}'(\mathbb{R}^{n+1})$ par $\hat{\mu}_1,\ldots,\hat{\mu}_p$ dans $\hat{\mathscr{E}}'(\mathbb{R}^{n+1})$ en faisant un sorte que le reste soit nul lorsque $\hat{u}\in\hat{\mu}_1 \hat{\mathscr{E}}'(\mathbb{R}^{n+1})+\ldots+\hat{\mu}_p\hat{\mathscr{E}}'(\mathbb{R}^{n+1})$; la possibilité de réaliser une telle division nous montrera que l'idéal engendré par $\hat{\mu}_1,\ldots,\hat{\mu}_p$ dans $\hat{\mathscr{E}}'(\mathbb{R}^{n+1})$ est fermé et nous donnera par dualité (comme au §4-d) un processus de représentation pour les solutions du système (**) en termes de solutions élémentaires du même système. Nous nous attacherons ici uniquement au mécanisme de division ; nous nous donnons $\hat{u}\in\hat{\mathscr{E}}'(\mathbb{R}^{n+1})$; la difficulté essentielle consiste à pouvoir corriger $\hat{u}$ de manière à nous ramener au cas d'un élément de $\Delta(z_{n+1},e^{-iz_{n+1}})\hat{\mathscr{E}}'(\mathbb{R}^{n+1})$, cas que nous savons traiter grâce à la proposition 5.1. Le procédé que nous développons n'est pas sans analogie avec le procédé habituel de division des distributions.

Soit α un zéro de $\Delta(.,e^{-i.})$, de multiplicité $m(\alpha)$; l'idéal de $\hat{\mathscr{E}}'(\mathbb{R}^{n+1})$ engendré par $\hat{\mu}_1,\ldots,\hat{\mu}_p$, $(z_{n+1}-\alpha)^{m(\alpha)}$ est aussi engendré par la collection des $p+1$ polynômes :

$$\begin{cases} P_{j,\alpha}(Z)=\displaystyle\sum_{k=0}^{m(\alpha)-1} \frac{1}{k!}\frac{\partial^k\hat{\mu}_j}{\partial z_{n+1}^k}(z_1,\ldots,z_n,\alpha)(z_{n+1}-\alpha)^k, j=1,\ldots,p \\ P_{p+1,\alpha}(Z)=(z_{n+1}-\alpha)^{m(\alpha)} \end{cases}$$

Sous l'hypothèse (H2) que nous avons faite sur $\mu_1,\ldots,\mu_p$, ces $p+1$ polynômes définissent encore une intersection complète dans $\mathbb{C}^{n+1}$.

Nous observons alors les deux points essentiels suivants :

(1) Si δ_0 désigne un élément irréductible de $\mathbb{C}[X_1,X_2]$ de degré strictement positif en X_2 et q un élément de $\mathbb{C}[X_1,X_2][z_1,\ldots,z_{n+1}]$ dont tous les coefficients ne sont pas divisibles par δ_0, il est possible de démontrer l'existence d'une formule de Bernstein formelle du type :

$$(5.5)\qquad \mathcal{B}\left(\lambda,Z,\frac{\partial}{\partial Z}\right)q^{\lambda+1}=B_0(\lambda)q^{\lambda}$$

en travaillant avec le corps de caractéristique nulle $\frac{\mathbb{C}(X_1)[X_2]}{\mathcal{S}_0\mathbb{C}(X_1)[X_2]}=K_{\mathcal{S}_0}$;

le polynôme B_0 est un polynôme à coefficients dans $K_{\mathcal{S}_0}$ qui n'est pas le polynôme nul ; en chassant les dénominateurs et en relevant les classes, on obtient pour B_0 un polynôme à coefficients dans $\mathbb{C}[X_1,X_2]$ dont tous les coefficients ne sont pas divisibles par $\mathcal{S}_0$.

(2) Si $\mathcal{S}_0$ et $\mathcal{S}'$ sont deux éléments de $\mathbb{C}[X_1,X_2]$ tels que $\mathcal{S}_0$ soit irréductible dans $\mathbb{C}(X_1)[X_2]$ et ne divise pas $\mathcal{S}'$ dans $\mathbb{C}(X_1)[X_2]$, la théorie de l'élimination nous assure l'existence de deux constantes positives ε et T, de deux entiers naturels σ_1 et σ_2 tels que :

$$(5.6)\qquad |z|\geq T\Rightarrow |\mathcal{S}_0(z,x)|+|\mathcal{S}'(z,x)|>\frac{\varepsilon}{(1+|z|)^{\sigma_1}(1+|x|)^{\sigma_2}}$$

Considérons alors l'un des facteurs irréductibles de Δ, que nous noterons $\mathcal{S}^0$; nous supposerons que X_2 figure explicitement dans l'expression de $\mathcal{S}_0$. D'après les propriétés classiques des exponentielle-polynômes, nous savons que la multiplicité des zéros de $\Delta(.,e^{-i.})$ est bornée par un entier M. Ces zéros peuvent être classés dans les ensembles $A(\mathcal{S}_0,1),\ldots,A(\mathcal{S}_0,M)$ où $A(\mathcal{S}_0,j)=\{\alpha\in\mathbb{C},\mathcal{S}_0(\alpha,e^{-i\alpha})=0$ et $m(\alpha)=j\}$. Notons $\mathcal{F}_{\alpha,j}$ la famille de polynômes $(P_{1,\alpha},\ldots,P_{p+1,\alpha})$ lorsque α est un élément de $A(\mathcal{S}_0,j)$, $j\in\{1,\ldots,M\}$. Tout produit $q=q_{\alpha,j}$ d'éléments de la famille $\mathcal{F}_{\alpha,j}$ peut être considéré comme un polynôme de $\mathbb{C}[X_1,X_2][z_1,\ldots,z_{n+1}]$ dont tous les coefficients ne sont pas divisibles par $\mathcal{S}_0$ et ce après les substitutions $X_1\leftrightarrow\alpha$, $X_2\leftrightarrow e^{-i\alpha}$; on peut donc lui appliquer (1) et lui associer $\mathcal{B}_{j,q}$ et $B_{j,q}(\alpha,e^{-i\alpha},\lambda)$ par (5.5).

En utilisant le théorème 4.4. et les deux points (1) et (2) que nous venons de mentionner, nous pouvons associer à $\hat{u}$ et à toute racine α de $\mathcal{S}_0$ p+2 fonctions entières $\hat{u}_{1,\alpha},\ldots,\hat{u}_{p+2,\alpha}$ de $\hat{\mathcal{E}}'(\mathbb{R}^{n+1})$, toutes explicites en fonction de $\hat{u}$ et des éléments $\mathcal{B}_{j,q}$ de $\mathbb{C}[\alpha,e^{-i\alpha}]\langle z_1,\ldots,z_{n+1},\frac{\partial}{\partial z_1},\ldots,\frac{\partial}{\partial z_{n+1}}\rangle$ (q étant un produit d'éléments de la famille $\mathcal{F}_{\alpha,j}$), telles que :

$$\forall Z\in\mathbb{C}^{n+1},\hat{u}(Z)=\sum_{j=1}^{p+1}\hat{u}_{j,\alpha}(Z)P_{j,\alpha}(Z)+\hat{u}_{p+2,\alpha}(Z).$$

$$\exists C>0,\ \forall Z\in \mathbb{C}^{n+1},\ \sum_{j=1}^{p+2} |\hat{u}_{j,\alpha}(Z)| \leq Ce^{C(\psi_1(\alpha)+\psi_1(Z))}$$

$$\forall Z\in \mathbb{C}^{n+1},\ \hat{u}_{p+2,\alpha}(Z)=\langle S(P_{1,\alpha},\ldots,P_{p+1,\alpha}),\hat{u}(\cdot)B_\alpha(Z,\cdot)\rangle$$

où B_α est une $(n+1,n-p)$ forme dépendant holomorphiquement des variables Z, de manière C^∞ des variables Z et ξ et polynômialement de $(\alpha,e^{-i\alpha})$.

Nous ne donnerons pas ici le détail de cette construction ; la chose primordiale à faire est l'étude des distributions intervenant comme coefficients de Laurent d'ordre $0,-1,\ldots,-(p+1)$ dans le développement au voisinage de 0 du prolongement des fonctions

$$\lambda\to|P_{1,\alpha}^{m_1}\ldots P_{p+1,\alpha}^{m_{p+1}}|^{2(\lambda-1)},\ 0<\sum_1^{p+1} m_j\leq p+1.$$

Ces distributions sont exprimées à l'aide de formules de Bernstein du type (5.5) obtenues en prenant comme corps de référence K_{ξ_0} ; α y joue alors le rôle de paramètre. A tous les éléments de la forme $P_{1,\alpha}^{m_1}\ldots P_{p+1,\alpha}^{m_{p+1}}$ (où $(m_1,\ldots,m_{p+1})$ est fixé et où α décrit $A(\xi_0,j)$) est associée par exemple une relation formelle :

$$(5.7)\quad \mathscr{D}_{\vec{m}}(\lambda,Z,\frac{\partial}{\partial Z})[P_{1,\alpha}^{m_1}\ldots P_{p+1,\alpha}^{m_{p+1}}]^{\lambda+1}=B_{\vec{m}}(\alpha,e^{-i\alpha},\lambda)[P_{1,\alpha}^{m_1}\ldots P_{p+1,\alpha}^{m_{p+1}}]^{\lambda}$$

telle que le coefficient dominant de $B_{\vec{m}}$ (considéré comme polynôme en λ) soit une expression $\xi_{\vec{m}}(\alpha,e^{-i\alpha})$ avec $\xi_{\vec{m}}$ non divisible par ξ_0. L'utilisation de (5.7) pour exprimer les distributions voulues et de (5.6) pour estimer inférieurement $|\xi_{\vec{m}}(\alpha,e^{-i\alpha})|$ conduit aux estimations voulues pour les $\hat{u}_{j,\alpha}, j=1,\ldots,p+2$.

Nous déduisons de l'existence de $\hat{u}_{1,\alpha},\ldots,\hat{u}_{p+2,\alpha}$ l'existence de $p+2$ fonctions de $\hat{\mathscr{E}}'(\mathbb{R}^{n+1})$, $\hat{\tilde{u}}_{1,\alpha},\ldots\hat{\tilde{u}}_{p+1,\alpha};\hat{\tilde{u}}_{p+2,\alpha}=\hat{u}_{p+2,\alpha}$ telles que l'on ait :

$$(5.8)\quad \forall Z\in \mathbb{C}^{n+1},\hat{u}(Z)=\sum_{j=1}^{p}\hat{\tilde{u}}_{j,\alpha}(Z)\mu_j(Z)+\hat{\tilde{u}}_{p+1,\alpha}(Z)(z_{n+1}-\alpha)^{m(\alpha)}+\hat{\tilde{u}}_{p+2,\alpha}(Z)$$

$$(5.9)\quad \exists \tilde{C}>0 \text{ telle que } \forall Z\in \mathbb{C}^{n+1},\ \sum_{j=1}^{p+2}|\hat{\tilde{u}}_{j,\alpha}(Z)|\leq \tilde{C}e^{\tilde{C}(\psi_1(\alpha)+\psi_1(Z))}$$

($\tilde{C}$ étant indépendante du zéro α de $\delta_0(\cdot,e^{-i\cdot})$).

Nous pouvons répéter cette construction pour tous les facteurs de Δ.

Des estimations (5.9), nous déduisons :

(5.10) $\exists\, B>0,\ \forall\alpha$ zéro de $\Delta(\cdot,e^{-i\cdot})=0$, $\forall Z\in\mathbb{C}^n$,

$$\sum_{k=0}^{m(\alpha)-1}\sum_{j=1}^{p+2}\left|\frac{\partial^k}{\partial z_{n+1}^k}\hat{\tilde{u}}_{j,\alpha}(z_1,\ldots,z_n,\alpha)\right|\leq Be^{B\varphi_1(z_1,\ldots,z_n,\alpha)}$$

Or il est bien connu (voir par exemple [8], proposition 7.7) que l'ensemble des zéros de $\Delta(\cdot,e^{-i\cdot})$ est un ensemble d'interpolation au sens de [4] pour le poids $\varphi(z)=|\mathrm{Im}z|+\mathrm{Log}(1+|z|)$.

Nous pouvons par conséquent construire (et même explicitement grâce aux formules de Berndtsson-Andersson et au mécanisme de la section 4b dans le cas n=p=1) p+1 éléments $\hat{\alpha}_1,\ldots,\hat{\alpha}_p,\hat{\alpha}_{p+2}$ de $\hat{\mathcal{E}}'(\mathbb{R}^{n+1})$ tels que pour tout zéro α de $\Delta(\cdot,e^{-i\cdot})$, pour tout entier k, $0\leq k\leq m(\alpha)-1$, on ait :

$$\frac{\partial^k\hat{\alpha}_j}{\partial^k z_{n+1}}(z_1,\ldots,z_n,\alpha)=\frac{\partial^k}{\partial^k z_{n+1}}\hat{\tilde{u}}_{j,\alpha}(z_1,\ldots,z_n,\alpha),\quad 1\leq j\leq p$$

$$\frac{\partial^k\hat{\alpha}_{p+2}}{\partial^k z_{n+1}}(z_1,\ldots,z_n,\alpha)=\frac{\partial^k}{\partial^k z_{n+1}}\hat{\tilde{u}}_{p+2,\alpha}(z_1,\ldots,z_n,\alpha).$$

Les fonctions $\hat{\alpha},\ldots,\hat{\alpha}_p,\hat{\alpha}_{p+2}$ sont tout à fait explicites en fonction des $\hat{\tilde{u}}_{j,\alpha}(\cdot,\alpha)$ et par conséquent en fonction de $\hat{u}$. La fonction $\hat{\alpha}_{p+2}$ construite par ce procédé sera la fonction nulle dès que $\hat{u}$ sera dans l'idéal de $\hat{\mathcal{E}}'(\mathbb{R}^{n+1})$ engendré par $\hat{\mu}_1,\ldots,\hat{\mu}_p$. Considérons alors la fonction $\hat{u}-\sum_{j=1}^{p}\hat{\mu}_j\hat{\alpha}_j-\hat{\alpha}_{p+2}$; il s'agit d'un élément de $\hat{\mathcal{E}}'(\mathbb{R}^{n+1})$; par construction même, cet élément est divisible par $\Delta(z_{n+1},e^{-iz_{n+1}})$ dans $H(\mathbb{C}^{n+1})$; mais d'après les propriétés classiques des exponentielle-polynômes de n variables complexes (voir par exemple [4]) le quotient de $\hat{u}-\sum_{j=1}^{p}\hat{\mu}_j\hat{a}_j-\hat{a}_{p+2}$ par $\Delta(z_{n+1},e^{-iz_{n+1}})$ est encore un élément de $\hat{\mathcal{E}}'(\mathbb{R}^{n+1})$. Nous pouvons donc écrire :

$$(5.11)\qquad (\hat{u}-\sum_{j=1}^{p}\hat{\mu}_j\hat{a}_j-\hat{a}_{p+2})(Z)=\Delta(z_{n+1},e^{-iz_{n+1}})\hat{v}(Z)$$

Alors l'application de la proposition 5.1 nous permet d'écrire :

$$(5.12)\qquad \Delta(z_{n+1},e^{-iz_{n+1}})\hat{v}(Z)=\sum_{j=1}^{p}\hat{\mu}_j(Z)\hat{v}_j(Z)+\hat{v}_{p+1}(Z) \text{ où}$$

$\hat{v}_1,\dots,\hat{v}_p,\hat{v}_{p+1}$ sont tout à fait explicites en fonction de $\hat{v}$.

Le report de (5.12) dans (5.11) nous fournit la formule de division (avec respect de la croissance) souhaitée ; dans le processus que nous venons de décrire, il est clair que le reste de la division (à savoir $\hat{a}_{p+2}(Z)+\hat{v}_{p+1}(Z)$) se décrit à l'aide de formules intégrales où apparait un courant annulé par l'idéal $(\hat{\mu}_1,\dots,\hat{\mu}_p)$; ce reste est nul lorsque l'on applique le procédé de division à un élément $\hat{u}$ de $\hat{\mathcal{E}}'(\mathbb{R}^{n+1})\cap\sum_{j=1}^{p}H(\mathbb{C}^{n+1})\hat{\mu}_j$. Ceci nous assure bien que l'idéal engendré dans $\hat{\mathcal{E}}'(\mathbb{R}^{n+1})$ par $\hat{\mu}_1,\dots,\hat{\mu}_p$ est fermé. Comme nous l'avons aussi mentionné, ce mécanisme explicite de division nous fournit, pour un système du type (**), sous les hypothèses (H1) et (H2), l'analogue du principe fondamental de Ehrenpreis (voir [11], chapitre 8 pour le raisonnement basé sur la dualité $\mathcal{E}\leftrightarrow\mathcal{E}'$). Il serait intéressant de voir si le p-uplet $(\hat{\mu}_1,\dots,\hat{\mu}_p)$ est sous ces mêmes hypothèses, "slowly decreasing" par rapport à une famille de variétés affines de dimension p au sens de [4bis] ; il nous parait raisonnable d'envisager pour cela une famille du type $\{(\langle a_j,Z'\rangle=t_j, 1\leq j\leq n-p, z_{n+1}=t_{n-p}) ; \vec{t}\in\mathbb{C}^{n-p}\}$ avec $a_1,\dots,a_{n-p-1}$ dans $\mathbb{C}^n$ et $Z'=(z_1,\dots,z_n)$.

BIBLIOGRAPHIE

[1] F. ATIYAH, Resolution of singularities and division of distributions. Communications on pure and applied mathematics 23, 145-150 (1970).

[2] D. BARLET, Développement asymptotique des fonctions obtenues par intégration sur les fibres. Séminaire Lelong, Actes du colloque de Wimereux, Lecture Notes Springer 282-293.

[3] D. BARLET, Prolongement analytique de $|f|^{2\lambda}$ et connexion de Gauss-Manin, Systèmes différentiels et singularités, Astérisque N° 130.

[4] C.A. BERENSTEIN et B.A. TAYLOR, A new look at interpolation theory for entire functions of one variable, Advances in Math 33 (1979), 109-143.

[4bis] C.A. BERENSTEIN et B.A. TAYLOR, Interpolation problems in $\mathbb{C}^n$ with applications to harmonic analysis, J. Analyse Math. 38 (1980).

[5] C.A. BERENSTEIN et B.A. TAYLOR, On the geometry of interpolating varieties, Actes du Séminaire Lelong 1980-1981, Lecture Notes Springer 919 (1982).

[6] C.A. BERENSTEIN et A. YGER, Ideals generated by exponential-polynomials, Advances in Mathematics, 60, (1986), 1-80.

[7] M. ANDERSSON et B. BERNDTSSON, Henkin-Ramirez formulas with weight factors, Ann. Inst. Fourier 32 (1982), 91-110.

[8] B. BERNDTSSON, A formula for interpolation and division in $\mathbb{C}^n$, Math. Ann. 263 (1983), 399-418.

[9] I.N. BERNSTEIN, Analytic continuation of generalized functions with respect to a parameter, Functional Anal. Appl. 6 (1972), 273-285.

[10] I.N. BERNSTEIN, Feasibility of the analytic continuation of f_+^λ for certain polynomials f, Functional Anal. Appl. 2 (1968), 85-87.

[11] J.E. BJORK, Rings of differential operators, North Holland, Amsterdam 1979.

[12] N.R. COLEFF, M.E. HERRERA, Les courants résiduels associés à une forme méromorphe, Lecture Notes in Mathematics 633, Springer Verlag (1978).

[13] L. EHRENPREIS, Fourier analysis in several complex variables, Wiley Interscience, 1970.

[14] I.M. GEL'FAND et G.E. SHILOV, Generalized functions, vol I. Properties and operations, Academic Press, New York and London, 1964 (original 1958, Russian).

[15] R.C. GUNNING, H. ROSSI, Analytic functions of several complex variables, Prentice Hall, 1965.

[16] M.E. HERRERA et D.I. LIEBERMAN, Residues and principal values on complex spaces, Math. Ann. 194 (1971), 259-294.

[17] H. HIRONAKA, Resolutions of singularities of algebraic varieties over the field of characteristic zero, Ann. of Math., 79 (1964), 109-326.

[18] M. KASHIWARA, Séminaire d'équations aux dérivées partielles de l'Ecole Polytechnique 1974-1975, exposé n° 25.

[19] M. KASHIWARA, B-functions and holonomic systems. Rationality of roots of b-functions, Invent. Math (1976-1977), 33-53.

[20] M. KASHIWARA, B-function and the singularity of a hyper surface, Publ. Res. Inst. Math. Sci Kokyuroku 225, 16-53 (en japonais).

[21] B. LICHTIN, Generalized Dirichlet series and B-functions, to appear in Compositio Math.

[22] M. PASSARE, Residues, currents, and their relation to ideals of holomorphic functions, Thèse, Université d'Uppsala, Report n° 10, Novembre 1984.

[23] M. PASSARE, Produits des courants résiduels et règle de Leibnitz, C.R. Acad. Sc. Paris, t. 301, Série I, n°15, 1985, 727-730.

[24] K. SAITO, Quasi homogene isolierte singularitaten von Hyper flachen, Invent. Math., 14 (1971), 123-142.

[25] J.C. TOUGERON, Idéaux de fonctions différentiables, Springer Verlag 1972.

[26] T. YANO, On the theory of b-functions, Publ. Res. Inst. Math. Sci. 14 (1978) 111-202.

[27] T. YANO, B-functions and exponents of hypersurface isolated singularities, Proceedings of Symposia in Pure Mathematics, Vol 40, 1983, part. 2, 641-652.

[28] F. ZOUAKIA-EL KHADIRI, Appendice à la thèse de 3ème cycle de EL. KHADIRI, Université de Poitiers, Juin 1979, n° ordre 740.